高等学校“十三五”规划教材

物理实验

王 莉 许星光 宋昭远 主编

Physical Experiment

化学工业出版社

·北京·

本书是辽宁石油化工大学物理实验中心在长期实验教学的基础上，结合教学内容和课程体系改革成果编写而成的。

全书由五部分组成，包括绪论、误差理论及实验数据处理、基础实验、近代及综合实验、设计性与研究性实验。读者可以在书末附录中查找实验内容涉及的常用物理常数。为了适应不同专业、不同层次学生的学习和能力培养要求，在实验内容的安排上，多数实验都包括“必做内容”和“选做内容”两部分，还有部分实验安排了“实验拓展”的内容。这样有层次的实验内容安排有利于学生个性发展和优秀学生的深造。设计性与研究性实验着重培养学生独立查阅资料的能力、实验过程的设计能力以及对实验结果进行分析和研究的能力，激发学生的创新精神，为对物理学科有兴趣、又具备学习能力的学生提供学习和成长空间。本书各章节的内容和实验项目既相对独立，又相互配合，且循序渐进。

本书可作为高等工科院校相关专业的普通物理实验教材或教学参考用书，并适合不同层次的教学需要。

图书在版编目（CIP）数据

物理实验/王莉，许星光，宋昭远主编. —北京：化学工业出版社，2018.2（2022.8 重印）
高等学校“十三五”规划教材
ISBN 978-7-122-31225-9

Ⅰ.①物… Ⅱ.①王…②许…③宋… Ⅲ.①物理学-实验-高等学校-教材 Ⅳ.①O4-33

中国版本图书馆 CIP 数据核字（2017）第 313671 号

责任编辑：唐旭华　郝英华　　　　装帧设计：张　辉
责任校对：边　涛

出版发行：化学工业出版社（北京市东城区青年湖南街 13 号　邮政编码 100011）
印　　装：高教社（天津）印务有限公司
787mm×1092mm　1/16　印张 20　字数 527 千字　　2022 年 8 月北京第 1 版第 6 次印刷

购书咨询：010-64518888　　售后服务：010-64518899
网　　址：http://www.cip.com.cn
凡购买本书，如有缺损质量问题，本社销售中心负责调换。

定　　价：43.00 元　　

本书编写人员

主　　编　王　莉　许星光　宋昭远

副 主 编　黄艳茹　代玉杰　金　莹

编写人员（按姓氏笔画排序）

于　静　王一男　王学慧　王　莉　石凤燕

石晓玲　龙　文　代玉杰　朱艳英　许星光

李　帆　李向荣　宋昭远　张艳华　张　雷

张磊磊　金　莹　赵　杰　赵　波　姜永健

郭怀红　黄金华　黄艳茹　隋成玉

主　　审　王　姣

前言

本书是根据国家教育部《高等学校物理实验基本要求》的规定，为了适应物理实验教学对人才培养的新要求和学分制下学生自由选课的新形势，在结合辽宁石油化工大学理学院物理实验中心多年物理教学实践的基础上，不断充实近年来的教学成果和经验加以完善而成的物理实验教材。

大学物理实验课程是高等理工科院校学生进行科学实验基本训练的一门必修课；是学生在大学期间受到系统实验技能训练的开始。大学物理实验以其“动脑与动手，理论与实际的有机结合”的特点，在培养学生运用实验方法去发现、观察、分析和研究、解决问题的能力方面，在提高学生科学实验素质、激发学生的创新精神、培养创新能力方面都起着十分重要的作用。为学生今后的学习、工作奠定良好的实验能力基础。

全书由五部分组成，包括绪论、误差理论及实验数据处理、基础实验、近代及综合实验、设计性与研究性实验。为了学生能够更加有效地使用App进行网络选课，本书在绪论部分增加了学生物理实验网络选课App使用指南。在实验内容安排上，层次分明、由浅入深、循序渐进，既有对培养学生实验能力行之有效的典型基础实验，又包括一些代表性的近代科技实验、综合性和设计性实验项目，如应用光纤技术原理设计的光纤烟雾报警设计实验、应用传感器原理设计热释电报警器设计实验、应用光电转换技术设计的光电报警设计实验等。考虑到大学物理实验课的独立性和面向低年级学生的特点，在编写基础实验时，力求将实验原理叙述清楚，计算公式推导完整，使学生在预习时掌握理论依据；实验内容和实验步骤尽可能具体，以加强对基本实验技能和基本实验方法的训练和指导。教材中列出的实验涉及了力、热、电、光和近代物理学的理论知识，范围广泛，内容详尽，教师可以根据不同专业不同层次的教学对象，选做其中部分实验。除了“必做内容”和“选做内容”，部分实验含有“实验拓展”，这部分内容鼓励学有余力的优秀学生选做。常用电磁学实验仪器安排在多个实验中反复使用，使学生能够正确熟练地掌握这些常用仪器的调节和使用方法。同时，第2章还编排了电磁学实验基本知识，学生可以通过阅读来学习使用这些常用的电磁学仪器。本书选编了16个设计性与研究性实验内容，要求学生根据题目、要求和必要的提示，独立查阅资料、自行选择实验仪器、设计实验方案、步骤、记录实验数据，解释实验现象、最终得出实验结论。此类实验内容能够促进学生自主学习和思考，培养学生的创新能力和独立解决实际问题能力。

参加本书编写的为辽宁石油化工大学物理实验中心教师。参编教师分工如下：许星光、宋昭远（绪论，误差理论及实验数据处理，2.1～2.9），石凤燕、王莉（2.10～2.14，2.21～2.24，3.1），于静（2.15～2.20），王学慧、李帆、朱艳英、代玉杰（2.25～2.27，3.11），金莹（3.2，3.3），张雷（3.4，3.5），黄艳茹（3.6），隋成玉（3.7，3.8），李向荣（3.9，3.10），赵波（3.12，3.13），张艳华（3.14，3.16，3.17），石晓玲（3.15），姜永健（3.18，3.19），赵杰、郭怀红、王一男、张磊磊（3.20，4.1～4.11），龙文、黄金华（4.12～4.15，附录）。主编王莉、许星光、宋昭远负责组织编写及统稿工作，副主编黄艳茹、代玉杰、金莹协助完成实验项目的选排和勘误。全书由玉姣主审。

实验教学是一项集体工作，本书凝聚了辽宁石油化工大学理学院物理实验中心多年来所有从事物理教学的教师和技术人员的智慧和劳动成果。本书在编写过程中参阅了我实验中心教研室以前的大学物理实验讲义和许多兄弟院校的有关教材以及仪器生产厂家的说明书，吸取了宝贵经验，在此表示衷心的感谢！

由于水平有限，书中难免存在不当之处，望读者和专家批评指正。

编　者

2017年10月

目 录

0 绪　论

0.1　物理实验的地位与作用

物理学是研究物质的基本结构、相互作用和物质最基本、最普遍的运动形式及其规律的学科。物理学按研究方法可分为理论物理和实验物理两大分支。理论物理是从一系列基本原理出发，经过数学的推演得出结果，并将结果与观测和实验相比较，从而达到理解现象、预测未知的目的。实验物理是以观测和实验为手段来发现新的物理规律，验证理论结论，同时也为理论物理提供新的研究课题。因此，物理实验是研究自然规律的最基本的手段，是物理理论的源泉。物理学从本质上说是一门实验科学。历史表明，在物理学的建立和发展过程中，物理实验一直起着重要的作用，并且在今后探索和开拓新的科技领域时，物理实验仍然是强有力的工具。在高等理工院校，物理实验课是学生进入大学后受到系统实验方法和实验技能训练的开端，是理工类专业对学生实验训练的重要基础，是大学生学习或从事科学实验的起步。因此，国家教育部把物理实验列为理工院校培养大学生进行科学实验基本训练的一门独立的、重要的必修课程。所以，学好物理实验对于高等理工院校的学生来说是十分重要的。

0.2　物理实验课的任务及主要教学环节

0.2.1　物理实验课的任务

根据国家教育部颁发的《高等工业学校物理实验课程教学基本要求》的规定，物理实验课的具体任务如下。

(1) 通过对物理实验现象的观察、分析及对物理量的测量，学习物理实验知识，加深对物理学原理的理解。

(2) 培养与提高学生的科学实验能力，其中包括：

① 能够自行阅读实验教材和资料，作好实验前的准备；

② 能够借助教材或仪器说明书正确使用常用仪器；

③ 能够运用物理学理论对实验现象进行初步分析判断；

④ 能够正确记录和处理实验数据，绘制曲线，说明实验结果，撰写合格的实验报告；

⑤ 能够完成简单的设计性实验。

(3) 培养与提高学生的科学实验素养。要求学生具有理论联系实际和实事求是的科学作风，严肃认真的工作态度，主动研究的探索精神和遵守纪律、爱护公共财产的优良品德。

0.2.2　物理实验课的主要教学环节

为达到物理实验课的目的，学生应重视物理实验教学的三个重要环节。

(1) 实验预习

课前要仔细阅读实验教材或有关的资料，基本弄懂实验所用的原理和方法，并学会从中整理出主要实验条件、实验关键及实验注意事项，根据实验任务画好数据表格。有些实验还要求学生课前自拟实验方案，自己设计线路图或光路图，自拟数据表格等。因此课前预习的好坏是实验中能否取得主动的关键。

（2）实验操作

学生进入实验室后应遵守实验室规则，按照一个科学工作者的标准要求自己。井井有条地布置仪器，安全操作，注意细心观察实验现象，认真钻研和探索实验中的问题。不要期望实验工作会一帆风顺，在遇到问题时，应看作是学习的良机，冷静地分析和处理它。仪器发生故障时，也要在教师的指导下学习排除故障的方法。总之，要将着重点放在实验能力的培养上，而不是测出几个数据就以为完成了任务。对实验数据要严肃对待，要用钢笔和圆珠笔记录原始数据。如记错了，也不要涂改，应轻轻划上一道，在旁边写上正确值（错误多的，需重新记录），使正误数据都能清晰可辨，以供在分析测量结果和计算误差时参考。不要用铅笔记录原始数据，自己留有涂抹的余地，也不要先草记在另外的纸上再誊写在数据表格里，这样容易出错，况且，这已不是原始记录了。希望同学们注意纠正自己的不良习惯，从一开始就不断培养良好的科学作风。实验结束时，将实验数据交教师审阅签字，整理还原仪器后方可离开实验室。

（3）实验总结

实验后要对数据及时进行处理。如果原始记录删改较多的，应加以整理，对重要的数据要重新列表。数据处理过程包括计算、作图、误差分析等。计算要有计算式，代入的数据都要有根据，便于别人看懂，也便于自己检查。作图按作图规则，图线要规矩、美观。数据处理后应给出实验结果。最后要撰写出一份简洁、明了、工整有见解的实验报告。这是每一个大学生必须具备的报告工作成果的能力。

实验报告内容包括：

① 实验名称——实验项目或实验选题。

② 实验目的——实验所希望得到的结果和希望实现的目标。

③ 实验原理——简要叙述有关物理内容（包括电路图、光路图或实验装置示意图）及测量中依据的主要公式，式中各个量的物理含义及单位，公式成立应满足的实验条件等。

④ 实验步骤——写下主要实验步骤。设计性实验的步骤应详细写明，还要注明注意事项。

⑤ 数据表格与数据处理——记录中要有仪器编号、规格及完整的实验数据。要完成数据计算、曲线图绘制及误差分析。最后写明实验结果。

⑥ 分析与讨论——对实验进行合理的评价。可以是实验中现象的分析，对实验关键问题的研究体会，实验的收获和建议，也可以是思考题的解答。

0.3 学生 App 操作指南

0.3.1 App 下载

App 下载有如下三种方式。

① Android 版本，发布在应用宝上，手机页面如图 0.3.1 所示。打开应用宝搜索“辽宁石油化工大学”，点击下载。

② IOS 版本，发布在 App 应用商店上，手机页面如图 0.3.2 所示。打开应用商店搜索“辽宁石油化工大学-校园门户”，点击下载。

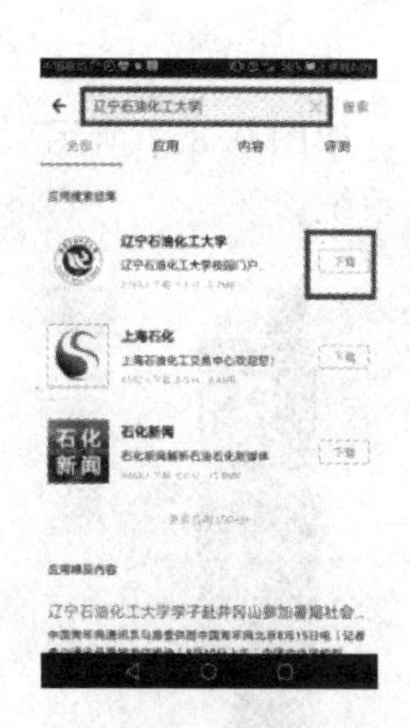

图 0.3.1　Android 版本应用宝页面

图 0.3.2　IOS 版本应用商店页面

③ 扫描二维码下载 App（安卓和 IOS 都可以），如图 0.3.3 所示。登录 App 时，用户名为学生学号，密码为身份证后六位，或者 123456。

图 0.3.3　App 二维码

0.3.2　消息中心

“消息中心”以学生实验课涉及的各种消息组成，包括“课程提醒”“课程设置”“通知公告”及“重要通知”。

（1）消息中心-课程提醒

进入消息中心页面，点击“课程提醒”后会显示你最近的课程信息，如图 0.3.4 所示。

（2）消息中心-通知公告

进入消息页面，点击“通知公告”后可以查看公告，会看到物理实验中心最近推送的通知公告，如图 0.3.5 所示。

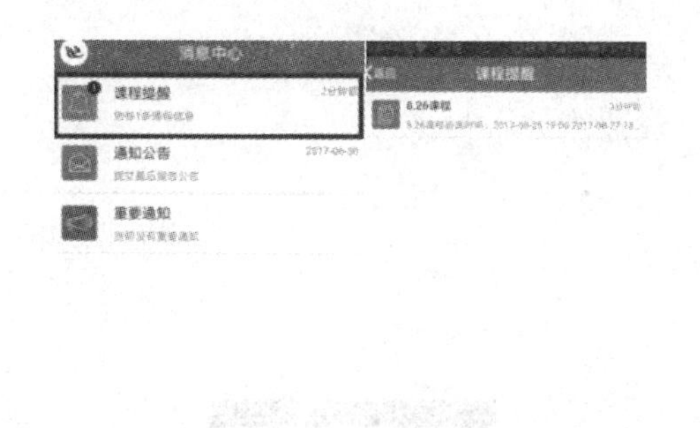

图 0.3.4　“课程提醒”页面

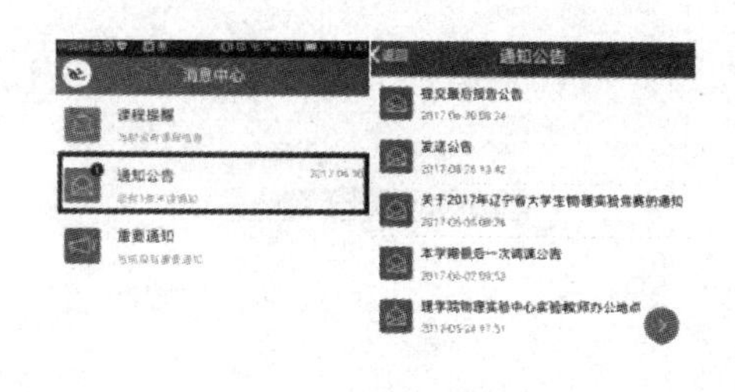

图 0.3.5　“通知公告”页面

（3）消息中心-重要通知

进入消息页面，点击“重要通知”后，会看到物理实验中心最近发布的重要通知，如图 0.3.6 所示。

0.3.3 个人中心

点击页面左上方圆形校徽图片，进入“个人中心”页面，如图 0.3.7 所示。此页面可以进行更换主题、修改联系方式、修改密码、清除缓存和退出系统。

图 0.3.6 “重要通知”页面

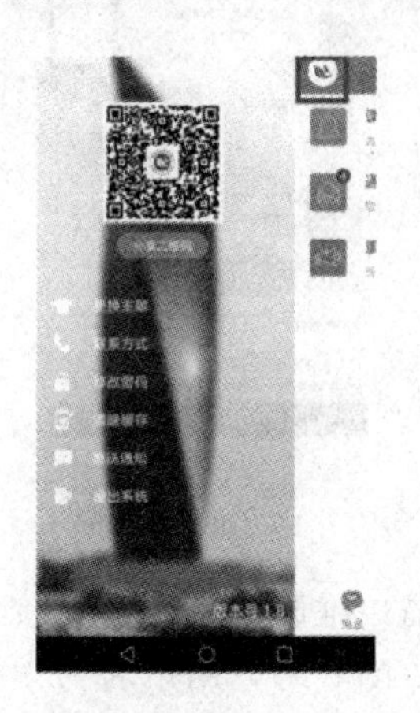

图 0.3.7 “个人中心”页面

0.3.4 课程首页

点击手机页面下侧中间“课程”图标进入课程首页，首次登入需要填写“手机号码”“邮箱”“QQ”和“微信”，邮箱与手机号码是必填项，邮箱是找回密码的唯一方式，如图 0.3.8 所示。

点击“确认”后进入“课程”页面，显示包括“个人信息”“取消课提醒”“上课提醒”“选课提醒”和“未完成实验”项目，如图 0.3.9 所示。“上课提醒”会提示三天内的课程。

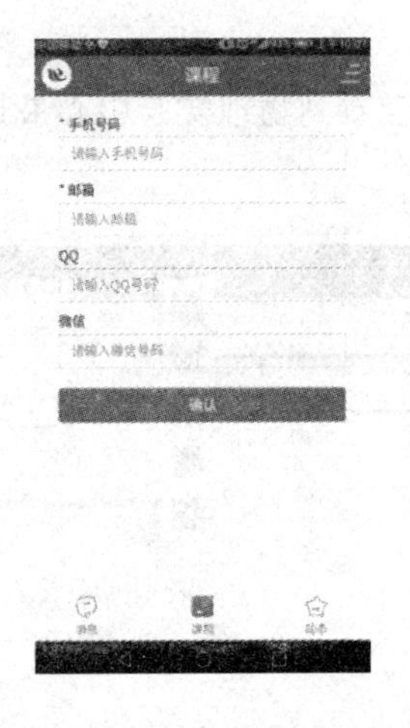

图 0.3.8 填写个人信息页面

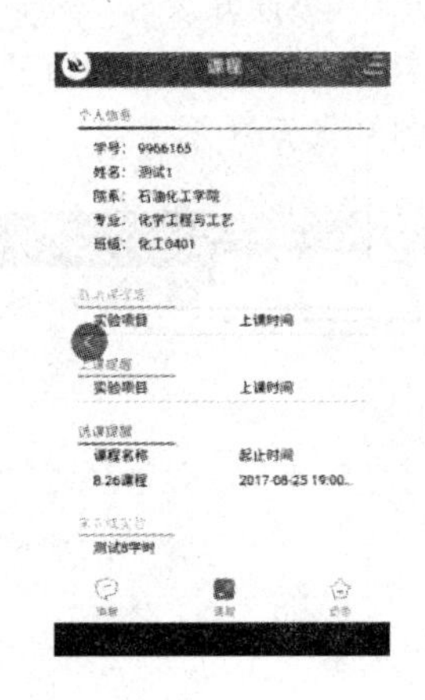

图 0.3.9 “课程”页面

0.3.5 我的课表

在课程页面点击右上方图片，选择“我的课程”，此页面可以进行“课程调整”“预习测试”“填写实验报告”以及“查看实验报告”，如图 0.3.10 所示。

上实验课之前，需要先进行预习测试，预习测试可以多次答题，过指定标准（不小于 1.5 分）的预习分数才能上课。上课后，实验操作完毕且测出实验数据，教师检查合格签字确认后，再填写操作成绩，同时学生用手机拍摄实验数据以备回去写报告用，原始纸板数据留给教师备案。如果实验中心依旧使用纸版的实验报告，那么学生提交纸版实验报告以后，教师评阅给分以后，学生就能查看成绩。

图 0.3.10 “我的课程”页面

0.3.6 选课

在“课程”页面点击右上方图片，选择“选课”，进入“选课”页面，如图 0.3.11 所示。

在“选课”页面可以进行选课与退选，在未选页面选课，在已选页面退选。必选课必须先选，必选课选完后才可以选择其他的课程，只有在规定选课时间内才可以选课。

图 0.3.11 “选课”页面

0.3.7 成绩查询

在“课程”页面点击右上方图片，选择“成绩查询”，进入“成绩查询”页面，如图 0.3.12 所示。

图 0.3.12 “成绩查询”页面

在“成绩查询”页面可以查看成绩列表及成绩详情，实验项目成绩＝预习成绩＋操作成绩＋报告成绩，课程成绩＝各个实验项目成绩之和÷项目数。

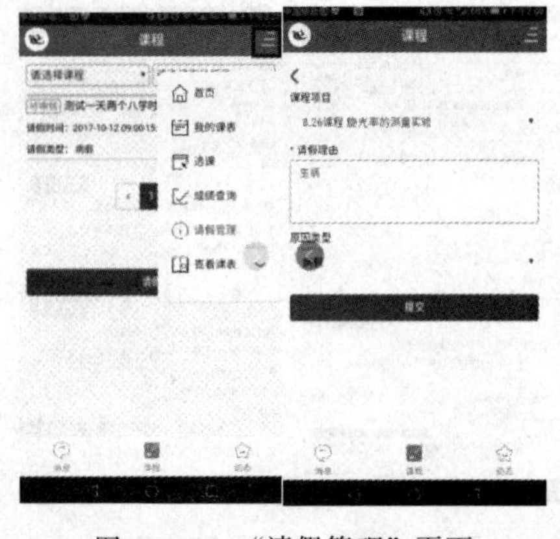

图 0.3.13 “请假管理”页面

0.3.8 请假管理

在课程页面点击右上方图片，选择“请假管理”，进入“请假管理”页面，如图 0.3.13 所示。

点击“请假”，选择课程项目，输入理由，选择原因类型，点击提交。必须在课程开始前请假，请假在教师未审批时可以撤回。

0.3.9 课表查询

在“课程”页面点击右上方图片，选择“查看课表”，然后出现三种选项，包括“查看个人课表”、“查看班级课表”和“查看教师课表”，如图 0.3.14 所示。

查看个人与班级课表时选择第几周即可，查看教师课表时需要输入教师姓名。

0.3.10 动态

点击页面下方右侧“动态”图标，进入“动态”页面，如图 0.3.15 所示。“动态”页面共有八个选项，包括“校园动态”“校园简介”“实践教学”“院系导航”“实习就业”“校园风光”“地理位置”和“联系我们”。

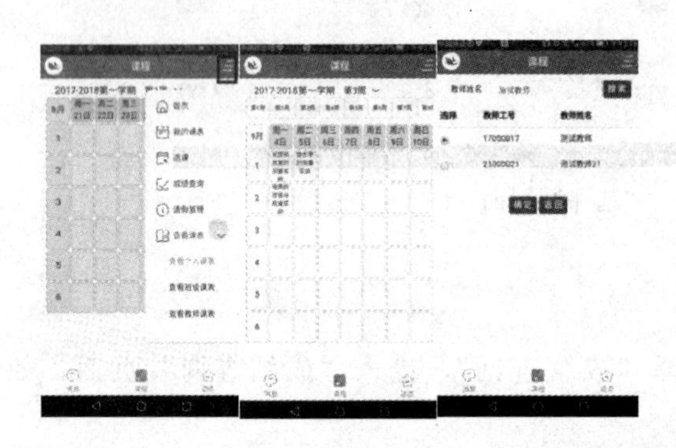

图 0.3.14 “课表查询”页面

图 0.3.15 “动态”页面

0.4 实验室规则

① 学生进入实验室需带上记录实验数据的表格，课前应完成指定的预习内容，经教师检查同意方可进行实验。

② 遵守课堂纪律，保持安静的实验环境。

③ 使用电源时，务必经过教师检查线路后才能接通电源。

④ 爱护仪器。进入实验室不能擅自搬弄仪器，实验中严格按仪器说明书操作，如有损坏，照章赔偿。公用工具用完后应立即归还原处。

⑤ 做完实验后学生应将仪器整理还原，将桌面和凳子收拾整齐。经教师审查测量数据和仪器还原情况并签字后，方可以离开实验室。

⑥ 实验报告应在实验后一周内交实验指导教师。

1 误差理论及实验数据处理

在物理实验中，我们需要对物理量进行测量。由于实验仪器的灵敏度或分辨率的限制，测量方法的不完善等因素，使得测量结果与真实值之间总有一定差异。因此，在实验中除了获得必要的测量数据外，还必须对测量结果进行评价。对测量结果精确程度的评价是一门专业学科，涉及面非常广泛。对测量结果的评价包括对测量误差的分析估算和对实验数据的处理，它是完整的科学实验的一个重要方面。在物理实验课中，我们将对有关知识作初步介绍，并将通过具体实验进行最基本的训练。

1.1 测量与误差

物理实验是以测量为基础的，实践表明，测量结果都存在误差，误差自始至终存在于一切科学实验和测量的过程中。因为任何测量仪器、测量方法、测量环境、测量者的观察力等等都不能做到严密，这就使测量不可避免地伴随着误差的产生。因此分析测量中可能产生的各种误差，尽可能消除其影响，并对测量结果中可能的误差作出估计，是物理实验和许多科学实验中必不可少的工作。为此我们必须了解误差的概念、特性、产生的原因和估计方法等有关知识。

1.1.1 常用误差概念

(1) 真值 绝对误差 δ

被测物理量的客观大小称为真值，记为 μ_0。用实验手段测量出来的值为测量结果，即测量值，记为 x_i。测量结果减被测量的真值叫测量误差，简称误差，记为 δ，即：

$$\delta = x_i - \mu_0 \tag{1.1.1}$$

真值是理想概念，一般是不可知的。为了得到测量误差，通常用约定真值（一近似的相对真值）代替真值。在实际运用中，对于单次测量可直接将测量结果当成约定真值，对多次测量将其算术平均值当作最佳估计值，即约定真值。式(1.1.1) 表示的误差是测量值与真值的差，又称为绝对误差。绝对误差可以用来比较不同仪器测量同一被测物理量的测量准确度的高低。

(2) 相对误差 E

测量的绝对误差与真值之比称为测量的相对误差。一般用百分比来表示：

$$E = \frac{\delta}{\mu_0} \times 100\% \tag{1.1.2}$$

相对误差 E 可以用来比较不同被测物理量测量准确度的高低，或者说用相对误差能确切地反映测量的效果。被测量的量值大小不同，允许的误差也应有所不同。被测量的量值越小，允许测量的绝对误差也应越小。

(3) 偏差 Δx_i

在多次测量中，测量列内任意一个测量值 x_i 与测量列的算术平均值 $\overline{x}$ 的差称为偏差，即：

$$\Delta x_i = x_i - \overline{x} \tag{1.1.3}$$

式中，$\overline{x}=\frac{1}{n}\sum_{i=1}^{n}x_i$。偏差可正可负，可大可小。

(4) 标准误差 σ

在同一条件下，若对某物理量 x 进行 n 次等精度、独立的测量，则测量列中单次测量的标准误差按下式定义：

$$\sigma=\lim_{n\to\infty}\sqrt{\frac{\sum_{i=1}^{n}(x_{i-1}-\mu)^2}{n}} \tag{1.1.4}$$

式中，μ 相应于测量次数时测量的平均值。式(1.1.4) 是对这一组测量数据可靠性的估计，标准误差小，说明这一组测量的重复性好，精密度高。

(5) 标准偏差 S_x

在有限的 n 次测量中，单次测量的标准偏差用 S_x 表示：

$$S_x=\sqrt{\frac{\sum_{i=1}^{n}(x_i-\overline{x})^2}{n-1}} \tag{1.1.5}$$

这个公式又称为贝塞尔公式。它表示测量的随机误差，标准偏差小就表示测量值很密集，即测量的精密度高；标准偏差大就表示测量值很分散，即测量的精密度低。

(6) 平均值的标准偏差 $S_{\overline{x}}$

在同一条件下，若对某物理量 x 进行 n 次等精度、独立的测量，在进行有限的 n 次测量中，可得一最佳估计值 $\overline{x}$。$\overline{x}$ 也是一个随机变量，它随 n 的增减而变化，显然它比单次测量值可靠。可证明平均值的标准偏差 $S_{\overline{x}}$ 与一列测量中单次测量的标准偏差 S_x 满足如下关系：

$$S_{\overline{x}}=\frac{S_x}{\sqrt{n}}=\sqrt{\frac{\sum_{i=1}^{n}(x_i-\overline{x})^2}{n(n-1)}} \tag{1.1.6}$$

(7) 仪器误差限 $\Delta_{仪}$

任何测量过程都存在测量误差，其中包括仪器误差。仪器误差限或最大允许误差是指在正确使用仪器的条件下，测量结果和被测量的真值之间可能产生的最大误差，用 $\Delta_{仪}$ 表示。对照国际标准及我国制定的相应的计量器具的检定标准和规定。考虑物理实验教学的要求，下面作简略的介绍或约定。

在长度测量类中，最基本的测量工具是直尺，游标卡尺，螺旋测微器。在基础物理实验中，除具体实验另有说明外（如游标卡尺、螺旋测微器)，我们约定：这些测长度工具的仪器误差限按其最小分度值的一半估算。

在质量测量类中，主要工具是天平。天平的测量误差应包括示值变动性误差、分度值误差和砝码误差等。单杠杆天平按精度分为十级，砝码的精度分为五等，一定精度级别的天平要配用等级相当的砝码。在简单实验中，我们约定：取天平的最小分度值作为仪器误差限。

在时间测量类中，停表是物理实验中常用的计时仪表。在本课程中，对较短时间的测量，我们约定：取停表的最小分度值作为仪器误差限。对石英电子秒表，其最大偏差 $\Delta_{仪}\leqslant\pm(5.8\times10^{-6}t+0.01)\mathrm{s}$，其中 t 是时间的测量值。

在温度测量类中，常用的测量仪器包括水银温度计、热电偶和电阻温度计等。在本课程中，我们约定：水银温度计的仪器误差限按其最小分度值的一半估算。

在电学测量类中，电学仪器按国家标准大多是根据准确度大小划分其等级，其基本误差限可通过准确度等级的有关公式给出。

对电磁仪表，如指针式电流、电压表：

$$\Delta_{仪}=\alpha\%\times A_m \tag{1.1.7}$$

式中，A_m是电表的量程；α 是以百分数表示的准确度等级，电表精度分为5.0，2.5，1.5，1.0，0.5，0.2，0.1七个级别。

对直流电阻器（包括标准电阻、电阻箱），准确度等级分为0.0005，0.001，0.002，0.005，0.01，0.02，0.05，0.1，0.2，0.5等级别。实验室使用的电阻箱，其优点是阻值可调，但接触电阻和接触电阻的变化要比固定的标准电阻大。一般按不同度盘分别给出准确度级别，同时给出残余电阻（即各度盘开关取零时，连接点的电阻）值。仪器误差限按不同度盘允许误差限之和加上残余电阻来估算，即：

$$\Delta_{仪}=\sum\alpha_i\%R_i+R_0 \tag{1.1.8}$$

式中，R_0是残余电阻；R_i是第 i 个度盘的示值，α_i 是相应电阻的准确度级别。对于ZX21型0.1级电阻箱，我们约定$R_0=0.005(N+1)$，式中 N 是实际所用十进制电阻盘的个数，并且各度盘的准确度等级都取为0.1，则其允许误差限为：

$$\Delta_{仪}=\alpha_i\%\cdot R+R_0=0.1\%\cdot R+0.005(N+1) \tag{1.1.9}$$

式中，R 是各度盘电阻值之和。考虑残余电阻 R_0 很小，可以舍去，因此我们直接取：

$$\Delta_{仪}=\alpha_i\%\cdot R \tag{1.1.10}$$

仪器的标准误差用 $\Delta_{仪}$ 表示，它与误差分布有关。

1.1.2 测量误差的分类

测量中的误差主要分为两种类型，即系统误差和随机误差。它们的性质不同，需分别处理。

（1）系统误差

系统误差是指在重复测量条件下，对同一被测量进行无限多次测量所得结果的平均值与被测量的真值之差。系统误差按其来源可分为仪器误差、调整误差、环境误差、理论误差、人员误差等。系统误差按其规律又可分为恒定的系统误差、线性误差、周期性系统误差等。

由于系统误差服从确定性规律，在相同条件下，这一规律可重复地表现出来，因而原则上可用函数的解析式、曲线或图表来对它进行描述。系统误差虽有确定的规律，但这一规律并不一定确知；按照对其测量误差的符号和大小可以确定和不能确定，可将系统误差分为已知的系统误差（已定系统误差）和未知的系统误差（未定系统误差）。已定系统误差可通过修正的方法从测量结果中消除；未定系统误差一般只能估计出它的限值或分布范围，它与后述不确定度B类分量有大致的对应关系。

（2）随机误差

随机误差定义为：测量结果与在重复性条件下，对同一被测量进行无限多次测量所得结果的平均值之差。即随机误差是以不可预知的方式变化的测量误差。在少量测量数据中，它的取值不具有规律性，但在大量的测量数据中表现出统计规律，我们要用统计理论给予解释。

（3）系统误差与随机误差的关系

系统误差和随机误差虽是两个截然不同的概念，但在任何一测量中，误差既不会是单纯的系统误差，也不会是单纯的随机误差，而是两者兼而有之，并且两种误差之间没有严格的分界线。在实际测量中有许多误差是无法准确判断其属性的，并且在一定的条件下，随机误差的一部分可转化为系统误差。

1.1.3 精密度、准确度、精确度

（1）精密度

表示测量数据集中的程度。它反映随机误差的大小，与系统误差无关。测量精密度高，则数据集中，随机误差小。

（2）准确度

表示测量值与真值符合的程度。它反映系统误差的大小，与随机误差无关。测量准确度高，则平均值对真值的偏离小，系统误差小。

（3）精确度

对测量数据的精密度与准确度的综合评定。它反映随机误差和系统误差合成的大小，即综合误差的大小。测量的精确度高，说明测量数据不仅比较集中而且接近真值。

我们用打靶时子弹着弹点的分布图说明上述三个名词的含义。图 1.1.1(a) 表示精密度高而准确度低；图 1.1.1(b) 表示准确度高而精密度低；图 1.1.1(c) 表示精密度和准确度都高，即精确度高。

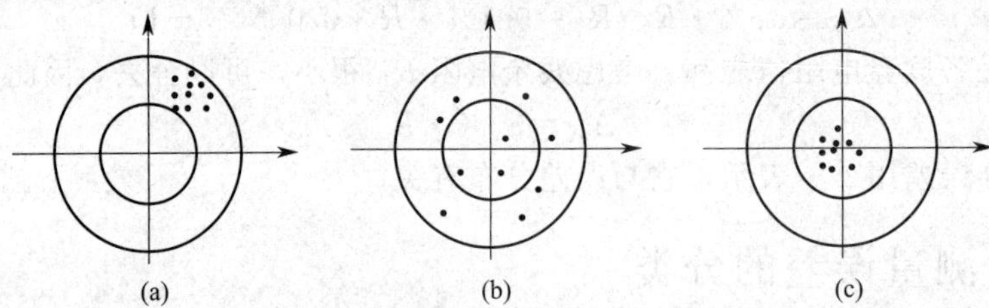

图 1.1.1　子弹着弹点的分布说明精密度、准确度、精确度

等精度测量是指在测量条件相同的情况下进行的一系列测量。例如，由同一人在相同的环境下，在同一仪器上用同样的测量方法，对同一被测物理量进行多次测量，每次测量的可靠性相同，这种测量就是等精度测量。在对同一物理量进行多次测量中，若改变测量条件，则测量结果的精确度会不相同，称为不等精度测量。我们的实验一般都采用等精度测量。本讲义也只介绍等精度测量的数据处理方法。

1.1.4 误差分布

在测量过程中，由于误差的来源不同，它们所服从的规律也不相同。常见的随机误差分布有：二项式分布、正态分布、双截尾正态分布、泊松分布、χ^2 分布、F 分布、t 分布、均匀分布等。我们介绍两种典型的分布。

（1）正态分布

在等精度测量中，大多数情况下的测量值及其随机误差都服从正态分布。正态分布又叫高斯分布，标准的正态分布曲线如图 1.1.2 所示，它满足如下的概率密度分布函数：

$$f(x)=\frac{1}{\sigma\sqrt{2\pi}}\exp\left(-\frac{(x-\mu)^2}{2\sigma^2}\right) \tag{1.1.11}$$

式中，x 为测量值；σ 为测量值的标准偏差；而 μ 表示当测量次数无限多时的算术平均值（真值的最佳估计值）。

$$\mu=\lim_{n\to\infty}\frac{\sum_{i=1}^{n}x_i}{n},\sigma=\lim_{n\to\infty}\sqrt{\frac{\sum(x-\mu)^2}{n}} \tag{1.1.12}$$

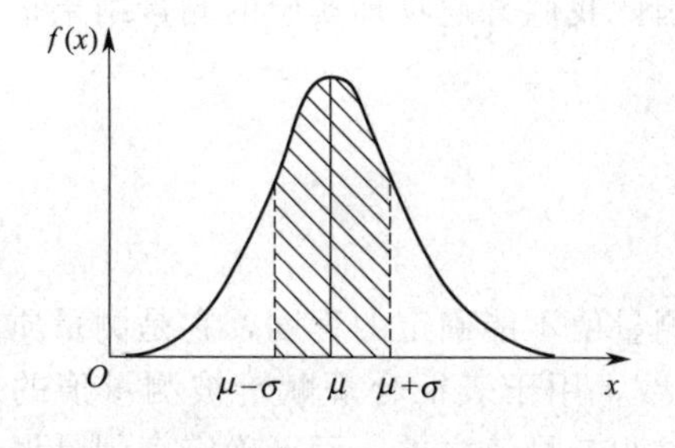

图 1.1.2　正态分布

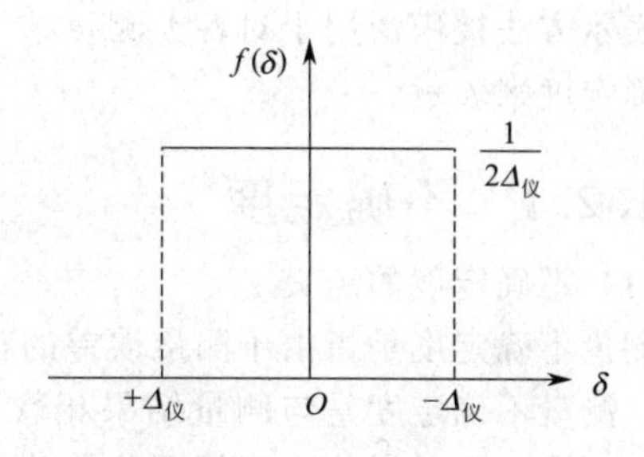

图 1.1.3　均匀分布

从曲线可以看出被测量值在 $x=\mu$ 处的概率密度最大，曲线峰值处的横坐标相应于测量次数 $n\to\infty$ 时被测量的平均值 μ。横坐标上任一点到 μ 值的距离（$x-\mu$）即为与测量值 x 相应的随机误差分量。随机误差小的概率大，随机误差大的概率小。σ 为曲线上拐点处的横坐标与 μ 值之差，它是表征测量值分散性的重要参数，称为正态分布的标准偏差。这条曲线是概率分布曲线，当曲线和 x 轴之间的总面积定为 1 时，其中介于横坐标上任何两点的某一部分面积可用来表示随机误差在相应范围内的概率。如图中阴影部分 $\mu-\sigma$ 到 $\mu+\sigma$ 之间的面积就是随机误差在 $\pm\sigma$ 范围内的概率（置信概率），即测量值落在（$\mu-\sigma$，$\mu+\sigma$）区间中的概率，由定积分可计算得其值为 $P=68.3\%$。如将区间扩大到 -2σ 到 $+2\sigma$，则 x 落在（$\mu-2\sigma,\mu+2\sigma$）区间中的概率就提高到 95.4%；x 落在（$\mu-3\sigma,\mu+3\sigma$）区间中的概率为 99.7%。

从分布曲线还可以看出：在多次测量时，正负随机误差经常可以大致相消，因而用多次测量的算术平均值表示测量结果可以减小误差的影响；测量值的分散程度直接体现随机误差的大小，测量值越分散，测量的随机误差就越大。因此，必须对测量的随机误差作出估计才能表示出测量的精密度。

（2）均匀分布

测量误差服从均匀分布是指在测量值的某一范围内，测量结果取任一可能值的概率相等；或在某一误差范围内，各误差值出现的概率相等。服从均匀分布的误差的概率密度函数为：

$$f(\delta)=\frac{1}{2\Delta_{仪}} \tag{1.1.13}$$

分布曲线如图 1.1.3 所示，在［$-\Delta_{仪},+\Delta_{仪}$］范围内，各误差值出现的概率相同，区间外出现的概率为 0。

均匀分布的平均值、标准误差、标准偏差及平均值的标准偏差的计算方法与正态分布相同。

随机误差服从均匀分布的例子有：由仪表分辨力限制所产生的示值误差，因为在分辨力范围内的所有测量参数值出现的概率相同；对于数字式仪表，由最小计量单位限制引起的误差（截尾误差）；在对测量数据的处理中，修约引起的误差；指示仪表调零不准所产生的误差；数学用表的数据位数限制所产生的误差等。

1.2　不确定度和测量结果的表示

根据国际标准化组织等 7 个国际组织联合发表的《测量不确定度表示指南 ISO 1993（E）》的精神和我国国家标准计量局作出的实验不确定度的规定建议书，实验测量的不确定度表示方法被广泛用于对各类测量结果的评价。因此我们普通物理实验的测量结果也应该用不确定度来表示。

1.2.1 不确定度

（1）不确定度的定义

测量不确定度是指由于测量误差的存在而对被测量值不能确定的程度，它是测量质量的表述。测量不确定度是与测量结果相联系的一个参数，用于表征合理赋予被测量值的分散性。它不同于测量误差，测量误差是被测量的真值与测量量值之差，而不确定度则是误差可能数值（或数值可能范围）的测度。

在物理实验中进行着大量的测量，测量结果的质量如何，要用不确定度来说明。在相同置信概率的条件下，不确定度越小，其测量质量越高，使用价值也越高；反之，不确定度越大，其测量质量越低，使用价值也越低。

（2）不确定度的分类

测量不确定度的大小表征测量结果的可信程度。按其数值的来源和评定方法，不确定度可分为统计不确定度和非统计不确定度两类分量。

① A 类不确定度分量 u_A

由观测到的统计分析评定的不确定度，也称统计不确定度，该分量用符号 u_A 表示。在大多数情况下，我们遇到的实际测量问题都服从正态分布，由于一般只能进行有限次测量，这时测量误差只能用 t 分布（又称学生分布）的规律来估计。这种情况下，对测量误差的估计，就要在贝塞尔公式(1.1.5）的基础上再乘以一个因子。在相同条件下对同一被测量作 n 次测量，若只计算不确定度 u 的 A 类分量 u_A，那么它等于测量值的标准偏差 S_x 乘以因子 $t_p/\sqrt{n}$，即：

$$u_A=\frac{t_p}{\sqrt{n}}S_x \tag{1.2.1}$$

式中，t_p是与测量次数n、置信概率 p 有关的量。概率 p 及测量次数n 确定后，t_p也就确定了，因子 t_p的值可以从专门的数据表中查得。当 $p=0.95$ 时，$t_p/\sqrt{n}$ 的部分数据可以从下表中查得。

测量次数	2	3	4	5	6	7	8	9	10
$t_p/\sqrt{n}$因子的值	8.98	2.48	1.59	1.24	1.05	0.93	0.84	0.77	0.72

普物实验测量次数 n 一般小于 10。从该表知，当 $5<n<10$ 时，因子 $t_p/\sqrt{n}$ 近似取为 1，误差并不很大。这时式(1.2.1）可简化为：

$$u_A=S_x \tag{1.2.2}$$

有关的计算还表明，在 $5<n\leqslant 10$ 时，作 $u_A=S_x$ 近似，置信概率近似为 0.95 或更大。所以我们可以这样简化：直接把 S_x 的值当作测量结果的 A 类不确定度分量 u_A。当然，测量次数 n 不在上述范围或要求误差估计比较精确时，要从有关数据表中查出相应的因子 $t_p/\sqrt{n}$的值。

② B 类不确定度分量

B类不确定度分量 u_B是指由非统计方法估计出的不确定度。它主要由仪器误差引起的，与仪器的误差限有关。实验室常用仪器的误差或误差限值，是生产厂家参照国家标准规定的计量仪表、器具的准确度等级或允许误差范围给出，或由实验室结合具体测量方法和条件简化而约定的，用 $\Delta_{仪}$ 表示。B类不确定度分量表示为：

$$u_B = k_p \frac{\Delta_{仪}}{C} \tag{1.2.3}$$

式中，k_p为一定置信概率下相应分布的置信因子；C为相应的置信系数。C值因误差分布不同而异。对于正态分布$C=3$；对于均匀分布$C=\sqrt{3}$。置信概率为0.68时，$k_p=1$；置信概率为0.95时，$k_p=1.96$；置信概率为0.99时，$k_p=3$。在物理实验中，一般取置信概率为0.95，因此从简约和实用出发，我们统一规定取$C=\sqrt{3}$，$k_p=1.96$。则：

$$u_B = \frac{1.96}{\sqrt{3}} \Delta_{仪} \approx \Delta_{仪} \tag{1.2.4}$$

(3) 不确定度的合成

置信概率为0.68时的不确定度为标准不确定度，其他置信概率对应的不确定度称为扩展不确定度，也称为总不确定度。不确定度u包含两类分量u_A和u_B，因此扩展不确定度应由这两类分量合成，满足如下公式：

$$u = \sqrt{u_A^2 + u_B^2} \tag{1.2.5}$$

由公式(1.2.1) 和式(1.2.4) 得：

$$u = \sqrt{u_A^2 + u_B^2} = \sqrt{\left(\frac{t_p}{\sqrt{n}} S_x\right)^2 + {\Delta_{仪}}^2} \tag{1.2.6}$$

当测量次数n符合$5 < n < 10$条件时，上式可简化为：

$$u = \sqrt{S_x^2 + \Delta_{仪}^2} \tag{1.2.7}$$

式(1.2.7) 是今后实验中估算不确定度经常要用的公式，希望能够记住。

1.2.2 测量结果的评价

(1) 测量结果的表达形式

完整的测量结果应给出被测量的量值x_0（多次测量时用$\bar{x}$），同时还要标出测量的不确定度u和单位。写成：

$$x = x_0 \pm u \text{ (SI)} \tag{1.2.8}$$

它表示测量的真值在区间（$x_0 - u$；$x_0 + u$）的可能性很大，或者说该区间以一定的置信概率包含真值。

(2) 直接测量结果的评价

在相同条件下对被测量作多次直接测量时，其随机误差用式(1.1.5) 来计算，原则上我们应该用式(1.2.7) 来计算总不确定度。如果因为$S_x < \frac{1}{3} u_B$，或因估计出的u_A对实验最后结果的影响甚小，则可简单地用u_B表示总不确定度u。对于单次测量，不确定度A类分量虽然存在，但不能用式(1.1.5) 来表示，它的值比$\Delta_{仪}$小很多。因此，我们不考虑A类分量，只考虑B类分量。当实验中只要求测量一次时，u取u_B的值并不说明只测一次比测多次时u的值小，只说明用u_B和用$u = \sqrt{u_A^2 + u_B^2}$估算出的结果相差不大，或者说明整个实验中对该被测量u的估算要求能够放宽或必须放宽。测量次数n增加时，用式(1.2.7) 估算出的u虽然一般变化不大，但真值落在$x_0 \pm u$范围内的概率却更接近100%。这说明n增加时真值所处的量值范围实际上更小，因而测量结果更准确了。

例1 用游标卡尺测长度。

为单次测量，因此不计u_A，而游标卡尺的仪器误差限是其最小分度值（$\Delta_{仪}=0.02\text{mm}$），误差服从均匀分布，在置信概率为0.95的条件下，有：

$$u=u_B=\Delta_{仪}=0.02\text{mm}$$

例 2 用毫米尺测长度。

用毫米尺测量时，其误差主要来源于尺刻度的不准和读数不准。取 $\Delta_{仪}=0.5\text{mm}$，则：

$$u_B=\Delta_{仪}=0.5\text{mm}$$

例 3 用天平测物体的质量。

用天平测质量时，天平的最小分度值（若为 0.05g）作为仪器误差限 $\Delta_{仪}$，则：

$$u_B=\Delta_{仪}=0.05\text{g}$$

例 4 时间的测量。

用秒表测量时间时，不确定度由操作误差和秒表本身的误差构成。对于后者，若取 $\Delta_{仪}=0.1\text{s}$，则：

$$u_B=\Delta_{仪}=0.1\text{s}$$

用光电计时器（毫秒计）测量时，其误差服从均匀分布，仪器误差限 $\Delta_{仪}=0.001\text{s}$，则：

$$u_B=\Delta_{仪}=0.001\text{s}$$

例 5 用安培表测电流。

磁电式仪表的测量误差主要是由电表结构上的缺陷造成的，其测量误差取决于电表的准确度等级 α 和使用的量程 A_m。其误差分布较复杂，对于单次测量不考虑 u_A，则 $u=\Delta_{仪}=A_m\alpha\%$。例如电路中电流值约为 2.5A 时，分别用量程为 3A 和 30A、准确度等级均为 0.5 级的电流表进行测量，则电表不准对应的不确定度分别为：

$$u=3\times0.5\%=0.015(\text{A})$$

$$u_0=30\times0.5\%=0.15(\text{A})$$

由此可知，量程越大不确定度越高，不确定度与待测量值的大小无关，不随电表的示值而变。正因为如此，在实验中选择电表时，不仅要考虑电表的准确度等级，还要考虑量程的大小。测量时，一般应使示值接近量程的 2/3。

(3) 间接测量结果的评价

间接测量是指被测量不是直接测得，而是通过被测量与直接测量值之间的函数关系间接获得。这样一来，直接测量结果的不确定度就必然影响到间接测量结果，这种影响的大小由相应的数学式计算出来。设间接测量所用的数学式可以表述为如下的函数形式：

$$\varphi=F(x,y,z,\cdots)$$

式中，φ 是间接测量结果；x，y，z，…是直接测量结果，它们是互相独立的量。设 x，y，z，…的不确定度分别为 u_x，u_y，u_z，…，它们必然影响测量结果，使 φ 值也有相应的不确定度 u。由于不确定度都是微小的量，相当于数学中的“增量”，因此间接测量的不确定度的计算公式与数学中的全微分公式基本相同。不同之处是：要用不确定度 u_x 等替代微分 $\mathrm{d}x$ 等；要考虑到不确定度合成的统计性质，一般是用“方、和、根”的方式进行。

$$u_\varphi=\sqrt{\left(\frac{\partial F}{\partial x}\right)^2(u_x)^2+\left(\frac{\partial F}{\partial y}\right)^2(u_y)^2+\left(\frac{\partial F}{\partial z}\right)(u_z)^2+\cdots} \tag{1.2.9}$$

$$u_\varphi/\varphi=\sqrt{\left(\frac{\partial \ln F}{\partial x}\right)^2(u_x)^2+\left(\frac{\partial \ln F}{\partial y}\right)^2(u_y)^2+\left(\frac{\partial \ln F}{\partial z}\right)(u_z)^2+\cdots} \tag{1.2.10}$$

上两式称为间接测量不确定度的传播公式。式(1.2.9) 适用于和差形式的函数，式(1.2.10) 适用于积商形式的函数。实际使用时要注意各直接测量值的不确定度应有相同的置信概率，并且一般只取一位有效数字。

例 6 已知金属环的外径 $D_2=(3.600\pm0.004)\text{cm}$，内径 $D_1=(2.880\pm0.004)\text{cm}$，高

$h=(2.575\pm0.004)\text{cm}$，求环的体积 V 及其不确定度 u_V。

解 环的体积为：

$$V=\frac{\pi}{4}(D_2^2-D_1^2)h=\frac{\pi}{4}\times(3.600^2-2.880^2)\times2.575=9.436(\text{cm}^3)$$

环体积的对数及其偏导数为：

$$\ln V=\ln\frac{\pi}{4}+\ln(D_2^2-D_1^2)+\ln h$$

$$\frac{\partial\ln V}{\partial D_2}=\frac{2D_2}{D_2^2-D_1^2},\quad \frac{\partial\ln V}{\partial D_1}=\frac{2D_1}{D_2^2-D_1^2},\quad \frac{\partial\ln V}{\partial h}=\frac{1}{h}$$

代入积商形式的合成公式(1.2.10)，则有：

$$\begin{aligned}\left(\frac{u_V}{V}\right)^2&=\left(\frac{2D_2}{D_2^2-D_1^2}\right)^2(u_{D_2})^2+\left(\frac{2D_1}{D_2^2-D_1^2}\right)^2(u_{D_1})^2+\left(\frac{1}{h}\right)^2(u_h)^2\\&=\left(\frac{2\times3.600\times0.004}{3.600^2-2.880^2}\right)^2+\left(\frac{2\times2.880\times0.004}{3.600^2-2.880^2}\right)^2+\left(\frac{1\times0.004}{2.575}\right)^2\\&=(38.1+24.4+2.4)\times10^{-6}=64.9\times10^{-6}\end{aligned}$$

$$\frac{u_V}{V}=(64.9\times10^{-6})^{1/2}=0.0081=0.81\%$$

$$u_V=0.0081\times V=0.0081\times9.436\approx0.08(\text{cm}^3)$$

因此环体积为：

$$V=(9.44\pm0.08)\text{cm}^3$$

1.3 数据处理的基本知识

数据处理是实验的重要组成部分，它贯穿于物理实验的始终，与实验操作、误差分析及结果评定形成一个有机的整体。因此提高数据处理的能力，掌握基本数据处理方法，对提高实验能力至关重要。

1.3.1 有效数字及其运算

(1) 有效数字的概念

在实验中我们所测得的被测量都是含有误差的数值，对这些数值的尾数不能任意取舍，否则影响测量的精确度。所以在记录数据、计算以及书写测量结果时，应写出几位数字，有严格的要求，要根据测量误差或实验结果的不确定度来确定。

例如用最小分度为 1mm 的钢尺测量某物体的长度，正确的读法是除了确切地读出钢尺上该刻线的位数外，还应估计一位数字，即读到 0.1mm 量级。比如，测出某物的长度是 12.4mm，这表明 12 是确切数字，而最后的 4 是估计的，是不可靠的，是存疑数字。一般来说，有效数字是由准确数字和存疑数字组成。测量数据中的存疑数字一般只取一位（特殊情况下也可取两位，这是由测量结果的不确定度来确定的)。

实验测量数值和纯数学上的数值是有区别的。数学上的数字是不考虑有效数字的，如数学上 12.3=12.30，而在测量中，12.3 与 12.30 是有差别的，前者是三位有效数字，后者是四位有效数字，它们反映了测量的不同精度。有效数字与测量条件密切相关，它的位数由测量条件和待测量的大小共同决定。一定大小的量，测量精度越高，有效数字位数越多；而测量条件一定时，被测量越大，有效数字位数越多。

写有效数字时要注意以下要点。

① 测量时，一般必须在仪器的最小分度内再估读一位，若读数正好与某刻度对齐，则应该在相应估读位上记为“0”。但也有例外，如用最小分度为 0.02mm 的游标卡尺测长度时，只读到 0.02mm；又如分度值为 5μA 的电表，当表指针指在 1.3 格处时，读成 1.0μA 或 1.5μA 都是可行的。当被测量过于粗糙时甚至不应读到分度值所在位。

② 有效数字的位数与小数点位置无关，单位的 SI 词头改变时，有效数字的位数不应发生变化。例如，重力加速度 $980cm/s^2$，在保持有效数字不变而改变 SI 词头时可记为 $0.00980km/s^2$，则有效数字位数仍为三位。数值前表示小数点定位所用的“0”不是有效数字，有效数字应从非“0”的第一个数字算起，而数值后面的“0”则是有效数字，不能去掉。

③ 为表示方便，特别是对较大或较小的数值，常用 $\times 10^n$ 的形式（n 为一正整数）书写，这样可避免有效数字写错，也便于识别和记忆，这种表示方法叫科学记数法。用这种方法记数时，在小数点前只写一位数字。

(2) 有效数字的修约规则（四舍五入规则）

① 测量数据中打算舍弃的最左一位数字小于 5 时则舍去，欲保留的各位数字不变。例如数据 3.1448 取三位有效数字时为 3.14。

② 测量数据中打算舍弃的数字的最左一位数字大于 5（或等于 5 而其后跟有非全部为 0 的数字时），则应进一，即保留数字的末位加 1。如 3.1465001 取二位有效数字时为 3.1，取三位有效数字时为 3.15，取四位有效数字时为 3.147。

③ 测量数据中打算舍去的最左一位数字为 5，而它后面无数字或全部为 0 时，若所保留数字的末位为奇数则进一，为偶数或 0 则舍弃。如数据 3.1050 取三位有效数字为 3.10，数据 3.15 取二位有效数字则为 3.2。

④ 负数修约时，先将它的绝对值按上述①②③规定进行修约，然后在修约值前加上负号。

以上对有效数字的修约规则可以归纳为一句话：“四舍、大于五入、缝五凑偶”。对仪器误差限、标准差及不确定度的最后结果，在去掉多余位时，一般只入不舍。如计算不确定度时计算数据为 0.0316，取二位有效数字时为 0.032。

(3) 测量结果不确定度及有效数字位数的取法

测量值或数据处理结果的有效数字中含有可疑数字，可疑数字的数位是与测量结果的不确定度有关的。确定最后结果的有效位数的一般原则是：一次直接测量结果的有效数字由仪器的误差限决定的不确定度来确定；多次直接测量结果（算术平均值）的有效数字，或间接测量结果的有效数字由计算出来的不确定度来确定。总之，一般要由不确定度来决定有效数字的位数。对于给出的不确定度或计算出来的不确定数据，由于它本身就是一个估计数，因此一般情况下只取一位。在一些精密测量和重要测量中，不确定度可取二位。测量结果数据的最末一位取到与不确定度末位同一量级，或说测量结果数值的最后一位与不确定度的最后一位对齐。如间接测量结果为 4.2958m，不确定度为 0.005m，则间接测量结果取为 4.296m，最后结果表示为 (4.296 ± 0.005)m。

(4) 有效数字的运算

由于测量误差的存在，直接测得的数据只能是近似数，通过此近似数求得的间接测量值也是近似数。几个近似数的运算可能会增大误差。为了不因计算而引进误差，同时为了使运算更简洁，我们对有效数字的运算作如下规定：

① 加减运算　先找出各数中的存疑数最靠前的，即绝对误差最大的一个，以此数的最后一位数的位置为标准，对其他数进行取舍，但在运算过程中可多保留一位。

例 1 计算 $N=A+B+C$，$A=472.33$，$B=0.754$，$C=1234$。

解 存疑数最靠前的是 C，其可疑位在个位上，则对其它数取舍为 $A=472.3$，$B=0.8$，然后相加为 $N=472.3+0.8+1234=1707$。

② 乘除运算 先找出参与运算的有效数位最少的数据，以它的有效数字位数为标准，简化参与运算的其余各数的有效数字，一般比标准多保留一位，常数应多保留两位。运算结果的有效数字位数一般与作标准的数据位数相同。

例 2 计算 $93.52\div 12$；$80.5\times 0.0014\times 3.0832\div 764.9$。

解 $93.5\div 12=7.8$；$80.5\times 0.0014\times 3.08\div 765=4.5\times 10^{-4}$

用计算器计算时，可采取"抓两头放中间"的方法，即注重原始测量数据的读数及最后计算结果的有效数字的确定，运算过程中的数和中间结果都可适当多保留几位有效数字。参与运算的其余各数的有效数字，一般比标准多保留一位，常数应多保留两位。运算结果的有效数字位数一般与作标准的数据位数相同。

③ 其他运算 乘方、开方的有效数字与原数的有效数字位数相同。以 e 为底的自然对数，计算结果的小数点后面的位数与原数的有效数字位数相同，如 $\ln 56.7=4.038$（结果的小数点后取三位）。以 10 为底的常用对数，计算结果的有效数字位数比 $\ln x$ 的结果多取一位。

指数（包括 10^x，e^x）函数运算后的有效数字的位数可取比指数的小数点后的位数多一位，如 $e^{9.24}=1.03\times 10^4$（指数上的小数点后有两位，计算结果的有效数字为三位）。

对三角函数，一般角度的不确定度分别为 $1'$、$10''$、$1''$，有效数字位数分别取四、五、六位。

对参与运算的一些特殊的准确数或常数，如倍数 2、测量次数 n，常数 π、e 等，2，n 没有可疑成分，不受有效数字运算规则限制；π、e 等常数的有效数字位数可任意取，一般与被测量的有效数字位数相同。

1.3.2 处理实验数据的几种方法

（1）列表法

列表法是将实验数据中的自变量和因变量的各个数据按一定的格式、秩序排列起来。有时也将一个物理量的多次测量值排列成表格。

列表可以简单明了地表示出有关物理量之间的对应关系，便于随时检查测量数据，及时发现问题和分析处理问题；并且可以找出有关量之间的规律。列表还可以提高处理数据的效率，减少或避免错误。列表时要遵循下列原则。

① 简单明了，分类清楚，便于看出数据间的关系，便于归纳处理。

② 在表格上方写上表格名称，在表内标题栏中注明物理量名称和单位，不要把单位写在数字后。

③ 数据应正确反映测量结果的有效数字。

④ 记录数据必须实事求是，切忌伪造或随意修改。

（2）作图法

实验所揭示的物理量之间的关系，可以用函数关系式来表示，也可用几何图线来直观地表示。作图法就是在坐标纸上描绘出一系列数据间的对应关系，再寻找与图线对应的函数形式，通过图解方法确定函数表达式——经验公式。作图法是科学实验中最常用的一种数据处理方法。为了使图线能清楚地、定量地反映出物理现象的变化规律，并能准确地从图线上确定物理量值的关系，所作的图应符合准确度要求，并要遵循一定的规则。

① 坐标纸的选择。一般用方格坐标纸，坐标纸的大小根据实验数据的有效数位和数值范围来确定。

② 选坐标轴。一般以自变量为横坐标，因变量为纵坐标。用粗实线在坐标纸上描出坐标轴，在轴上注明物理量名称、符号、单位，并按顺序标出标尺整分格上的量值。这些量值一般应是一系列正整数及其 10^n 倍，而不要标注实验点的测量数据。

③ 选择合适的坐标分度值。坐标分度值的选取应符合测量值的准确度，即应能反映测量值的有效数字位数。一般以 1 小格（或 2 小格）对应于测量仪表的仪器误差或坐标轴代表的物理量的不确定度。对应比例的选择应便于读数。最小坐标值不必都从零开始，以使作出的图线大体能充满全图，布局美观、合理。

④ 描点和连线。用铅笔把对应的数据标在图纸上。描点时用＋、×、Δ 等较明显的符号标出，同一曲线上的点要用同种符号。连线时应尽量使图线紧贴所有的实验点，但不应强求曲线通过每一个实验点而成为折线（仪表的校正曲线不在此例），即使连线成为光滑的曲线且使图线两侧的所有实验点与图线的距离都最为接近且分布大体均匀。曲线正穿过实验点时，可以在点处断开。若将图线延伸到实验数据范围之外，一般依趋势用虚线描出。

⑤ 写明图线特征。有必要时，可利用图上的空白位置注明实验条件和从图线上得出的某些参数，如截距、斜率、极大值、拐点和渐近线等。

⑥ 写图名。在图的右上方或正下方或空白处写出图线的名称、比例以及某些必要的说明，要使图线尽可能全面反映实验的情况。

（3）逐差法

为了避免作图法的随意性。希望对组合测量所得的数据规定一个计算程序，以期获得一个较一致的实验结果。

设自变量和因变量之间存在线性关系，自变量等间距变化，则有：

$$y=a+bx$$

在 n 对数据：

$$x_1,x_2,x_3\cdots,x_i,\cdots,x_n;\quad y_1,y_2,\cdots,y_i,\cdots y_n$$

中，求 b 的公式是：

$$b=\frac{\Delta y}{\Delta x}$$

任何两对数据都可以代入上式求出 b 值，选用数据的原则有如下两点。

① 所有的数据都应用上。

② 任一数据都不应重复使用。

逐差法规定，把 n 对数据分成两组，用第 2 组的一对数据作被减数，用第 1 组相应的一组数据作减数。例如共 10 对数据，则将第 1～5 号数据分作第 1 组，将第 6～10 号分作第 2 组，可求得回归系数：

$$b_i=\frac{y_{i+5}-y_i}{x_{i+5}-x_i}(i=1,2,\cdots,5)$$

可得 5 个 b 值，最佳值是：

$$\overline{b}=\frac{1}{5}\sum_{i=1}^{5}b_i$$

回归常数：

$$a=\overline{y}-b\,\overline{x}$$

式中，$\overline{x}=\frac{1}{10}\Sigma x_i$ 是 x_i 数列的中值（平均值）；$\overline{y}=\frac{1}{10}\Sigma y_i$ 是 y_i 数列的中值（平均

值)。

(4) 最小二乘法(实验数据的直线拟合)

作图法虽然在数据处理中是一个很便利的方法,但在图线的绘制上往往会引入附加误差,尤其是在根据图线确定常数时,这种误差有时很明显。为了克服这一缺点,人们在数理统计中研究了直线拟合问题(或称为一元线性回归问题),常用一种以最小二乘法为基础的实验数据处理方法。由于某些曲线可以通过数学变换改写为直线,例如对指数型函数 $Y=ae^{-bx}$ 取对数得 $\ln y=\ln a-bx$,这样 $\ln y$ 与 x 的函数就变成了直线型了,因此,这一方法也适用于某些曲线型的规律。

设某一实验中,测得一组数据 x_i; $y_i(i=1,2,\cdots,n)$。我们假定每个测量值都是等精度的,且对 x_i 值的测量误差很小,而主要误差都出现在 y_i 的测量上。从上述(x_i; y_i)中任取两组实验数据就可得出一条满足 $y=a_0+b_0x$ 的直线,那么这条直线的误差可能很大。直线拟合的任务是从这些数据中求出一个误差最小的最佳经验式 $y=a+bx$。按这一最佳经验公式作出的图线虽不一定能通过每一个实验点,但是它以最接近这些点的方式平滑地穿过它们。显然,对应于每一个 x_i 值,观测值 y_i 和最佳经验式的 y 值之间存在一偏差 δy_i,称之为观测值 y_i 的偏差。即:

$$\delta y_i=y_i-y=y_i-(a+bx) \quad (i=1,2,3,\cdots,n)$$

最小二乘法的原理是:如果各观测值 y_i 的误差互相独立且服从同一正态分布,当 y_i 的偏差的平方和为最小时,得到最佳经验式。根据这一原理可求出 a 和 b。

设 S 表示 δy_i 的平方和,它应满足:

$$S=\sum(\delta y_i)^2=\sum[y_i-(a+bx_i)]^2=\min$$

上式中的各 y_i 和 x_i 是测量值,都是已知量,而 a 和 b 是待求量,因此 S 实际上是 a 和 b 的函数。令 S 对 a 和 b 的偏导数为零,即可解出满足上式的 a 和 b 值。

$$\frac{\partial S}{\partial a}=-2\sum(y_i-a-bx_i)=0, \quad \frac{\partial S}{\partial b}=-2\sum(y_i-a-bx_i)=0$$

即: $$\sum y_i-na-b\sum x_i=0, \quad \sum x_iy_i-a\sum x_i-b\sum x_i^2=0$$

如令:

$$\overline{x}=\sum x_i/n, \quad \overline{y}=\sum y_i/n, \quad \overline{x^2}=x_i^2/n, \quad \overline{xy}=\sum x_iy_i/n$$

则可解得: $$a=\overline{y}-b\,\overline{x}, \quad b=\frac{\overline{x}\,\overline{y}-\overline{xy}}{(\overline{x}^2)-\overline{x^2}}=\frac{\sum(x_i-\overline{x})(y_i-\overline{y})}{\sum(x_i-\overline{x})^2} \tag{1.3.1}$$

将得出的 a 和 b 代入直线方程,即得到最佳的经验公式 $y=a+bx$。

用这种方法计算的常数值 a 和 b 是"最佳的",但并不是没有误差的,它们的误差估计比较复杂。一般来说,一列测量值的 δy_i 大,那么由这一列数据求出的 a、b 的误差也大,由此定出的经验公式可靠程度就低;如果一列测量值的 δy_i 小,那么由这一列数据求出的 a、b 值的误差就小,由此定出的经验公式可靠程度就高。

由最小二乘法求出的经验公式是否恰当,还要考虑相关系数。相关系数定义为:

$$r=\frac{\sum(x_i-\overline{x})(y_i-\overline{y})}{\sqrt{\sum(x_i-\overline{x})^2\sum(y_i-\overline{y})^2}} \tag{1.3.2}$$

这里 $|r|\leqslant 1$。当 x 和 y 为互相独立的变量时,$\Delta x_i=x_i-x$ 和 $\Delta y_i=y_i-y$ 的取值和符号彼此无关,因此 $\sum\Delta y_i\Delta x_i=0$,即 $r=0$。若 x 和 y 并不互相独立,而是有线性关系,则 $|r|>0$,$|r|=1$ 表示完全线性相关。即从相关系数可以判断实验数据是否符合线性。实验中若 r 达到 0.99,就表示实验数据的线性关系良好,各实验点聚集在一条直线附近。反之,

r 很小，说明实验数据很分散，x 与 y 无线性关系。用直线拟合法处理数据时一定要计算相关系数。

【练习题】

(1) 指出下列各数是几位有效数字。

(A) 0.002　(B) 0.020　(C) 2.000　(D) 123.4560　(E) 3.256

(2) 改正下列错误，写出正确答案。

(A) $R=(5.236\pm0.4)$cm　(B) $f=(21960\pm125)$kg

(C) $d=(25.328\pm0.246)$cm　(D) $y=(14.5\times10^3\pm400)$cm

(3) 下列计算结果从有效数字的运算来看正确的为

(A) $45.3-2.314=42.986$　(B) $0.66\times300.0=198.0$

(C) $(0.8501)^{1/2}=0.9220$　(D) $78.0+1.234=79.2$

(4) 利用单摆测重力加速度 g 时，当摆角很小时有 $T=2\pi\sqrt{l/g}$ 的关系。已知它们的测量结果分别为 $l=(97.69\pm0.03)$cm，$T=(1.9842\pm0.0005)$s，求重力加速度及其不确定度。

(5) 用量程为5mA、准确度等级为0.5级的电流表测量某恒流源输出电流 I，电表表盘共有30个分格，当指针恰好指向第15分格线上时，测量结果为多少?

(6) 试推导圆柱体体积 $V=\frac{\pi}{4}d^2h$ 的不确定度合成公式 u_V/V。

(7) 一长方形，其长宽分别为 a、b，用最小分度值 $\Delta_{仪}=0.02$mm 的游标卡尺测 a 四次其值为 $a_1=10.26$mm；$a_2=10.24$mm；$a_3=10.24$mm；$a_4=10.26$mm，测 b 四次其值为 $b_1=15.28$mm；$b_2=15.26$mm，$b_3=15.28$mm；$b_4=15.26$mm，求长方形 S 的结果表达式 $S=\overline{S}\pm\Delta S$。

【参考文献】

崔玉广，隋成玉. 大学物理实验. 大连：大连理工大学出版社，2010.

2 基础实验

2.1 长度和质量的测量

在物理实验测量中，长度和质量是最基本的物理量，是构成空间的最基本要素，也是我们测量最多的两个物理量。

【实验目的】

(1) 学习游标卡尺和螺旋测微装置的原理，掌握游标卡尺和螺旋测微器的正确使用。

(2) 掌握物理天平的构造和使用方法。

(3) 学习数值记录及有效数字的基本运算。

【实验原理】

(1) 螺旋测微器

螺旋测微器又称千分尺，是比游标卡尺更精密的长度测量仪器。实验室常用的螺旋测微器外形如图 2.1.1 所示，其量程为 25mm，分度值为 0.01mm，仪器的示值误差为 0.004mm。

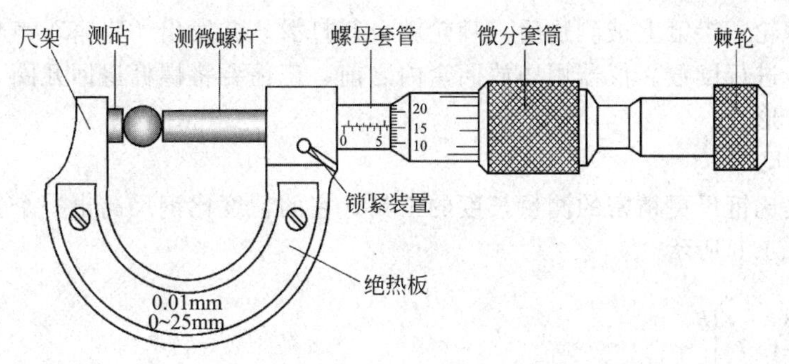

图 2.1.1 螺旋测微器

螺旋测微器的主要部件是精密测微螺杆和套在螺杆上的螺母套管以及紧固在螺杆上的微分套筒。螺母套管上的主尺有两排刻线：毫米刻线和半毫米刻线。微分套筒圆周上刻有 50 个等分格，当它转一周时，测微螺杆前进或后退一个螺距（0.5mm），所以螺旋测微器的分度值为（0.5/50）mm，即 0.01mm。螺旋测微器的读数方法如下。

① 测量前后应进行零点校正，即要从测量读数中减去零点读数。零点读数时，顺刻度序列记为正值，反之为负值。如图 2.1.2 所示是顺刻度序列，零点读数为 0.006mm；图 2.1.3 所示是逆刻度序列，零点读数为－0.002mm。

② 读数时由主尺读整刻度值，0.5mm 以下由微分套筒读出，并估读到 0.001mm 量级。如图 2.1.4 所示，主尺上的读数为 5mm，微分套筒上的读数为 0.338mm，其中 0.008mm 是估读的数，最后读数为 5.338mm。

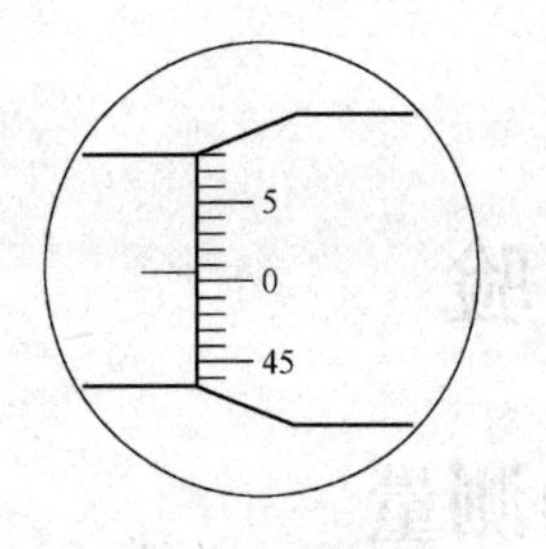

图 2.1.2　零点读数 0.006mm

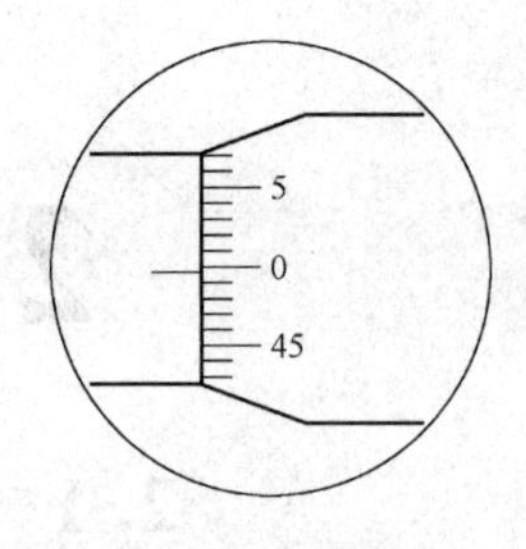

图 2.1.3　零点读数−0.002mm

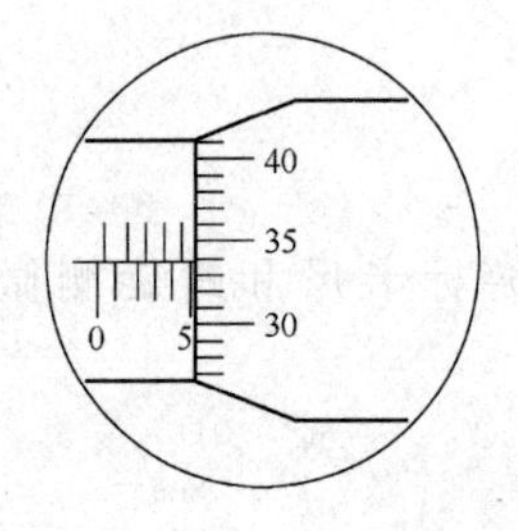

图 2.1.4　读数 5.338mm

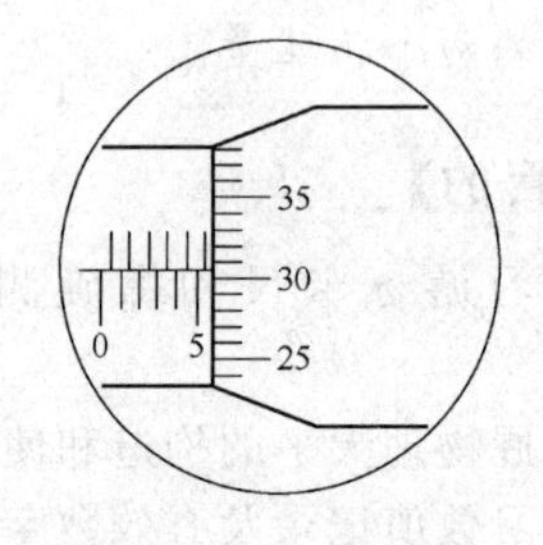

图 2.1.5　读数 5.804mm

要特别注意主尺上半毫米刻线，如果它露出到套筒边缘，主尺上就要读出 0.5mm 的数。如图 2.1.5 所示，读数为 5.804mm。

螺旋测微器使用注意事项：

测量时必须用棘轮。测量者转动螺杆时对被测物所加压力的大小会直接影响测量的准确度，为此，螺旋测微器在结构上加一棘轮作为保护装置。当测微螺杆端面将要接触到被测物之前，应旋转棘轮；接触上被测物后，棘轮就自行打滑，并发出“嗒嗒”声响，此时应立即停止旋转棘轮，进行读数。仪器用毕放回盒内之前，记住要将螺杆退回几圈，留出空隙，以免热胀使螺杆变形。

(2) 游标卡尺

游标卡尺是比钢尺更精密的测量长度的工具，它的精度比钢尺高出一个数量级。游标卡尺的结构如图 2.1.6 所示。

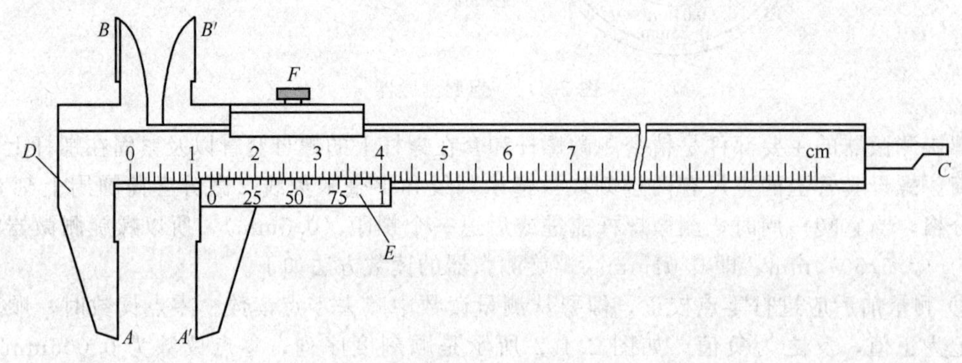

图 2.1.6　游标卡尺

这里 $a=n$ 就是游标卡尺的最小分度值。以 10 分度的游标卡尺为例，当它的量爪 AA' 合拢时，游标的零刻线与主尺的零刻线刚好对齐，游标上第 10 个分格的刻线正好对准主尺上第 9 个分格的刻线，如图 2.1.7 所示，则游标的 10 个分格的长度等于主尺上 9 个分格的长度，而主尺的分度值为 $a=1\text{mm}$，那么游标上的分度值为 $b=(9/10)\text{mm}=0.9\text{mm}$。则其最小分度值为 $a=n=1\text{mm}/10=0.1\text{mm}$。

若是 20 分度的游标卡尺，则游标上的 20 个分格的长度正好等于主尺上 39 个分格的长度，如图 2.1.8 所示。那么，$a=1\text{mm}$，$b=39/20\text{mm}=1.95\text{mm}$，则 $2a-b=1\text{mm}/20=0.05\text{mm}$，则此游标卡尺的最小分度值为 0.05mm。同理对 50 分度的游标卡尺，$a=1\text{mm}$，$b=49/50\text{mm}=0.98\text{mm}$，那么其最小分度值为 $(1-0.98)\text{mm}=1/50\text{mm}=0.02\text{mm}$。

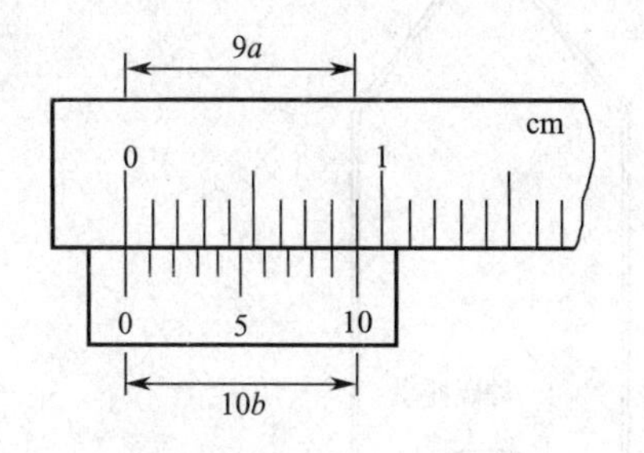

图 2.1.7　10 分度游标原理

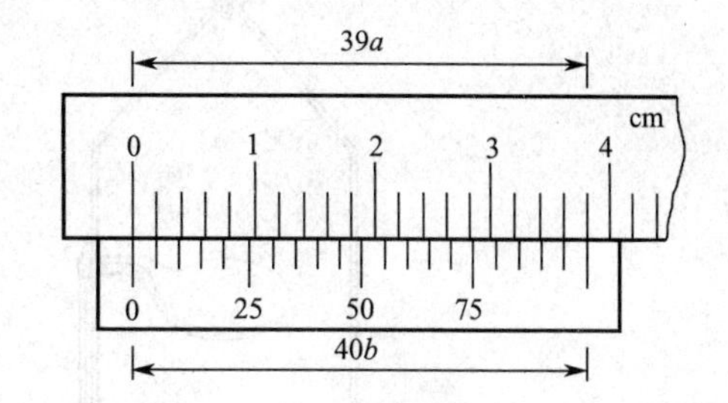

图 2.1.8　20 分度游标原理

① 游标卡尺的读数要点　测量时，主尺上的读数以游标的零刻线为准，先从主尺上读毫米以上的整数值。毫米以下从游标上读出，若游标上第 n 条刻线正好与主尺上某一刻线对齐，则读：$n\times$最小分度值。图 2.1.9 所示 20 分度的游标卡尺，其游标上第 7 条刻线正好与主尺上的某一刻度线对齐，毫米以下的读数为 $7\times0.05=0.35\text{mm}$，则最后读数为 42.35mm。图 2.1.10 所示的游标上的第 2 条刻线与主尺上的刻线对齐，毫米以下的读数为 $2\times0.05=0.10\text{mm}$，则最后读数为 37.10mm。

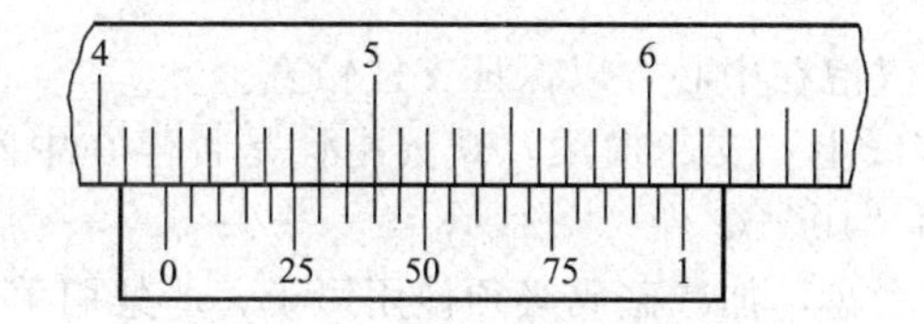

图 2.1.9　20 分度游标读数 42.35mm

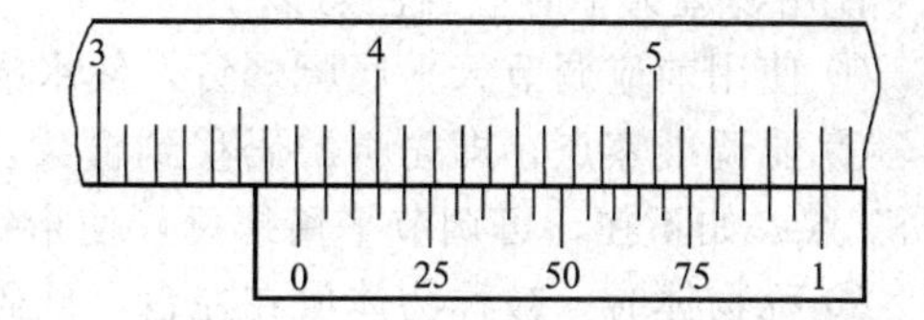

图 2.1.10　20 分度游标读数 37.10mm

② 游标卡尺的使用注意事项　用游标卡尺测量前，应先检查零点。即合拢量爪，检查游标零线和主尺零线是否对齐，如零线未对齐，应记下零点读数，加以修正。不允许在卡紧的状态下移动卡尺或挪动被测物，也不能测量表面粗糙的物体。一旦量爪磨损，游标卡尺就不能作为精密量具使用了。

(3) 物理天平

物理天平是常用的测量物体质量的仪器，其外表示意图见图 2.1.11。天平的横梁上装有三个刀口，中间刀口置于支柱上，两侧刀口各悬挂一个秤盘。横梁下面固定一个指针，当横梁摆动时，指针尖端就在支柱下方的标尺前摆动。制动旋钮可以使横梁上升或下降，横梁下降时，制动架就会把它托住，以避免磨损刀口。横梁两端两个平衡螺母是天平空载时调平衡用的。横梁上装有游码，用于 1.00g 以下的称衡。支柱左边的托盘可以托住不被称衡的物体。

物理天平的规格由下列两个参量来表示。

① 感量　是指天平平衡时，为使指针产生可觉察的偏转在一端需加的最小质量。感量越小，天平的灵敏度越高。图 2.1.11 所示天平的感量为 0.05g。

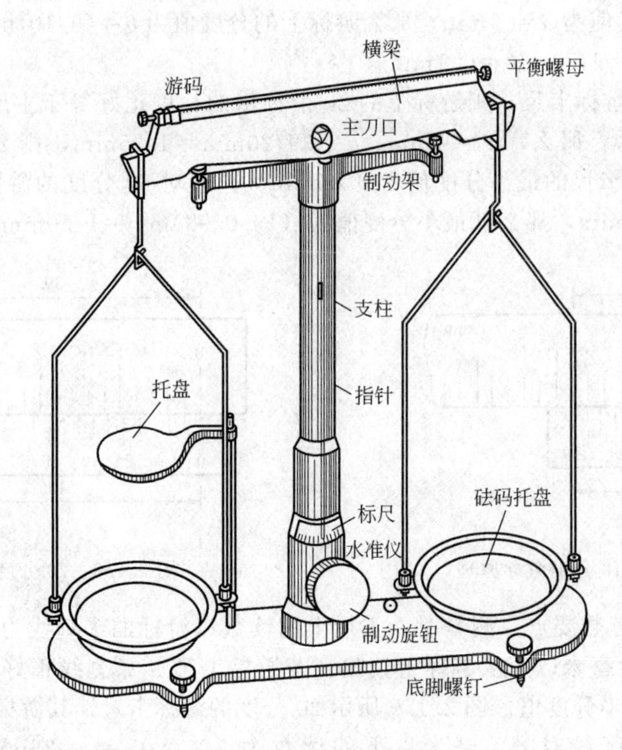

图 2.1.11　物理天平

② 称量　是允许称衡的最大质量。该天平的称量为 200g。

使用物理天平时应当注意以下几点。

① 使用前应调节天平底脚螺钉，使水准仪中气泡在中心，以保证支柱铅直。

② 要调准零点，即先将游码移到横梁左端零线上，支起横梁，观察指针是否停在中间“10”点；如不在，可调节平衡螺母，使指针指向“10”点。

③ 称物体时，被称物体放在左盘，砝码放在右盘，加减砝码必须使用镊子，严禁用手。

④ 取放物体和砝码，移动游码或调节天平时，都应将横梁制动，以免损坏刀口。

【实验仪器】

螺旋测微器，游标卡尺，物理天平。

【实验内容】

(1) 用游标卡尺测待测物体的长度 H_1，H_2，H_3，D_1，D_2，如图 2.1.12 所示。

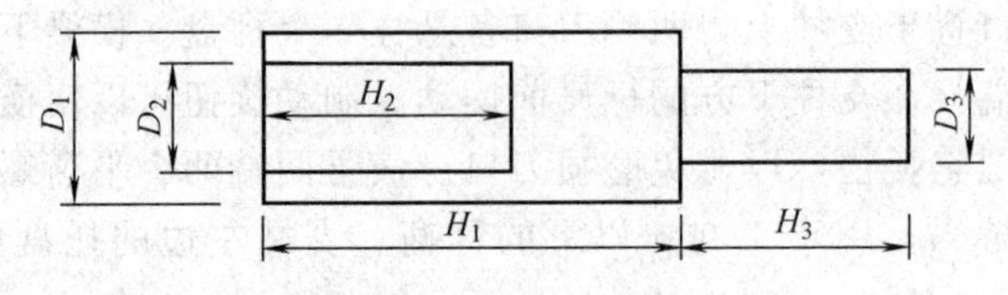

图 2.1.12　测物体的长度

(2) 用螺旋测微器测 D_3。

(3) 用天平测物体的质量。将测量结果填入表 2.1.1。

【数据记录与处理】

表 2.1.1　长度与质量的测量

序号	H_1/mm	H_2/mm	H_3/mm	D_1/mm	D_2/mm	D_3/mm	m_1/g	m_2/g
1								
2								
3								
4								
平均								

$\overline{V}=$　　　　　　$\Delta V=$　　　　　　$m=\sqrt{m_1 m_2}$

$\overline{\rho}=\dfrac{m}{\overline{V}}$　　　　　　$\Delta\rho=$

结果表达式：

$\rho=\overline{\rho}\pm\Delta\rho$

【思考题】

(1) 最小分度值为 0.1g 的物理天平，当测量质量为 20g 的物体时，一次测量的有效数字位数是几位？

(2) 怎样判断螺旋测微器零点的读数符号？

【参考文献】

郭红，徐铁军，陈西园，刘凤智. 大学物理实验. 北京：中国科学技术出版社，2003.

2.2　用拉伸法测金属丝的杨氏弹性模量

固体材料的长度发生微小变化时，用一般测量长度的工具不易测准，光杠杆镜尺法是一种测量微小长度变化的简便方法。本实验采用光杠杆放大原理测量金属丝的微小伸长量，在数据处理中运用逐差法。

【实验目的】

(1) 掌握光杠杆镜尺法测量微小长度变化的原理和调节方法。

(2) 拉伸法测量金属丝的杨氏弹性模量。

(3) 学习处理数据的一种方法——逐差法。

【实验原理】

(1) 拉伸法测金属丝的杨氏弹性模量

设一各向同性的金属丝长为 L，截面积为 S，在受到沿长度方向的拉力 F 的作用时伸长 ΔL，根据胡克定律，在弹性限度内，金属丝的胁强 F/S（即单位面积所受的力）与伸长应变 $\Delta L/L$（单位长度的伸长量）成正比：

$$\frac{F}{S}=E\,\frac{\Delta L}{L} \tag{2.2.1}$$

式(2.2.1) 中比例系数 E 为杨氏弹性模量，即：

$$E=\frac{FL}{S\Delta L} \tag{2.2.2}$$

在国际单位制中，E 的单位为牛每平方米，记为 N/m^2。

实验表明，杨氏弹性模量 E 与外力 F、金属丝的长度 L 及横截面积 S 大小无关，只与金属丝的材料性质有关，因此它是表征固体材料性质的物理量。式(2.2.2) 中 F、L、S 容易测得，ΔL 是不易测量的长度微小变化量。

例如一长度 $L=90.00\text{cm}$、直径 $d=0.500\text{mm}$ 的钢丝，下端悬挂一质量为 0.500kg 砝码，已知钢丝的杨氏弹性模量 $E=2.00\times10^{11}\,\text{N/m}^2$，根据式(2.2.2) 理论计算可得钢丝长度方向微小伸长量 $\Delta L=1.12\times10^{-4}\,\text{m}$。如此微小伸长量，如何进行非接触式测量，如何提高测量准确度？本实验采用光杠杆法测量。

(2) 光杠杆测微小长度

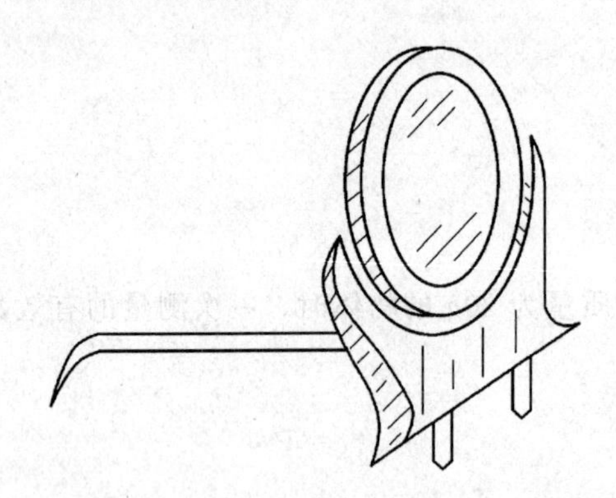

图 2.2.1　光杠杆

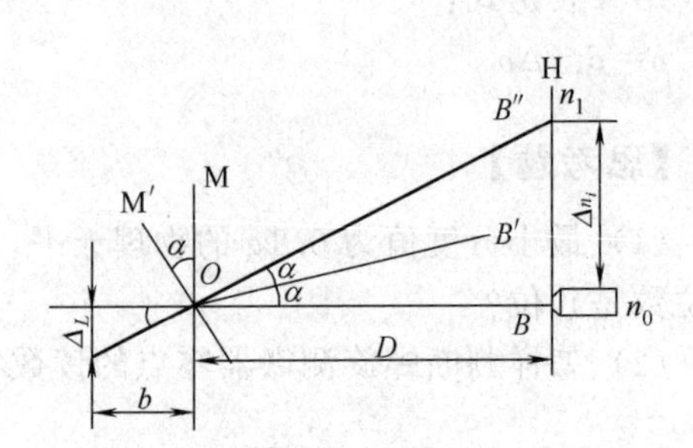

图 2.2.2　光杠杆法测微小长度原理

将一平面镜 M 固定在有三个尖脚的小支架上，构成一个光杠杆，如图 2.2.1 所示。用光杠杆法测微小长度原理如图 2.2.2 所示。

假设开始时平面镜 M 的法线 OB 在水平位置，B 点对应的标尺 H 上的刻度为 n_0，从 n_0 发出的光通过平面镜 M 反射后在望远镜中形成 n_0 的像，当金属丝受到外力而伸长后，光杠杆的后尖脚随金属丝下降 ΔL，带动平面镜 M 转一角度 α 到 M′，平面镜的法线 OB 也转同一角度 α 到 OB'，根据光的反射定律，镜面旋转 α 角，从 B 发出光的反射线将旋转 2α 角，即到达 B''，由光线的可逆性，从 B'' 发出的光经平面镜 M 反射后进入望远镜，因此从望远镜将观察到刻度 n_1。

由图 2.2.2 几何关系可见：

$$\tan2\alpha=\frac{|n_1-n_0|}{D}=\frac{\Delta L}{b} \tag{2.2.3}$$

式(2.2.3) 中 D 为标尺平面到平面镜 M 的距离，b 为光杠杆主杆尖脚到前面两尖脚连线的垂直距离，n_1-n_0 为从望远镜中观测到的两次标尺读数之差，当 $\Delta L\ll b$ 时，α 很小，则：

$$\tan2\alpha\approx2\alpha,\ \tan\alpha\approx\alpha\approx\frac{\Delta L}{b}$$

由此可得：

$$2\frac{\Delta L}{b}=\frac{\Delta n_i}{D}$$

所以：

$$\Delta L=\frac{b\Delta n_i}{2D} \tag{2.2.4}$$

由式(2.2.4)可知，光杠杆镜尺法的作用在于将微小的长度变化量，经光杠杆转变为微小的角度变化，再经望远镜和标尺把它转变为直尺上较大的读数变化量 Δn_i。这就是通过测量容易测量值 b 及 D，间接测量 ΔL 的原理，对同样的 ΔL，D 越大，Δn_i 越大，测量的相对误差越小。

金属丝的直径为 d，则金属丝的横截面积 $S=\pi d^2/4$，将 S 及式(2.2.4)一并代入式(2.2.2)则：

$$E=\frac{8FLD}{\pi d^2 b\Delta n_i} \tag{2.2.5}$$

只要测出式(2.2.5)中的各量，即可算出待测金属丝的弹性模量 E。

【实验仪器】

弹性模量仪（包括细钢丝、光杠杆、望远镜、标尺），砝码，钢卷尺，游标卡尺及螺旋测微器。

【实验内容】

(1) 仪器的调整

① 弹性模量仪如图 2.2.3 所示。为使金属丝处于铅直位置，将水准仪放在立柱中部可上下移动的平台 G 上，调节弹性模量仪三脚底座下的底脚螺丝，可以使立柱铅直。

② 立柱上端横梁中心装有卡头 A，待测金属丝的一端用此卡头卡紧，另一端夹紧在平台 G 中央下端的圆柱卡头 D 中，圆柱卡头可随金属丝的伸缩而上下移动，圆柱卡头 D 下面系有砝码及砝码托。将光杠杆放在平台 G 上，两前尖脚放在平台的凹槽内，主杆尖脚放在圆柱卡头 D 的上端面上，但不可与金属丝相碰，并注意调节光杠杆上平面镜 M 的平面与平台垂直。

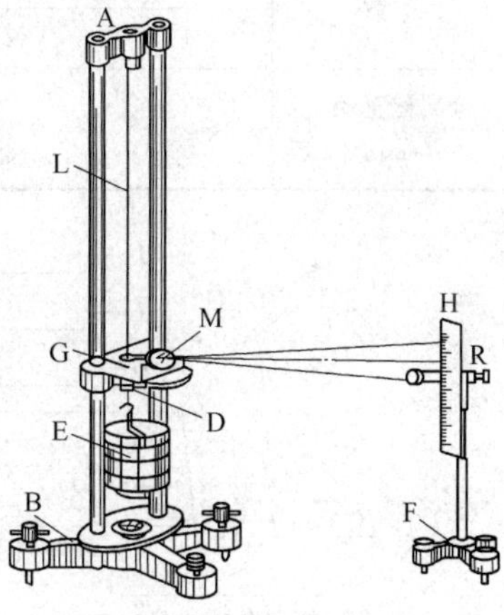

③ 在正对平面镜 M 约 1～2m 远处放置标尺 H 和望远镜 R，调节标尺 H 支架底角螺丝，使标尺铅直，调节望远镜上、下位置使它与光杠杆处于同一高度，且调节望远镜水平，也可左右移动整个标尺支架的位置，直到在望远镜筒方向看到平面镜 M 中有标尺的反射像为止。

图 2.2.3 弹性模量仪

A—卡头；L—金属丝；D—圆柱卡头；B—双柱支架；E—砝码及砝码托盘；G—平台；H—标尺；M—平面镜；R—望远镜；F—三角支架

④ 调节望远镜的目镜使观察到的十字叉丝清晰，再前后调节望远镜，使眼睛能看到清晰的标尺像。微微上下移动眼睛，观察十字叉丝与标尺的刻度线之间有无相对移动，若无相对移动，说明无视差，记下此时十字叉丝横线所对标尺的刻度值 n_0。

(2) 测金属丝的杨氏弹性模量

① 分别将 1kg 砝码逐个加到砝码托上，每加一个后在望远镜中读出相应标尺的读数 n_{+1}，n_{+2}，…，n_{+i}，待砝码全部加完后再逐次取下，记录相应读数 n_{-i}，…，n_{-2}，n_{-1} 取两者平均值。

② 用卷尺测量 D、L 各一次。

③ 将光杠杆取下放在纸上，压出三个尖脚的痕迹，用卡尺测出主杆尖脚至前两尖脚连线的距离 b。

④ 用螺旋测微器在金属丝的上、中、下三处测量其直径 d，每处都要在互相垂直的方向各测两次，六个数据取其平均值，将以上测得的数据填入表 2.2.1、表 2.2.2。

【数据记录与处理】

表 2.2.1 测金属丝的伸长量

测量次数	标尺读数/cm		平均值 $\bar{n}_i$	逐差	$\bar{l}=\frac{1}{3}\sum_{i=0}^{2}l_i$
	加砝码	减砝码			
1	n_0	n_0	n_0		
2	n_{+1}	n_{-1}	n_1		
3	n_{+2}	n_{-2}	n_2		
4	n_{+3}	n_{-3}	n_3		
5	n_{+4}	n_{-4}	n_4		
6	n_{+5}	n_{-5}	n_5		

表 2.2.2 测金属丝直径

次 数	上		中		下		平 均
	1	2	1	2	1	2	
金属丝直径 d/mm							

$L=$__________ cm，　$\Delta_L=\Delta_{仪}=0.1\text{cm}$

$D=$__________ cm，　$\Delta_D=\Delta_{仪}=0.1\text{cm}$

$b=$__________ cm，　$\Delta_b=\Delta_{仪}=0.02\text{cm}$

$$\Delta_A=t_{0.95}\sqrt{\frac{\sum_{i=1}^{6}(d_i-\bar{d})^2}{6(6-1)}}=\underline{\qquad\qquad}\text{cm},\qquad \Delta_B=\Delta_{仪}=0.0005\text{cm}$$

$$\Delta_d=\sqrt{\Delta_A^2+\Delta_B^2}=\underline{\qquad\qquad}\text{cm}$$

$$d=\bar{d}\pm\Delta d=\underline{\qquad\qquad}\text{cm}$$

用逐差法计算弹性模量，见表 2.2.1。

$$\Delta_A=t_{0.95}\sqrt{\frac{\sum_{i=0}^{2}(l_i-\bar{l})^2}{3(3-1)}}=\underline{\qquad\qquad}\text{cm}$$

$$\Delta_B=0.05\text{cm}$$

$$\Delta_l=\sqrt{\Delta_A^2+\Delta_B^2}$$

$$l=\bar{l}\pm\Delta_l=\underline{\qquad\qquad}\text{cm}$$

$$E=\underline{\qquad\qquad}\text{Pa}$$

$$\Delta\overline{E}=E\sqrt{\left(\frac{\Delta_L}{L}\right)^2+\left(\frac{\Delta_D}{D}\right)^2+\left(\frac{\Delta_b}{b}\right)^2+\left(\frac{\Delta_d}{\bar{d}}\right)^2+\left(\frac{\Delta_l}{\bar{l}}\right)^2}=\underline{\qquad\qquad}\text{Pa}$$

$$E=\overline{E}\pm\Delta E=\underline{\qquad\qquad}\text{Pa}$$

【思考题】

（1）实验中的钢丝换成由同种材料制成，直径为 $2d$ 的钢丝，则测得的弹性模量为原测量值的________倍。

（2）利用光杠杆、标尺和望远镜系统的调整原理，回答以下问题：本实验装置能比较严格地保证望远镜光轴的水平吗？为什么？望远镜光轴已垂直光杠杆镜面，但在望远镜内观察到标尺像的上、下清晰度却不对称，且无论怎样调节望远镜俯仰都不能消除此现象，这是什么原因造成的？如何调整？（设标尺已垂直地面）

（3）根据光杠杆原理，怎样提高光杠杆测量微小长度变化的灵敏度？

【参考文献】

[1] 郭红，徐铁军，陈西园，刘凤智．大学物理实验．北京：中国科学技术出版社，2003.

[2] 张兆奎，缪连元，张立．大学物理实验．北京：高等教育出版社，2001.

[3] 陈守川．大学物理实验教程．杭州：浙江大学出版社，1995.

[4] 李寿松，苏平，王晓耕，李平编．物理实验教程．北京：高等教育出版社，1997.

2.3 固体线胀系数的测定

物体一般都具有“热胀冷缩”的特性。因此在工程结构设计中，在机械和仪表的制造中，在材料选择和加工（如焊接）中都必须考虑这个特性。否则，将影响结构的稳定性和仪表的质量，甚至会造成更严重的后果。

固体受热后，在一维方向上的膨胀称为线膨胀，在相同条件下，不同材料的固体其线膨胀程度不同。这就需要引进线胀系数来反映不同材料的这种差异。线胀系数是选用材料的一项重要指标，对于新材料的研制少不了对其线胀系数的测定。

测定固体线胀系数，实际上归结为测量在某一温度范围内固体的微小伸长量，测定微小伸长量的方法有多种，本实验采用光杠杆方法。

【实验目的】

（1）测定在一定温度区域内的金属线胀系数。

（2）熟悉光杠杆的原理及调整方法。

【实验原理】

（1）金属线胀系数的测定及其测量方法

固体的长度一般是温度的函数，在常温下，固体的长度 L 与温度 t 有如下关系：

$$L=L_0(1+\alpha t) \tag{2.3.1}$$

式中，L_0 为固体在 $t=0$℃时的长度；α 称为线胀系数。其数值与材料性质有关，单位为℃$^{-1}$。

设物体在 t_1℃时的长度为 L，温度升到 t_2℃时增加了 ΔL。根据式(2.3.1) 可以写出：

$$L=L_0(1+\alpha t_1) \tag{2.3.2}$$

$$L+\Delta L=L_0(1+\alpha t_2) \tag{2.3.3}$$

从式(2.3.2)、式(2.3.3) 中消去 L_0 后，再经简单运算得：

$$\alpha=\frac{\Delta L}{L(t_2-t_1)-\Delta L t_1} \tag{2.3.4}$$

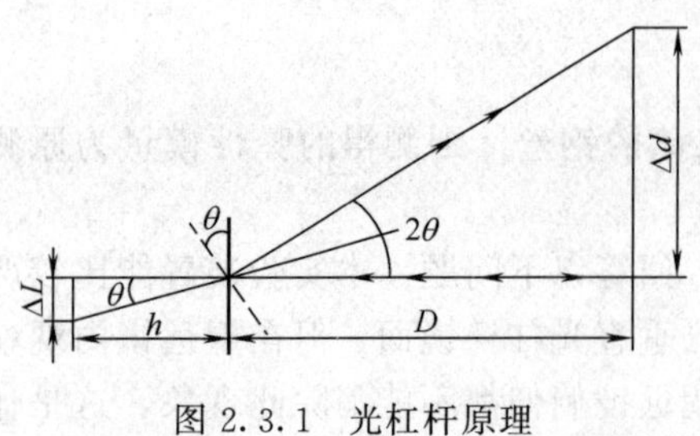

图 2.3.1　光杠杆原理

由于 $\Delta L \ll L$，故式(2.3.4) 可以近似写成：

$$\alpha=\frac{\Delta L}{L(t_2-t_1)} \tag{2.3.5}$$

显然，固体线胀系数的物理意义是当温度变化1℃时，固体长度的相对变化值。在式(2.3.5) 中，L、t_1、t_2 都比较容易测量，但 ΔL 很小，一般长度仪器不易测准，本实验中用光杠杆和望远镜标尺组来对其进行测量。关于光杠杆和望远镜标尺组测量微小长度变化原理可以根据如图 2.3.1 所示进行推导。

由图 2.3.1 中可知，$\tan\theta=\Delta L/h$，反射线偏转了 2θ，$\tan 2\theta=\Delta d/D$，当 θ 角度很小时，$\tan 2\theta \approx 2\theta$，$\tan\theta \approx \theta$，故有 $2\Delta L/h=\Delta d/D$，即：

$$\Delta L=\Delta d h/(2D)，或者\ \Delta L=(d_2-d_1)h/(2D) \tag{2.3.6}$$

(2) 测量装置简介

待测金属棒直立在仪器的大圆筒中，光杠杆的后脚尖置于金属棒的上顶端，两个前脚尖置于固定平台上。

设在温度 t_1 时，通过望远镜和光杠杆的平面镜，看到标尺上的刻度 d_1 恰好与目镜中十字横线重合，当温度为 t_2 时，与十字横线重合的是标尺的刻度 d_2，则根据光杠杆原理可得

$$\alpha=\frac{(d_2-d_1)h}{2DL(t_2-t_1)} \tag{2.3.7}$$

【实验仪器】

固体线胀系数测定仪（附光杠杆），尺读望远镜，钢卷尺，游标卡尺，数字温度计，待测铜棒。

【实验内容】

(1) 将光杠杆放置到仪器平台上，其后脚尖踏到金属棒顶端，前两脚置于固定平台凹槽内。平面镜要调到铅直方向。望远镜和标尺组要置于光杠杆前约 1m 距离处，标尺调到垂直方向。调节望远镜的目镜，使标尺的像最清晰并且与十字横线间无视差。

(2) 打开数字温度计及固体线胀系数测定仪器加热开关，待数字温度计的读数为 100℃时，断开固体线胀系数测定仪器加热开关。当温度再次回落到 100℃时，在表格中记录望远镜中标尺读数。

(3) 分别记录当温度回落到 90℃，80℃，70℃，60℃，50℃时望远镜标尺的读数。

(4) 记录待测铜棒在 50℃时的长度 L（实验室给定）。

(5) 关闭数字温度计，测出距离 D。取下光杠杆放在白纸上轻轻压出三个足尖痕迹，用铅笔通过前两足迹联成一直线，再由后足迹引到此直线的垂线，用标尺测出垂线的距离 h。

【数据记录与处理】

(1) 把测得的数据代入式(2.3.7)，再通过逐差法计算出 α 值。

(2) 计算 α 的不确定度。

$h=$______mm，$D=$______mm，$L=$______mm

温度/℃	标尺读数 n_i/cm	$d_i=n_{i+3}-n_i$/cm	$\overline{d}=\frac{1}{3}\sum_{i=1}^{3}d_i$/cm
50			
60			
70			
80			
90			
100			

$u_{d_B}=0.5\text{mm}$；$u_{h_B}=\frac{1}{2}$卡尺最小分度值；$u_{D_B}=0.5\text{mm}$；$u_{L_B}=0.5\text{mm}$；$u_{t_B}=0.05℃$

$$u_{d_A}=\frac{t_{0.95}}{\sqrt{3}}\sqrt{\frac{\sum_{i=1}^{3}(d_i-\overline{d})^2}{(3-1)}};u_d=\sqrt{u_{d_A}{}^2+u_{d_B}{}^2}$$

$$\frac{u_E}{\overline{E}}=\sqrt{\left(\frac{u_d}{\overline{d}}\right)^2+\left(\frac{u_{h_B}}{h}\right)^2+\left(\frac{u_{D_B}}{D}\right)^2+\left(\frac{u_{L_B}}{L}\right)^2+\left(\frac{u_{t_B}}{t}\right)^2}$$

结果表达式：$E=\overline{E}+u_E$

【思考题】

（1）分析本实验中各物理量的测量结果，哪一个对实验误差影响较大？

（2）根据实验室条件再设计一种测量 ΔL 的方案。

【参考文献】

[1] 杨述武. 普通物理实验. 北京：高等教育出版社，2000.

[2] 方建兴等. 物理实验. 苏州：苏州大学出版社，2002.

[3] 李水泉. 大学物理实验. 北京：机械工业出版社，2000.

2.4 弦驻波实验

水晶酒杯、钟、铃、琴身、鼓面、管中气柱、琴弦等各式各样的振动系统，各自具有独特的一系列振动模式，每个振动模式对应一特征频率和振动图样。这种现象不仅在力学中扮演重要角色，在物理学其他领域，乃至于电机、土木、机械等方面的应用，其重要性均不可忽视。

振动模式一词，也有人称为驻波，因其可借助相互叠加反向行进的弦波来加以解释，尤其在用于描述一维振动系统（如弦振动）的振动模式时，有特别简便之处。弦驻波也是大学物理课程中，唯一可以直接看见，又可以理论计算的驻波，了解弦驻波无疑是学习其他驻波的基石。

【实验目的】

（1）观察在两端固定的弦线上形成的驻波现象，了解弦线达到共振和形成稳定驻波的条件。

（2）观察弦线上横波的传播速度。

（3）用实验的方法确定弦线作受迫振动时共振频率与张力之间的关系。

(4) 用对数作图对共振频率与张力关系的实验结果进行分析，并给出结论。

【实验原理】

将一根弦线的两端 A、B（相距 1m）固定，弦线一端挂有砝码后弦线以一定的张力绷紧，这时，如果在 A、B 两点之间有周期性策动力源作用在某一端附近的弦线上，就会有连续的横波波列沿弦线一端向另一端传播。我们称没有经过反射的波为前进波。当一列前进波行进到固定端便会发生反射，反射波将沿着前进波的反方向传播；当然，在两端固定的弦线上可能会存在经过多次反射的反射波。由于振源振动是连续的，所以在弦线上既有前进波，又有无数的反射波。一般情况下，由于这些波在同一点相位差随时间变化，致使合振幅不恒定，在弦线上不能形成稳定的叠加，所以振动现象不显著。然而，对于某一根线在张力不变的情况下，如果弦线的长度和波长（或振源频率）之间满足某种关系，使得当前进波和许多反射波都具有相同的相位时，弦线上各点都作振幅各自恒定的简谐振动。这时，弦线上有些点振动的振幅最大，称为波腹；而另外有些点的振幅为零，称为波节，形成驻波，也就是形成了稳定的干涉现象。相邻两波节（或波腹）的间隔距离 l 为波长 λ 的一半，称为半波长，即：

$$\lambda=2l \tag{2.4.1}$$

由于弦线两端是固定的，所以弦线两端均为波节，这时弦线的长度应该是半波长的整数倍。若令弦线长度为 L，在弦线上出现驻波的条件是：

$$\lambda=\frac{2L}{n},\quad n=1,2,3,\cdots \tag{2.4.2}$$

若振动频率为 f，则横波沿弦线传播的速度为：

$$v=f\lambda \tag{2.4.3}$$

波动理论指出，当横波沿弦线传播时，其传播速度 v 与弦线上的张力 T 及弦线的线密度（即单位长度的弦线质量）μ 之间有以下关系：

$$v=\sqrt{\frac{T}{\mu}} \tag{2.4.4}$$

将式(2.4.3) 代入式(2.4.4) 有：

$$f=\frac{1}{\lambda}\sqrt{\frac{T}{\mu}} \tag{2.4.5}$$

将形成驻波的条件式(2.4.2) 代入式(2.4.5) 得：

$$f=\frac{n}{2L}\sqrt{\frac{T}{\mu}} \tag{2.4.6}$$

此时弦线形成稳定驻波，对应的振动频率称为共振频率。

将式(2.4.6) 两边取对数，得：

$$\lg f=\lg\frac{n}{2L}+\frac{1}{2}\lg T-\frac{1}{2}\lg\mu \tag{2.4.7}$$

若固定 n 和线密度 μ，作 $\lg f$-$\lg T$ 图，如果是一条直线，试计算其斜率值。若斜率为 1/2，则可证明 $f\propto\sqrt{T}$ 的关系成立。

【实验仪器】

信号（功率函数）发生器一台，米尺，电子天平，细线，钩码，弦线架台。

本实验装置由信号发生器和金属弦线及弦线支撑台组成。实验过程中，把弦线的两端固定，在两固定端之间且靠近某一端点附近的弦线下面置一永磁体，同时在弦线中由信号发生器供给频率可调的交流电，这样，根据磁场对电流的相互作用原理，永磁体和交流电的相互作用相当于两端固定的弦线之间加了个振动频率可变的振源，因此，最终可以在弦线上形成驻波。

【实验内容】

(1) 认识和调节仪器

① 搞清电磁式弦线驻波实验装置中各部分的功能和作用，并进行实验前的调节，熟悉信号发生器的使用和调节。

② 用导线将弦线的两端和信号发生器相连，大功率输出。

(2) 测定所用弦线的线密度

不要将实验装置上的弦线卸下来测量，实验室备有与所用实验的弦线直径和材质完全相同的样品来测量线密度。

用天平测量弦线的质量 m_0 及与之相应的弦线长度 l_0，则得到：

$$\mu=\frac{m_0}{l_0}$$

(3) 观察弦线上的驻波

固定弦线上的张力 T 及弦线长（即弦线的有效长度，也就是在 A，B 之间的距离）L，并调节信号发生器的输出频率，观察在两端固定的弦线上所形成的具有 n（$n=1$，2，3，…）个波腹的稳定的驻波。

(4) 测定弦线上横波的传播速度

有两种方法用来测定传播速度 v：第一种方法是将张力 T 及所测线密度 μ 代入式(2.4.4) 即可得到 v。第二种方法是先测出共振频率 f，再测量出 L（这个实验中 $L=1.0\text{m}$)，并用式(2.4.2) 算出 λ，然后代入式(2.4.3) 中求得。将两结果作比较。

(5) 确定弦线作受迫振动时的共振频率（只取基频，即 $n=1$）与张力之间的关系

先固定弦线长 L，分别取弦上张力为：

$$T_n=nmg,\quad n=1,2,\cdots,5$$

测出得到与稳定的、具有一个波腹的驻波对应的共振频率 f_n。然后取：

$$X_n=\lg T_n,\qquad Y_n=\lg f_n$$

先在坐标纸上作出图线 Y_n-X_n，然后求出斜率。将以上结果和式(2.4.7) 作对比，得出结论。

【数据记录与处理】

(1) 根据 $v=\sqrt{\dfrac{T}{\mu}}$，求弦线上横波的传播速度

将实验数据记录于表 2.4.1 中。

表 2.4.1　测弦线上横波的传播速度

$\mu=$____kg/m，　$g=9.8\text{m/s}^2$

项目＼次数	1	2	3	4
m/g	20	40	60	80
$v=\sqrt{\dfrac{mg}{\mu}}$/(m/s)				

(2) 测出半波数为 $n=2,3,4$ 时对应的波的频率 f，波长 λ，并求出波的速度 v，弦线张力 T 的对数 $X=\lg T$ 和频率的对数 $Y=\lg f$

将实验数据记录于表 2.4.2 中。

表 2.4.2　验证波源振动频率 f 与弦线张力 T 的关系

项目 \ n	2				3				4			
m/g												
f/Hz												
λ/m												
$v=f\lambda$/(m/s)												
$X=\lg T$												
$Y=\lg f$												

由表 2.4.2 分别作出 $n=2,3,4$ 时对应的 Y-X 图，求其斜率，与式(2.4.7) 比较，并分析结果。

【注意事项】

在实验过程中，在弦线的长度和张力一定的情况下，由低到高逐渐调节振源（信号发生器）的频率，可找到共振频率。我们首先找到基频，然后要继续增加频率，会找到二倍频，注意，一定要继续找到三倍频后，才能确定所找到的（基频、二倍频）频率是该系统的共振频率。

【思考题】

(1) 实验中磁铁的作用是什么？

(2) 如何判断驻波波节的位置？请简述驻波波节的成因。

(3) 在我们调频率寻找驻波的过程中，为什么多数时候弦线看起来并没有波动？

2.5　落球法测定液体的黏度

有关液体中物体运动的问题，19 世纪物理学家斯托克斯建立了著名的流体力学方程组，它较为系统地反映了流体在运动过程中质量，动量，能量之间的关系：一个在液体中运动的物体所受力的大小与物体的几何形状、速度以及液体的内摩擦力有关。

当液体流动时，液体质点之间存在着相对运动，这时质点之间会产生内摩擦力反抗它们之间的相对运动，液体的这种性质称为黏滞性，这种质点之间的内摩擦力称为黏滞力。黏滞力的大小与接触面面积以及接触面处的速度梯度成正比，比例系数 η 称为黏度（或黏滞系数）。液体的黏滞性的测量是非常重要的。例如，现代医学发现，许多心血管疾病都与血液黏度的变化有关，血液黏度的增大会使流入人体器官和组织的血流量减少，血液流速减缓，使人体处于供血和供氧不足的状态，可能引发多种脑血管疾病和其他许多身体不适症状，因此，测量血黏度的大小是检查人体血液健康的重要标志之一。又如，石油在封闭管道中长距离输送时，其输运特性与黏滞性密切相关，因而在设计管道前，须测量被输石油的黏度，根据输送液体的流量，压力差，输送距离及液体黏度，设计输送管道的口径。对液体黏滞性的研究在流体力学、化学化工、医疗、水利等领域都有广泛的应用，都需测定黏滞系数。

测量液体黏滞系数方法有多种，如落球法、转筒法、毛细管法等，其中落球法是最基本的一种，它可用于测量黏度较大的透明或半透明液体，如蓖麻油、变压器油、甘油等。

【实验目的】

(1) 学习和掌握一些基本物理量的测量。

(2) 学会落球法测定液体的黏滞系数。

【实验原理】

一个在静止液体中下落的小球受到重力、浮力和黏滞阻力3个力的作用，如果小球的速度 v 很小，且液体可以看成在各方向上都是无限广阔的，则从流体力学的基本方程可以导出表示黏滞阻力的斯托克斯公式：

$$F=3\pi\eta v d \tag{2.5.1}$$

式(2.5.1) 中 d 为小球直径。由于黏滞阻力与小球速度 v 成正比，小球在下落很短一段距离后（参见本节后附录的推导），所受三力达到平衡，小球将以 v_0 匀速下落，此时有：

$$\frac{1}{6}\pi d^3(\rho-\rho_0)g=3\pi\eta v_0 d \tag{2.5.2}$$

式(2.5.2) 中 ρ 为小球密度；ρ_0 为液体密度。由式(2.5.2) 可解出黏度 η 的表达式：

$$\eta=\frac{(\rho-\rho_0)gd^2}{18v_0} \tag{2.5.3}$$

本实验中，小球在直径为 D 的玻璃管中下落，液体在各方向无限广阔的条件不满足，此时黏滞阻力的表达式可加修正系数 $(1+2.4d/D)$，式(2.5.3) 可修正为：

$$\eta=\frac{(\rho-\rho_0)gd^2}{18v_0(1+2.4d/D)} \tag{2.5.4}$$

【实验仪器】

读数显微镜，见图 2.5.1(a)；落球法黏度测量仪，见图 2.5.1(b)；电子秒表等。

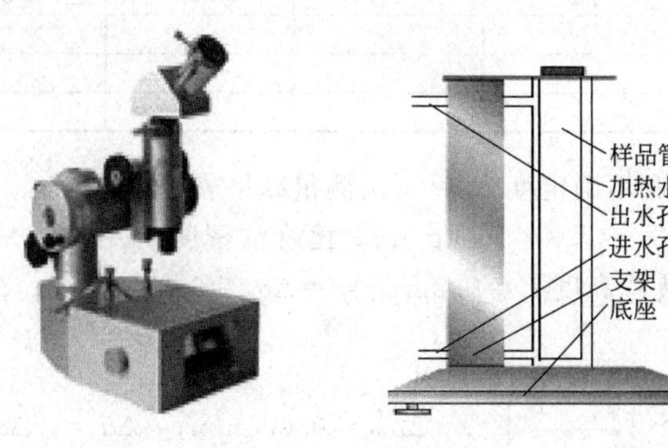

(a) 读数显微镜　　(b) 落球法黏度测量仪

图 2.5.1　读数显微镜和落球法黏度测量仪

【实验内容】

(1) 必做内容

① 用读数显微镜测量3个小球的直径，每个小球不同方位各测量4次，测量数据记入表 2.5.1 中。

② 观察小球下落轨迹，调节盛液管垂直。用镊子夹住小球沿样品管中心轻轻放入液体，观察小球是否一直沿中心下落，若盛液管倾斜，应调节其铅直。测量过程中，尽量避免对液

体的扰动。

③ 用镊子夹住小球沿盛液管中心轻轻放入液体，在相同温度下，测定小球在液体中下落的时间。用停表测量小球落经 20cm 液体高度所需的时间 t。每个小球测量 5 次。数据计入表 2.5.2 中。

④ 用磁铁将已落到管底的小球吸引至盛液管口附近（注意不要太接近管口，以免小球被直接吸到磁铁上），用镊子夹住小球，并将磁铁移开。重复步骤③。

⑤ 最后将小球夹出保存，以备下次实验使用。

(2) 实验拓展

① 在相同温度下，采用不同直径的小球测量，观察 η 值变化情况。

② 让小球贴近管壁下落，观测 v 值的变化。

(3) 选做部分

在不同温度下，采用相同直径的小球测量，观察 η 值变化情况。自己设计有关数据记录表格。

【数据记录与处理】

表 2.5.1 小球直径的测量　　单位：mm

小球	第一次		第二次		第三次		第四次		平均
1 号球	左		左		左		左		
	右		右		右		右		
2 号球	左		左		左		左		
	右		右		右		右		
3 号球	左		左		左		左		
	右		右		右		右		

表 2.5.2 小球下落时间的测量　　单位：s

小球	1 次	2 次	3 次	4 次	5 次	平均
1 号球						
2 号球						
3 号球						

求出 1 号球的黏度 η 和不确定度 $\Delta\eta$；写出测量结果表达式。

已知参数：钢球密度 $\rho=7.8\times10^3\,\text{kg/m}^3$；蓖麻油密度 $\rho_0=0.95\times10^3\,\text{kg/m}^3$；测试管内径 $D=2.0\times10^{-2}\,\text{m}$；液体高度 $L=0.2\,\text{m}$；$\Delta\rho=\Delta\rho_0=0.01\,\text{kg/m}^3$；$\Delta l=0.5\,\text{mm}$；$\Delta t_B=0.01\,\text{s}$；$\Delta d_B=0.005\,\text{mm}$

$$\Delta d_A=\frac{t_{0.95}}{\sqrt{n}}\sqrt{\sum_1^4\left(\frac{d_i-\bar{d}}{n-1}\right)^2};\quad \Delta d_B=0.005\,\text{mm};\quad \Delta d=\sqrt{\Delta d_A^2+\Delta d_B^2}$$

由：
$$\frac{\Delta\eta}{\bar{\eta}}=\sqrt{\left(\frac{\Delta\rho}{\rho-\rho_0}\right)^2+\left(\frac{\Delta\rho_0}{\rho-\rho_0}\right)^2+\left(\frac{\Delta l}{\bar{l}}\right)^2+\left(\frac{\Delta t}{\bar{t}}\right)^2+\left(\frac{\Delta d}{\bar{d}}\right)^2}$$

黏度结果表达式：
$$\eta=\bar{\eta}\pm\Delta\eta\quad(\text{Pa}\cdot\text{s})$$

【思考题】

(1) 金属小球在黏性液体中下落时，将受到哪几个铅直方向的力的作用？

(2) 小球从液面开始下落时，运动的过程如何？

(3) 为什么要对计算公式进行修正？

(4) 液体黏滞系数的单位是什么?

(5) 液体的黏滞系数除与液体本身性质有关外，还和什么有关?

(6) 在测量时要取两条标志线（即起点标志线和终点标志线），这两条标志线是否可以任意选取?是否可以取液面作为上标志线?为什么?

(7) 若小球偏离中心较多，或者盛液管不铅直，对实验有何影响?

(8) 总结小球的直径对测得的黏滞系数的影响。

(9) 总结温度对黏滞系数的影响。

【参考文献】

[1] 郑永令，贾起民，方小敏. 力学. 第2版. 北京：高等教育出版社，2002.

[2] ZKY-NZ落球法变温黏滞系数实验仪说明书. 成都世纪中科仪器有限公司，2005.

【附录】 小球达到平衡所需时间及所经路程

由牛顿运动定律及黏滞阻力的表达式，小球在达到平衡前的运动方程为：

$$\frac{1}{6}\pi d^3\rho\frac{\mathrm{d}v}{\mathrm{d}t}=\frac{1}{6}\pi d^3(\rho-\rho_0)g-3\pi\eta dv \tag{2.5.5}$$

整理得：

$$\frac{\mathrm{d}v}{\mathrm{d}t}+\frac{18\eta}{d^2\rho}v=\left(1-\frac{\rho_0}{\rho}\right)g \tag{2.5.6}$$

设初始条件为：$t=0$，$v=0$，方程(2.5.6)的解为：

$$v=\frac{d^2g}{18\eta}(\rho-\rho_0)(1-\mathrm{e}^{-18\eta t/d^2\rho}) \tag{2.5.7}$$

设速度达到平衡速度所需时间为t_0（取速度达到平衡速度的0.1%所需时间）则：

$$\mathrm{e}^{-18\eta t_0/d^2\rho}=0.001 \tag{2.5.8}$$

取$d=0.001\mathrm{m}$，代入钢球密度ρ，蓖麻油密度ρ_0，黏度取40℃时蓖麻油的黏度值0.231Pa·s，平衡时间不超过0.015s，在该时间内移动距离不超过1mm。

2.6 冷却法测量金属的比热容

根据牛顿冷却定律用冷却法测定金属或液体的比热容是量热学中常用的方法之一。若已知标准样品在不同温度的比热容，通过作冷却曲线可得各种金属在不同温度时的比热容。本实验以铜样品为标准样品，而测定铁、铝样品在100℃时的比热容。通过实验了解金属的冷却速率和它与环境之间温差的关系，以及进行测量的实验条件。热电偶数字显示测温技术是当前生产实际中常用的测试方法，它比一般的温度计测温方法有着测量范围广，计值精度高，可以自动补偿热电偶的非线性因素等优点；其次，它的电量数字化还可以对工业生产自动化中的温度量直接起着监控作用。

【实验目的】

(1) 掌握冷却法测定金属比热容的方法。

(2) 了解金属的冷却速率与环境之间的温差关系，以及进行测量的实验条件。

【实验原理】

单位质量的物质，其温度升高1K（或1℃）所需的热量称为该物质的比热容，其值随温度而变化。将质量为M_1的金属样品加热后，放到较低温度的介质（例如室温的空气）

中，样品将会逐渐冷却。其单位时间的热量损失（$\Delta Q/\Delta t$）与温度下降的速率成正比，于是得到下述关系式：

$$\frac{\Delta Q}{\Delta t}=c_1 M_1 \frac{\Delta \theta_1}{\Delta t} \tag{2.6.1}$$

式中，c_1为该金属样品在温度θ_1时的比热容，$\Delta Q/\Delta t$ 为金属样品在θ_1的温度下降速率。根据牛顿冷却定律我们知道当物体表面温度高于周围而存在温度差时，单位时间从单位面积散失的热量与温度差有关，于是有：

$$\frac{\Delta Q}{\Delta t}=\alpha_1 S_1(\theta_1-\theta_0)^m \tag{2.6.2}$$

式中，α_1 为热交换系数；S_1为该样品外表面的面积；m 为常数；θ_1为金属样品的温度；θ_0为周围介质的温度。由式(2.6.1) 和式(2.6.2)，可得：

$$c_1 M_1 \frac{\Delta \theta_1}{\Delta t}=\alpha_1 S_1(\theta_1-\theta_0)^m \tag{2.6.3}$$

同理，对质量为M_2，比热容为c_2的另一种金属样品，可有同样的表达式：

$$c_2 M_2 \frac{\Delta \theta_1}{\Delta t}=\alpha_2 S_2(\theta_2-\theta_0)^m \tag{2.6.4}$$

由式(2.6.3) 和式(2.6.4)，可得：

$$\frac{c_2 M_2 \dfrac{\Delta \theta_2}{\Delta t}}{c_1 M_1 \dfrac{\Delta \theta_1}{\Delta t}}=\frac{\alpha_2 S_2(\theta_2-\theta_0)^m}{\alpha_1 S_1(\theta_1-\theta_0)^m}$$

所以

$$c_2=c_1 \frac{M_1 \dfrac{\Delta \theta_1}{\Delta t}}{M_2 \dfrac{\Delta \theta_2}{\Delta t}} \times \frac{\alpha_2 S_2(\theta_2-\theta_0)^m}{\alpha_1 S_1(\theta_1-\theta_0)^m}$$

假设两样品的形状尺寸都相同（例如细小的圆柱体），即 $S_1=S_2$；两样品的表面状况也相同（如涂层、色泽等），而周围介质（空气）的性质当然也不变，则有 $\alpha_1=\alpha_2$。于是当周围介质温度不变（即室温 θ_0恒定），两样品又处于相同温度 $\theta_1=\theta_2=\theta$ 时，上式可以简化为：

$$c_2=c_1 \frac{M_1\left(\dfrac{\Delta \theta}{\Delta t}\right)_1}{M_2\left(\dfrac{\Delta \theta}{\Delta t}\right)_2} \tag{2.6.5}$$

如果已知标准金属样品的比热容 c_1、质量 M_1；待测样品的质量 M_2及两样品在温度 θ 时冷却速率之比，就可以求出待测的金属材料的比热容 c_2。

已知铜在 100℃时比热容为 $c_{\mathrm{Cu}}=0.0940\mathrm{cal/(g \cdot K)}$。

【实验仪器】

FD-JSBR 型冷却法金属比热容测量仪，铜、铁、铝实验样品，盛有冰水混合物的保温杯，电子天平，镊子，秒表。

FD-JSBR 型冷却法金属比热容测量仪由加热仪和测试仪组成（图 2.6.1）。加热仪的热源 A 是由 75W 电烙铁改制而成，利用底盘支撑固定并通过调节手轮自由升降；实验样品 B 是直径 5mm，长 30mm 的小圆柱，其底部钻一深孔便于安放热电偶，实验样品连同热电偶放置在有较大容量的防风容器 E 即样品室内的热电偶支架 D 上；测温铜-康铜热电偶 C（其热电势约为 0.042mV/℃）放置于被测样品 B 内的小孔中。当加热装置 A 向下移动到底后，可对被测样品 B 进行加热；样品需要降温时则将加热装置 A 移上。装置内设有自动控制限温装置，防止因长期不切断加热电源而引起温度不断升高。

热电偶的冷端置于冰水混合物 G 中，带有测量扁叉的一端接到三位半数字电压表 F 的“输入”端。热电势差的二次仪表由高灵敏、高精度、低漂移的放大器放大加上满量程为 20mV 的三位半数字电压表组成。这样当冷端为冰点时，由数字电压表显示的 mV 数查表（见书后附录）即可换算成对应待测温度值。

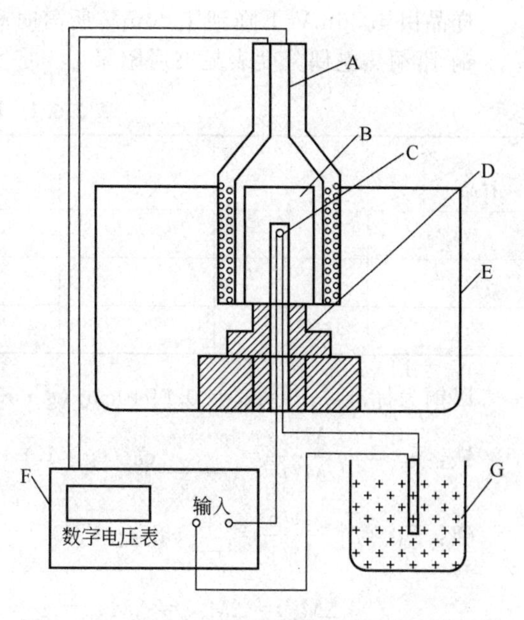

图 2.6.1 FD-JSBR 型冷却法金属比热容测量仪

【实验内容】

（1）必做内容

测量铁和铝在 100℃时的比热容。

① 用电子天平称出三种金属样品（铜、铁、铝）的质量 M。再根据 $M_{Cu}>M_{Fe}>M_{Al}$ 这一特点，把它们区别开来。

② 使热电偶热端的铜导线与数字表的正端相连；冷端铜导线与数字表的负端相连。当样品加热到 150℃（此时热电势显示约为 6.7mV）时，切断电源移去加热源，样品继续安放在与外界基本隔绝的不锈钢圆筒内自然冷却，记录样品的冷却速率 $\left(\frac{\Delta\theta}{\Delta t}\right)_{\theta=100℃}$。具体做法是记录数字电压表上示值约从 $E_1=4.36\text{mV}$ 降到 $E_2=4.20\text{mV}$ 所需的时间 Δt（因为数字电压表上的值显示数字是跳跃性的，所以 E_1、E_2 只能取附近的值），从而计算 $\left(\frac{\Delta E}{\Delta t}\right)_{E=4.28\text{mV}}$。按铁、铜、铝的次序，分别测量其温度下降速度，每一样品应重复测量 5 次。因为热电偶的热电动势与温度的关系在同一小温差范围内可以看成线性关系，即：

$$\frac{\left(\frac{\Delta\theta}{\Delta t}\right)_1}{\left(\frac{\Delta\theta}{\Delta t}\right)_2}=\frac{\left(\frac{\Delta E}{\Delta t}\right)_1}{\left(\frac{\Delta E}{\Delta t}\right)_2}$$

式(2.6.5) 可以简化为：

$$c_2=c_1\frac{M_1\Delta t_2}{M_2\Delta t_1}$$

（2）选做内容

① 测量铁和铝在 150℃时的比热容。

② 测量三种金属的冷却规律，并在坐标纸上绘出冷却曲线（θ-t 曲线），求出它们在 100℃的冷却速率。

【数据记录及处理】

样品质量：$M_{Cu}=$______g；$M_{Fe}=$______g；$M_{Al}=$______g。

热电偶冷端温度：______℃

样品由 4.36mV 下降到 4.20mV 所需时间（单位为 s）

铜-康铜热电偶分度表见书后附录 B。将实验数据记录于表 2.6.1 中。

表 2.6.1　冷却时间测量

次数 / 样品	1	2	3	4	5	平均值 $\bar{t}$/s
t_{Fe}/s						
t_{Cu}/s						
t_{Al}/s						

以铜为标准：$c_1 = c_{Cu} = 0.0940$cal/(g·K)

铁：$\bar{c}_{Fe} = c_1 \dfrac{M_1 t_2}{M_2 t_1} = $______cal/(g·K)

铝：$\bar{c}_{Al} = c_1 \dfrac{M_1 t_3}{M_3 t_1} = $____cal/(g·K)

$$\Delta M_{Fe} = \Delta M_{Cu} = \Delta M_{Al} = \frac{1}{2} \times \text{分度值(g)}$$

$$\Delta t_A = 1.24 \sqrt{\frac{\sum_i (t_i - \bar{t})^2}{5-1}};\quad \Delta t_B = 0.01\text{s};\quad \Delta t = \sqrt{\Delta t_A^2 + \Delta t_B^2}$$

$$\frac{\Delta c_{Fe}}{\bar{c}_{Fe}} = \sqrt{\left(\frac{\Delta M_{Fe}}{M_{Fe}}\right)^2 + \left(\frac{\Delta t_{Fe}}{\bar{t}_{Fe}}\right)^2 + \left(\frac{\Delta M_{Cu}}{M_{Cu}}\right)^2 + \left(\frac{\Delta t_{Cu}}{\bar{t}_{Cu}}\right)^2}$$

$$c_{Fe} = \bar{c}_{Fe} \pm \Delta c_{Fe} = \_\_\_\_\_\_ \text{cal/(g·K)}$$

同理可得：$c_{Al} = \bar{c}_{Al} \pm \Delta c_{Al} = $____cal/(g·K)

【注意事项】

(1) 仪器的加热指示灯亮，表示正在加热；如果连接线未连好或加热温度过高（超过 200℃）导致自动保护时，指示灯不亮。升到指定温度后，应切断加热电源。

(2) 测量降温时间时，按“计时”或“暂停”按钮应迅速、准确，以减小人为计时误差。

(3) 加热装置向下移动时，动作要慢，应注意要使被测样品垂直放置，以使加热装置能完全套入被测样品。

(4) 加热后样品烫手，勿用手触摸以免烫伤手指，使用镊子夹取样品。

(5) 实验中热电偶冷端温度一定要保持在零度。

(6) 样品放在金属圆筒内自然冷却时，筒口须盖上盖子。

【思考题】

(1) 为什么实验应该在防风筒（即样品室）中进行？

(2) 若冰水混合物中的冰块融化，会对实验结论（比热容）造成什么影响？

【参考文献】

[1] 沈元华，陆申龙. 基础物理实验. 北京：高等教育出版社，2003.

[2] 上海复旦天欣科教仪器有限公司，FD-JSBR 型冷却法金属比热容测量仪使用说明书.

2.7 音叉的受迫振动与共振实验

受迫振动与共振等现象在工程和科学研究中经常用到。如在建筑、机械等工程中，经常须避免共振现象，以保证工程的质量。而在一些石油化工企业中，常用共振原理，利用振动式液体密度传感器和液体传感器，在线检测液体密度和液位高度，所以受迫振动与共振是重要的物理规律受到物理和工程技术广泛重现。

【实验目的】

(1) 研究音叉振动系统在周期性外力作用下振幅与强迫力频率的关系，测量及绘制振动系统的共振曲线，并求出共振频率和振动系统振动的锐度，运用计算机进行实时测量，自动分析扫描的曲线。

(2) 音叉共振频率与对称双臂质量关系曲线的测量，求出音叉共振频率与附在音叉双臂一定位置上相同物块质量的关系公式。

(3) 通过测量共振频率的方法，测量一对附在音叉固定位置上物块的质量。

【实验原理】

(1) 简谐振动与阻尼振动

许多振动系统如弹簧振子的振动、单摆的振动、扭摆的振动等，在振幅较小而且在空气阻尼可以忽视的情况下，都可作简谐振动处理，即此类振动满足简谐振动方程：

$$\frac{\mathrm{d}^2 x}{\mathrm{d}t^2}+\omega_0^2 x=0 \tag{2.7.1}$$

式(2.7.1) 的解为：

$$x=A\cos(\omega_0 t+\varphi) \tag{2.7.2}$$

式中，A 为系统振动最大振幅；ω_0 为圆频率；φ 为初相位。

对弹簧振子振动圆频率 $\omega_0=\sqrt{\dfrac{K}{m+m_0}}$，$K$ 为弹簧劲度；m 为振子的质量；m_0 为弹簧的等效质量；弹簧振子的周期 T 满足：

$$T^2=\frac{4\pi^2}{K}(m+m_0) \tag{2.7.3}$$

但实际的振动系统存在各种阻尼因素，因此式(2.7.1) 左边需增加阻尼项。在小阻尼情况下，阻尼与速度成正比，表示为 $2\beta\dfrac{\mathrm{d}x}{\mathrm{d}t}$，则相应的阻尼振动方程为：

$$\frac{\mathrm{d}^2 x}{\mathrm{d}t^2}+2\beta\frac{\mathrm{d}x}{\mathrm{d}t}+\omega_0^2 x=0 \tag{2.7.4}$$

式中，β 为阻尼系数。

(2) 受迫振动与振动

阻尼振动的振幅随着时间会衰减，最后会停止振动。为了使振动持续下去，外界必须给系统一个周期性变化的力（一般采用的是随时间作正弦函数或余弦函数变化的力)，振动系统在周期性的外力作用下所发生的振动称为受迫振动。这个周期性的外力称为策动力。假设策动力有简单的形式：$f=F_0\cos\omega t$，ω 为策动力的角频率，此时，振动系统的运动满足下列方程：

$$\frac{\mathrm{d}^2 x}{\mathrm{d}t^2}+2\beta\frac{\mathrm{d}x}{\mathrm{d}t}+\omega_0^2 x=\frac{F_0}{m'}\cos\omega t \tag{2.7.5}$$

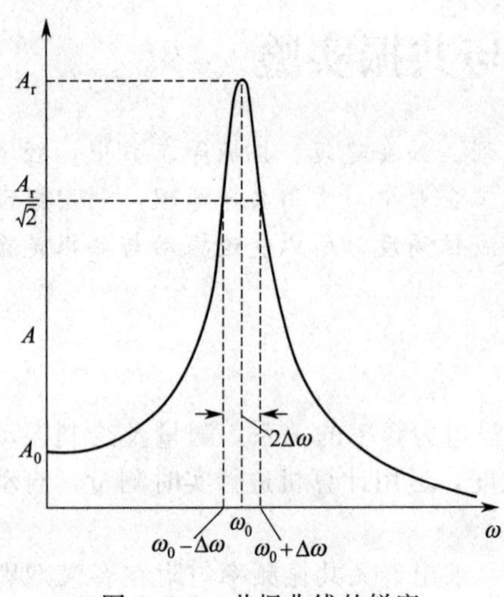

图 2.7.1 共振曲线的锐度

式中，m'为振动系统的有效质量。

式(2.7.5) 为振动系统作受迫振动的方程，它的解包括两项，第一项为瞬态振动，由于阻尼存在，振动开始后振幅不断衰减，最后较快地衰减为零；而后一项为稳态振动的解，为：

$$x=A\cos(\omega t+\varphi)$$

式中
$$A=\frac{F_0}{m'\sqrt{(\omega_0^2-\omega^2)^2+4\beta^2\omega^2}} \tag{2.7.6}$$

(3) 共振

由式(2.7.6) 可知，稳态受迫振动的位移振幅随策动力的频率而改变，当策动力的频率为某一特定值时，振幅达到极大值，此时称为共振。振幅达到极大值时的角频率为：

$$\omega_r=\sqrt{\omega_0^2-2\beta^2} \tag{2.7.7}$$

振幅最大值为：
$$A_r=\frac{F_0}{2\beta m'\sqrt{\omega_0^2-\beta^2}} \tag{2.7.8}$$

可见，在阻尼很小（$\beta\ll\omega_0$）的情况下，若策动力的频率近似等于振动系统的固有频率，振幅将达到极大值。显然，β 越小，A-ω 关系曲线的极值越大。振幅与角频率的关系（A-ω）如图 2.7.1 所示，描述曲线陡峭程度的物理量为锐度，其值等于品质因数：

$$Q=\frac{\omega_0}{\omega_2-\omega_1}=\frac{f_0}{f_2-f_1} \tag{2.7.9}$$

(4) 可调频率音叉的振动周期

一个可调频率音叉一旦起振，它将以某一基频振动而无谐频振动。音叉的两臂是对称的，以致两臂的振动是完全反向的，从而在任一瞬间对中心杆都有等值反向的作用力。中心杆的净受力为零而不振动，紧紧握住它是不会引起振动衰减的。同样的道理，音叉的两臂不能同向运动，因为同向运动将对中心杆产生震荡力，这个力将使振动很快衰减掉。

可以通过将相同质量的物块对称地加在两臂上来减小音叉的基频（音叉两臂所载的物块必须对称）。对于这种加载的音叉的振动周期 T 由下式给出：

$$T^2=B(m+m_0) \tag{2.7.10}$$

式中，B 为常数，它依赖于音叉材料的力学性质、大小及形状；m_0 为与每个振动臂的有效质量有关的常数。利用式(2.7.6) 可以制成各种音叉传感器，如液体密度传感器、液位传感器等。通过测量音叉的共振频率可求得音叉管内液体密度或液位高度。

【实验仪器】

FD-VR-A 型受迫振动与共振实验仪图（包括控制主机和音叉振动装置）（见图 2.7.2），

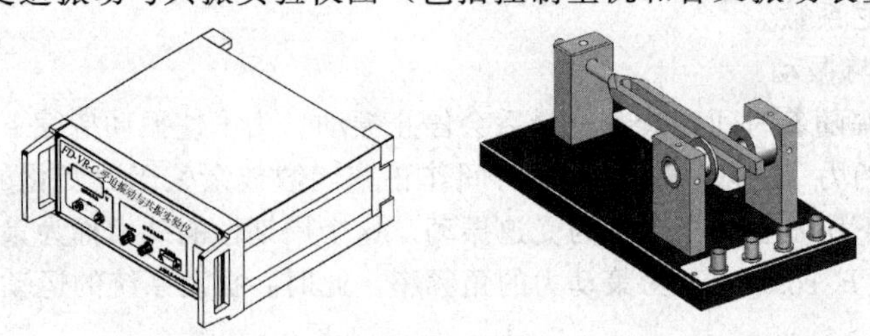

图 2.7.2 控制主机（交流电压测量和信号采集系统）及音叉振动系统

加载质量块（成对），阻尼片，电子天平（共用），示波器（选做用）。

FD-VR-A 型受迫振动与共振实验仪主要由电磁激振驱动线圈、音叉、电磁线圈传感器、支座、低频信号发生器、交流数字电压表（0～1.999V）等部件组成，如图 2.7.3 所示。

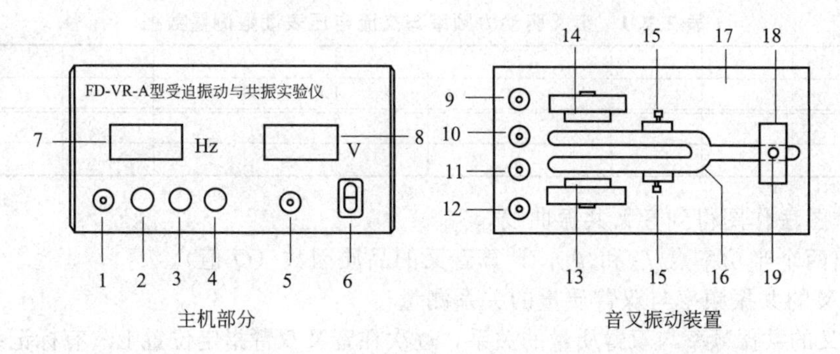

图 2.7.3　FD-VR-A 型受迫振动与共振实验仪装置图

1—低频信号输出接口；2—输出幅度调节钮；3—频率调节钮；4—频率微调钮；5—电压输入接口；6—电源开关；7—信号发生器频率显示窗；8—数字电压表显示窗；9—电压输出接口；10—示波器接口 Y；11—示波器接口 X；12—低频信号输入接口；13—电磁激振驱动线圈；14—电磁探测线圈传感器；15—质量块；16—音叉；17—底座；18—支架；19—固定螺丝

【实验内容】

(1) 必做内容

① 仪器接线　用屏蔽导线把低频信号发生器的输出端与激振线圈的电压输入端相接；用另一根屏蔽线将压电换能片的信号输出端与交流数字电压表的输入端连接。

② 接通电子仪器的电源，使仪器预热 15min。

③ 测定共振频率 f_0 和振幅 A_r　将低频信号发生器的输出信号频率，由低到高缓慢调节（参考值约为 250Hz），仔细观察交流数字电压表的读数，当交流电压表读数达最大值时，记录音叉共振时的频率 f_0 和共振时交流电压表的读数 A_r。

④ 测量共振频率 f_0 两边的数据　在信号发生器输出信号保持不变的情况下，频率由低到高，测量数字电压表示值 A 与驱动力的频率 f 之间的关系，注意在共振频率附近应多测几点。总共需测 16～20 个数据。

⑤ 绘制 A-f 关系曲线。求出两个半功率点 f_2 和 f_1，计算音叉的锐度（Q 值）。

⑥ 在电子天平上称出不同质量块的质量值，记录测量结果。

⑦ 将不同质量块分别加到音叉双臂指定的位置上，并用螺丝旋紧。测出音叉双臂对称加相同质量物块时，相对应的共振频率。记录 m-f 关系数据。

⑧ 作周期平方 T^2 与质量 m 的关系图，求出直线斜率 K 和在 m 轴上的截距 m_0。

⑨ 用一对未知质量的物块 m_x 替代已知质量物块，测出音叉的共振频率，求出未知质量的物块 m_x。

(2) 选做内容

① 在音叉一臂上用双面胶纸将一块阻尼片贴在臂上，用电磁力驱动音叉。测量在增加空气阻尼的情况下，音叉的共振频率和锐度（Q 值）。

② 用示波器观测激振线圈的输入信号和压电换能片的输出信号，测量它们的相位关系。

【数据记录与处理】

(1) 用电子天平称量 5 对金属块 m_1～m_5 的质量并分别记录其值，单位为 g。

（2）共振曲线的测量

测量得到音叉驱动力频率 f 与交流数字电压表读数 U 之间的关系。将数据记录于表2.7.1中。

表 2.7.1　音叉驱动力频率与交流电压表读数测量数据

f/Hz											
U/V											
f/Hz											
U/V											

① 用作图法作图得到音叉共振曲线。

② 求出两个半功率点 f_2 和 f_1，计算音叉的品质因数（Q 值）。

（3）音叉的共振频率与双臂质量的关系测量

研究音叉的共振频率与双臂质量的关系，逐次在音叉双臂指定位置上（有标记线）加质量已知的金属块，调节信号发生器的输出信号频率，观测交流电压表读数，测量其共振频率。将数据记录于表 2.7.2 中。

表 2.7.2　共振频率与音叉双臂上金属块的质量之间的关系

m/g							
f/Hz							
$T^2/(\times10^5/s^2)$							

① 作图进行曲线拟合，求出 T^2-m 关系。

② 求出图线的斜率 K 和在 m 轴上的截距 m_0。

③ 根据图上坐标，求出金属块 m_6 的质量值。

【注意事项】

（1）电磁激振线圈和检测线圈外面有保护罩防护，使用者不可以将保护罩拆去，或用工具伸入保护罩，以免损坏引线。

（2）注意每次加不同质量砝码时的位置一定要固定。

（3）实验中所测量的共振曲线是在策动力恒定的条件下进行的，因此实验中都要保持信号发生器的输出幅度不变。

【思考题】

（1）实验中策动力的频率为 200Hz 时，音叉臂的振动频率为多少？

（2）实验中在音叉臂上加物块时，为什么每次加物块的位置要固定？

（3）举例说明共振现象在实际生活中的应用。

【参考文献】

[1]　周殿清．大学物理实验．武汉：武汉大学出版社，2002.

[2]　吕秋捷，陈因，陆申龙．第三届亚洲物理奥林匹克竞赛力学实验试题解答与分析．物理实验，2002.22（11）：34-37.

[3]　赵凯华，罗蔚茵．新概念物理教程：力学．北京：高等教育出版社，2000.

[4]　上海复旦天欣科教仪器有限公司，音叉受迫振动与共振测量仪使用说明书．

【附录】　振动式液体密度传感器简介

随着石油、化工工业发展，迫切需要一种液体密度传感器和液位传感器，能够对各种油料和液体化工原料在生产流程中进行计算机实时测量和监控。所以，20 世纪 60 年代末开始，各国投入一定的人力、财力研究各种新型音叉式液体密度传感器和液位传感器。这种传感器待测量与传感器谐振频率构成唯一的函数关系，因而只要测出其谐振频率，就可以求得待测液体密度或储液罐中的液位高度。

国际上现已采用的振动式传感器有：①双管式液体密度传感器，此种传感器由振动双管、电磁驱动器及电磁敏感元件组成。②单管式液体密度传感器，它由单根振动管、电磁驱动器及电磁敏感元件组成，振动单管的壁很薄，单管的一端被钢性的固定在基座上，另一自由端能以圆形变形为椭圆形式自由振荡。③音叉式液体密度传感器，此种传感器具有单管式灵敏度高的优点，又具有双管式通用较强的特点。它用一对压电陶瓷片作为驱动器和振动感应元件。

振动式液体密度传感器内流动的液体密度 ρ 和传感器的振动频率 f 存在如下关系：

$$\rho=A+\frac{B}{f^2}$$

式中 A、B 为待定常数，它们取决于管子的几何结构和材料。A、B 可由已知密度的液体来定标，对流动的液体，A、B 值与液体的流速、黏滞系数均无关，液体密度仅是传感器谐振频率的函数。

有关振动式液位传感器详见参考文献 [4]。

2.8 碰撞打靶实验

物体间的碰撞是自然界中普遍存在的现象，从宏观物体的一体碰撞到微观物体的粒子碰撞都是物理学中极其重要的研究课题。

本实验通过两个球体的碰撞、碰撞前的单摆运动以及碰撞后的平抛运动，应用已学到的力学定律去解决打靶的实际问题，从而更深入地了解力学原理，并提高分析问题、解决问题的能力。

【实验目的】

(1) 研究两个球体的碰撞及碰撞前的单摆运动以及碰撞后的平抛运动。

(2) 用已学到的力学定律去解决打靶的实际问题。

(3) 分析实验过程，了解能量损失的各种来源。

【实验原理】

(1) 碰撞　指两运动物体相互接触时，运动状态发生迅速变化的现象（“正碰”是指两碰撞物体的速度都沿着它们质心连线方向的碰撞；其他碰撞则为“斜碰”）。

(2) 碰撞时的动量守恒　两物体碰撞前后的总动量不变。

(3) 平抛运动　将物体用一定的初速度 v_0 沿水平方向抛出，在不计空气阻力的情况下，物体所作的运动称平抛运动，运动学方程为 $x=v_0t$，$y=\frac{1}{2}gt^2$（式中，t 是从抛出开始计算的时间；x 是物体在时间 t 内水平方向的移动距离；y 是物体在该时间内竖直下落的距离；g 是重力加速度）。

(4) 在重力场中，质量为 m 的物体在被提高距离 h 后，其势能增加了 $E_p=mgh$。

(5) 质量为 m 的物体以速度 v 运动时，其动能为 $E_k=\frac{1}{2}mv^2$。

(6) 机械能的转化和守恒定律　任何物体系统在势能和动能相互转化过程中，若合外力对该物体系统所做的功为零，内力都是保守力（无耗散力），则物体系统的总机械能（即势能和动能的总和）保持恒定不变。

(7) 弹性碰撞　在碰撞过程中没有机械能损失的碰撞。

(8) 非弹性碰撞　碰撞过程中的机械能不守恒，其中一部分转化为非机械能（如热能）。

【实验仪器】

碰撞打靶实验仪如图 2.8.1 所示，它由导轨、单摆、升降架（上有小电磁铁，可控断通）、被撞小球及载球支柱、靶盒等组成。载球支柱上端为锥形平头状，减小钢球与支柱接触面积，在小钢球受击运动时，减少摩擦力做功。支柱具有弱磁性，以保证小钢球质心沿着支柱中心位置。

升降架上装有可上下升降的、磁场方向与杆平行的电磁铁，杆上有刻度尺及读数指示移动标志。仪器上电磁铁磁场中心位置、单摆小球（钢球）质心与被碰撞小球质心在碰撞前后处于同一平面内。由于事前二球质心被调节成离导轨同一高度。所以，一旦切断电磁铁电源，被吸单摆小球将自由下摆，并能正中地与被击球碰撞。被击球将作平抛运动。最终落到贴有目标靶的金属盒内。

小球质量可用天平称衡（天平公用）。

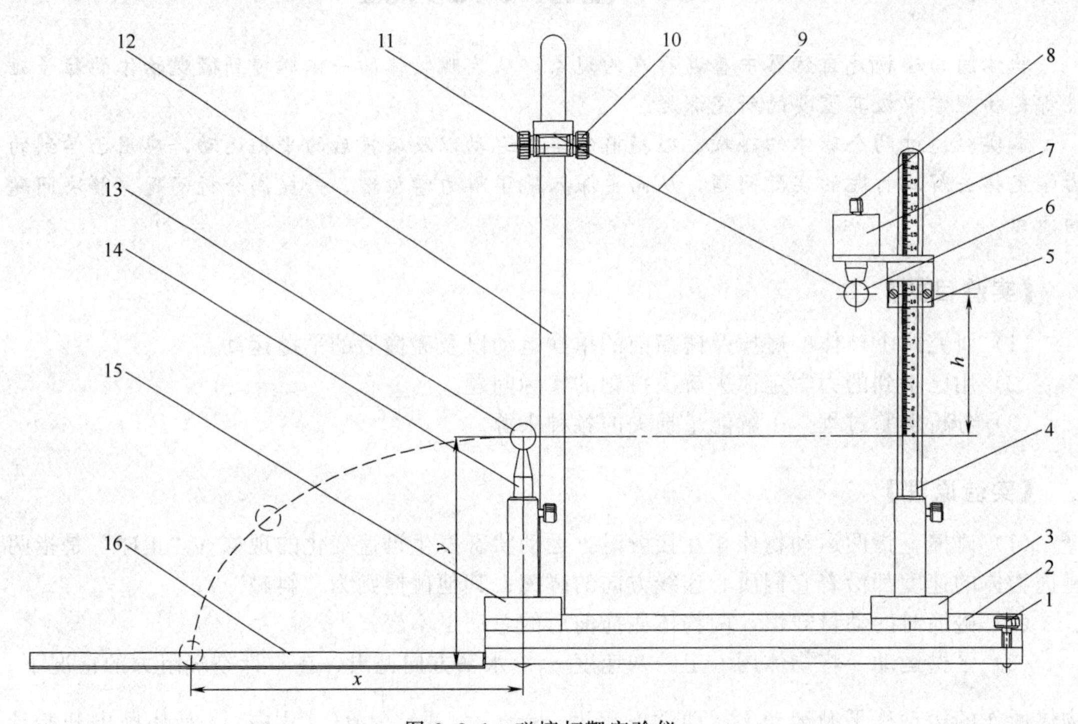

图 2.8.1　碰撞打靶实验仪

1—调节螺钉；2—导轨；3,15—滑块；4,12—立柱；5—刻线板；6—摆球；7—电磁铁；8—衔铁螺钉；9—摆线；10—锁紧螺钉；11—调节旋钮；13—被撞球；14—载球支柱；16—靶盒

【实验内容】

(1) 必做内容

观察电磁铁电源切断时，单摆小球只受重力及空气阻力时的运动情况，观察两球碰撞前后的运动状态，测量两球碰撞的能量损失。

① 调整导轨水平（为何要调整？如何用单摆铅直来检验?）。如果不水平，可调节导轨上的两只调节螺钉。

② 用天平测量被撞球（直径和材料均与撞击球相同）的质量 m，并以此也作为撞击球的质量。

③ 设定被撞球的高度 y，根据靶心的位置，测出 x，并据此算出撞击球的高度 h_0（预习时应自行推导出由 x 和 y 计算高度 h_0 的公式）。

④ 通过绳来调节撞击球的高低和左右，使之能在摆动的最低点和被撞球进行正碰。

⑤ 把撞击球吸在磁铁下，调节升降架使它的高度为 h_0（如何测量?），然后将细绳拉直。

⑥ 让撞击球撞击被撞球，记下被撞球击中靶纸的位置 x_1（可撞击多次求平均），据此计算碰撞前后总的能量损失为多少？应对撞击球的高度作怎样的调整，才可使其击中靶心？（预习时应自行推导出由 x 和 y 计算高度差 $\Delta h=|h-h_0|=\frac{|x_1^2-x^2|}{4y}$ 的公式）

⑦ 对撞击球的高度作出调整后，再重复若干次试验，以确定能击中靶心的 h 值；请老师检查被撞球击中靶纸的位置后记下此 h 值。

⑧ 观察两小球在碰撞前后的运动状态，分析碰撞前后各种能量损失的原因。

（2）选做内容

观察两个不同质量钢球碰撞前后的运动状态，测量碰撞前后的能量损失。用直径、质量都不同的被撞球，重复上述实验，比较实验结果并讨论之。（注意：由于直径不同，应重新调节升降台的高度，或重新调节细绳。）

（3）实验拓展

① 本实验中，即使操作完全正确，撞击球高度的计算值 h_0 与实际值 h 仍然是不同的，请分析其主要原因（如空气阻力、摩擦力、非正碰、非弹性碰撞等），并设计实验来验证你的结论。

② 用石蜡、软木或其他软材料自制被撞球，重复上述实验，比较实验结果，并讨论之。

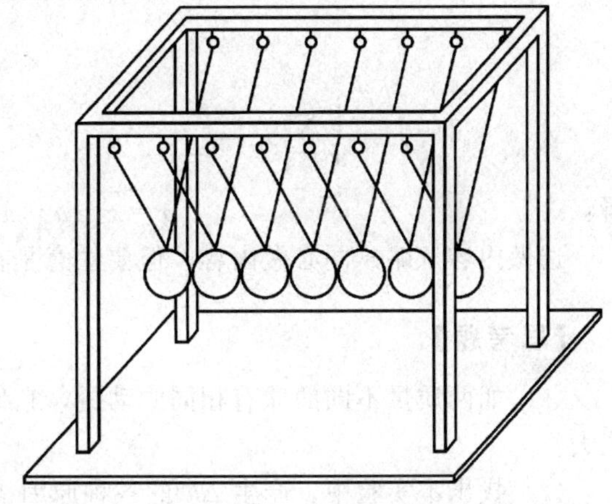

图 2.8.2 七球碰撞架

③ 有一个长方体七球碰撞架如图 2.8.2 所示，球体是用实心硬塑料制成，直径 8cm，质量约为 140g，悬挂在框架两横梁对应的挂钩上，每一相邻挂钩相距恰好等于塑料球的直径，球心处在同一水平线上，球与球之间刚好接触，球体在运动时能保持在一个铅垂平面内。用该实验架做质量相等和质量不等的弹性碰撞和完全非弹性碰撞实验，并找出其规律。（用黑封泥可以将两个或数个球粘接在一起，还可以增加球的质量。）

【数据记录与处理】

（1）数据测量　见表 2.8.1。

表 2.8.1　打靶前各参数测量值

球的质量 m/g	球的直径 d/cm	y/cm	x/cm	h_0 计算值/cm

（2）打靶记录　见表 2.8.2。

表 2.8.2 各次打靶测量数据

h_0/cm	打靶次数	中靶环数	击中位置 x_1/cm	平均值 $\overline{x}$/cm	修正值 Δh/cm
	1				
	2				
	3				
h_1/cm	打靶次数	中靶环数	击中位置 x_1/cm	平均值 $\overline{x}$/cm	修正值 Δh/cm
	4				
	5				
	6				

(3) 结论 能击中十环靶心的 h 值为____cm。本地区重力加速度为 $g=$____$\mathrm{m/s^2}$，碰撞过程中的总能量损失为 $mg(h_1-h_0)=$____J。

(4) 求碰撞打靶中 A 类不确定度 现以 $h=$____cm、$y=$____cm 进行打靶，其 x 的数据记录在表 2.8.3 中。

表 2.8.3 在相同条件下，记录重复 10 次测量结果

打靶次数	1	2	3	4	5	6	7	8	9	10
x 位置										

$$\overline{x}=\frac{1}{n}\sum_{i=1}^{h}x_i=\_\_\_\_\mathrm{cm},\quad u_{\mathrm{A}}=\sqrt{\frac{\sum_{i=1}^{n}(x_i-\overline{x})^2}{n(n-1)}}=\_\_\_\_\mathrm{cm}$$

得：

$$x=\overline{x}\pm u_{\mathrm{A}}(x)=\_\_\_\_\mathrm{cm}$$

选做内容（略）同必做内容，但要注意是在 $m_1\neq m_2$ 的情况下的实验。

【思考题】

(1) 如两质量不同的球有相同的动量，它们是否也具有相同的动能？如果不等，哪个动能大？

(2) 找出本实验中，产生 Δh 的各种原因（除计算错误和操作不当原因外）。

(3) 质量相同的两球碰撞后，撞击球的运动状态与理论分析是否一致？这种现象说明了什么？

(4) 如果不放被撞球，撞击球在摆动回来时能否达到原来的高度？这说明了什么？

(5) 此实验中，绳的张力对小球是否做功？为什么？

(6) 定量导出本实验中碰撞时传递的能量 e 和总能量 E 的比 $\varepsilon=e/E$ 与两球质量比 $\mu=\frac{m_1}{m_2}$ 的关系。

(7) 本实验中，球体不用金属，用石蜡或软木可以吗？为什么？

(8) 举例说明现实生活中哪些是弹性碰撞？哪些是非弹性碰撞？它们对人类的益处和害处如何？

(9) 据科学家推测，6500 万年前白垩纪与第三纪之间的恐龙灭绝事件，可能是由一颗直径约 10km 的小天体撞击地球造成的。这种碰撞是否属于弹性碰撞？

【参考文献】

[1] 沈元华，陆申龙. 基础物理实验. 北京：高等教育出版社，2003.

[2] 沈元华等. 设计性研究性物理实验教程. 上海：复旦大学出版社，2004.

[3] 郑永令，贾起民，方小敏. 力学. 北京：高等教育出版社，2002.

2.9 声速的测量

声波是一种在媒质中传播的机械波，由于其振动方向与传播方向一致，因此声波是纵波。本实验要测量超声波在媒质中的传播速度。超声波是频率为 $2\times10^4\sim10^9$ Hz 的机械波，它具有波长短、易于定向发射等优点。对于声波特性的测量（如频率、波速、声压衰减和相位等）是声学应用技术中的一个重要内容，特别是在超声波测距、定位、测液体流速、测材料弹性模量等应用中具有重要的意义。

【实验目的】

(1) 了解声速测量仪的结构和测试原理。

(2) 通过实验了解作为传感器的压电陶瓷的功能。

(3) 用共振干涉法、相位比较法和时差法测量声速，并加深有关共振、振动合成、波的干涉等理论知识的理解。

(4) 巩固用逐差法处理数据。

【实验仪器】

SVX-5 综合声速测定仪信号源，SV-DH-7A 声速测定仪，YB4328 示波器，屏蔽电缆线若干，温度计（公用）。

(1) 压电陶瓷换能器

对于超声波，采用压电陶瓷换能器作为声波的发射器、接收器效果最佳。

SV-DH 系列声速测试仪主要由压电陶瓷换能器和读数标尺（机械刻度尺和数显尺）组成。压电陶瓷换能器是由压电陶瓷片和轻重两种金属组成。压电陶瓷片是由一种多晶结构的压电材料（如石英、锆钛酸铅陶瓷等），在一定温度下经极化处理制成的。它具有压电效应，即受到与极化方向一致的应力 T 时，在极化方向上产生一定的电场强度 E 且具有线性关系：$E=CT$；它也具有逆压电效应，即当与极化方向一致的外加电压 U 加在压电材料上时，材料的伸缩形变 S 与 U 之间有简单的线性关系：$S=KU$，C 为比例系数，K 为压电常数，与材料的性质有关。由于 E 与 T、S 与 U 之间有简单的线性关系，因此我们就可以将正弦交流电信号变成压电材料纵向的长度伸缩，使压电陶瓷片成为超声波的波源，即压电换能器可以把电能转换为声能作为超声波发生器（图 2.9.1 中 S1）。反过来也可以使声压变化转化为电压变化，即用压电陶瓷片作为声频信号接收器（图 2.9.1 中 S2）。压电陶瓷换能器根据它的工作方式，可分为纵向（振动）换能器、径向（振动）换能器及弯曲振动换能器。图 2.9.2 所示为纵向换能器的结构简图。

在实验装置（图 2.9.1）中，S1 和 S2 是压电换能器，它们分别用来发送和接收超声波。当把电信号加在 S1 的电端时，换能器端面产生机械振动（逆压电效应），并在空气中激发出声波。当声波传递到 S2 表面时，激发起 S2 端面的振动，又会在其电端产生相应的电信号输出（正压电效应）。

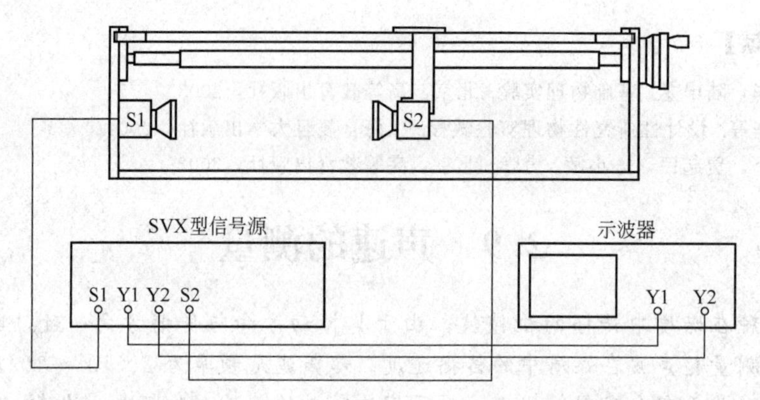

图 2.9.1 驻波法、相位法和时差法连线图

电位号 —压电陶瓷/换能器 S1→ 声信号 —空气→ 声信号 —压电陶瓷/换能器 S2→ 电信号

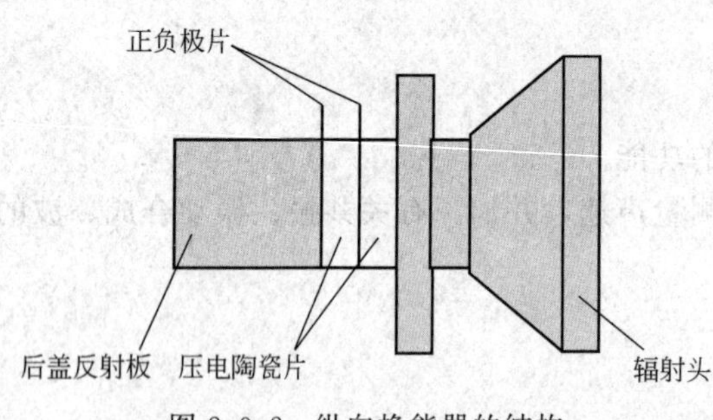

图 2.9.2 纵向换能器的结构

(2) SVX-5 综合声速测定仪信号源

SVX-5 型声速测定信号源可以产生频率及幅度均可调的正弦电压信号，频率范围 25～45kHz。带时差法测量脉冲信号源。

① 调节旋钮的作用

频率调节：用于调节输出信号的频率；

正弦波强度：用于调节输出信号电功率（输出电压）；

接收增益：用于调节仪器内部的接收增益。

②“测试方法”按键　用于连续波、脉冲波的切换测量。

③ 数字显示窗　当信号源发出连续波时，显示该连续波的频率；当信号源发出脉冲波时，显示脉冲信号在 S1、S2 之间的传播时间。

(3) YB4328 示波器

阅读实验《示波器的使用》有关内容。

【实验原理】

(1) 声波在空气中的传播速度

在理想气体中声波的传播速度为：

$$u=\sqrt{\frac{\gamma RT}{M}} \tag{2.9.1}$$

式中，γ 为气体比定压热容与比定容热容之比（即比热容比）；$R=8.31441\text{J}/(\text{mol}\cdot\text{K})$，为普适气体常数；$M$ 为气体的摩尔质量；T 为热力学温度。由式(2.9.1) 可见，声速与温度、摩尔质量及比热容比有关，后两个因素与气体成分有关。因此，测定声速可以推算出气体的一些参量。

在正常情况下，干燥空气成分按重量比为氮：氧：氩：二氧化碳＝78.084：20.094：0.934：0.033。它们的平均摩尔质量为 $M_a=28.964\times10^{-3}$ kg/mol。在标准状态下，干燥空气的声速为 $u_0=331.5$m/s。在室温 t 下，干燥空气中的声速为：

$$u=u_0\sqrt{1+\frac{t}{T_0}} \tag{2.9.2}$$

(2) 测量声速的基本方法

声波的传播速度与其频率和波长的关系为：

$$u=\lambda\gamma \tag{2.9.3}$$

由式(2.9.3) 可知，测得声波的频率和波长，就可得到声速。实验中，声波的频率 γ 可以直接从声速测定信号源上读出，而声波的波长 λ 则常用共振干涉法和相位比较法来测量。

① 共振干涉法测量声速　实验装置接线如图 2.9.1 所示，换能器 S1 发出的声波，传到换能器 S2 后，在激发起 S2 振动的同时，又被 S2 的端面所反射。当 S1 和 S2 的表面相互平行时，声波就在两个平面间往返反射并叠加而形成驻波。声波是纵波，当接收换能器 S2 处于驻波波节位置时接收到的声压是极大值，经接收器转换成电信号，从示波器上观察到的电压信号也是极大值（参见图 2.9.3）。根据波的干涉理论可知：驻波相邻波节之间的距离为 $\lambda/2$。为了测量声波的波长，移动接收换能器 S2 到某个位置时，如果示波器上声压振幅为极大值，继续移动接收换能器 S2，直至示波器上再次出现声压振幅为极大值。两相邻的振幅极大值之间的距离为 $\lambda/2$，S2 移动过的距离亦为 $\lambda/2$。即在示波器上观察到声振幅为极大值时，S2 和 S1 两端面间的距离 L 满足：

$$L=n\frac{\lambda}{2} \tag{2.9.4}$$

式中，λ 是空气中的声波波长；n 取正整数。我们只要测出各极大值对应的接收器 S2 的位置，就可测出波长。由声速测试仪信号源读出超声波的频率后，即可由式(2.9.3) 求得声速。

由于波阵面的发散和其他损耗，各极大值幅值随距离增大而逐渐减小，如图 2.9.3 所示。

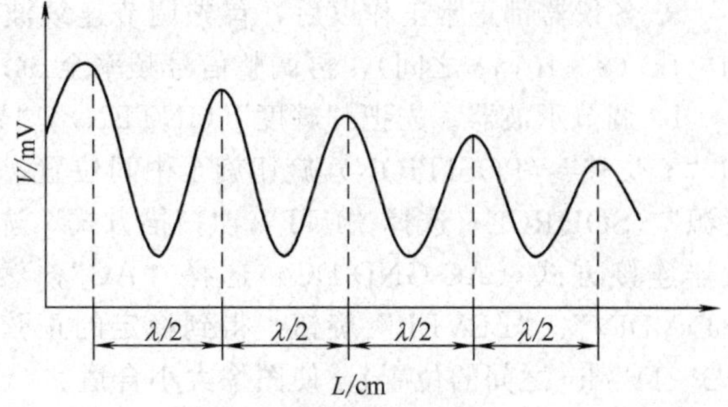

图 2.9.3　接收器表面声压随距离的变化

② 相位比较法测量声速　波是振动状态的传播，也可以说是相位的传播。同一列波上的任何两点，它们的相位差为 2π（或 2π 的整数倍）时，该两点的距离就等于一个波长（或波长的整数倍）。因此 S2 每移过一个 λ 的距离，激励源和接收器的电信号的相位差也将出现重复。利用这个原理，可以较精确地测量波长。实验装置仍如图 2.9.1 所示，把激励信号接示波器的 Y1 端，接收器的电信号接 Y2 端，等于相同频率相互垂直振动的叠加，可以在示波器屏幕上看到稳定的椭圆。当相位差为 0 或 π 时，椭圆变成向左或向右的直线（参见图 2.9.4）。移动 S2 当示波器重现上述现象时，S2 所移过的距离就等于声波的波长。再由声速测试仪信号源读出超声波的频率后，即可由式(2.9.3) 求得声速。

【实验内容】

(1) 必做内容

① 声速测定仪系统的连接　声速测定仪和声速测定仪信号源及双踪示波器之间的连接如图 2.9.1 所示，信号源面板上的发射端换能器接口（S1）用于输出一定频率的功率信号，请接至测试架的发射换能器（S1）；信号源面板上的发射端的发射波形（Y1），接至双踪示波器的 CH1（X），用于观察发射波形；信号源面板上的接收端的接收波形（Y2），接至双

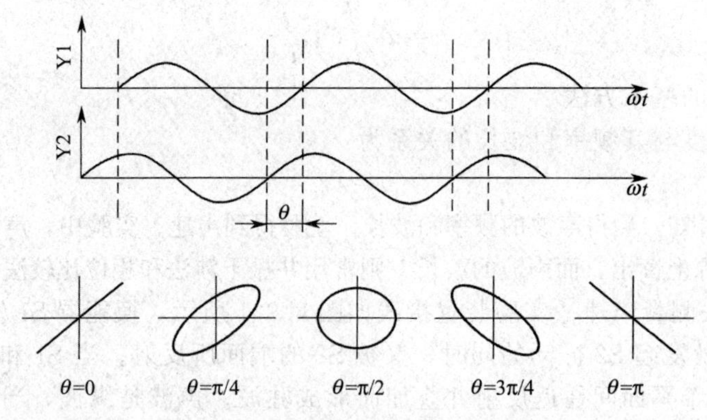

图 2.9.4 用李萨如图观察相位变化

踪示波器的 CH2（Y），用于观察接收波形。

仪器在使用之前，加电开机预热 15min。在接通市电后，声速测试仪信号源自动工作在连续波方式，这时脉冲波强度选择按钮不起作用。

② 测定压电陶瓷换能器系统的最佳工作点　只有当换能器 S1 和 S2 发射面与接收面保持平行时才有较好的接收效果；为了得到较清晰的接收波形，还应将外加的驱动信号频率调节到发射换能器 S1 谐振频率点处，才能较好地进行声能与电能的相互转换，提高测量精度，以得到较好的实验效果。

超声换能器工作状态的调节方法如下。

a. 各仪器都正常工作以后，首先调节连续波强度旋钮，使声速测试仪信号源输出合适的电压（8～10V_{P-P}之间），再调整信号频率至 34.5～39.5kHz 之间。

b. 调节示波器。先把“辉度”（INTEN）、“聚焦”（FOCUS）、“X 位移”（POSITION）和“Y 位移”（POSITION）旋钮旋至中间位置；示波器的“垂直方式”选择“CH2”，“触发源”（SOURCE）选择“INT”，“扫描方式”选择“自动”（AUTO），输入信号与垂直放大器连接方式（AC-GND-DC）选择“AC”；然后依次调节 CH2 端的“VOLTS/DIV”、“SEC/DIV”、“LEVEL”旋钮，得到稳定的正弦波形。选择合适的示波器通道增益（一般 0.2～1V/div 之间的位置），使图像大小合适。

c. S2 在某一位置时调节频率，同时观察接收波的电压幅度变化，在某一频率点处（34.5～39.5kHz 之间）电压幅度最大，此频率即是压电换能器 S1、S2 相匹配频率点，记录频率 ν。

d. 改变 S2 的位置，再微调信号频率，再次测定工作频率，共测 6 次，取平均值 $\overline{\nu}$。

③ 共振干涉法测量波长

a. 将测试方法设置到连续波方式，把声速测试仪信号源调到最佳工作频率 $\overline{\nu}$。

b. 测量。在共振频率下，转动距离调节鼓轮，改变 S2 位置，当示波器上出现振幅极大值时记录下 S2 的位置 L_1（在机械刻度尺上读出）；再由近及远（或由远及近）移动 S2，逐次记下各振幅极值大时的 S2 位置，连续测 12 个数据 L_2，L_3，…，L_{12}（要求 $L_i>50$mm）。

c. 用逐差法处理数据，求出 $u=(\overline{u}\pm\Delta u)$m/s。

④ 用相位比较法测量波长

a. 声速测试仪信号源输出频率仍为 $\overline{\nu}$。

b. 调节示波器。“SEC/DIV”置“X-Y”，其他同上，即可看到 Y1 和 Y2 的合振动图像；选择合适的通道增益（调节 CH1 端的“VOLTS/DIV”和 CH2 端的“VOLTS/

DIV”），使合振动的图像大小合适。

c. 测量。转动距离调节鼓轮，缓慢移动 S2，观察示波器的波形。当示波器所显示的李萨如图形如图 2.9.4 中某一方向直线时，记录下此时的距离 L_1'（在机械刻度尺上读出）；再由近及远（或由远及近）移动 S2，当示波器所显示的李萨如图形如图 2.9.4 中另一方向直线时记录下此时的距离 L_2'，连续测 12 个数据 L_2'，L_3'，…，L_{12}'（要求 $L_i'>50\text{mm}$）。

d. 用逐差法处理数据，求出 $\overline{u}$ 及与声速理论值的相对误差。

实验结束后应关闭仪器的交流电源，并关闭数显测量尺的电源，以免耗电。

（2）选做内容

① 用时差法测量声速

a. 实验原理。用时差法测量声速的实验装置仍采用上述仪器，按图 2.9.1 连接线路。由信号源提供一个脉冲信号经 S1 发出一个脉冲波，经过一段距离的传播后，该脉冲信号被 S2 接收，再将该信号返回信号源，经信号源内部线路分析、比较处理后，输出脉冲信号在 S1、S2 之间的传播时间 t，传播距离 L 可以从数显尺上读出，则声波在介质中的传播速度可以由以下公式计算：

$$u=\frac{L}{t}$$

作为接收器的压电陶瓷换能器，在接收到来自发射换能器的波列的过程中，能量不断积聚，电压变化波形曲线振幅不断增大，当波列过后，接收换能器两极上的电荷运动呈阻尼振荡，电压变化波形曲线如图 2.9.5 所示。

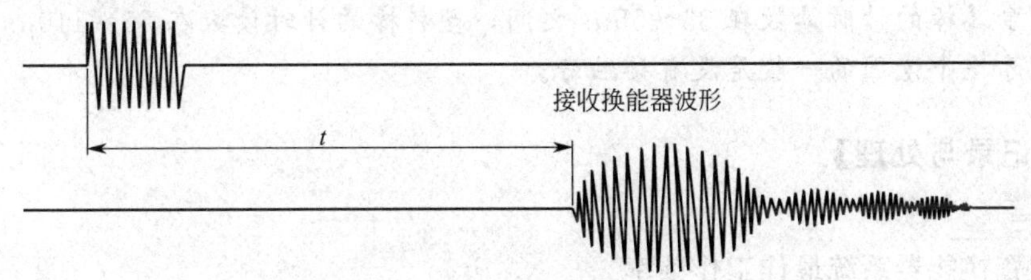

图 2.9.5　波形曲线

b. 实验内容。测量空气中的声速。

• 按图 2.9.1 连接线路，打开信号源和示波器的电源。

• 将 S1 和 S2 之间的距离调到一定距离（$\geqslant 50\text{mm}$），将连续波频率调离换能器谐振点，将面板上“测试方法”设置到脉冲波方式，再调节接收增益，使示波器上显示的接收波信号幅度在 300～400mV 左右（峰-峰值），使信号源计时器显示的时间差值读数稳定。

• 记录此时的距离 L_i（由数显尺读出）和显示的时间值 t_i（由声速测试仪信号源时间显示窗口直接读出）。移动 S2，如果计时器读数有跳字，则微调接收增益（距离增大时，顺时针调节；距离减小时，逆时针调节），使计时器读数连续准确变化。记录下这时的距离值 L_{i+1}和显示的时间值 t_{i+1}。测量 8 个点，要求 L_i 与 L_{i+1}尽量保持等距离。

• 声速 $u=(L_{i+1}-L_i)/(t_{i+1}-t_i)$。

• 自拟表格记录所有的实验数据。

② 测量固体棒中的纵波声速　在固体中传播的声波是很复杂的，它包括纵波、横波、扭转波、弯曲波、表面波等，而且各种声速都与固体棒的形状有关。金属棒一般为各向异性结晶体，沿任何方向都可有三种波传播，只在特殊情况下为纵波。

固体介质中的声速测量需另配专用的 SVG 固体测量装置，用时差法进行测量。

实验提供两种测试介质：塑料棒和铝棒。每种材料有长度为 50mm 的三根样品。对于每种材料的固体棒，只需测两根样品，即可按上面的方法算出声速：

$$u=(L_{i+1}-L_i)/(t_{i+1}-t_i)$$

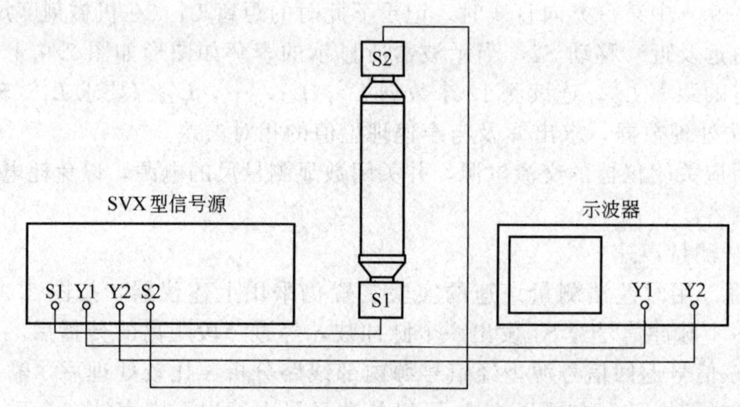

图 2.9.6 测量固体棒中的纵波波速

测量时，按图 2.9.6 接线。将接收增益调到最大位置，保证计时器不跳字。将发射换能器（标有 T）发射端面朝上竖立放在托盘上，在换能器端面和固体棒的端面上涂上适量的耦合剂。再把固体棒放在发射面上，使其紧密接触并对准，然后将接收换能器（标有 R）接收端面放置于固体棒端面上并对准，利用接收换能器的自重与固体棒端面接触。由于接收换能器的自重不变，所以这样得到的数据是很稳定的。

提示：金属棒的计时读数在 33～55μs 之间，塑料棒的计时读数在 55～110μs 为正常值，跳字或者大于这个范围的一般是没有接触好。

【数据记录与处理】

室温 $t=$____℃

(1) 陶瓷换能器系统最佳工作频率

将数据记录于表 2.9.1 中。

表 2.9.1 陶瓷换能器系统最佳工作频率

次数	1	2	3	4	5	6	平均值$\bar{\nu}$	实际值
f/kHz								

(2) 共振干涉法测量波长

将数据记录于表 2.9.2 中。

表 2.9.2 共振干涉法测量波长

标尺读数/mm	L_i								
	L_{i+6}								
$\lambda_i=\frac{1}{3}\lvert L_i-L_{i+6}\rvert$/mm									

$$\bar{\lambda}=\frac{1}{6}\sum_i \lambda_i=\_\_\_\_;\quad \bar{u}=\bar{\nu}\cdot\bar{\lambda}=\_\_\_\_$$

$$\Delta\nu_A=\frac{t}{\sqrt{n}}\sqrt{\frac{\sum(\nu_i-\bar{\nu})^2}{n-1}}=\_\_\_\_;\ \Delta\nu_B=0.001\text{kHz};\ \Delta\nu=\sqrt{(\Delta\nu_A)^2+(\Delta\nu_B)^2}=\_\_\_\_$$

$$\Delta\lambda_A=\frac{t}{\sqrt{n}}\sqrt{\frac{\sum(\lambda_i-\overline{\lambda})^2}{n-1}}=\_\_\_\_；\Delta\lambda_B=0.004\text{mm}；\Delta\lambda=\sqrt{(\Delta\lambda_A)^2+(\Delta\lambda_B)^2}=\_\_\_\_$$

$$\Delta u=\sqrt{(\overline{\nu}\cdot\Delta\lambda)^2+(\overline{\lambda}\cdot\Delta\nu)^2}=\_\_\_\_$$

$$u=\overline{u}\pm\Delta u=\_\_\_\_$$

(3) 相位法测量波长

将数据记录于表 2.9.3 中。

表 2.9.3 相位法测量波长

标尺读数 /mm							
	L_i						
	L_{i+6}						
$\lambda_i=\frac{1}{3}\lvert L_i-L_{i+6}\rvert$ /mm							

$$\overline{\lambda}=\frac{1}{6}\sum_i\lambda_i=\_\_\_\_；\overline{u}=\overline{\nu}\cdot\overline{\lambda}=\_\_\_\_$$

声速在标准大气压与传播介质空气的温度的关系为：

$$u_s=u_0\sqrt{\frac{T}{T_0}}=331.45\times\sqrt{\frac{273.15+t}{273.15}}=\_\_\_\_$$

$$E=\frac{\lvert u_s-\overline{u}\rvert}{u_s}\times100\%=\_\_\_\_$$

【注意事项】

(1) 正确连线，避免声速测试仪信号源的功率输出端短路。

(2) 严禁将液体（水）滴到数显尺杆和数显表头内。

(3) 实验后应关闭仪器的交流电源，并关闭数显表头的电源，以免耗费电。

【思考题】

(1) 声速测量中共振干涉法、相位法有何异同？

(2) 为什么要在谐振频率条件下进行声速测量？如何调节和判断测量系统是否处于谐振状态？

(3) 为什么发射换能器的发射面与接收换能器的接收面要保持互相平行？不平行会产生什么问题？

(4) 驻波中各质点振动时振幅与坐标有何关系？

(5) 实验中，风是否会影响声波的传播速度？

【参考文献】

[1] 丁慎训，张连芳. 物理实验教程. 第 2 版. 北京：清华大学出版社，2002.

[2] 蔡枢，吴明磊. 大学物理：当代物理前沿专题部分. 第 2 版. 北京：高等教育出版社，2004.

【附录】 数显表头的使用方法及维护

(1) inch/mm 按钮为英/公制转换用，测量声速时用“mm”。

(2)“OFF”“ON”按钮为数显表头电源开关。

(3)“ZERO”按钮为表头数字回零用。

(4) 数显表头在标尺范围内，接收换能器处于任意位置都可设置“0”位。摇动丝杆，接收换能器移动的距离为数显表头显示的数字。

(5) 数显表头右下方有“▼”处打开为更换表头内扣式电池处。

(6) 使用时，严禁将液体淋到数显表头上，如不慎将液体淋入，可用电吹风吹干（电吹风用低挡，并保持一定距离使温度不超过60℃）。

(7) 数显表头与数显杆尺的配合极其精确，应避免剧烈的冲击和重压。

(8) 仪器使用完毕后，应关掉数显表头的电源，以免不必要地消耗电池。

2.10 电磁学实验基本知识

电学最早起源于古希腊哲学家塞利斯（Thales 公元前600年）所发现的一块琥珀经摩擦后会吸引草屑；磁学最早起源于磁石召铁的记录，到1820后两门学科逐渐地联系了起来，建立了电磁学体系。电磁学是现代科学技术的主要基础之一，在此基础上发展起来的电工技术和电子技术不仅广泛应用于农业、工业、通信、交通、国防以及科学技术的各个领域，并且已经深入到家用设备，对国计民生有十分重要的意义。电磁学实验包括，基本电磁量的测量方法及主要电磁测量仪器仪表的工作原理和使用方法两部分。但是不同性质的电磁量的测量有很大差异，所用仪器也千差万别。下面简单介绍电磁学实验中常用的一些仪器及电磁学实验中一般应遵循的操作规则。

电磁测量仪器有多种分类方法。

(1) 按仪器的测量方法分

① 直读式仪器：指预先用标准量器作比较而分度的能够指示被测量值的大小和单位的仪器，如各类指针式仪表。

② 比较式仪器：是一种被测量与标准器相比较而确定被测量的大小和单位的仪器，如各类电桥和电位差计。

(2) 按仪器的工作原理分

① 模拟式电子仪器：指具有连续特性并与同类模拟量相比较的仪器。

② 数字式电子仪器：指通过模拟数字转换，把具有连续性的被测的量变成离散的数字量，再显示其结果的仪器。

(3) 按仪器的功能分

这是人们习惯使用的分类方法。例如显示波形的有各类示波器、逻辑分析仪等；指示电平的有指示电压电平的各类电表（包括模拟式和数字式）、指示功率电平的功率计和数字电平表等；分析信号的有电子计数式频率计、失真度仪、频谱分析仪等；网络分析的有扫频仪、网络分析仪等；参数检测的有各类电桥、电表、晶体管图示仪、集成电路测试仪等；提供信号的有低频信号发生器、高频信号发生器、函数信号发生器、脉冲信号发生器等。

2.10.1 电源

电源一般可分为直流电源和交流电源。

(1) 交流电源

一般在电路中以符号 AC 表示。交流电源的电压或电流是随时间作周期性变化的，要全面了解一个交流电源必须知道它的频率、波形、初相位和电压的峰值。我们常见的交流电源是正弦交流电源，它有两个重要的指标：频率（例如市电的频率是50Hz）和有效值（市电的有效值是220V）。

市电，即工业用电，也是实验室主要电源，是50Hz的正弦交流电，输送到实验室来的一般是五线三相制 380V 的动力电。这五根输电线中，一根与大地连接，称为“地线”。地线的作用是把用电器的金属外壳与大地相连，以确保人身安全。另外四根中有三根是“相线”，俗称“火线”。最后一根是零线。每一根相线与零线之间电压称为相电压，大小为 220V（有效值）。我们常用的 220V 交流电就是一根相线（火线）与零线之间的电压。变压器可以使市电变为指定的电压值（升压或降压均可）。实验室常用自耦变压器。变压器的优点在于它本身几乎不消耗电能。用原、副线圈独立的变压器还可以把市电和用电部分隔开，比较安全。它的缺点是往往会使电压波形发生畸变。

（2）直流电源

在电路中以 DC 表示。目前实验室普遍采用晶体管稳压电源和干电池。晶体管稳压电源的稳定性高、内阻小、输出连续可调、使用方便。可调试的稳压电源可以在 0～30V 内连续可调，使用时注意它的输出电压和允许的最大电流值，不要超载。干电池体积小、重量轻，方便携带，但它的容量小，适用于耗电少的仪器。干电池每节的电动势为 1.5V，可由多节串联组成积层电池。干电池经使用后，电动势不断下降，内阻不断上升，最后由于内阻很大，不再提供电流。

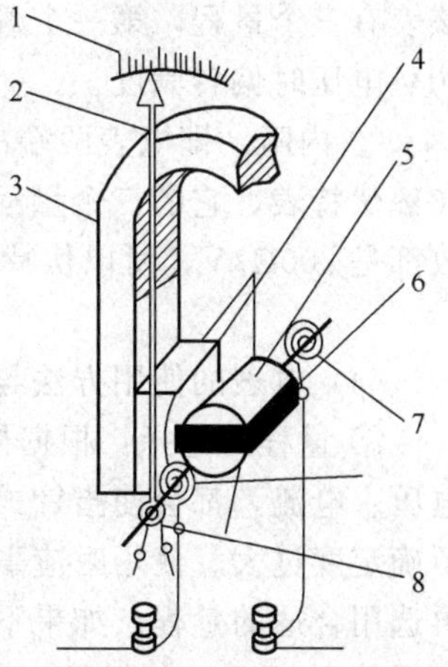

2.10.2 电表

测量电磁量的仪表种类有很多，按其结构可分为指针式电表和数字式电表，其中大部分表面以指针指示的电表都是磁电式电表。它的内部构造可简单地表示如图 2.10.1 所示。

将一个可以自由转动的线圈放在永久磁铁的磁场中，当被测电流流过线圈时，由于受磁力作用而转动，同时弹簧游丝给线圈一个反向恢复力矩使线圈平衡在某个角度，线圈偏转角的大小与所通过的电流成正比，电流方向不同，偏转方向也不同。

图 2.10.1 直流电表结构图

1—刻度盘；2—指针；3—永久磁铁；4—极掌；5—软铁芯；6—线圈；7—螺旋弹簧；8—零点调节螺丝

常用的指针式直流电表有以下几种。

（1）检流计

它的特征是指针零点处在刻度的中央，便于检测出不同方向的直流电。检流计所允许通过的电流非常小，一般约为 10^{-6} A。其内阻约为数十欧姆。

指针式检流计主要用于检测小电流或小电位差。使用时，常串联一个阻值较大的可变电阻，控制通过它的电流，以免过大的电流损坏电表，这电阻称为保护电阻。如图 2.10.2 中的 R_h。

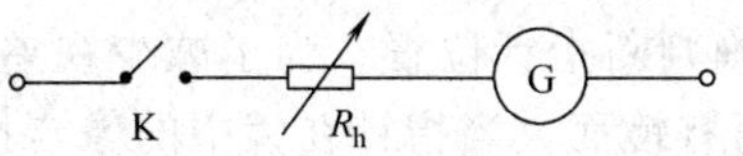

图 2.10.2 针式检流计支路接线示意图

（2）直流电流表

直流电流表是用来测量直流电路中的电流的。根据电流大小的不同，可分为安培表（A）、毫安表（mA）和微安表（μA）。电流表是在表头的两端并联一个适当的分流电阻而构成的，如图 2.10.3 所示。它的主要规格如下。

① 量程：即指针偏转满度时的电流值，安培表和毫安表一般都是多量程的。

② 内阻：一般安培表的内阻在 0.1Ω 以下。毫安表、微安表的内阻可从 100～200Ω 到 1000～2000Ω。

（3）直流电压表

用磁电式电表测量交流电流或电压必须经过整流，把交流电变成直流电，一般常用晶体二极管作为整流元件。

直流电压表是用来测量直流电路中两点之间电压的。根据电压大小的不同，可分为毫伏表、伏特表和千伏表等。电压表是将表头串联一个适当大的降压电阻而构成的，如图2.10.4所示，它的主要规格如下。

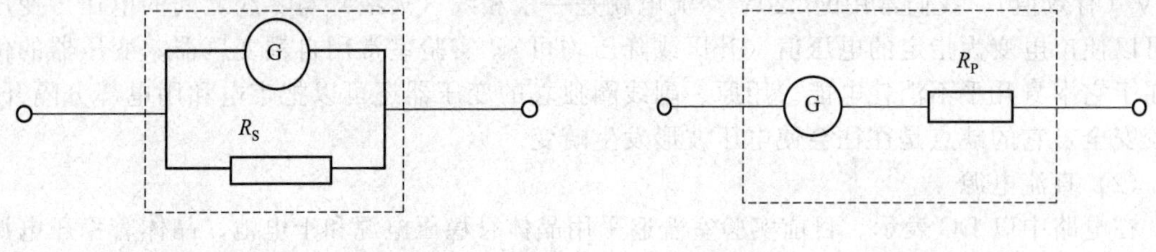

图2.10.3　直流电流表　　　图2.10.4　直流电压表

① 量程：即指针偏转满度时的电压值。例如伏特表量程为0—7.5V—15V—30V，表示该表有三个量程，第一个量程在加上7.5V电压时偏转满度，第二、三个量程在加上15V、30V电压时偏转满度。

② 内阻：即电表两端的电阻，同一伏特表不同量程内阻不同。例如0—7.5V—15V—30V伏特表，它的三个量程内阻分别为1500Ω，3000Ω，6000Ω，但因为各量程的每伏欧姆数都是200Ω/V，所以伏特表内阻一般用Ω/V统一表示，可用下式计算某量程的内阻：

$$内阻=量程\times每伏欧姆数$$

(4) 电表的使用方法与注意事项

① 量程的选择：根据待测电流或电压的大小选择合适的量程。量程太小，或者过大的电压、电流，都会使指针式电表损坏；量程太大，对于指针式电表指针偏转太小，致使读数不确定度过大。使用时应事先估计待测量的大小，选择稍大的量程，试测一下，如不合适，再选用合适的量程。如果不知道待测量的大小，则必须从最大量程开始试测。

② 注意电表的极性：对于直流电表，指针偏转方向与所通过的电流方向有关。接线时必须注意电表上接线柱的"＋"、"－"标记。"＋"表示电流流入端，"－"表示电流流出端，切不可把极性接错，以免撞坏指针。对于各种交流电表和仪器（如示波器、各种信号源等）的两个接线端中有一端标有接地符号"⊥"，称为"接地端"。实际上它表示这一端与仪器、仪表的金属外壳相连。

③ 电表的连法：电流表是用来测量电流的，使用时必须串联在电路中。对于直流电流表，在将其接入电路中时，须分清电路断开处电流流入和流出的方向，分别接在直流电流表的标有"＋"、"－"的接线柱上。电压表是用来测量电压的，使用时应当与被测量电压两端并联。

④ 读数时的视差问题：对于指针式电表，读数时应正确判断指针位置。为了减少视差，必须使视线垂直于刻度表面计数。精密的电表刻度尺下方附有镜面，当指针在镜中的像与指针重合时，所对准的刻度，才是电表的准确读数。

⑤ 指针式电表在其外壳上有零点调节螺丝，通电前应检查并调节指针指零。

⑥ 读数要注意有效数字：指针式直流电表按准确度分为七级：0.1；0.2；0.5；1.0；1.5；2.5；5.0。电表的准确度等级是用电表的基本误差的百分数值表示的。例如一个0.5级的电表，其基本误差为±0.5%。

(5) 欧姆表

欧姆表的原理图如图2.10.5所示。其中虚线框内部分为欧姆表，a和b为接线柱（表笔插孔）。测量时将待测电阻R_X接在a和b上，在欧姆表中，E为电源（干电池），G为表头（内阻为R_g，电流为I_g），R'为限流电阻，由欧姆定律可知回路中的电流I_X由下式决定：

$$I_X=\frac{E}{R_g+R'+R_X}$$

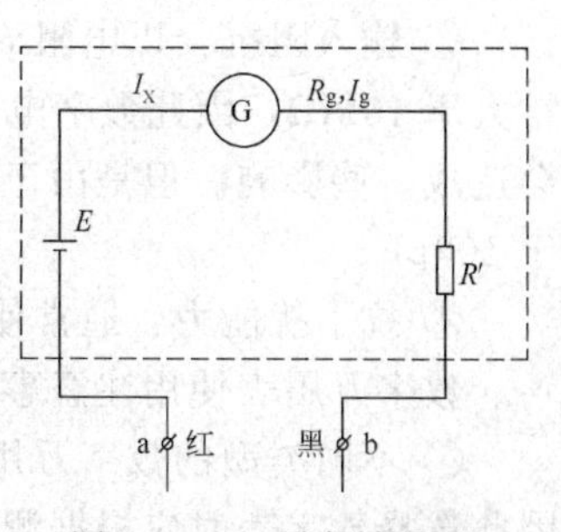

图 2.10.5　欧姆表原理

可以看出，对一给定欧姆表，I_X仅由R_X决定，即它们之间是一一对应关系。这样在表头刻度上标出相应的R_X值即成一欧姆表。由上式可以看出，当$R_X=0$时，回路中的电流最大，在欧姆表中设法改变表头的电流I_X使其等于最大电流，即：

$$I_g=\frac{E}{R_g+R'}$$

习惯上称R_g+R'为欧姆表的中值电阻，即：

$$R_{中}=R_g+R'$$

由前式可以看出：欧姆表的刻度是非线性（不均匀）的，正中那个刻度值既为$R_{中}$，这是因为当$R_X=R_{中}$时，指针偏转为满度的一半。通常在测量电阻时只用欧姆表中间一段来测量，指针太靠左或太靠右测量的精确度都很差。

应该指出，欧姆表的刻度是由设计的电源电动势E计算出的，但实际上电源电动势不可能总是正好等于E，所以在欧姆表中还装有“欧姆零点”调节旋钮，以保证刻度正确。调节方法是：将表笔短路，调节“欧姆零点”旋钮使偏转满度，即指针指0，每次改变量程后都应重新调节欧姆表零点。

在使用欧姆表时，应注意以下几点。

① 每次换挡后都要调节欧姆零点。

② 不得测带电的电阻；不得测额定电流极小的电阻（例如灵敏电流计的内阻）。

③ 测试时，不得双手同时接触表笔的笔尖，测高阻时尤须注意，因为人体也相当于一个电阻。

（6）数字电压表（数字万用表）

数字电压表是一种功能齐全、精度高、性能稳定、灵敏度高、结构紧凑的仪表。它显示直观，能做到小型化、智能化，并且可以与计算机接口组成自动化测试系统。

由于数字电压表配以其他各种适当的转换电路（如交直流转换器、电流电压转换器、欧姆电压转换器、相位电压转换器等）可以进行除测量电压以外的其他电学量的测量，如电流、电阻、电容、频率、温度、二极管正向压降、晶体三极管 hef 参数及电路通断测试等，所以这种功能齐全的数字表，又称为数字万用表。它可供实验室测量、工程设计、野外作业和工业生产维修等使用。

数字电压表按显示位数分，可以分为三位半、四位半、五位、六位、八位等；按测量速度分，可以分为高速和低速；按重量、体积分，可分为袖珍式、便携式和台式；按 A/D 变换方式可分为直接转换型和间接转换型。

数字电压表的工作特性如下。

① 测量范围：用量程和显示倍数反映测量范围。

量程：数字电压表有一个基本量程，是1∶1衰减量程。以它为基础可以扩展量程，并使量程步进分挡可调。下限可至0.1μV，上限可达1kV。

分辨率：数字电压表的最小量程所能够显示的最小可测量值。如一个最小量程为200mV的挡，满量程显示值为200.00，其分辨率是10μV。

② 位数：指数字电压表能完整地显示数字的最大位数。能显示出0～9这十个数字称为一个整位，不足的称为半位。例如能显示“999999”时，称为六位；最大能显示“7999”或“1999”的称为三位半。半位都是出现在最高位。

③ 输入阻抗：以电阻 R_i和电容 C_i并联形式表示。测量直流时，C_i不予考虑。R_i的值通常大于 10MΩ，因此数字电压表的内阻远远大于指针式电压表的内阻。测量交流电压时 C_i会造成一些影响。但是由于现在数字电压表的工作频率一般不超过 105Hz，所以 C_i一般小于 100pF。

④ 抗干扰能力：通常使用的数字电压表的抗干扰能力大于 60dB 以上。

数字万用表使用注意事项如下。

① 不同类型的数字万用表有着不同的基本精度，而不同精度的数字表价格相差很大。因此选择数字表时应根据测量精度的要求，选择合适的数字表，不可一味追求高精度的数字表的使用。

② 数字表的读数显示率约为 2～4 次/s，读出准确的测量结果需有一定的延时时间，通常为 1～2s。因此用数字表读数时，一定要待读数稳定后读取测量结果，不可以当显示屏上一出现数据立即读数。

③ 对于整数位数字表，例如三位表，其最大显值为 999；对于四位半的数字表其最大显示值为 19999，即半位总是出现在最高位。当超量程时最高位显示“1”，其他消隐。

④ 使用数字表之前，必须先看说明书，看一下工作环境是否满足其要求，诸如保证准确度的温湿度、工作温度、储存温度等使用条件。

⑤ 使用前首先检查电源，当把电源按键按下时，如果电池电压不足，则显示“+ -”。必须注意测试插口旁的符号⚠，这是警告你要留意测试电压或电流不要超过指示数字。此外使用前要先将量程放置在你想测量的挡位上。COM 插口为输入接地端。

⑥ 当使用电流输入插口时，要注意区分小量程的电流插口和“10A”插入插口。“A”输入插口，内装有外型为 $\Phi 5\times 20$mm 保险丝，过量程将会烧坏保险丝。应按原装规格更换后再继续使用。“10A”输入插口内无保险丝保护。

⑦ 一般数字万用表具有自动关机功能，开机后约 15min 会自动切断电源，以防仪表使用完毕忘记关电源。想再使用，重复电源开关操作即可继续开机。使用完毕按电源键到 OFF 则为手动关机。

⑧ 数字万用表是一部精密电子仪器，不要随意更动内部电路以免损坏。并要注意以下几点。

a. 不要接到高于 1000V 直流或有效值 750V 交流以上的电压上去。

b. 切勿误接量程，以免内外电路受损。

c. 仪表后盖未完全盖好时切勿使用。

d. 不要在潮湿、水蒸气多及多尘的地方使用数字表。

e. 使用前应检查表笔，绝缘层应完好，无破损和断线。

f. 红、黑表笔应插在符合测量要求的插孔内，保证接触良好。

g. 量程开头应置于正确的测量位置。

h. 严禁量程开头在电压或电流测量过程中改变挡位，以防损坏仪表。

i. 更换电池及保险丝时，须拔去表笔并关断电源后再进行。

2.10.3 电阻箱

电阻箱外形如图 2.10.6(a) 所示，它的内部有一套由锰铜线绕成的标准电阻，是按图 2.10.6(b) 连接的。旋转电阻箱上的旋钮，可以得到不同的电阻值。在图 2.10.6(b) 中，每个旋钮的边缘都标有数字 0,1,2,…,9，各旋钮下方的面板上刻有×0.1，×1，×10，…，×10000 的字样，称为倍率。当每个旋钮上的数字旋到对准其所示倍率时，用倍率乘上旋钮上的数值并相加，即为实际使用的电阻值。如图 2.10.6(b) 所示的电阻值为：

$$R=2\times10000\Omega+3\times1000\Omega+6\times100\Omega+0\times10\Omega+2\times1\Omega+6\times0.1\Omega=23602.6\Omega$$

电阻箱的规格如下。

① 总电阻：即最大电阻，如图 2.10.6 所示的电阻箱总电阻为 99999.9Ω。

② 额定功率：指电阻箱每个电阻的功率额定值，一般电阻箱的额定功率为 0.25W，可以由它计算额定电流，例如用 100Ω 挡的电阻时，允许的电流 $I=\sqrt{\frac{W}{R}}=\sqrt{\frac{0.25}{100}}=0.05\text{A}$，各挡容许通过的电流值，列表如下：

旋钮倍率	×0.1	×1	×10	×100	×1000	×10000
容许负载电流/A	1.5	0.5	0.15	0.05	0.015	0.005

③ 电阻箱的等级：电阻箱根据其误差的大小分为若干个准确等级，一般分为 0.02，0.05，0.1，0.2 等，它表示电阻值相对误差的百分数。例如 0.1 级，当电阻为 87654.3Ω 时，其误差为 87654.3Ω×0.1%≈87.7Ω。

电阻箱面板上方有 0，0.9Ω，9.9Ω，9999.9Ω 四个接线柱，0 分别与其余三个接线柱构成所使用的电阻箱的三种不同调整范围。使用时，可根据需要选择其中一种，如使用电阻小于 10Ω 时，可选 0～9.9Ω 两接线柱，这种接法可避免电阻箱其余部分的接触电阻对使用的影响，不同级别的电阻箱，规定允许的接触电阻标准亦不同。例如 0.1 级规定每个旋钮的接触电阻不得大于 0.002Ω，在电阻较大时，它带来的误差微不足道，但在电阻值较小时，这部分误差却很可观。例如一个六钮电阻箱，当阻值为 0.5Ω 时接触电阻所带来的相对误差为 $\frac{6\times0.002}{0.5}=24\%$。为了减少接触电阻，一些电阻箱增加了小电阻的接头。如图 2.10.6 所示的电阻箱，当电阻小于 10Ω 时，用 0 和 9.9Ω 接头可使电流只经过×1Ω、×0.1Ω 这两个旋钮，即把接触电阻限制在 2×0.002Ω=0.004Ω 以下；当电阻小于 1Ω 时，用 0 和 0.9 接头可使电流只经过×0.1Ω 这个旋钮，接触电阻就小于 0.002Ω。标称误差和接触电阻误差之和就是电阻箱的误差。

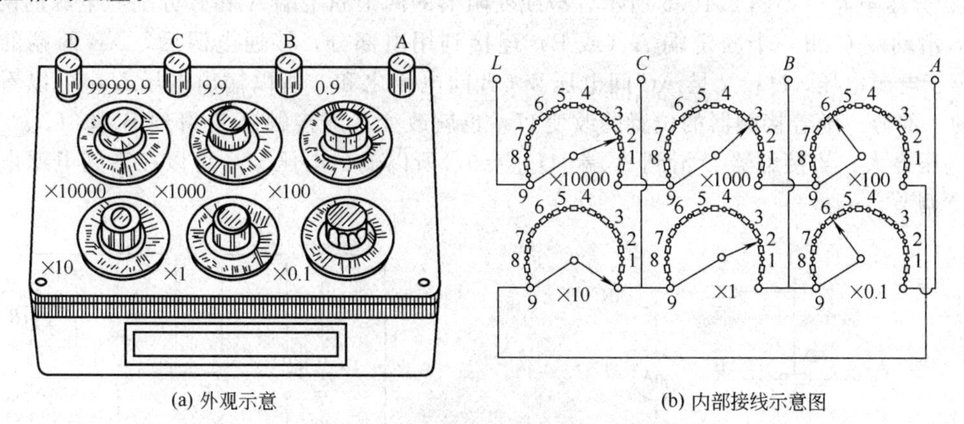

(a) 外观示意　　(b) 内部接线示意图

图 2.10.6　四接线柱电阻箱示意图

2.10.4　变阻器

电阻箱是一种准确度比较高的变阻器，一般情况下使用的变阻器准确度较低，它们是滑线变阻器和电位器。

(1) 滑线变阻器

一般用于大电流的电路中，其额定功率在几瓦到几百瓦。它可以用来控制电路中的电压和电流。其的构造如图 2.10.7(a) 所示，电阻丝密绕在绝缘瓷管上，两端分别与固定在瓷管上的接线柱 A，B 相接，电阻上涂有绝缘物，使匝与匝之间相互绝缘，瓷管上方装有一根和瓷管平行的金属棒，一端连接接线柱 C，棒上有套有滑动接触器 D，它紧压在电阻丝匝圈上，接触器与线圈接触处的绝缘物已被刮掉，所以接触器 D 沿金属棒滑动就可以改变 AC 或 BC 之间的电阻。了解变阻器的结构很重要，为此应把图 2.10.7(a) 和图 2.10.7(b) 中的 A、B、C 三点相互对照。

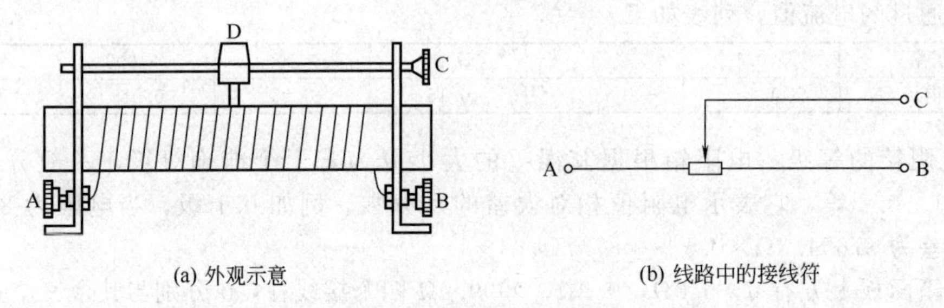

图 2.10.7　滑线变阻器

滑线变阻器的主要参数有：①全电阻，即 AB 间的总电阻值；②额定电流，即变阻器所允许通过的最大电流。

滑线变阻器有两种用法，称为限流电路和分压电路。

① 限流电路　如图 2.10.8 所示，A 端和 C 端连在电路中，B 端空着不用，当接触器滑动时，整个回路电阻改变了，因此，电流也改变了，所以叫做限流电路。当接触器 D 滑动到 B 端时，滑线变阻器全电阻串联入回路，电阻值 $R_{AC}=R_{AB}$，阻值最大，这时回路电流最小；当接触器 D 滑动到 A 端时，回路电阻值 $R_{AC}=0$，回路电流最大。为了保证安全，在接通电源前，一般应使接触器 D 滑动到 B 端，使 R_{AC} 最大电流最小，以后逐步减小电阻，使电流增至所需值。

② 分压电路　如图 2.10.9 所示，滑线变阻器的两个固定端 A 和 B 分别与电源的两电极相连，滑动端 C 和一个固定端 A（或 B）连接到用电部分，接通电源后，AB 两端的电压 U_{AB} 等于电源电压，U_{AB} 又是 AC 间电压和 CB 间电压之和，所以输出电压 U_{AC} 可以看作是 U_{AB} 的一部分。随着接触器的位置的改变 U_{AC} 也就改变。当接触器 D 滑到 B 端，$U_{AC}=U_{AB}$ 输出电压最大；当接触器 D 滑到 A 端，$U_{AC}=0$，所以输出电压 U_{AC} 可以在零到电源电压之间任意调节。

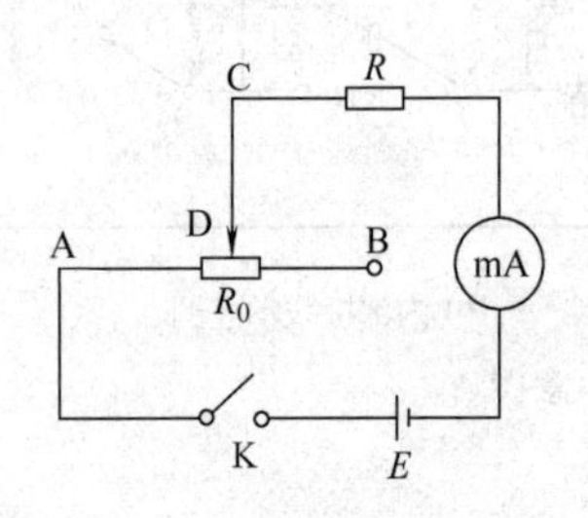

图 2.10.8　限流电路接线图

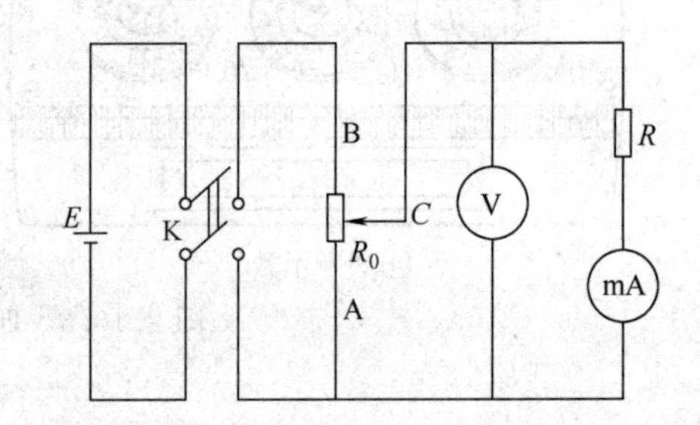

图 2.10.9　分压电路接线图

为保证安全，在接通电源前，一般应使 $U_{AC}=0$，以后再滑动 D，使输出电压 U_{AC} 增至所需值。

（2）电位器

小型变阻器通常称为电位器，它的额定功率只有零点几瓦到数瓦，视体积大小而定。电阻值较小的电位器多数用电阻丝绕成，称为线绕电位器，而阻值较大的电位器则用碳质薄膜作为电阻，故称碳膜电位器。由于电位器的生产已经系列化，规格相当齐全，容易选购到阻值合适的。图 2.10.10 表示圆形电位器的外观及相应的 A、B、C 三个接线端。

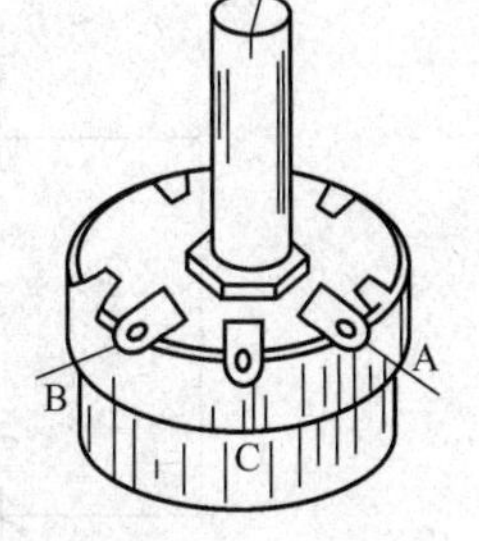

图 2.10.10　圆形电位器外观图

2.10.5　电学实验操作规程

① 准备：到实验室前通过预习先准备好数据表。实验时，先要把本组实验仪器的规格搞清楚，然后根据电路图要求摆好元器件位置。要在理解电路的基础上连线，还应注意利用不同颜色的导线，这样可以表现出电路电位高低，也便于检查。一般用红色或浅色线接正极，用黑色或深色线接负极。最后，应特别指出，在连线过程中，电源要在所有开关处于断开情况下最后连入电路中。

② 检查：接好电路后，先复查电路连接正确与否，再检查其他的要求是否都做妥。例如开关是否全部打开，电表和电源正负极是否连接正确，量程是否正确，电阻箱数值是否正确设置，变阻器的接触器位置是否正确等等。直到一切都做好，方可接通电源。

③ 通电：在通电合闸时，要事先想好通电瞬间各仪表的正常反应是怎样的，并随时准备在出现不正常情况时断开开关，即采用跃接法，以防因电路接错，造成仪表损坏。

④ 安全：不管电路中有无高压，要养成避免用手或身体直接接触电路中裸露导体的习惯。

⑤ 归整：实验完毕，应将电路中仪器旋钮拨到安全位置，打开开关，经教师检查实验数据后再拆线。拆线时应先断开电源。最后将所有仪器放回原处，再离开实验室。

2.11　用电位差计测电动势

电位差计是用补偿原理制成的高精度电学测量仪器，它主要用来测量直流电动势和电压，也可间接地测量电阻、电流和一些非电量（如压力、温度、位移）以及校正仪表等。

【实验目的】

（1）熟悉电位差计的工作原理和使用方法。

（2）学会用电位差计测量电动势。

【实验原理】

（1）补偿原理

电位差计是利用补偿原理来测量电动势的，其补偿原理如图 2.11.1 所示。其中 E_x 为待测电动势，E_0 为可调标准电池，G 为检流计。调节 E_0，可使检流计的示数为零，即意味着回路中没有电流流过，此时 E_0 和 E_X 大小相等，称电路处于补偿状态。

（2）电位差计的工作原理

因为没有可调的标准电源，前述的补偿原理只是基本原理，实际上不可能直接实现，但根据它，可设计出实用的电位差计。在实际的电位差计中，E_0 是通过下述方法来实现可调的，如图 2.11.2 所示。

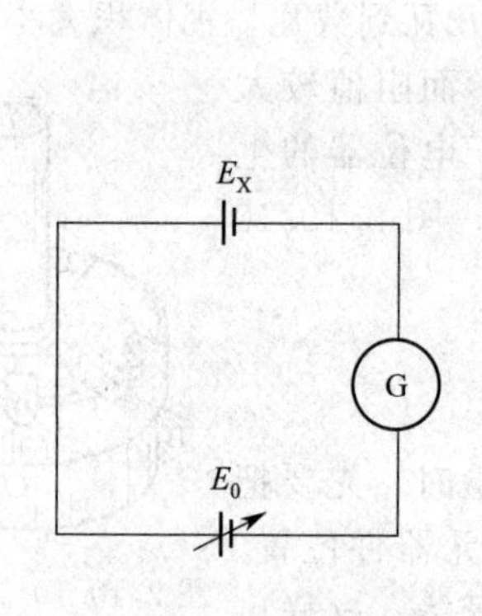

图 2.11.1　补偿原理

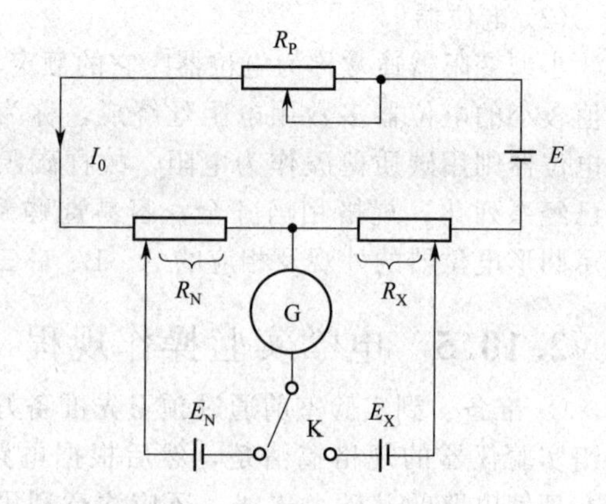

图 2.11.2　电位差计的原理

E 为工作电源；E_N为标准电源；E_X为待测电源；K 为转换开关，G 为检流计，R_X为被测电动势补偿电阻；R_N为标准电池补偿电阻；R_P为工作电流调节变阻器。

电路可分为三个基本回路。

工作电流调节回路（辅助回路）：由工作电源 E，可变电阻 R_P，标准电阻 R_N及测量电阻 R_X组成，调节 R_P可改变该回路的电流。

标准工作电流回路：由标准电源 E_N，标准电阻 R_N，检流计 G 及开关 K 组成的回路。调节 R_P使检流计的指针指零，此时标准电源 E_N与标准电阻 R_N两端的电压降大小相等，互相补偿。

测量回路（补偿回路）：由待测电源 E_X，测量电阻 R_X，检流计 G 及开关 K 组成的回路。调节 R_X使检流计的指针指零，此时有：

$$E_X = I_0 R_N \tag{2.11.1}$$

而：

$$I_0 = \frac{E_N}{R_N} \tag{2.11.2}$$

由式(2.11.1) 和式(2.11.2)，有：

$$E_X = \frac{E_N}{R_N} R_X \tag{2.11.3}$$

(3) 补偿法测电位差的优点

测量精度高，稳定可靠：这是由于采用了非常稳定，精度非常高的标准电源，同时采用了精度非常高的电阻，使用灵敏度较高的检流计和足够高的工作电源的原因。

对测量电路影响小：当电位差计平衡时，不从被测电路中取电流，因此，不改变被测电路原有状态，同时由于检流计中没有电流通过，则 E_N、E_X的内阻以及回路中的导线电阻、接触电阻都不产生附加电压降，因此，也不影响测量结果。

【实验仪器】

UJ31 型低电势直流电位差计，DHBC-1 型标准电势与待测电势，AZ19 型直流检流计。

(1) UJ31 型低电势直流电位差计简介

UJ31 型低电势直流电位差计面板如图 2.11.3 所示，其准确度等级为 0.05 级，有两个量程，一个是 0～171mV，一个是 0～17.1mV，它的工作电流为 10mA，下面介绍一下面板的功能。

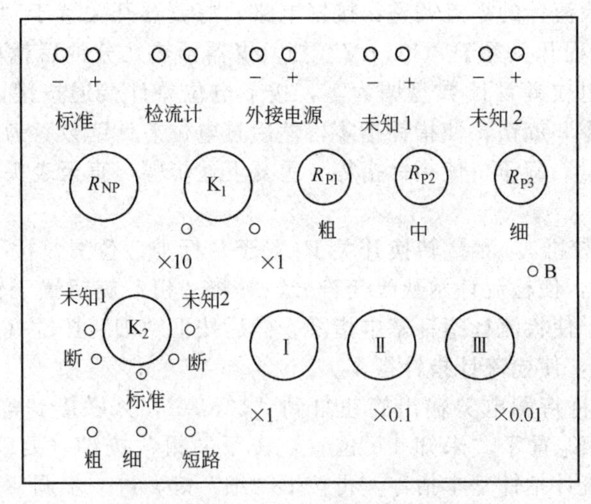

图 2.11.3　UJ31 型电位差计面板图

标准：接标准电源，要并联使用。

检流计：接检流计。

5.7～6.4V：外接稳压电源，使稳压电源提供 6V 电压，注意要并联使用；如果电源开关 B 打向“市电”，则机器内部自动提供一个 6V 左右的电压，无需外接电源。

未知 1、未知 2：接待测电动势或电位差，注意要并联。

R_{NP}旋钮：补偿旋钮，在校准工作电流以前，应先调节它，使其指示值与当时的标准电源的电动势值一致。在室温为 20℃时，标准电动势为 1.0186V。

粗、中、细旋钮：供调节工作电流的旋钮，调节它们相当于改变了 R_P值。

测量转换开关（标准、断、未知开关）：当它指向“标准”位置时，即将标准回路接通；指向“未知 1”或“未知 2”时即接通了测量回路；指向“断”时，则两种回路都不接通。

测量读数盘（×1、×0.1、×0.01 旋钮）：测量电位差的调节旋钮，相当于改变 R_X值，所测电位差的值可直接从读数盘上读出。

量程变换开关（×1、×10 开关）：测量结果等于此开关的指示值与读数盘示数之积。

粗、细、短路按键：“粗”按键相当于接了一个和检流计串联的保护电阻，“细”按键则直接接到检流计上。接通检流计时先按“粗”键（实际操作时应该跃接，因为在没有使检流计平衡前，往往检流计流过的电流较大，长时间接通容易损坏检流计），调节它直到通过检流计的电流很小时，再按“细”键，用它使检流计的指针指零。按下“短路”键，相当于将检流计短接，用于校准检流计的零点。

(2) DHBC-1 型标准电势与待测电势

DHBC-1 型标准电势与传统的标准电池不同，它选用高精度电压基准源来代替标准电池。打开电源预热十几分钟即可工作，在使用温度为 20℃时，它输出 1.0186V 的标准电势，作为电位差计的标准电源。同时它还能提供 0～190mV 的被测电势。

【实验内容】

① 调好电位差计的初态：“1.01V”旋钮调到 1.0186V（温度为 20℃时）；测量转换开关 K_2置于“断”的位置；量程变换开关 K_1 置于“×1”位置（待测电位差在 17.1mV 以下）；“粗”、“中”、“细”旋钮置于中间位置，以免流过的电流过大；电源开关 B 打到“市电”位置（可看到电源指示灯亮）。

② AZ19 型直流检流计的零点调整：接好电路，滤波器开关置于“断”（可以减小阻尼和过载恢复时间），量程开关置于“300 μV”挡，仪器预热几分钟后就可以调零。断开电位差计的电源按钮，将电位差计读数盘调为零，按下电位差计接通按键，如果检流计指针偏移，调节检流计“调零”旋钮，使指针指零，然后置电位差计读数盘为满幅值，如果检流计指针偏移，调节“补偿”旋钮，使指针指零，重复上述步骤，直至表头在两种情况下都指零为止。

③ 调工作电流（校准）：测量转换开关 K_2 置于“标准”位置，按下“粗”按键（要跃接），调节“粗”旋钮，使检流计示数改变符号，并将“粗”旋钮置于较小的一挡；依次调节“中”、“细”旋钮，使检流计指针基本指零。然后按下“细”按键（如果偏转较大也要跃接），再调“细”旋钮，使检流计指针指零。

④ 测量低电势：将待测电势输出旋钮打到“10mV”，并联接到电位差计的“未知 1”上，将测量转换开关 K_2 置于“未知 1”位置，按下“粗”按键（要跃接），调“×1”及“×0.1”旋钮，使检流计指针基本指零，再按下“细”键，进一步调“×0.1”及“×0.01”旋钮，使检流计指针指零，即可读数。将实验数据记录于表 2.11.1 中。

⑤ 测量检流计（300 μV 挡时）的灵敏度：方法同前，即在工作电流已校准的情况下，将测量转换开关 K_2 置于“未知 1”位置，按下“细”按键，调“×0.1”和“×0.01”旋钮，使检流计指针偏离刻度若干个格数，具体偏离的格数由记录数据的表 2.11.2 给出。

【数据记录与处理】

表 2.11.1　测量未知电势　　　　电位差计的等级：

次数	1	2	3	4	5	6
U_X /mV						

表 2.11.2　测量检流计（300μV）的灵敏度 D

n/格	0	5	10	15	20	25
E/mV						

$$\overline{U}=\frac{\sum_{i=1}^{n}U_i}{n}=\_\_\_\_$$

$$u_A=\frac{t_{0.95}}{\sqrt{n}}\sqrt{\frac{\sum_{i=1}^{n}(U_i-\overline{U})^2}{n-1}}=\_\_\_\_;u_{B1}=E_{max}\times S\%=\_\_\_\_$$

$$D=\frac{\sum_{i=0}^{2}\frac{n_{i+3}-n_i}{U_{i+3}-U_i}}{3}=\_\_\_\_;u_{B2}=\frac{0.2}{D}=\_\_\_\_$$

$$u_B=\sqrt{(u_{B1})^2+(u_{B2})^2}=\_\_\_\_;u=\sqrt{(u_A)^2+(u_B)^2}=\_\_\_\_$$

结果表达式：$U=\overline{U}\pm u=$____

【思考题】

(1) 在什么条件下，电动势和电压降才能达到互相补偿？

(2) 如果任你选一个标准电阻（电阻阻值已知），你能否用电位差计测量一未知电阻?

(3) 电位差计是利用什么原理制成的?

(4) 电位差计处于补偿状态时，补偿回路有无电流流过? 对被测电路有无影响?

(5) 为什么电位差计具有较高的测量精度?

(6) 使用箱式电位差计，为了防止大电流通过检流计，应怎样操作?

(7) 箱式电位差计的温度补偿旋钮有什么用? 怎样使用?

(8) 如果待测电动势大于电位差计的量程，能否用电位差计来测量? 应如何测量?

【参考文献】

[1] 郭红，徐铁军，陈西园，刘凤智. 大学物理实验. 北京：中国科学技术出版社，2003.

[2] 李雅丽. 大学物理实验教程. 南京：南京大学出版社，2009.

[3] 胡林，余克俭. 大学物理实验教程. 北京：机械工业出版社，2013.

2.12 惠斯登电桥测电阻

电桥是用比较法来测量物理量的测量仪器。它可用来测量电阻、电容、电感、频率等许多物理量，由于它具有准确度高，稳定性好，使用方便等优点，在实际中具有广泛的应用。

1843 年惠斯登公布了他用实验对欧姆定律的证明结果，借助变阻器和电桥，惠斯登用一种新的方法测量了电阻和电流。电桥电路是电磁测量中电路连接的一种基本方式。电桥电路不仅可以使用直流电源，而且可以使用交流电源，故有直流电桥和交流电桥之分。直流电桥主要用于电阻测量，它有单电桥和双电桥两种。前者称为惠斯登电桥，用于测量中值电阻；后者称为开尔文电桥，用于测量低值电阻。交流电桥除了测量电阻之外，还可以测量电容、电感等电学量。通过传感器，利用电桥电路还可以测量一些非电学量，例如温度、湿度、应变等，在非电量电测方法中有着广泛应用。电桥的种类繁多，但直流单电桥是最基本的一种，它是学习其他电桥的基础。

【实验目的】

(1) 掌握用惠斯登电桥测电阻的原理和方法。

(2) 了解电桥灵敏度的概念。

【实验原理】

(1) 惠斯登电桥的原理

惠斯登电桥的电路原理如图 2.12.1 所示。R_1、R_2、R_X和 R_0四个电阻组成电桥的四个臂，设 R_X为待测电阻，R_0称为比较臂电阻。在对角线 A、B 两端接入电源，在 C、D 两端接检流计 G。

接通电源，如果 C、D 两点电位相等，则检流计 G 没有电流流过，称电桥达到了平衡。此时，$I_g=0$，$I_1=I_X$，$I_2=I_0$，而电压的关系为：

$$I_1R_1=I_2R_2$$
$$I_XR_X=I_0R_0$$

于是有

$$R_X=\frac{R_1}{R_2}R_0=KR_0 \tag{2.12.1}$$

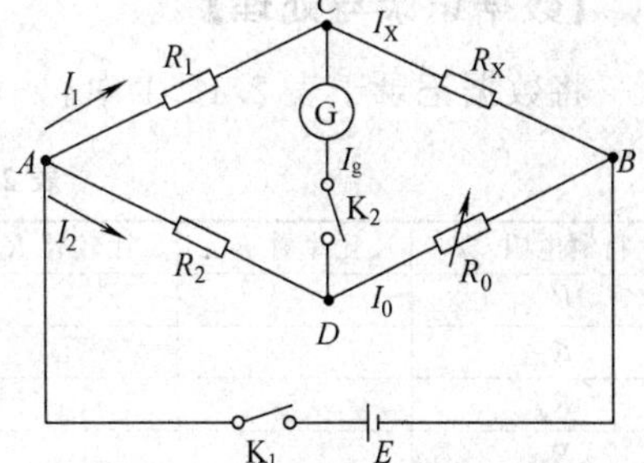

图 2.12.1 惠斯登电桥的原理图

其中 $K=R_1/R_2$ 称为比率系数（或比率臂），若已知 R_1、R_2、R_0 的值，可求出 R_X 的值，这是用惠斯登电桥测电阻的基本原理。

在实验中，一般给定比率系数，比较臂电阻由电阻箱读出，调节比较臂电阻使电桥达到平衡，从而求出待测电阻。待测电阻的准确度主要取决于给定的电阻，对电源的稳定性要求不高，而电阻的精度可以很高，所以用电桥测电阻的准确度比较高。

（2）电桥的灵敏度

电桥的平衡是由检流计指针是否偏转来判断的，而人眼存在视差，因而对测量结果有一定的影响，这种影响的大小取决于电桥的灵敏度。

在电桥达到平衡时，改变比较臂电阻 R_0，其变化值为 ΔR_0，引起检流计指针相应的偏转为 n 格，定义电桥灵敏度 S 为：

$$S=\frac{n}{\Delta R_0} \tag{2.12.2}$$

它表明比较臂电阻改变单位量时，检流计指针偏转的格数。S 越大，对平衡的判断也越灵敏，因而可提高测量的精度。适当增大工作电压（此时电阻要受到额定电流的限制）和使用灵敏度高的检流计，有利于提高电桥的灵敏度。

【实验仪器】

FB513 型组装式直流单双臂电桥。

【实验内容】

（1）选择待测电阻连接线路，并根据被测对象选择合适的倍率及工作电压。

（2）将检流计“灵敏度”调节电位器至于中间位置。

（3）开启电源开关（指示灯亮），将“工作电源选择”开关打至 3V 或 6V、15V 挡，检流计工作电源同时接通，电子检流计工作，调节“调零”旋钮使检流计指针指“0”（此时，“B”、“G”按钮都不要按下），然后按下“G”按钮，线路中的检流计回路接通，再次调节“调零”旋钮使检流计指针指“0”。

（4）按下“B”按钮，再用跃接方法按下“G”按钮，采用逐次逼近法调节测量盘使检流计指针指“0”。

（5）将“灵敏度”旋钮调至最大，再调节测量盘使检流计指针指“0”，记录数据。

（6）电桥平衡后，改变 R_0 值，使检流计指针偏转 20～40 个小格，记下 ΔR_0 和 n 值求灵敏度。

（7）调换其他电阻进行测量，然后将其中两电阻串联和并联，分别测出串、并联后的电阻值。

【数据记录与处理】

将数据记录于表 2.12.1 中。

表 2.12.1　用惠斯登电桥测电阻

待测电阻/Ω	比率臂 K	比较臂 R_0/Ω	$R_X=KR_0$/Ω	n	ΔR_0/Ω	S
R_{X4}						
R_{X5}						
R_{X6}						
$R_串$						
$R_并$						

$$u_{RX}=R_X\times\alpha\%=\_\_\_\_\_\_$$
$$R_X=R_X\pm u_{RX}=\_\_\_\_\_\_$$

式中，α 为电桥的准确度等级，$\alpha=0.1$。

【思考题】

(1) 什么是电桥的灵敏度？如何提高电桥的灵敏度？

(2) 用电桥测电阻时，如何选择电桥的比率臂 K？

【参考文献】

[1] 郭红，徐铁军，陈西园，刘凤智. 大学物理实验. 北京：中国科学技术出版社，2003.

[2] 张兆奎，缪连元，张立. 大学物理实验. 北京：高等教育出版社，2001.

[3] 黄金华，许星光，崔玉广. 物理实验教程. 北京：化学工业出版社，2010.

2.13 示波器的使用

示波器又称阴极射线示波器，是一种用途极为广泛的电子仪器。它可用于观测和测量随时间变化的电信号波形，进行电信号特性测试包括频率、相位、电压（或电流）和功率等，凡是能转化为电压的电学量（电流、功率、阻抗）和非电量（如温度、位移、速度、压力、光强、磁场等）都可以用示波器进行测量。在工业上常用示波器探伤和检验产品质量，医学上用示波器诊断病灶。在无线电制造工业和电子测量技术等领域中，示波器更是不可缺少的测试设备。

【实验目的】

(1) 了解示波器的基本结构和工作原理。

(2) 掌握示波器的使用。

(3) 利用李萨如图形测量电压的频率。

【实验原理】

示波器的型号和规格有很多，但基本结构都是由示波管、扫描同步电路、放大电路和电源电路四个部分组成，如图 2.13.1 所示。

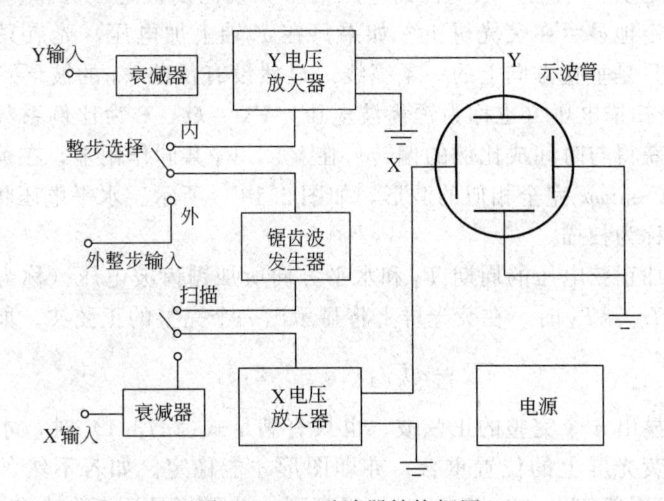

图 2.13.1 示波器结构框图

(1) 示波管

它是一个抽成高真空的密封玻璃管，由电子枪、偏转板和荧光屏组成，如图 2.13.2 所示。

电子枪：它由灯丝 F、阴极 K、栅极 G、第一阳极 A_1、第二阳极 A_2构成，其主要功能是发射一束强度可调、经过聚焦的高速电子流。

将灯丝加电，灯丝会发热，使阴极温度升高，从而发射电子。栅极位于第一阳极和阴极之间，相对于阴极加数十伏的负电压，调节负电压的大小，就可以调节电子束的强度，从而控制荧光屏光点的亮度。阳极 A_1、A_2相对阴极 K 分别加上几百伏和上千伏的正电压。调节第一阳极 A_1，可使电子在荧光屏上会聚成一个很细小的光点。第二阳极所加的电压也称为加速电压，它决定电子进入偏转板时的速度，起辅助聚焦的作用。阳极 A_1和 A_2组成一个电子束聚焦系统。

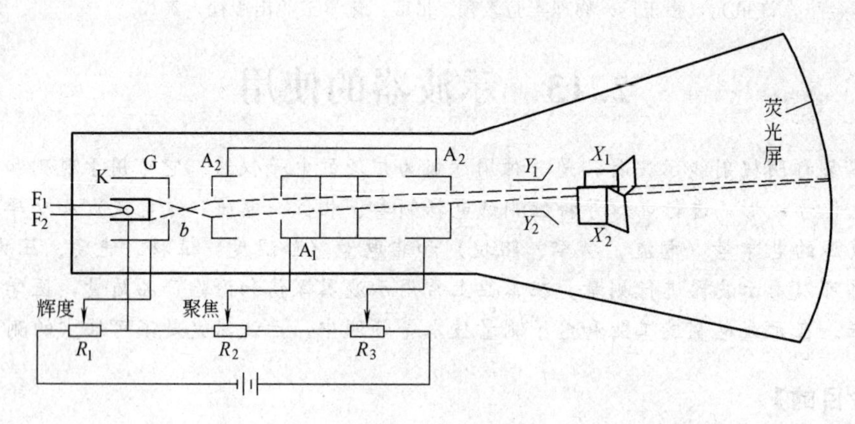

图 2.13.2 示波管

偏转板：它有两对相互垂直的偏转板，即一对垂直偏转板（与 Y 轴对应）及一对水平偏转板（与 X 轴对应）。如果在水平偏转上板加电压，可使光点沿水平方向移动；如果在垂直偏转板上加电压，可使光点沿垂直方向移动。可见两对偏转板，可以控制光点在整个荧光屏上的移动。

(2) 扫描和同步电路

一般情况下，是从 Y 轴输入周期性的电压信号，设周期性电压为 $V=V_0\sin\omega t$，如何才能将这样的电压稳定地显示在荧光屏上？如果只在 Y 轴上加电压，光点只在垂直方向来回移动，我们看到的只是垂直方向上的一条亮线。显然没有反映 V_Y的波形。如果在水平偏转板 X 上同时加一个扫描电压（也称为锯齿波电压）$V_X=kt$，k 为比例系数，这样，电子束同时在水平方向又获得与时间成比例的偏转。在 V_X，V_Y共同作用下，在荧光屏上，光点留下的径迹是与$V=V_0\sin\omega t$ 完全相似的波形，如图 2.13.3 所示。水平电压将垂直电压展开为随时间变化的作用称为扫描。

当垂直方向所加正弦电压的周期 T_Y和水平方向所加锯齿波电压（称为扫描电压）的周期 T_X相同时，即 $T_X=T_Y$时，在荧光屏上将显示出一个完整的正弦波。如果：

$$T_X=nT_Y,\quad n=1,2,3,\cdots \tag{2.13.1}$$

则荧光屏上将显出 n 个完整的正弦波。也只有满足式(2.13.1) 时，才能使光点在每个周期中相应时刻与荧光屏上的位置重合，亦即图形才能稳定。如若不然，当扫描电压周期 T_X略高于待测电压周期 T_Y（或 nT_Y）时，观察到的波形将是逐渐向右移动的图形；反之，

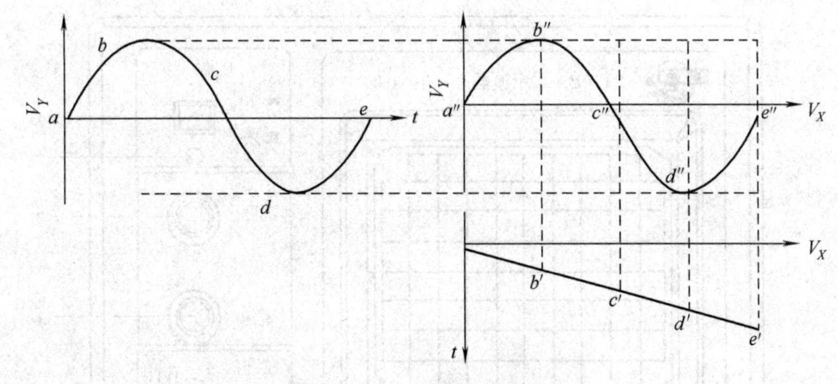

图 2.13.3 光点的偏转

当扫描电压周期 T_X 略低于待测电压周期 T_Y（或 nT_Y）时，观察到的波形将是逐渐向左移动的图形；若二者相差较大，则波形将混乱到无可分辨的地步。

实际上，待测电压的周期与扫描电压的周期都不太稳定，很难随时保持倍数关系，示波器中有一个称为同步的电路，它能使扫描电压的周期准确地等于待测电压的周期。如果同步电路的信号来自垂直放大电路，当有微小变化时，它将跟踪其变化，保证波形的完整稳定，这称为“内同步”。如果同步电路的信号来自外部电路，则称为“外同步”。如果同步电路的信号来自电源，则称为“电源同步”。

(3) 放大电路

为了使波形在荧光屏上有适当的大小，当待测电压较小时，需要经过放大再加到偏转板上，当所加的电压较大时，需要经过分压后再送入放大电路，这个作用是由 Y 轴放大、衰减电路来完成的。对于 X 轴的电压，也有相应的放大电路。

(4) 电源电路

电源电路给上述三种电路提供各种电压。

【实验仪器】

ST16B 示波器，SG1651A 函数信号发生器。

(1) ST16B 示波器简介

ST16B 示波器是一种便携式单踪示波器，其面板如图 2.13.4 所示。

① 电源开关：接通或关闭电源。

② 电源指示灯：电源接通时灯亮。

③ 亮度：调节光迹的亮度，顺时针方向旋转光迹增亮。

④ 聚焦：调节光迹的清晰度。

⑤ 校准信号：本机改为输出数伏特的市电信号。

⑥ Y 移位：调节光迹在屏幕上的垂直位置。

⑦ 微调：连续调节垂直偏转，顺时针旋到底为校准位置。

⑧ Y 衰减旋钮：调节垂直偏转电压。

⑨ 外接 Y 信号输入端。

⑩ Y 耦合：选择输入信号的耦合方式。AC：信号经电容耦合输入。DC：输入信号直接输入。⊥：Y 放大器输入端被接地。

⑪ 微调、X 增益：当在“自动、常态”方式时，可连续调节扫描时间，顺时针旋到底为校准位置；当在“外接”时，此旋钮可连续调节 X 增益，顺时针旋转为灵敏度提高。

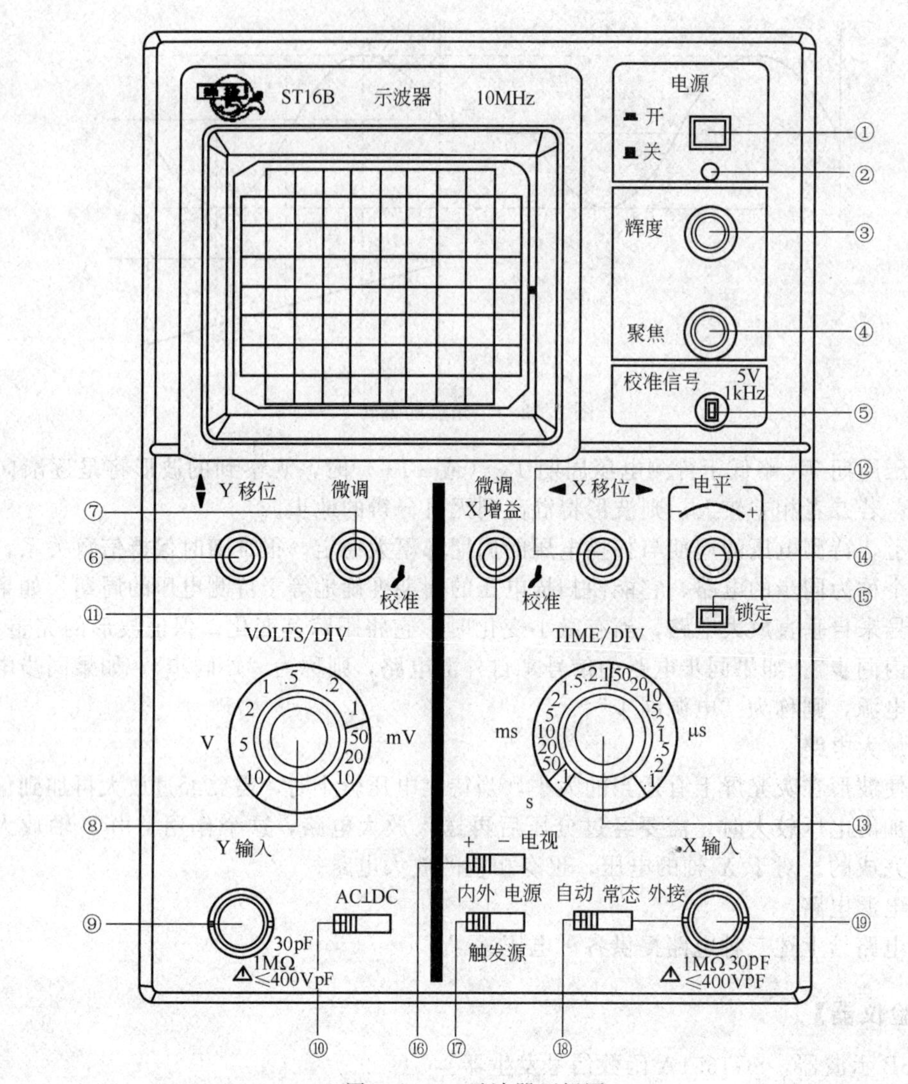

图 2.13.4 示波器面板图

⑫ X 移位：调节光迹在屏幕上的水平位置。

⑬ TIME/DIV 旋钮：调节扫描时间。

⑭ 电平：调节被测信号在某一电平上触发扫描。

⑮ 锁定：按下此键，可自动锁定触发电平，无需人工调节就能稳定显示被测信号。

⑯ 触发极性开关：“＋”为上升沿触发；“－”为下降沿触发；“电视”为电视同步信号。

⑰ 触发源选择开关：“内”为选择内部信号触发；“外”为选择外部信号触发；“电源”为选择电源信号触发。

⑱ 触发方式开关：“自动”为无信号时，屏幕上显示光迹，有信号时与“电平”配合稳定地显示波形；“常态”为无信号时，屏幕上无光迹；有信号时与“电平”配合稳定地显示波形；“外接”为 X-Y 工作方式。

⑲ 信号输入端：当触发方式处于“外接”时，为 X 信号输入端。

（2）SG1651A 函数信号发生器

SG1651A 函数信号发生器能产生正弦波、三角波、方波、斜波、脉冲波等，其面板图如图 2.13.5 所示。

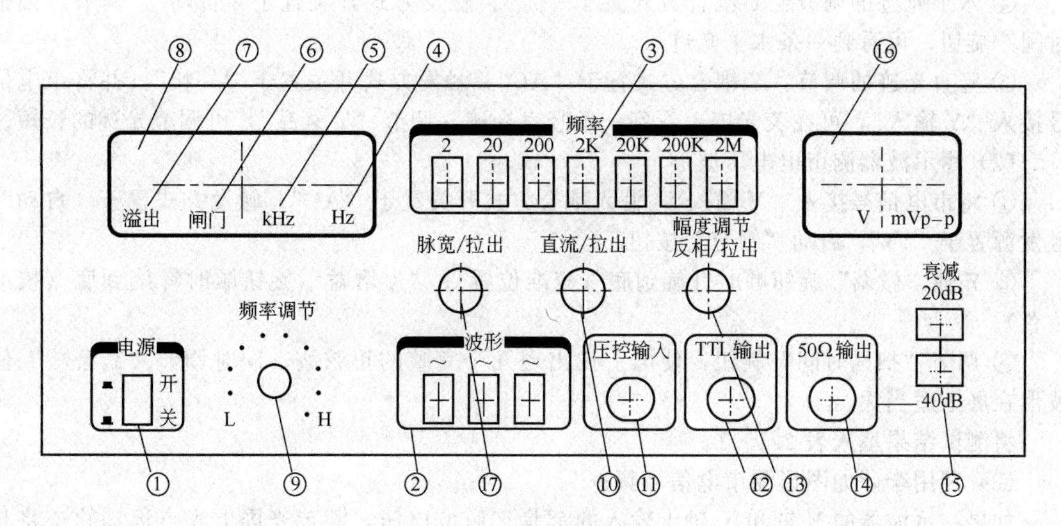

图 2.13.5　信号发生器的面板图

① 电源开关：按下开关，电源接通，指示灯亮。

② 波形选择：选择输出波形。

③ 频率开关：与⑨配合可以选择工作频率。

④ 频率单位：指示灯亮有效，为 Hz。

⑤ 频率单位：指示灯亮有效，为 kHz。

⑥ 闸门显示：此灯闪烁，说明频率计在工作。

⑦ 频率溢出显示：当频率超过 5 个 LED 所显示的范围时，灯亮。

⑧ 频率显示：显示频率的数值。

⑨ 频率调节：与③配合选择工作频率。

⑩ 直流偏置旋钮：拉出此旋钮可设定任何波形的直流工作点，顺时针为正，逆时针为负；推进此旋钮则直流电位为零。

⑪ 压控信号输入：外接电压输入端。

⑫ TTL 输出：输出波形为 TTL 脉冲，可作为同步信号。

⑬ 斜波倒置开关：与⑰ 配合使用，拉出时波形反向；调节输出幅度的大小。

⑭ 信号输出：主信号波形由此输出，阻抗为 50Ω。

⑮ 输出衰减：按下此键可产生 20dB/20dB 的衰减。

⑯ 电压 LED：可显示输出电压的峰-峰值。

⑰ 50Hz 输出：50Hz 固定频率正弦波信号输出。

正弦波频率的误差为 $\pm f \times 1\%$ Hz。

【实验内容】

(1) 熟悉示波器的使用，观察几种波形

① 接通示波器的电源，预热几分钟。将触发源置于“内”，触发方式置于“常态”，Y 耦合方式置于“⊥”，可观察到荧光屏上有一个光点。

② 调节“辉度”及“聚焦”旋钮，使光点成为亮度适中、清晰的一个小圆点（不能使强亮度光斑长时间集中于一点，否则会灼毁荧光屏）。

③ 调节“X、Y移位”使光点位于屏的中央。

④ 水平光迹的调节：Y耦合方式置于“⊥”，触发方式开关置于“自动”，调节“扫描时间”旋钮，可看到一条水平光迹。

⑤ 竖直光迹的调节：Y耦合方式置于“AC”，触发方式开关置于“外接”，并将市电信号接入“Y输入”，可在荧光屏上看到一条竖直光迹，调节“Y衰减”，可调节光迹的长短。

(2) 用示波器测市电电压波形

① 将市电信号接入“Y输入”，输入耦合方式开关置于“AC”；触发方式置于“自动”，触发源置于“内”，启动“锁定”按钮。

② Y轴“微调”旋钮顺时针旋到底（校准位置）；“X增益”旋钮顺时针旋到底（校准位置）。

③ 调节“扫描时间”旋钮，使屏上仅出现几个完整的正弦波；同时调节“Y衰减”使波形在屏上适当大。

将测试结果填入表2.13.1。

(3) 利用李萨如图形测市电信号频率

如果在示波器的Y轴和X轴上输入的都是正弦波电压，则荧光屏上光点运动轨迹将是两个相互垂直的正弦振动合成的结果。进一步，如果两个相互垂直的正弦振动的频率成简单的整数比，则合成的结果将是一条稳定的闭合曲线，称为李萨如图形（见图2.13.6）。对于一个稳定的李萨如图形，在其边缘上分别作一条水平切线和一条垂直切线，并将所对应的切点数分别称为N_X和N_Y，则有：

$$\frac{f_Y}{f_X}=\frac{N_X}{N_Y} \tag{2.13.2}$$

通过示波器可以观察出切点数，所以若已知一个频率，利用式(2.13.2)可测出另一个频率。

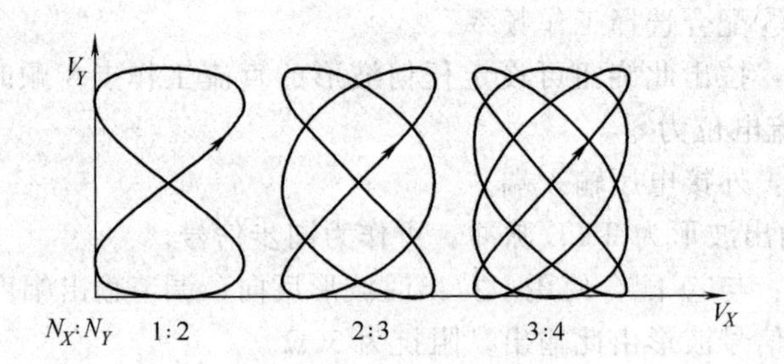

图2.13.6 李萨如图形

实验步骤如下。

① 将市电信号作为待测信号接入“Y轴”，耦合方式开关置于“AC”。

② 将信号发生器的波形选择开关置于“正弦波”，50Ω输出电压信号接入“X轴”；同时使“触发方式”置于“外接”位置。调节“Y衰减”旋钮和“微调”使图形在Y轴方向适当大；调节信号发生器的“衰减”旋钮和“幅度调节”旋钮，使图形在X方向适当大。

③ 调节信号发生器上的“频率调节”旋钮和“频率开关”，选择适当的输出频率，使屏幕上分别出现稳定的$N_X:N_Y=1:1$，$1:2$，$3:1$，$2:3$的图形。将结果填入表2.13.2。

【数据记录与处理】

表 2.13.1 测市电相关参数

X 方向	TIME/DIV 旋钮位置	格数	周期/s	频率/Hz
频率测量				
Y 方向	VOLTS/DIV 旋钮位置	格数	峰-峰值/V	有效值/V
幅值测量				

表 2.13.2 测量市电频率

$N_X:N_Y$	1∶1	1∶2	3∶1	2∶3
图形				
f_{Xi}/Hz				
$\Delta f_{Xi}=(f_{Xi}\times1\%+0.3)$/Hz				
$f_{Yi}=\frac{N_X}{N_Y}f_{Xi}$/Hz				
$\Delta f_{Yi}=\frac{N_X}{N_Y}\Delta f_{Xi}$/Hz				

$$(u_{f_Y})_A=\frac{t_{0.95}}{\sqrt{n}}\sqrt{\frac{\sum(f_{Yi}-\bar{f}_Y)^2}{n-1}}=\underline{\qquad\qquad\qquad}$$

$$(u_{f_Y})_B=(\Delta f_{Yi})_{\max}=\underline{\qquad\qquad\qquad}$$

$$u_{f_Y}=\sqrt{(u_{f_Y})_A^2+(u_{f_Y})_B^2}=\underline{\qquad\qquad\qquad}$$

$$f_Y=\bar{f}_Y\pm u_{f_Y}=\underline{\qquad\qquad\qquad}$$

【思考题】

(1) 示波器一般由几部分组成？各部分的主要功能是什么？

(2) 示波管包括几部分？各部分的主要功能是什么？

(3) 如果要在示波器上得到如下图形：

①一个光点；②一条水平线；③一条竖线；④一个 50Hz 正弦波形。

问 X、Y 旋钮应各置什么位置？怎样接线？

(4) 1V 峰-峰值的正弦波，它的有效值是多少？

(5) 如果示波器是良好的，但荧光屏上看不到亮线，应调节哪几个旋钮？

(6) 如果在示波器的 X 轴输入市电信号，在 Y 轴输入 150Hz 的正弦信号，那么得到的稳定的李萨如图形应是何种形状？请画出此图形。

【参考文献】

[1] 郭红，徐铁军，陈西园，刘凤智．大学物理实验．北京：中国科学技术出版社，2003.

[2] 张兆奎，缪连元，张立．大学物理实验．北京：高等教育出版社，2001.

[3] 黄金华，许星光，崔玉广．物理实验教程．北京：化学工业出版社，2010.

2.14 介质介电常数的测定

介电常数是电介质的重要参数之一，不仅广泛地应用于电磁学、电工学等与电相关的领域中，而且在工程技术中也是十分重要的物理参数。测量介电常数已成为物理实验及其科学研究中的重要内容之一。

【实验目的】

(1) 学会用电桥法测定固体电介质的介电常数。

(2) 了解频率法测定电介质（气、液、固体）的介电常数。

【实验原理】

(1) 电桥法测定固体介质的介电常数

① 如图 2.14.1 将测微装置的两根导线分别接入到电容电桥的测量输入端，选择上、下两个电极的间距 $D=2.5\text{mm}$。首先对 DMC-2 型数字电容表调零，选择 200pF 挡，并测定介质为空气的电容量 C_1。

$$C_1=C_0+C_b+C_f \tag{2.14.1}$$

式中，C_0为空气电容器的计算值；C_b为电极的边缘电容值；C_f是系统的分布电容。

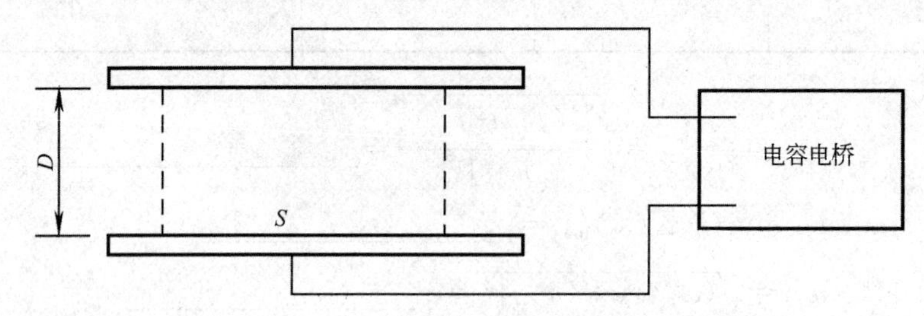

图 2.14.1　测定介质为空气的电容

② 保持电极的间距不变，将待测的有机玻璃电介质板放入上、下电极之间，测出有介质板时的电容 C_2。

$$C_2=C_{串}+C_b+C_f \tag{2.14.2}$$

式中，$C_{串}$ 是有介质时与对应空气电容器串联后的等效电容值（见图 2.14.2）。

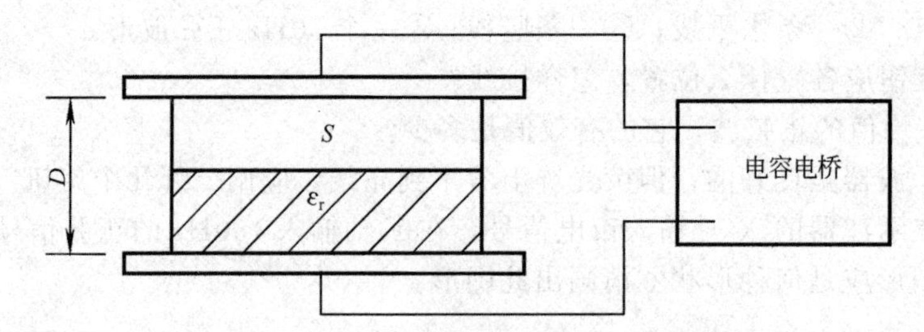

图 2.14.2　测有机玻璃电介质的电容

由电容器的电容计算方法可得：

$$C_{串}=\frac{\dfrac{\varepsilon_0 S}{D-t}\times\dfrac{\varepsilon_0\varepsilon_r S}{t}}{\dfrac{\varepsilon_0 S}{D-t}+\dfrac{\varepsilon_0\varepsilon_r S}{t}}=\frac{\varepsilon_0\varepsilon_r S}{t+\varepsilon_r(D-t)}=C \tag{2.14.3}$$

由式(2.14.3) 可解得介质的相对介电常数：

$$\varepsilon_r=\frac{Ct}{\varepsilon_0 S-C(D-t)} \tag{2.14.4}$$

式中，t 是介质板的厚度；S 是介质板的面积。若测量过程中保持测量电极、电容电桥、接线状态不变，则两次测量中的 C_f、C_b都不变。由式(2.14.2) 可得：

$$C=C_2-C_1+C_0 \tag{2.14.5}$$

由式(2.14.4)、式(2.14.5) 可知，只要测量出 C_1、C_2、t、D、S 即可计算出相对介电常数。

③ 使用上述方法测量空气的介电常数和系统的分布电容。我们可以通过改变上下极板的间距，测出两板间充满空气时的电容，可以得到一条直线。其截距是分布电容值，斜率与空气的介电常数成正比。

(2) 用频率法测电介质的介电常数

实验原理如图 2.14.3 所示。

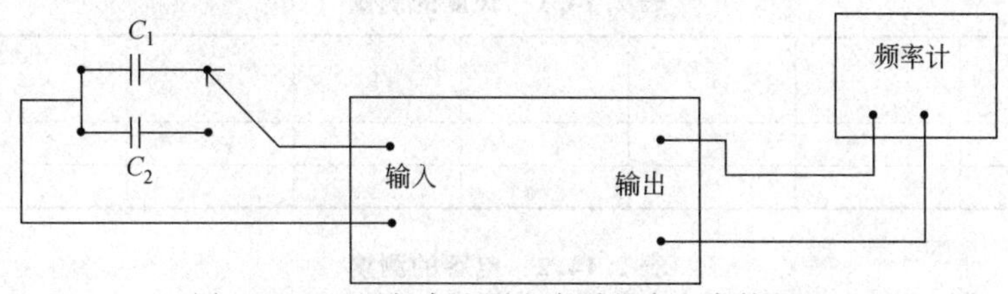

图 2.14.3 用频率法测电介质的介电常数原理

① 按原理图接好线路，将 NFC-10C-1 型多功能计数器调至 FREQ（频率测量挡）、1s（触发时间）、100k（低通挡位或按实验室要求）。图中 C_1、C_2 分别为不同容量的电容器。在电感一定时，其 RC 振荡的频率为：

$$f=\frac{1}{2\pi RC},\quad C=\frac{1}{2\pi Rf}=\frac{k}{f} \tag{2.14.6}$$

② 若两个电容器为空气电容器时，考虑存在分布电容 C_f，则：

$$C_{01}+C_f=\frac{k}{f_{01}}$$

$$C_{02}+C_f=\frac{k}{f_{02}}$$

于是：

$$C_{20}-C_{10}=\frac{k}{f_{20}}-\frac{k}{f_{10}} \tag{2.14.7}$$

当放入介质时：

$$\varepsilon_r(C_{20}-C_{10})=\frac{k}{f_{20}}-\frac{k}{f_{10}} \tag{2.14.8}$$

③ 由式(2.14.7) 和式(2.14.8) 可以得到测量函数。即：

$$\varepsilon_r=\frac{\dfrac{1}{f_2}-\dfrac{1}{f_1}}{\dfrac{1}{f_{20}}-\dfrac{1}{f_{10}}} \tag{2.14.9}$$

只要测出以上几个频率值即可求得介质的相对介电常数。但应注意，测量过程中应保持测量系统的测量状态不变，才可消除分布电容的存在。

【实验仪器】

DMC-2 型数字电容表，介电常数测试仪，NFC-10C-1 型多功能计数器，测微电极系统，千分尺和游标卡尺等。

【实验内容】

(1) 用千分尺测量介质片的厚度 t，用游标卡尺测量介质片的直径 d。设定电容器的间距 $D=2.500\text{mm}$。多次测量介质片的厚度和直径，将测量得到的数据记录在表 2.14.1 中。

(2) 打开电容表，选择 200pF 量程，将电容表调零。

(3) 连接电路，分别测量 C_1、C_2（测量 C_2 时介质片应对称放置）。反复多次测量 C_1、C_2，将测量得到的数据记录在表 2.14.2 中。

【数据记录与处理】

表 2.14.1　长度的测量

次数 / x_i	1	2	3	4	5	6	平均值
t							
d							

表 2.14.2　电容的测量

次数 / x_i	1	2	3	4	5	6	7	8	9	10
C_{1i}										
C_{2i}										
$C_{2i}-C_{1i}$										
$\overline{C_{2i}-C_{1i}}$										

$$\bar{S}=\frac{1}{4}\pi\bar{d}^2=\underline{\qquad\qquad};\quad \bar{C}_0=\frac{\varepsilon_0\bar{S}}{D}=\underline{\qquad\qquad}$$

$$\bar{C}=\overline{C_{2i}-C_{1i}}+\bar{C}_0=\underline{\qquad\qquad};\quad \overline{D-t}=D-\bar{t}=\underline{\qquad\qquad}$$

$$\bar{\varepsilon}_r=\frac{\bar{C}\bar{t}}{\varepsilon_0\bar{S}-\bar{C}(D-\bar{t})}=\underline{\qquad\qquad}$$

【注意事项】

(1) 电桥法测定固体电介质时，两极板间应避免有杂质存在。

(2) 测量电介质时，应注意实验条件要保持一致，否则不能消除分布电容及部分边缘电容。

【思考题】

(1) 电介质的相对介电常数是如何定义的？其物理意义是什么？与绝对介电常数的关系是什么？

(2) 如果介质片将电容器上、下极板间的空间充满，如何得到电介质的介电常数？

(3) 在交变电磁场的作用下，物质的介电常数与哪些物理量相关？

【参考文献】

[1] 郭红，徐铁军，陈西园，刘凤智．大学物理实验．北京：中国科学技术出版社，2003.

[2] 张兆奎，缪连元，张立．大学物理实验．北京：高等教育出版社，2001.

[3] 李寿松，苏平，王晓耕，李平．物理实验教程．北京：高等教育出版社，1997.

2.15 电表的改装与校准

在实验中经常使用磁电式仪表来测量电压和电流，其测量机构称为表头。它只允许通过微安数量级的电流，实际上满足不了需要，可根据分流或分压原理，将表头并联或串联一个适当大小的电阻，即可改装成所需量程的电流表或电压表。万用表的原理就是对微安表头进行多量程改装而来，它在电路的测量和故障检测中有广泛的应用。

【实验目的】

(1) 学会用实验法测定电流表内阻。

(2) 掌握电表扩程和校准的方法。

【实验原理】

常见的磁电式电流计主要由放在永久磁场中的由细漆包线绕制的可以转动的线圈、用来产生机械反力矩的游丝、指示用的指针和永久磁铁所组成。当电流通过线圈时，载流线圈在磁场中就产生一磁力矩 M，它使线圈转动，从而带动指针偏转。线圈偏转角度的大小与通过的电流大小成正比，所以可由指针的偏转直接指示出电流值。表头的改装需要知道两个重要的参数：I_g（表头电流的量程）和 R_g（表头的内阻）。表头的量程可从表盘上看出来，而表头的内阻则需要实际测量。

(1) 扩大微安表的量程

若要扩大微安表（或毫安表）的量程，只要在微安表两端并联一个低电阻 R_s（称为分流电阻）即可，如图 2.15.1 所示。由于并联了分流电阻 R_s，大部分电流将从 R_s 流过，这样由分流电阻 R_s 和表头组成的整体就可以测量较大的电流了。

设微安表的量程 I_g，内阻为 R_g，若要把它的量程扩大为 I_0，分流电阻 R_s 应当多大？

当 AB 间的电流为 I_0 时，流过微安表的电流为 I_g（这时微安表的指针刚好指到满刻度），流过 R_s 的电流 $I_s=I_0-I_g$，由于并联电路两端电压相等，故：

$$(I_0-I_g)R_s=I_gR_g \tag{2.15.1}$$

所以：

$$R_s=\frac{I_gR_g}{I_0-I_g} \tag{2.15.2}$$

通常取 $I_0=10I_g$，$100I_g$，…，故分流电阻 R_s 一般为 $R_g/9$，$R_g/99$，…。

要把表头的量程扩大 n 倍，分流电阻应取：

$$R_s=\frac{R_g}{n-1} \tag{2.15.3}$$

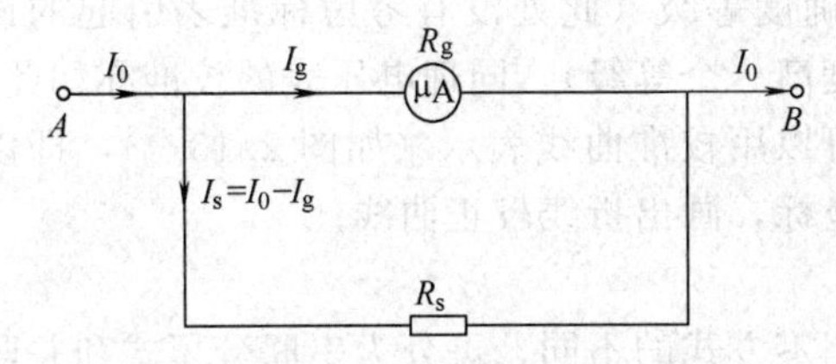

图 2.15.1 单程电流表扩程示意图

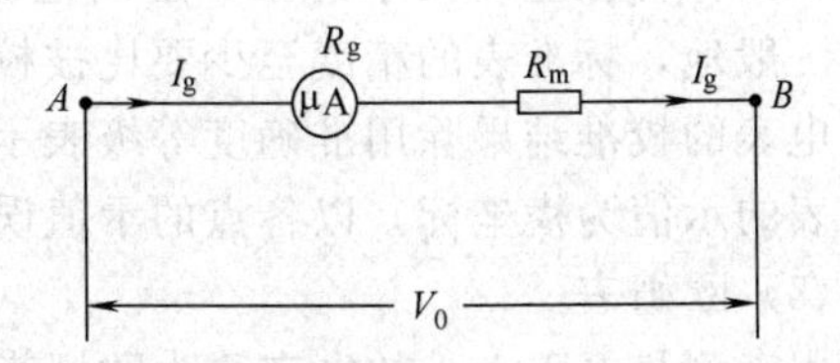

图 2.15.2 单量程电压表扩程示意图

(2) 把微安表改装成电压表

若要把微安表改装成电压表，只要用一个高电阻 R_m（称为分压电阻）与原微安表串联即可，如图 2.15.2 所示。由于串联了分压电阻 R_m，总电压的大部分降在 R_m上，这样由分压电阻 R_m和表头组成的整体就可以测量较大的电压了。

设微安表的量程为 I_g，内阻为 R_g，若要把它改装成量程为 V_0的电压表，分压电阻 R_m应取多大？

当 A、B 两点间的电压为 V_0时，流过微安表的电流为 I_g（这时微安表的指针刚好指到满刻度。因此只要在微安表的标度盘上直接标上与该电流相应的电压，微安表就成为电压表了），根据欧姆定律，得：

$$V_0=I_g(R_g+R_m) \tag{2.15.4}$$

所以：

$$R_m=\frac{V_0}{I_g}-R_g \tag{2.15.5}$$

（3）用替代法测内阻

测量微安表内阻 R_g的方法很多，较为简便常用的方法是“替代法”，即将被测表 M 和另一微安表 N 串联起来，再在两端加一定的电压 V_{AC}，使 N 的读数等于某一定值 I_n（I_n一般为满度的三分之二为宜），如图 2.15.3(a) 所示。然后保持 V_{AC}不变，用电阻箱 R 替代 M，如图 2.15.3(b) 所示，使 N 的读数仍为 I_n，此时 R 的阻值就等于微安表 M 的内阻 R_g。

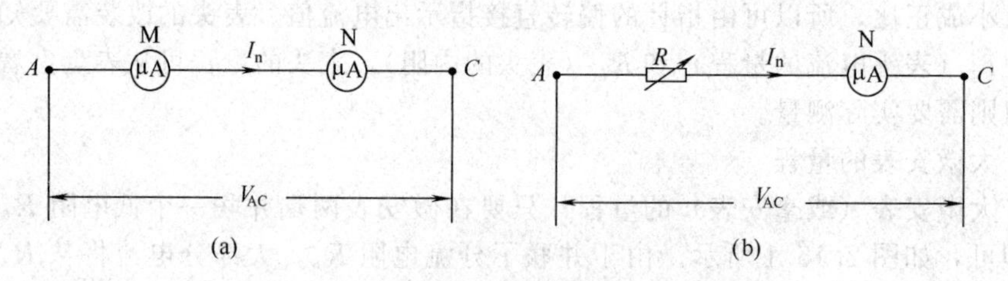

图 2.15.3 用替代法测微安表头 M 的内阻

（4）电表的校准

电表在改装后，必须进行校准，确定电表的准确度等级后方可使用。将改装表与相应的标准表直接进行比较，这种校准的方法称为比较法。所谓准确度等级是国家对电表规定的质量指标，共有七级，0.1，0.2，0.5，1.0，1.5，2.5，5.0，用 S 表示，所对应的最大绝对误差为 $\Delta_{仪}=$量程$\times S\%$。

设被校电流表的指示值为 I_x，标准表的读数为 I_s，如果测量一组数据 I_{xi}和 I_{si}，则每个标准点的校正值为 $\Delta I_i=I_{si}-I_{xi}$。如果将它们中绝对值最大的一个作为最大绝对误差，则被校电流表的标称误差为：

$$标称误差=\frac{最大绝对误差}{量程}\times 100\%$$

根据标称误差的大小，即可定出电流表的准确度等级（此处没有考虑标准表引起的误差，一般地，标准表的精度至少要比被校表的精度高一个等级）。同理电压表的校准亦如此。

电表的校准结果除用准确度等级表示外，还可以用校准曲线表示（如图 2.15.4），即以被校表的示值为横坐标，以各点的示值误差为纵坐标，画出折线校正曲线。

（5）欧姆表

用来测量电阻大小的电表称为欧姆表。根据调零方式的不同，可分为串联分压式和并联分流式两种，串联分压式原理电路如图 2.15.5 所示。图中 E 为电源，R_3为限流电阻，R_W为调“零”电位器，R_X 为被测电阻，R_g 为等效表头内阻。

欧姆表使用前先要调“零”点，即 a、b 两点短路，（相当于 $R_X=0$），调节 R_W的阻值，

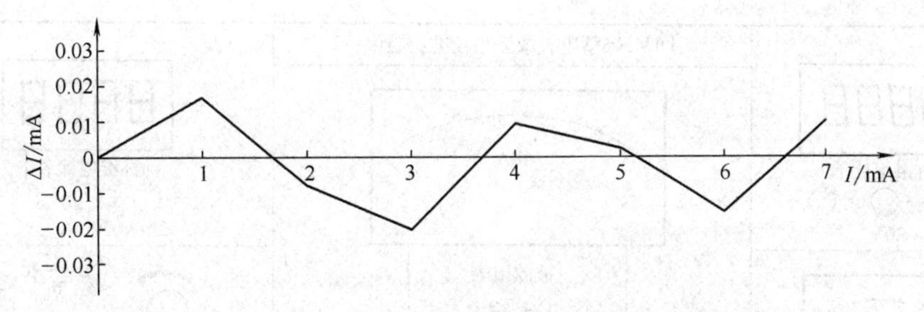

图 2.15.4　电流校准曲线参考图

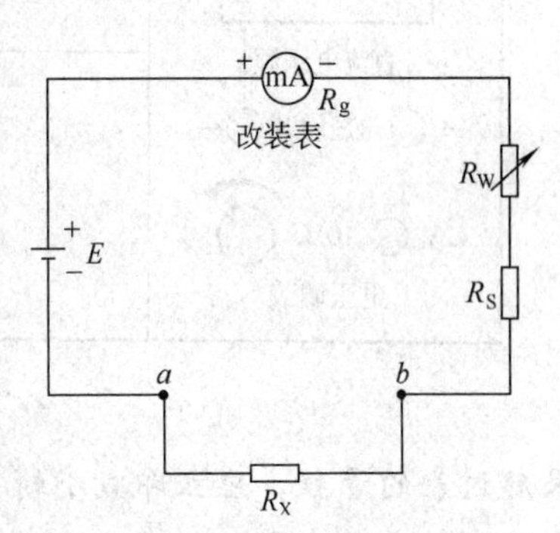

图 2.15.5　欧姆表原理电路

使表头指针正好偏转到满度。可见，欧姆表的零点是就在表头标度尺的满刻度（即量限）处，与电流表和电压表的零点正好相反。

在图 2.15.5 中，当 a、b 端接入被测电阻 R_X 后，电路中的电流为：

$$I=\frac{E}{R_g+R_W+R_3+R_X} \tag{2.15.6}$$

对于给定的表头和线路来说，R_g、R_W、R_3 都是常量。由此可见，当电源端电压 E 保持不变时，被测电阻和电流值有一一对应的关系，即接入不同的电阻，表头就会有不同的偏转读数，R_X 越大，电流 I 越小。短路 a、b 两端，即 $R_X=0$ 时：

$$I=\frac{E}{R_g+R_W+R_3}=I_g \tag{2.15.7}$$

这时指针满偏。当 $R_X=R_g+R_W+R_3$ 时：

$$I=\frac{E}{R_g+R_W+R_3+R_X}=\frac{1}{2}I_g \tag{2.15.8}$$

这时指针在表头的中间位置，对应的阻值为中值电阻，显然 $R_中=R_g+R_W+R_3$。

当 $R_X=\infty$（相当于 a、b 开路）时，$I=0$，即指针在表头的机械零位。

所以欧姆表的标度尺为反向刻度，且刻度是不均匀的，电阻 R 越大，刻度间隔越密。如果表头的标度尺预先按已知电阻值刻度，就可以用电流表来直接测量电阻了。

欧姆表在使用过程中电池的端电压会有所改变，而表头的内阻 R_g 及限流电阻 R_3 为常量，故要求 R_W 要跟着 E 的变化而改变，以满足调“零”的要求，设计时用可调电源模拟电池电压的变化，范围取 1.25～1.6V 即可。

【实验仪器】

DH4508 型电表改装与校准实验仪 1 台，如图 2.15.6 所示。

【实验内容】

(1) 必做内容一：用替代法测量表头的内阻 R_g

① 按图 2.15.3 自拟电路，输出电压应经过电位器。

② 电压调节置于“2V”，调节“电压调节”旋钮，使输出电压为零；R_W 置于中间位置；标准电流表用“2mA”挡。

注意：接线前，应使电压输出为零；接线后，应逐渐增加电压，同时关注表的读数，如

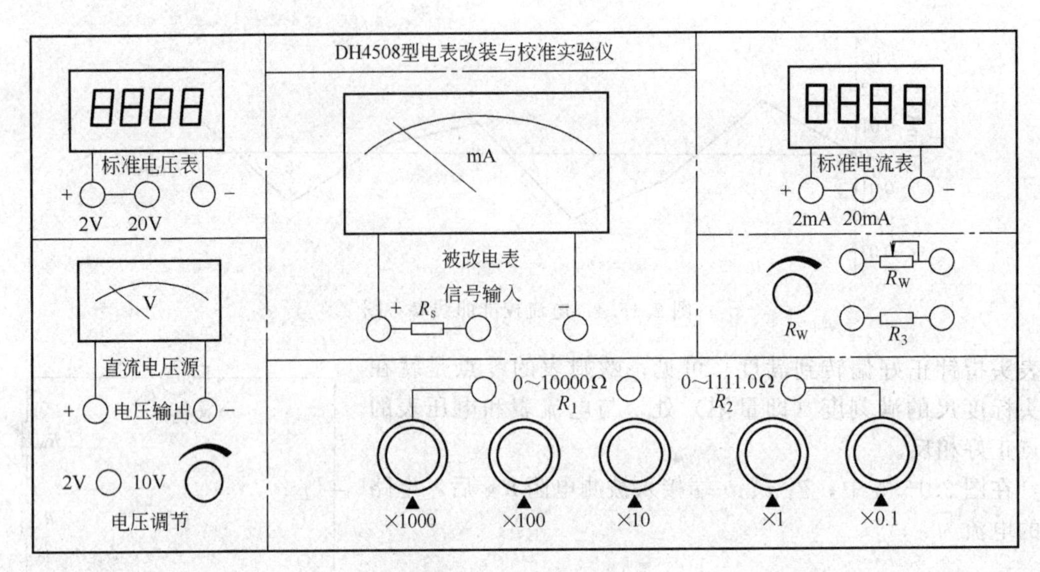

图 2.15.6 面板示意图

果超过表的量程，应立即减小输出电压。

(2) 必做内容二：将 1mA 的电流表改装成 10mA 的电流表，将数据填入表 2.15.1，并进行校准

① 计算分流电阻 R_2，它与表头并联组成 10mA 的改装电流表。

② 按图 2.15.1 的原理图自拟一个校准电路，用标准电流表校准改装电流表，测出分流电阻 R_2的值。

要求：输出电压部分要接成分压电路，用电位器作为分压电阻，0.5 级的毫安表作为标准表，用电阻箱作为分流电阻。

③ 校准量程：调节输出电压和分流电阻（分流电阻在计算值附近调节即可），使改装电流表满刻度时标准电流表数值为 10mA。

④ 校准刻度：调节输出电压使电流单调上升和单调下降各测一次，校准改装表的 5 个刻度。将数据填入表 2.15.2，并做出校准曲线。

(3) 必做内容三：将 1mA 的表头改装成 2V 的电压表，将数据填入表 2.15.3，并进行校准

① 计算分压电阻 R_m，它与表头串联组成 2V 的改装电压表。

② 按图 2.15.2 的原理图自拟一个校准电路，用标准电压表校准改装电压表，测出分压电阻 R_m的值。

要求：输出电压部分要接成分压电路，用电位器作为分压电阻，0.5 级的电压表作为标准电压表，用电阻箱“R_1+R_2”作 R_m。

③ 校准量程：调节输出电压和分压电阻（分压电阻在计算值附近调节即可），使改装表满刻度时标准表数值为 2V。

④ 校准刻度：调节输出电压使电压单调下降和单调上升各测一次，校准改装表的 5 个刻度。将数据填入表 2.15.4，并做出校准曲线。

(4) 选做内容：改装毫安表为欧姆表

用一电源与一合适的电阻、可变电阻、表头、标准电阻箱 R_X串联。当 R_X被测电阻接入时，会使电流计偏转，不同的 R_X会引起不同的电流计偏转。用标准电阻箱对电流计的偏转进行刻度标定后，就能用于测量电阻了，这时电流计被改装成欧姆表。表格自拟。

【数据记录与处理】

（1）电流表的改装与校准

表 2.15.1　改装电流表的数据

表的准确度等级		表头内阻	表头满度电流	扩程后的量程	分流电阻/Ω	
标准表	改装表	R_g/Ω	I_g/mA	/mA	计算值	实测值

表 2.15.2　电流表的校准数据

改装表读数/mA	标准表读数/mA			示值误差 ΔI/mA
	减小时	增大时	平均值	
2				
4				
6				
8				
10				

（2）电压表的改装和校准

表 2.15.3　改装电压表的数据

表的准确度等级		表头内阻	表头满度电压	扩程后的量程	分压电阻/Ω	
标准表	改装表	R_g/Ω	U_g/V	/V	计算值	实测值

表 2.15.4　电压表的校准数据

改装表读数/V	标准表读数/V			示值误差 ΔU/V
	减小时	增大时	平均值	
0.4				
0.8				
1.2				
1.6				
2.0				

改装表等级：$a=\dfrac{\text{示值误差}_{\max}}{\text{量程}}\times 100+a_0$

【思考题】

（1）电表扩程的方法是什么？如何计算相应的电阻？

（2）当校准改装后的电表时，标准电压表的示数偏大，则分压电阻是偏大还是偏小？当校准改装后的电流表时，标准电流表的示数偏小，则分流电阻是偏大还是偏小？

（3）为什么校准电表时需要把电流（或电压）从小到大测一遍又从大到小测一遍？如果两者完全一致说明什么？两者不一致又说明什么？

（4）用比较法校准电表时，选择标准表的主要依据是什么？

（5）若 100μA 的表头，内阻为 500Ω，改装成 3V、15V 两挡电压表，串联电阻该多大？画出电路图；若将上述表头改装成 500μA、1A 两挡电流表，并联电阻该多大？画出电路图。

【参考文献】

[1] 李平．大学物理实验．北京：高等教育出版社，2004.
[2] 胡林，余克俭．大学物理实验教程．北京：机械工业出版社，2013.

2.16 霍尔效应实验

霍尔效应是导电材料中的电流与磁场相互作用而产生电动势的效应。1879年美国物理学家霍尔在研究金属导电机理时发现了这种电磁现象，故称霍尔效应。后来曾有人利用霍尔效应制成测量磁场的磁传感器，但因金属的霍尔效应太弱而未能得到实际应用。随着半导体材料和制造工艺的发展，人们又利用半导体材料制成霍尔元件，由于它的霍尔效应显著而得到实用和发展，现在广泛用于非电量的测量、电动控制、电磁测量和计算装置等方面。在电流体中的霍尔效应也是目前在研究中的“磁流体发电”的理论基础。近年来，霍尔效应实验不断有新发现。1980年原西德物理学家冯·克利青研究二维电子气系统的输运特性，在低温和强磁场下发现了量子霍尔效应，这是凝聚态物理领域最重要的发现之一。目前对量子霍尔效应正在进行深入研究，并取得了重要应用，例如用于确定电阻的自然基准，可以极为精确地测量光谱精细结构常数等。

在磁场、磁路等磁现象的研究和应用中，霍尔效应及其元件是不可缺少的，利用它观测磁场直观、干扰小、灵敏度高、效果明显。

【实验目的】

(1) 了解霍尔效应原理及霍尔元件有关参数的含义和作用。

(2) 测绘霍尔元件的 V_H-I_s，V_H-I_M曲线，了解霍尔电势差 V_H 与霍尔元件工作电流 I_s、磁感应强度 B 及励磁电流和 I_M之间的关系。

(3) 学习利用霍尔效应测量磁感应强度 B 及磁场分布。

(4) 学习用“对称交换测量法”消除负效应产生的系统误差。

【实验原理】

(1) 测量霍尔电势

霍尔效应从本质上讲，是运动的带电粒子在磁场中受洛仑兹力的作用而引起的偏转。当带电粒子（电子或空穴）被约束在固体材料中，这种偏转就导致在垂直电流和磁场的方向上产生正负电荷在不同侧的聚积，从而形成附加的横向电场。如图 2.16.1 所示，磁场 B 位于 Z 的正向，与之垂直的半导体薄片上沿 X 正向通以电流 I_s（称为工作电流），假设载流子为电子（N 型半导体材料），它沿着与电流 I_s相反的 X 负向运动。

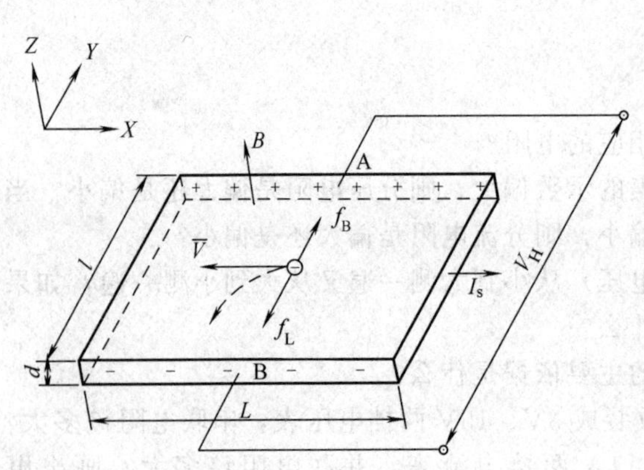

图 2.16.1　霍尔效应原理图

由于洛仑兹力 f_L 作用，电子即向图 2.16.1 中虚线箭头所指的位于 Y 轴负方向的 B 侧偏转，并使 B 侧形成电子积累，而相对的 A 侧形成正电荷积累。与此同时运动的电子还受到由于两种积累的异种电荷形成的反向电场力 f_E 的作用。随着电荷增加，f_E 增大，当两力大小相等（方向相反）时，$f_L=-f_E$，则电子积累便达到动态平衡。这时在 A、B 两端面之间建立的电场称为霍尔电场 E_H，相应的电势差称为霍尔电势 V_H。

设电子按均一速度 V，向图 2.16.1 所示的 X 负方向运动，在磁场 B 作用下，所受洛仑兹力为：

$$f_L=-eVB \tag{2.16.1}$$

式中，e 为电子电量；V 为电子漂移平均速度；B 为磁感应强度。同时，电场作用于电子的力为：

$$f_E=-eE_H=-eV_H/l \tag{2.16.2}$$

式中，E_H 为霍尔电场强度；V_H 为霍尔电势；l 为霍尔元件宽度。

当达到动态平衡时：

$$f_L=-f_E \tag{2.16.3}$$

设霍尔元件宽度为 l，厚度为 d，载流子浓度为 n，则霍尔元件的工作电流为：

$$I_s=neVld \tag{2.16.4}$$

由式(2.16.2)～式(2.16.4) 三式可得：

$$V_H=E_Hl=\frac{1}{ne}\times\frac{I_sB}{d}=R_H\frac{I_sB}{d} \tag{2.16.5}$$

即霍尔电压 V_H（A、B 间电压）与 I_s、B 的乘积成正比，与霍尔元件的厚度成反比，比例系数 $R_H=\frac{1}{ne}$ 称为霍尔系数，它是反映材料霍尔效应强弱的重要参数，根据材料的电导率 $\sigma=ne\mu$ 的关系，还可以得到：

$$R_H=\mu/\sigma=\mu\rho \tag{2.16.6}$$

式中，μ 为载流子的迁移率，即单位电场下载流子的运动速度，一般电子迁移率大于空穴迁移率，因此制作霍尔元件时大多采用 N 型半导体材料。

当霍尔元件的材料和厚度确定时，设：

$$K_H=R_H/d=1/(ned) \tag{2.16.7}$$

式中，K_H 称为元件的灵敏度，它表示霍尔元件在单位磁感应强度和单位控制电流下的霍尔电势大小，一般要求 K_H 越大越好。由于金属的电子浓度 n 很高，所以它的 R_H 或 K_H，都不大，因此不适宜作霍尔元件。此外元件厚度 d 越薄，K_H 越高，所以制作时，往往采用减少 d 的办法来增加灵敏度，但不能认为 d 越薄越好，因为此时元件的输入和输出电阻将会增加，这对霍尔元件是不利的。

本仪器采用的霍尔片的厚度 d 为 0.2mm，宽度 l 为 4mm，长度 L 为 8mm。

将式(2.16.7) 代入式(2.16.5) 中得：

$$V_H=K_HI_sB \tag{2.16.8}$$

应当注意：当磁感应强度 B 和元件平面法线成一角度时，如图 2.16.2 所示，作用在元件上的有效磁场是其法线方向上的分量 $B\cos\theta$，此时：

$$V_H=K_HI_sB\cos\theta \tag{2.16.9}$$

所以一般在使用时应调整元件两平面方位，使V_H达到最大，即：$\theta=0°$，这时有：

$$V_H=K_H I_s B\cos\theta=K_H I_s B \tag{2.16.10}$$

由式(2.16.9)可知，当工作电流I_s或磁感应强度B，两者之一改变方向时，霍尔电势V_H方向随之改变；若两者方向同时改变，则霍尔电势V_H极性不变。

霍尔元件测量磁场的基本电路如图2.16.3所示，将霍尔元件置于待测磁场的相应位置，并使元件平面与磁感应强度B垂直，在其控制端输入恒定的工作电流I_s，霍尔元件的霍尔电势输出端接毫伏表，测量霍尔电势V_H的值。

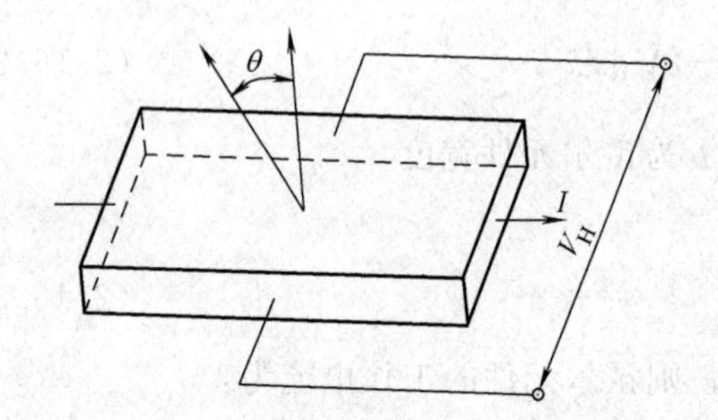

图2.16.2 磁感应强度与元件平面法线不平行时

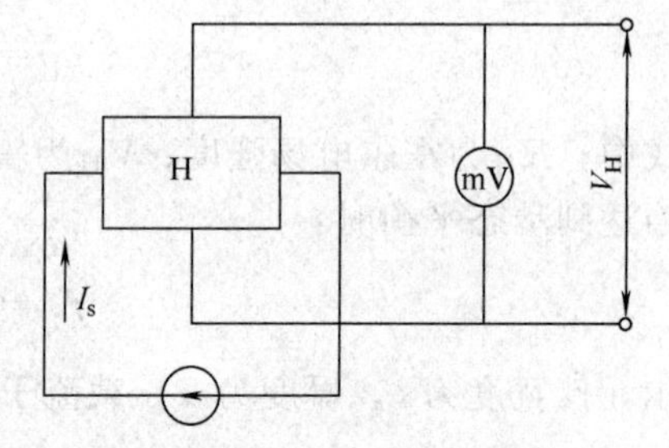

图2.16.3 测量磁场的原理图

(2) 测量霍尔电势系统的误差及其消除

测量霍尔电势V_H时，不可避免地会产生一些副效应，由此而产生的附加电势叠加在霍尔电势上，形成测量系统误差，这些副效应有如下几个。

① 不等位电势V_0　由于制作时，霍尔片上的两个电极的不对称、霍尔片电阻率不均匀、控制电流极的端面接触不良都可能造成A、B两极不处在同一等位面上，此时虽未加磁场，但A、B间存在电势差V_0，称为不等位电势，$V_0=I_sV$，V是两等位面间的电阻，由此可见，在V确定的情况下，V_0与I_s的大小成正比，且其正负随I_s的方向而改变。

② 爱廷豪森效应　当元件X方向通以工作电流I_s，Z方向加磁场B时，由于霍尔片内的载流子速度服从统计分布，有快有慢。在到达动态平衡时，在磁场的作用下慢速、快速的载流子将在洛仑兹力和霍尔电场的共同作用下，沿Y轴分别向相反的两侧偏转，这些载流子的动能将转化为热能，使两侧的温升不同，因而造成Y方向上的两侧的温差（T_A-T_B）。因为霍尔电极和元件两者材料不同，电极和元件之间形成温差电偶，这一温差在A、B间产生温差电动势V_E，$V_E\propto IB$。

这一效应称爱廷豪森效应，V_E的大小与正负符号与I、B的大小和方向有关，跟V_H与I、B的关系相同，所以不能在测量中消除。

③ 伦斯脱效应　由于控制电流的两个电极与霍尔元件的接触电阻不同，控制电流在两电极处将产生不同的焦耳热，引起两电极间的温差电动势，此电动势又产生温差电流（称为热电流）Q，热电流在磁场作用下将发生偏转，结果在Y方向上产生附加的电势差V_H，且$V_H\propto QB$，这一效应称为伦斯脱效应，V_H的符号只与B的方向有关。

④ 里纪-杜勒克效应　如③所述霍尔元件在X方向有温度梯度$\frac{\mathrm{d}T}{\mathrm{d}X}$，引起载流子沿梯度方向扩散而有热电流$Q$通过元件，在此过程中载流子受$Z$方向的磁场$B$作用，在$Y$方向引起类似爱廷豪森效应的温差$T_A-T_B$，由此产生的电势差$V_R\propto QB$，其符号与$B$的方向有关，与$I_s$的方向无关。

为了减少和消除以上效应的附加电势差，利用这些附加电势差与霍尔元件工作电流I_s、磁场B（即相应的励磁电流I_M）的关系，采用对称（交换）测量法进行测量。

当$+I_s$、$+I_M$时：$V_{AB1}=+V_H+V_0+V_E+V_N+V_R$

当$+I_s$、$-I_M$时：$V_{AB2}=-V_H+V_0-V_E+V_N+V_R$

当$-I_s$、$-I_M$时：$V_{AB3}=+V_H-V_0+V_E-V_N-V_R$

当$-I_s$、$+I_M$时：$V_{AB4}=-V_H-V_0-V_E-V_N-V_R$

对以上四式作如下运算则得：

$$(|V_{AB1}-V_{AB2}|+|V_{AB3}-V_{AB4}|)/4=V_H+V_E$$

可见，除爱廷豪森效应以外的其他副效应产生的电势差会全部消除，因爱廷豪森效应所产生的电势差V_E的符号和霍尔电势V_H的符号与I_s及B的方向关系相同，故无法消除，但在非大电流、非强磁场下，$V_H \gg V_E$，因而V_E可以忽略不计，

$$V_H \approx V_H+V_E=\frac{|V_1-V_2|+|V_3-V_4|}{4}$$

在理想情况下，当V_H较大时，V_{AB1}与V_{AB3}同号，V_{AB2}与V_{AB4}同号，而两组数据反号，故：

$$V_{AB1}-V_{AB2}+V_{AB3}-V_{AB4}/4=|V_{AB1}|+|V_{AB2}|+|V_{AB3}|+|V_{AB4}|/4$$

即用四组测量值的绝对值之和求平均值即可。

【实验仪器】

DH4512型霍尔效应实验仪。

【实验内容】

(1) 测量霍尔元件零位（不等位）电势V_0及不等位电阻$R_0=V_0/I_s$

① 调好仪器　按仪器面板上的文字和符号提示将DH4512霍尔效应测试仪与DH4512霍尔效应实验仪（测试架）正确连接。

a. 将DH4512霍尔效应测试仪面板右下方的励磁电流I_M的直流恒流源输出端（0～0.5A）接DH4512霍尔效应实验仪（测试架）上的I_M磁场励磁电流的输入端（将红接线柱与红接线柱对应相连，黑接线柱与黑接线柱对应相连）。

b. “测试仪”左下方供给霍尔元件工作电流I_s的直流恒流源（0～3mA）输出端接“实验仪”上I_s霍尔片工作电流输入端（将红接线柱与红接线柱对应相连，黑接线柱与黑接线柱对应相连）。

c. “测试仪”上V_H霍尔电压输入端接“实验仪”中部的V_H霍尔电压输出端。

注意：以上三组线千万不能接错，以免烧坏元件。

② 测试

a. 用连接线将中间的霍尔电压输入端短接，调节调零旋钮使电压表显示0mV。

b. 断开励磁电流I_M（将I_M电流调节到最小）。

c. 调节霍尔工作电流$I_s=3.00$mA，利用I_s换向开关改变霍尔工作电流输入方向，分别测出零位霍尔电压V_{01}、V_{02}，并计算出不等位电阻：

$$R_{01}=\frac{V_{01}}{I_s}，R_{02}=\frac{V_{02}}{I_s} \tag{2.16.11}$$

(2) 测量霍尔电压V_H与工作电流I_s的关系

① 先将I_s，I_M都调零，调节中间的霍尔电压表，使其显示为0mV。

② 将霍尔元件移至通电圆线圈中心，调节$I_M=500$mA，调节$I_s=1.00$mA，按表2.16.2中I_s、I_M正负情况切换“实验仪”上的方向，分别测量霍尔电压V_H值（V_1、V_2、

V_3、V_4）填入表 2.16.2。以后 I_s 每次递增 0.50mA，测量各 V_1、V_2、V_3、V_4 值。绘出 I_s-V_H 曲线，验证线性关系。

(3) 测量霍尔电压 V_H 与励磁电流 I_M 的关系

① 先将 I_M、I_s 调零，调节至 5.00mA，调节中间的霍尔电压表，使其显示为 0mV。

② 调节 I_M＝100mA，150mA，200mA，…，500mA（间隔为 50mA），分别测量霍尔电压 V_H 的值填入表 2.16.3 中。

③ 根据表 2.16.3 中所测得的数据，绘出 I_M-V_H 曲线，验证线性关系的范围，分析当 I_M 达到一定值以后，I_M-V_H 直线斜率变化的原因。

(4) 计算霍尔元件的霍尔灵敏度

如果已知 B，根据公式 $V_H=K_H I_s B\cos B=K_H I_s B$ 可知：

$$K_H=\frac{V_H}{I_s B} \tag{2.16.12}$$

本实验采用的双圆线圈的励磁电流与总的磁场强度对应关系见表 2.16.1。

表 2.16.1　圆线圈的励磁电流与总的磁场强度对应表

电流值/A	0.1	0.2	0.3	0.4	0.5
中心磁场强度 B/mT	2.25	4.50	6.75	9.00	11.25

【数据记录与处理】

表 2.16.2　霍尔电压 V_H 与工作电流 I_s 的关系　　I_M＝500mA

I_s/mA	V_1/mV	V_2/mV	V_3/mV	V_4/mV	$V_H=\frac{\|V_1-V_2\|+\|V_3-V_4\|}{4}$
	$+I_s+I_M$	$+I_s-I_M$	$-I_s-I_M$	$-I_s+I_M$	/mV
1.00					
1.50					
2.00					
2.50					
3.00					

表 2.16.3　V_H-I_M 的关系　　I_s＝5.00mA

I_M/mA	V_1/mV	V_2/mV	V_3/mV	V_4/mV	$V_H=\frac{\|V_1-V_2\|+\|V_3-V_4\|}{4}$
	$+I_s+I_M$	$+I_s-I_M$	$-I_s-I_M$	$-I_s+I_M$	/mV
100					
150					
200					
250					
300					
350					
400					
450					
500					

【注意事项】

(1) 霍尔电势V_H测量的条件是霍尔元件平面与磁感应强度B垂直，此时$V_H=I_sB\cos\theta=I_sB$，即V_H取得最大值。仪器在组装时已调整好，为防止搬运、移动中发生位移，实验前应将霍尔元件传感器移至通电圆线圈中心，使其在I_M、I_s相同时，达到输出V_H最大。

(2) 为了不使通电线圈过热而受到损害，或影响测量精度，除在短时间内读取有关数据，通过励磁电流I_M外，其余时间最好断开励磁电流。仪器不宜在强烈照射下、高温、强磁场和有腐蚀气体的环境下工作和存放。

【思考题】

(1) 什么叫霍尔效应？如何利用霍尔效应测磁场？

(2) 实验中如何消除副效应的影响，都能消除吗？

(3) 霍尔元件为什么采用半导体材料？霍尔电压是如何产生的？

(4) 若磁场不与霍尔片的法线方向一致，对测量结果有何影响？

【参考文献】

[1] 扬子，丁益民．大学物理实验．北京：科学出版社，2006.
[2] 胡林，余克俭．大学物理实验教程．北京：机械工业出版社，2013.

2.17 *RLC* 电路稳态特性的研究

电容、电感元件在交流电路中的阻抗是随着电源频率的改变而变化的。将正弦交流电压加到电阻、电容和电感组成的电路中时，各元件上的电压及相位会随着变化，这称作电路的稳态特性；将一个阶跃电压加到*RLC*元件组成的电路中时，电路的状态会由一个平衡态转变到另一个平衡态，各元件上的电压会出现有规律的变化，这称为电路的暂态特性。

【实验目的】

(1) 观测*RC*和*RL*串联电路的幅频特性和相频特性。

(2) 了解*RLC*串联、并联电路的相频特性和幅频特性。

(3) 观察和研究*RLC*电路的串联谐振和并联谐振现象。

【实验原理】

(1) *RC*串联电路的稳态特性

在图2.17.1所示电路中，电阻R、电容C的电压有以下关系式：

$$I=\frac{U}{\sqrt{R^2+\left(\frac{1}{\omega C}\right)^2}} \tag{2.17.1}$$

$$U_R=IR \tag{2.17.2}$$

$$U_C=\frac{1}{\omega C} \tag{2.17.3}$$

$$\phi=-\arctan\frac{1}{\omega CR} \tag{2.17.4}$$

式中，ω为交流电源的角频率；U为交流电源的电压有效值；ϕ为电流和电源电压的相位差，它与角频率 ω 的关系见图 2.17.2。

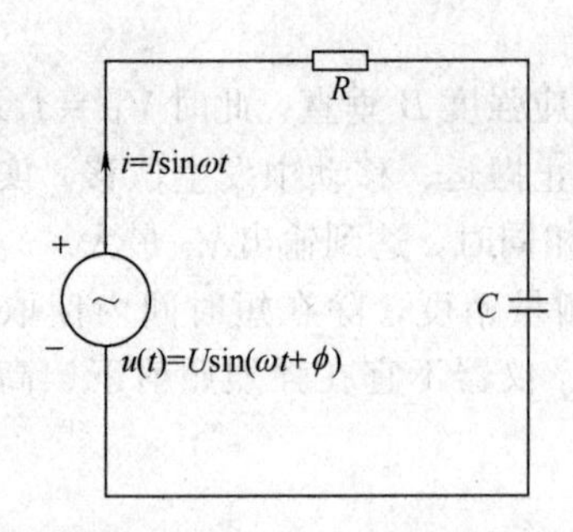

图 2.17.1 RC 串联电路

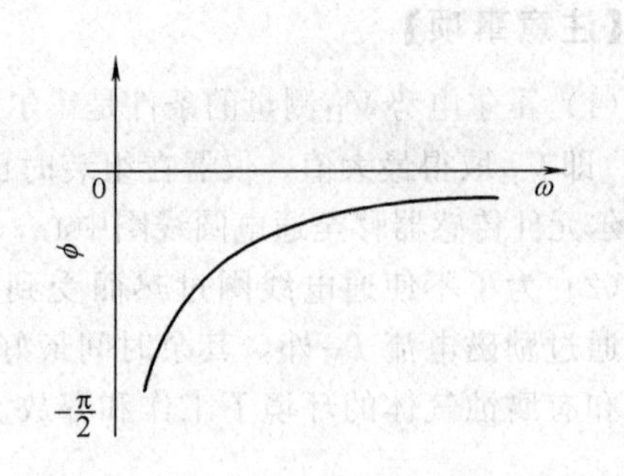

图 2.17.2 RC 串联电路的相频特性

可见当 ω 增加时，I 和 U_R 增加，而 U_C 减小。当 ω 很小时，$\phi\to-\pi/2$，ω 很大时，$\phi\to 0$。所以在低频时电源电压主要降落在电容上，在高频时电源电压主要降落在电阻上，这种电压幅值随频率变化的曲线称为幅频特性曲线。利用幅频特性可以构成不同的滤波电路，把不同的频率分开。

在式(2.17.4) 中，令 $1/(\omega RC)=1$，则有：

$$\omega_c=\frac{1}{RC}$$

称为截止圆频率，它是相频特性曲线的一个重要参数。

(2) RL 串联电路的稳态特性

RL 串联电路如图 2.17.3 所示，可见电路中 I、U 、U_R、U_L有以下关系：

$$I=\frac{U}{\sqrt{R^2+(\omega L)^2}} \tag{2.17.5}$$

$$U_R=IR \tag{2.17.6}$$

$$U_L=I\omega L \tag{2.17.7}$$

$$\phi=\arctan\frac{\omega L}{R} \tag{2.17.8}$$

可见 RL 电路的幅频特性与 RC 电路相反，频率增加时，I、U_R减小，U_L则增大。它的相频特性见图 2.17.4。

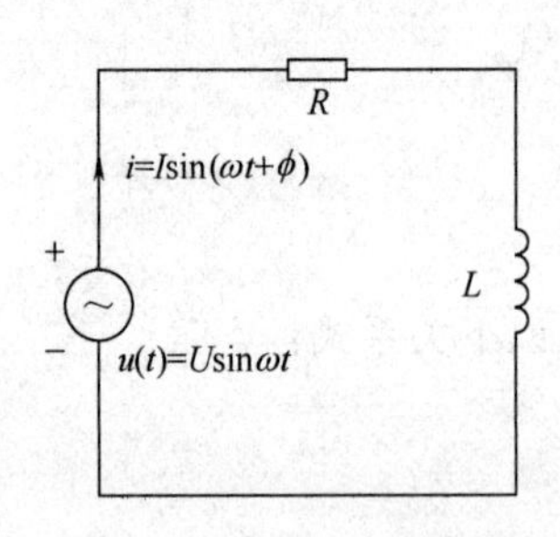

图 2.17.3 RL 串联电路

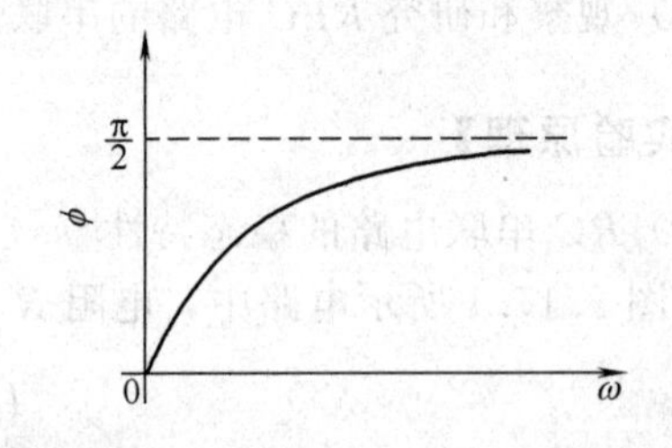

图 2.17.4 RL 串联电路的相频特性

由图 2.17.4 可知，ω 很小时，$\phi\to 0$，ω 很大时，$\phi\to\pi/2$ 。

在式(2.17.8) 中，令 $\omega L/R=1$，则有：

$$\omega_c=\frac{R}{L}$$

称为截止圆频率，它是相频特性曲线的一个重要参数。

(3) *RLC* 串联电路的稳态特性

在电路中如果同时存在电感和电容元件，那么在一定条件下会产生某种特殊状态，能量会在电容和电感元件间产生交换，我们称之为谐振现象。

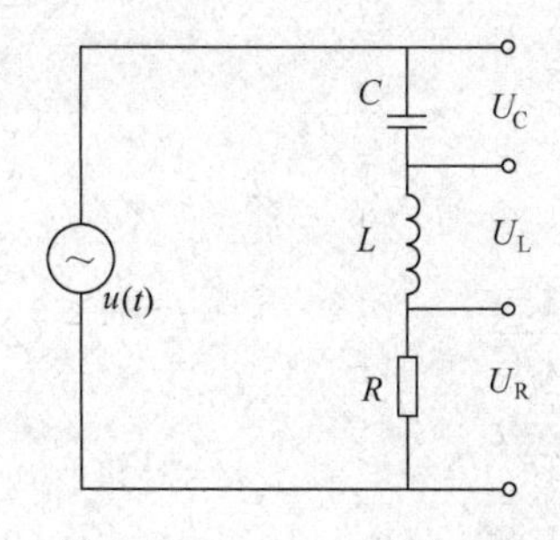

图 2.17.5　*RLC* 串联电路

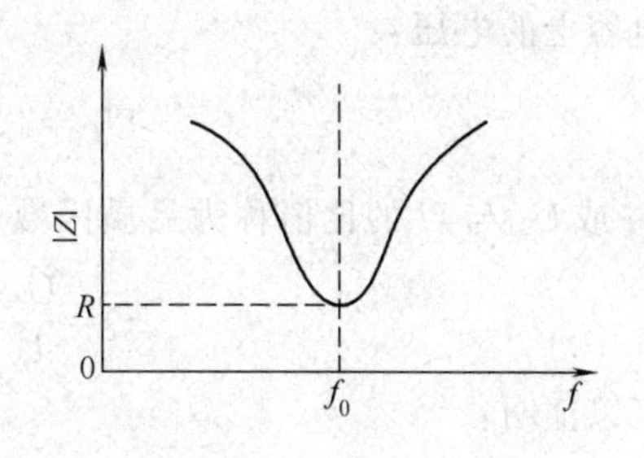

图 2.17.6　*RLC* 串联电路的阻抗特性

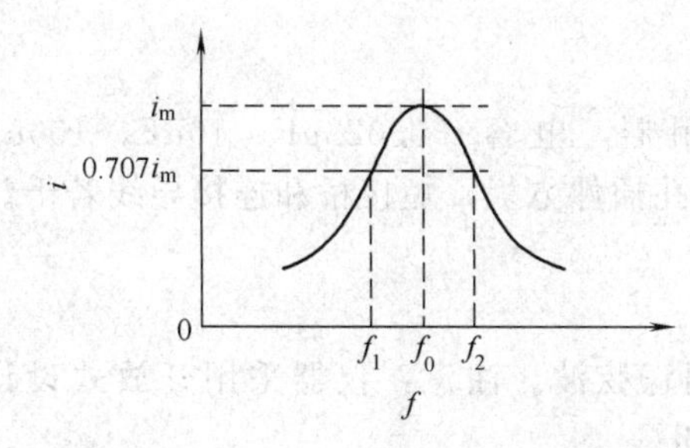

图 2.17.7　*RLC* 串联电路的幅频特性

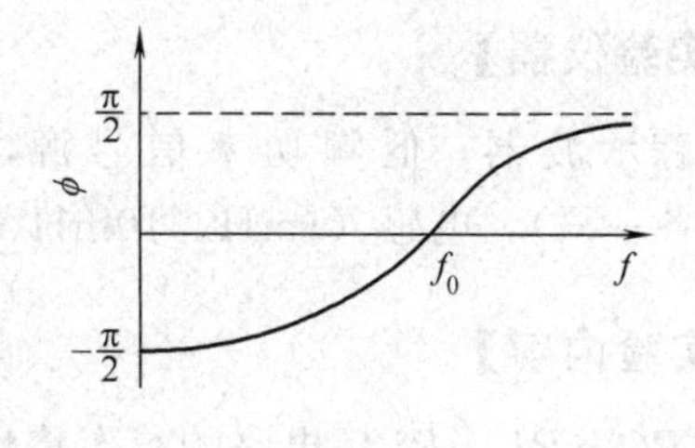

图 2.17.8　*RLC* 串联电路的相频特性

在如图 2.17.5 所示电路中，电路的总阻抗 $|Z|$、电压 U 和电流 i 之间有以下关系：

$$|Z|=\sqrt{R^2+\left(\omega L-\frac{1}{\omega C}\right)^2} \tag{2.17.9}$$

$$i=\frac{U}{\sqrt{R^2+\left(\omega L-\frac{1}{\omega C}\right)^2}} \tag{2.17.10}$$

$$\phi=\arctan\frac{\omega L-\frac{1}{\omega C}}{R} \tag{2.17.11}$$

式中，ω 为角频率，可见以上参数均与 ω 有关，它们与频率的关系如图 2.17.6～图 2.17.8 所示。

由图 2.17.6 可知，在频率 f_0 处阻抗 $|Z|$ 值最小，且整个电路呈纯电阻性，而电流 i 达到最大值，称 f_0 为 *RLC* 串联电路的谐振频率（ω_0 为谐振角频率）。从图 2.17.7 还可知，在 $f_1 \sim f_0 \sim f_2$ 的频率范围内 i 值较大，称为通频带。

下面推导 f_0（或 ω_0）和另一个重要的参数——品质因数 Q。

当 $\omega L=1/(\omega C)$ 时，从式(2.17.9)～式(2.17.11) 可知：

$$|Z|=R，\phi=0，i_m=U/R$$

则

$$\omega=\omega_0=\frac{1}{\sqrt{LC}} \tag{2.17.12}$$

$$f=f_0=\frac{1}{2\pi\sqrt{LC}} \tag{2.17.13}$$

电感上的电压：

$$U_L = i_m |Z_L| = \frac{\omega_0 L}{R} \tag{2.17.14}$$

电容上的电压：

$$U_C = i_m |Z_C| = \frac{1}{R\omega_0 C}U \tag{2.17.15}$$

U_C或U_L与U的比值称为品质因数Q。

$$Q = \frac{U_L}{U} = \frac{U_C}{U} = \frac{\omega_0 L}{R} = \frac{1}{R\omega_0 C} \tag{2.17.16}$$

可以证明：

$$\nabla f = \frac{f_0}{Q} \quad 与 \quad Q = \frac{f_0}{\nabla f} \tag{2.17.17}$$

【实验仪器】

双踪示波器，低频功率信号源，十进制电阻器，电容（0.022μF，10μF，100μF，470μF各一只），电感（1mH，10mH各一只），九孔插件方板，短接桥和连接导线若干。

【实验内容】

对RC、RL、RLC电路的稳态特性的观测采用正弦波。注意：仪器采用开放式设计，使用时要正确接线，不要短路功率信号源，以防损坏。

（1）RC串联电路的稳态特性

① RC串联电路的幅频特性　根据截止频率选择合适的R、C参数，算出截止频率，设计出实验点，选择正弦波信号，分别用示波器测量不同频率时的U_R和U，（注意两通道的接地点应位于线路的同一点，否则会引起部分电路短路）算出电压比$A_u = U_R/U$，做出电压比A_u与线频率f的关系曲线。

② RC串联电路的相频特性　在上述参数下，将信号源电压U和U_R分别接至示波器的两个通道（电阻两端的电压和电流的相位相同），从低到高调节信号源频率，可测得两个波形的相位差ϕ，$\phi = \frac{\Delta t}{T} \times 360° = f\Delta t \times 360°$或$\phi = 2\pi f \Delta t$。

（2）RL串联电路的稳态特性

测量RL串联电路的幅频特性和相频特性与RC串联电路时方法类似。

（3）RLC串联电路的稳态特性（选做）

自选合适的L值、C值和R值，用示波器的两个通道测信号源电压U和电阻电压U_R，必须注意两通道的公共线是相通的，接入电路中应在同一点上，否则会造成短路。

① 幅频特性　保持信号源电压U不变（可取$U_{pp} = 5V$），根据所选的L、C值，估算谐振频率，以选择合适的正弦波频率范围。从低到高调节频率，当U_R的电压为最大时的频率即为谐振频率，记录下不同频率时的U_R大小。

② 相频特性　用示波器的双通道观测端口电压U与端口电流i的相位差，端口电流i的相位与电阻两端电压U_R的相位相同，观测在不同频率下的相位变化，记录下某一频率时的相位差值。

选取合适的L与R值，注意R的取值不能过小，因为L存在内阻。如果波形有失真、自激现象，则应重新调整L值与R值进行实验。

【数据记录与处理】

(1) 根据测量结果作 RC 串联电路的幅频特性和相频特性图，填表 2.17.1。

实验条件：$R=$____ Ω，$C=$____ μF$=$____F

计算截至频率 $f=\dfrac{1}{2\pi RC}=$____kHz

表 2.17.1　*RC* 串联电路的幅频特性和相频特性

f/kHz							
A_u							
ϕ							

在坐标纸上绘制 RC 串联电路 A_u-f 曲线和 ϕ-f 曲线。

(2) 根据测量结果作 RL 串联电路的幅频特性和相频特性图，填表 2.17.2。

实验条件：$R=$____ Ω，$L=$____ mH$=$____ H

表 2.17.2　*RL* 串联电路的幅频特性和相频特性

f/kHz							
A_u							
ϕ							

在坐标纸上绘制 RL 串联电路 A_u-f 曲线和 ϕ-f 曲线。

(3) 根据测量结果作 RLC 串联电路的幅频特性和相频特性图，并计算电路的 Q 值，填表 2.17.3。

实验条件：$R=$____ Ω，$C=$____ μF$=$____F，$L=$____ mH$=$____ H

计算 RLC 串联电路的谐振频率 $f_0=\dfrac{1}{2\pi\sqrt{LC}}=$__________kHz

表 2.17.3　*RLC* 串联电路的幅频特性和相频特性

f/kHz							
U_R/mV							
ϕ							

在坐标纸上绘制 RLC 回路的幅频特性 U_R-f 曲线和 ϕ-f 曲线。

【注意事项】

(1) 每次改变信号源的频率 f 后，都必须先调节信号源的“幅度”调节旋钮，使信号源输出信号波形电压保持不变。

(2) 在谐振频率 f_0 两侧附近的 f 测量点要选密些，使测量图线光滑、完整，以便实验分析。

【思考题】

(1) 在 RC 电路中，测定两正弦波（U_R 与 U_C）的相位差与示波器 X 轴扫描速率有何关系？

(2) 在 RC 电路中如何测量 U_C 和 I 的相位差，试画出线路图，并加以说明。

(3) 在测量不同频率的 U_R、U_L、U_C 时为什么每次改变频率后必须重新调节信号源的输出电压保持不变？

【参考文献】

[1] 王廷兴等．大学物理实验．上册．北京：高等教育出版社，2003.
[2] 辛旭平，周琴．一级物理实验．北京：科学出版社，2005.

2.18 *RLC* 电路暂态特性的研究

将一个阶跃电压加到 *RLC* 元件组成的电路中时，电路的状态会由一个平衡态转变到另一个平衡态，各元件上的电压会出现有规律的变化，这称为电路的暂态特性。*RLC* 电路的暂态特性在实际中有重要的应用，例如：可起隔直作用、耦合作用、积分作用、微分作用、延迟作用等。

【实验目的】

(1) 观察 *RC* 和 *RL* 电路的暂态过程，理解时间常数 τ 的意义。
(2) 观察 *RLC* 串联电路的暂态过程及其阻尼振荡规律。

【实验原理】

(1) *RC* 串联电路的暂态特性

电压值从一个值跳变到另一个值称为阶跃电压。

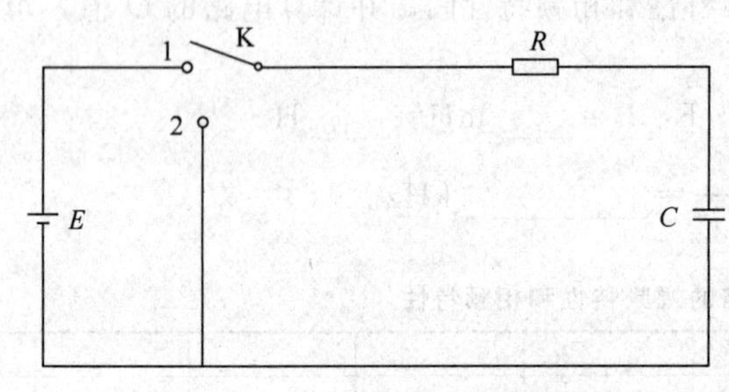

图 2.18.1 *RC* 串联电路的暂态特性

在图 2.18.1 所示电路中当开关 K 合向“1”时，设 C 中初始电荷为 0，则电源 E 通过电阻 R 对 C 充电，充电完成后，把 K 打向“2”，电容通过 R 放电。其充电方程为：

$$\frac{\partial U_C}{\partial t}+\frac{1}{RC}U_C=\frac{E}{RC} \qquad (2.18.1)$$

放电方程为：

$$\frac{\partial U_C}{\partial t}+\frac{1}{RC}U_C=0 \qquad (2.18.2)$$

可求得充电过程时：

$$U_C=E\left(1-e^{-\frac{t}{RC}}\right) \qquad (2.18.3)$$

$$U_R=Ee^{-\frac{t}{RC}} \qquad (2.18.4)$$

放电过程时：

$$U_C=Ee^{-\frac{t}{RC}} \qquad (2.18.5)$$

$$U_R=-Ee^{-\frac{t}{RC}} \qquad (2.18.6)$$

由上述公式可知 U_C、U_R和 i 均按指数规律变化。令 $\tau=RC$，τ 称为 *RC* 电路的时间常数。τ 值越大，则 U_C变化越慢，即电容的充电或放电越慢。图 2.18.2 给出了不同 τ 值的 U_C变化情况，其中 $\tau_1<\tau_2<\tau_3$。

(2) *RL* 串联电路的暂态过程

在图 2.18.3 所示的 *RL* 串联电路中，当 K 打向“1”时，电感中的电流不能突变，K 合向“2”时，电流也不能突变为 0，这两个过程中的电流均有相应的变化过程。类似 *RC* 串联电路，电路的电流、电压方程如下。

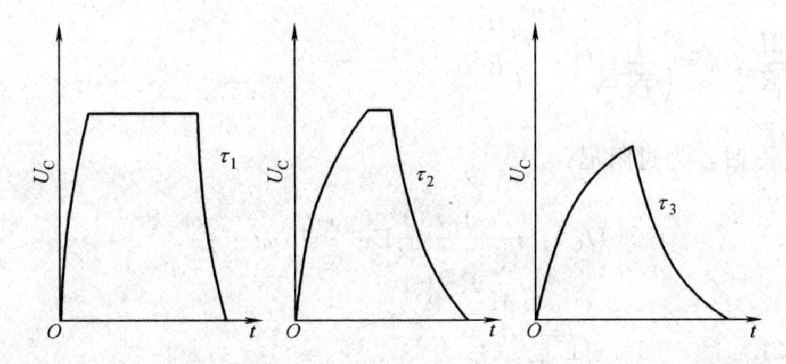

图 2.18.2　不同 τ 值的 U_C 变化示意图

电流增长过程：

$$U_L = E e^{-\frac{R}{L}t} \tag{2.18.7}$$

$$U_R = E(1 - e^{-\frac{R}{L}t}) \tag{2.18.8}$$

电流消失过程：

$$U_L = -E e^{-\frac{R}{L}t} \tag{2.18.9}$$

$$U_R = E e^{-\frac{R}{L}t} \tag{2.18.10}$$

其中电路的时间常数：

$$\tau = \frac{L}{R} \tag{2.18.11}$$

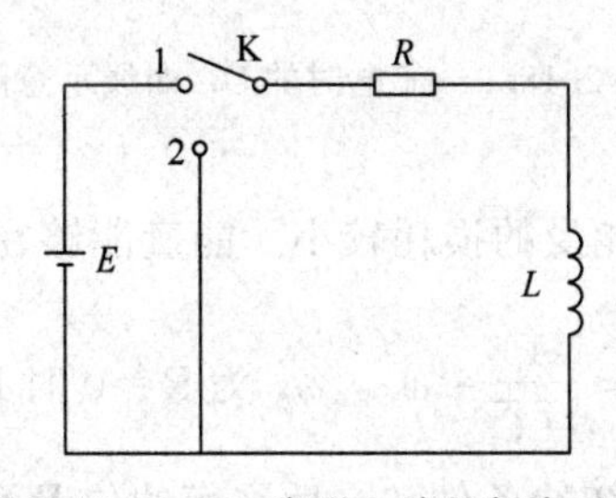

图 2.18.3　RL 串联电路的暂态过程

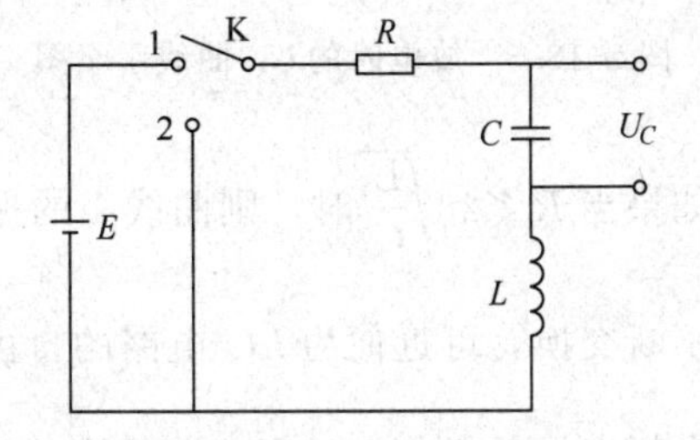

图 2.18.4　RLC 串联电路的暂态过程

（3）RLC 串联电路的暂态过程

在图 2.18.4 所示的电路中，先将 K 合向“1”，待稳定后再将 K 合向“2”，这称为 RLC 串联电路的放电过程，电路方程为：

$$LC\frac{\partial^2 U_C}{\partial t^2} + RC\frac{\partial U_C}{\partial t} + U_C = 0 \tag{2.18.12}$$

初始条件为 $t=0$，$U_C=E$，$\frac{\partial U_C}{\partial t}=0$，这种方程的解一般按 R 值的大小可分为三种情况。

① $R<2\sqrt{\frac{L}{C}}$时，为欠阻尼：

$$U_C = \frac{1}{\sqrt{1-\frac{C}{4L}R^2}} E e^{-\frac{t}{\tau}} \tag{2.18.13}$$

式中，$\tau=\dfrac{2L}{R}$，$\omega=\dfrac{1}{\sqrt{LC}}\sqrt{1-\dfrac{C}{4L}R^2}$。

② $R>2\sqrt{\dfrac{L}{C}}$ 时，为过阻尼：

$$U_C=\frac{1}{\sqrt{\frac{C}{4L}R^2-1}}E\mathrm{e}^{-\frac{t}{\tau}}\mathrm{sh}(\omega t+\phi) \tag{2.18.14}$$

式中，$\tau=\dfrac{2L}{R}$；$\omega=\dfrac{1}{\sqrt{LC}}\sqrt{\dfrac{C}{4L}R^2-1}$。

③ $R=2\sqrt{\dfrac{L}{C}}$ 时，为临界阻尼：

$$U_C=\left(1+\frac{t}{\tau}\right)E\mathrm{e}^{-\frac{t}{\tau}} \tag{2.18.15}$$

图 2.18.5 为这三种情况下的 U_C 变化曲线，其中曲线 1 为欠阻尼，曲线 2 为过阻尼，曲线 3 为临界阻尼。

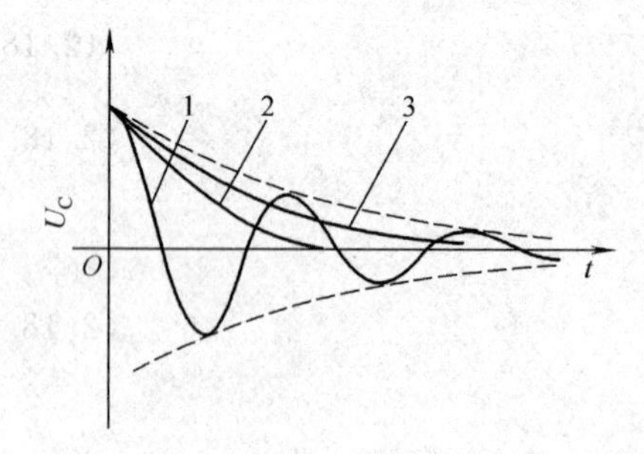

图 2.18.5 放电时的 U_C 曲线示意图

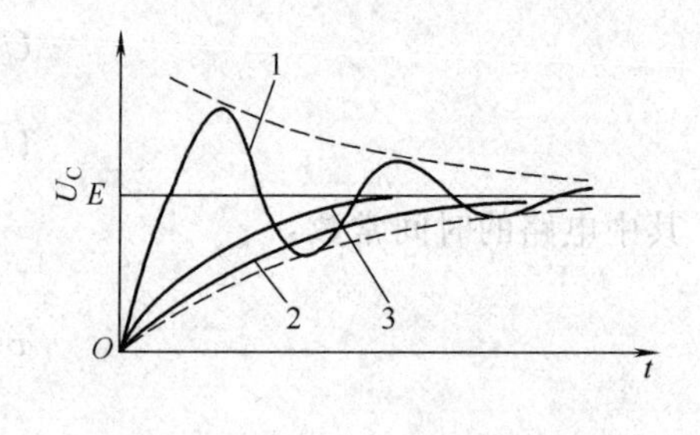

图 2.18.6 充电时的 U_C 曲线示意图

如果当 $R\ll 2\sqrt{\dfrac{L}{C}}$ 时，则曲线 1 的振幅衰减很慢，能量的损耗较小。能量能够在 L 与 C 之间不断交换，可近似为 LC 电路的自由振荡，这时 $\omega\approx\dfrac{1}{\sqrt{LC}}=\omega_0$，$\omega_0$ 为 $R=0$ 时 LC 回路的固有频率。对于充电过程，与放电过程相类似，只是初始条件和最后平衡的位置不同。图 2.18.6 给出了充电时不同阻尼的 U_C 变化曲线图。

【实验仪器】

双踪示波器，低频功率信号源，十进制电阻器，电容（0.1μF，10μF，100μF，470μF 各一只），电感（1mH，10mH 各一只），九孔插件方板，短接桥和连接导线若干。

【实验内容】

（1）RC 串联电路的暂态过程的观测

如果选择信号源为直流电压，观察单次充电过程要用存储式示波器。我们选择方波作为信号源进行实验，以便用普通示波器进行观测。由于采用了功率信号输出，故应防止短路。

① 选择合适的 R 和 C 值，根据时间常数 τ，选择合适的方波频率，一般要求方波的周期 $T>10\tau$，这样能较完整地反映暂态过程，并且选用合适的示波器扫描速度，以完整地显

示暂态过程。

② 改变 R 值或 C 值，观测 U_R 或 U_C 的变化规律，记录下不同 RC 值时的波形情况，并分别测量时间常数 τ，与理论值 $\tau=RC$ 进行比较。

(2) RL 电路的暂态过程

选取合适的 L 与 R 值，注意 R 的取值不能过小，因为 L 存在内阻。如果波形有失真、自激现象，则应重新调整 L 值与 R 值进行实验，方法与 RC 串联电路的暂态特性实验类似。

(3) RLC 串联电路的暂态特性（选做）

① 先选择合适的 L、C 值，根据选定参数，调节 R 值大小。观察三种阻尼振荡的波形。如果欠阻尼时振荡的周期数较少，则应重新调整 L、C 值。

② 电阻取 47Ω，电容取 0.1μF，L 取 0.01H，用示波器观察、测量并描绘放电时欠阻尼过程电容上 U_C 的波形。

③ 从示波器上测量阻尼振荡时任意两个同一侧的振幅值 U_{C1}、U_{C2} 及其对应的时间 t_1、t_2，计算时间常数并与理论值比较。$\tau_{实验}=\dfrac{t_2-t_1}{\ln\dfrac{U_{C1}}{U_{C2}}}$，$\tau_{理论}=\dfrac{2L}{R}$。

【数据记录与处理】

(1) RC 串联电路暂态过程研究。将实验数据记录于表 2.18.1 中。

表 2.18.1 RC 串联电路暂态研究

T	0	1/5	2/5	3/5	4/5	1
t/ms						
U_C/V						
U_R/V						

用坐标纸绘制 RC 串联电路充放电时 U_C 和 U_R 波形，并绘制 $\ln(E-U_C)$-t 曲线。

(2) RLC 串联电路暂态过程的研究。将实验数据记录于表 2.18.2 中。

表 2.18.2 RLC 串联电路暂态研究

T	0	1/5	2/5	3/5	4/5	1
t/ms						
U_C/V						

用坐标纸绘制 RLC 电路充放电时 U_C 波形，并计算 $\tau_{实验}$ 和 $\tau_{理论}$。

【注意事项】

(1) 示波器要选择合适的扫描速率挡位和衰减挡位，以显示恰当的波形。用方波时，DC 挡要按下。

(2) 各电路原件在测量时，接地点应与仪器的接地点一致。

【思考题】

(1) τ 值的物理意义是什么？如何测量 RC 串联电路的 τ 值？

(2) 在 RC 暂态过程中，固定方波的频率，而改变电阻的阻值，为什么会有不同的波形？而改变方波的频率，会得到类似的波形吗？

(3) 在 RLC 电路中，U_C 的临界阻尼暂态过程的波形与欠阻尼、过阻尼有何差异？采用什么方法可使U_C逼近临界阻尼暂态过程?

【参考文献】

[1] 龙作友，戴亚文，杨应平，胡又平．大学物理实验．武汉：武汉理工大学出版社，2001.
[2] 张兆奎，缪连元，张立．大学物理实验．北京：高等教育出版社，2001.
[3] 朱世坤，聂宜珍．二级物理实验．北京：科学出版社，2005.

2.19 光学实验基本知识

光学实验是物理实验的基本组成部分。由于能够扩展人类的可视范围，精确测定诸多物理量值，光学实验技术正日益成为天文、信息、通信、影像、化学、生物、医学等传统和新兴科技领域的重要实验手段。我们通过对基本光现象的研究可以学习和掌握基本的光学实验原理、方法和实验技能，为实际应用打下基础。光学实验中涉及的仪器一般比较精密，其调节也相对复杂，这要求我们必须扎实掌握相关光学理论，实验前充分预习，实验中细致观察、勤于思考、精心操作，实验后认真总结，只有这样才能提高科学实验素养、培养实验技能、养成理论联系实际的科学作风。

(1) 光学仪器使用注意事项

光学元件都是用光学玻璃经多项技术加工而成，其光学表面加工尤其精细，有的还镀有膜层，因此使用时要特别小心。如使用维护不当很容易造成光学元件破损和光学表面的污损。使用和维护光学仪器时应注意以下方面。

① 实验预习时应详细了解仪器的结构、工作原理，实验时调节光学仪器要耐心细致，切忌盲目动手。使用和搬动光学仪器时，应轻拿轻放，避免受震磕碰。光学元件使用完毕，必须放回光学元件盒内。

② 不能用手触及光学表面，以免印上汗渍和指纹。对于光学表面上附着的灰尘可用脱脂棉球或专用软毛刷等清除。如发现汗渍、指纹污损可用实验室准备的擦镜纸擦拭干净，有镀膜的光学表面上的污迹常用脱脂棉球蘸少量乙醇和乙醚混合液转动擦拭多遍才行。对于镀膜光学表面的污迹和光学表面起雾等现象及时送实验室专门处理，学生不要自行处理。

③ 光学仪器的机械部分应及时添加润滑剂，以保持各转动部件转动自如、防止生锈。仪器长期不使用时，应将仪器放入带有干燥剂的木箱内。

④ 使用激光光源时切不可直视激光束，以免灼伤眼睛。

⑤ 所有干涉类的实验，防震是最重要的要求，其次，根据光的时间相干性，进行干涉的两束激光（或钠光）只能从一个光源分出（分振幅或分波面），且两束光的光程差不能太大。否则两个同样的激光器会因此而不能进行干涉。

(2) 常用光源简介

① 白炽灯　常用白炽灯包括碘钨灯和溴钨灯，是在灯泡内加入碘或溴元素制成。碘或溴原子在灯泡内与经蒸发而沉积在灯泡壳上的钨化合，生成易挥发的碘化钨或溴化钨。这种卤化物扩散到灯丝附近时，因温度高而分解，分解出来的钨重新沉积在钨丝上，形成卤钨循环。因此碘钨灯或溴钨灯寿命比普通灯长得多，发光效率高，光色也较好。

② 汞灯　汞灯可按其气压的高低，分为低压汞灯、高压汞灯和超高压汞灯。低压汞灯最为常用，其电源电压与管端工作电压分别为220V和20V，正常点燃时发出青紫色光，其中主要包括七种可见的单色光，它们的波长分别是612.35nm（红）、579.07nm和576.96nm

（黄）、546.07nm（绿）、491.60nm（蓝绿）、435.84nm（蓝紫）、404.66nm（紫）。汞灯点燃后一般要预热3～4min才能正常工作，熄灭后需冷却3～4min后，才能重新开启。

③ 钠灯　钠灯是准单色光源（有两条非常相近的波长），可以用于干涉实验，只是光强较弱不方便观测。在220V额定电压下，当钠灯灯管壁温度升至260℃时，发出波长为589.0nm和589.6nm的两种单色黄光最强，可达85%，而其他几种波长818.0nm和819.1nm等光仅有15%。所以，在一般应用时取589.0nm和589.6nm的平均值589.3nm作为钠光灯的波长值。钠灯与汞灯一样要求预热3～4min才能正常工作，熄灭后也需冷却3～4min后，才能重新开启。

④ 激光　激光是20世纪60年代诞生的新光源。激光器的发出原理是受激发射而发光。它具有发光强度大、方向性好、单色性强和相干性好等优点。激光器的种类很多，如氦氖激光器、氦镉激光器、氩离子激光器、二氧化碳激光器、红宝石激光器等。实验室中常用的激光器是氦氖激光器。它由激光工作的氦氖混合气体、激励装置和光学谐振腔三部分组成。氦氖激光器发出的光波波长为632.8nm，输出功率在几毫瓦到十几毫瓦之间，多数氦氖激光管的管长为200～300mm，两端所加高压是由倍压整流或开关电源产生，电压高达1500～8000V，操作时应严防触及，以免造成触电事故。由于激光束输出的能量集中，强度较高，使用时应注意切勿迎着激光束直接用眼睛观看。

光学实验中，常将激光扩束后使用。

（3）常用光学实验仪器用途

① 分光计是一种测量角度的精密仪器。其基本原理是：让光线通过狭缝和聚焦透镜形成一束平行光线，经过光学元件的反射或折射后进入望远镜物镜并成像在望远镜的焦平面上，通过目镜进行观察和测量各种光线的偏转角度，从而得到光学参量，例如折射率、波长、色散率、衍射角等。分光计可以用于三棱镜的顶角角度测量，光的色散及色散曲线测量，光栅衍射及光谱观测，透明体的折射率测量。实验用光源有汞灯、钠灯或激光器。

② 迈克尔逊干涉仪是光学干涉仪中最常见的一种，其发明者是美国物理学家阿尔伯特·亚伯拉罕·迈克尔逊。迈克耳逊干涉仪的原理是一束入射光分为两束后各自被对应的平面镜反射回来，从而这两束光能够发生干涉。干涉中两束光的不同光程可以通过调节干涉臂长度以及改变介质的折射率来实现，从而能够形成不同的干涉图样。迈克尔逊干涉仪可以用于未知激光波长的测量，微小位移的测量，当用平行光入射时，还可以进行气体折射率或温度场的实验观测。

③ 读数显微镜是将测微螺旋和显微镜组合起来的作精确测量长度的仪器。测量时视场中的分划线可随镜筒同步移动，利用测微螺旋装置即可测定镜筒即分划线的位移。以钠灯为光源读数显微镜可以进行微小尺寸、球面半径的测量，还可以进行固体热胀系数、液体折射率等的测量。

④ 光具座是一根钢制直导轨，要求有较高的平直度。做光学实验或进行光学测量时，将光学元件置于可沿导轨移动的滑块上，用来进行精密的光学共轴调节和测量。在光具座上可进行的光学实验有：薄透镜的焦距测定，典型光学系统（显微镜、望远镜）的设计，偏振现象的观测，双棱镜的干涉、激光或钠光灯的波长测量等。

⑤ 光学平台是一种隔除振动的工作平面，它利用自身的固有频率能有效避开环境振动所产生的共振现象，控制振幅放大，减少振动传递率，消除环境振动对使用精度的影响。台面上一般会布满成正方形排列的工程螺纹孔，用这些孔和相应的螺丝可以固定光学元件，搭建所需光路。在光学平台上可以进行各种各样的光学实验，除上述的各种光学实验外，还可以进行许多设计性和研究性的实验、全息干涉测量和全息照相实验。

2.20 用牛顿环测透镜的曲率半径

牛顿不仅对力学有伟大的贡献，对光学也有十分深入的研究。17 世纪初，在考察肥皂泡及其他薄膜干涉现象时，他把一个玻璃三棱镜压在一个曲率已知的透镜上，偶然发现干涉圆环，并对此进行了实验观测和研究。牛顿发现，用一个曲率半径很大的凸透镜和一个平面玻璃相接触，用白光照射时，出现明暗相间的同心彩色圆圈，用单色光照射，则出现明暗相间的单色圆圈。这是由于光的干涉造成的，这种光学现象被称为“牛顿环”。牛顿环用光的波动学说可以很容易解释，也是光的干涉现象的极好演示。

光的干涉技术应用极广，例如：测量光波波长、测量微小角度或薄膜厚度、观测微小长度变化、检测光学表面加工质量等。牛顿环在检验光学元件表面质量和测量球面的曲率半径及测量光波波长方面得到广泛应用，利用牛顿环还可以测量液体折射率。本实验要求学生从实验中观察光的干涉现象、了解光的干涉原理，并用牛顿环测量光学元件的曲率半径，学习测量微小长度，学习读数显微镜的使用等。

【实验目的】

(1) 观察光的等厚干涉现象，了解等厚干涉特点。

(2) 掌握用牛顿环测量凸透镜曲率半径的方法。

(3) 学习使用读数显微镜。

【实验原理】

牛顿环是把一个曲率半径较大的平凸透镜的凸面放在一块光学平玻璃板上构成的，如图 2.20.1 所示。平凸透镜与平板玻璃间形成以接触点为对称中心、厚度逐渐增加的空气薄膜，平行单色光垂直照射到透镜上，通过透镜，近似垂直地入射到空气层中，经过上、下表面反射的两束光存在着光程差，在反射方向就会观察到干涉花样，干涉花样是以接触点为中心的一系列明暗相间的同心圆，称为牛顿环，如图 2.20.2 所示。

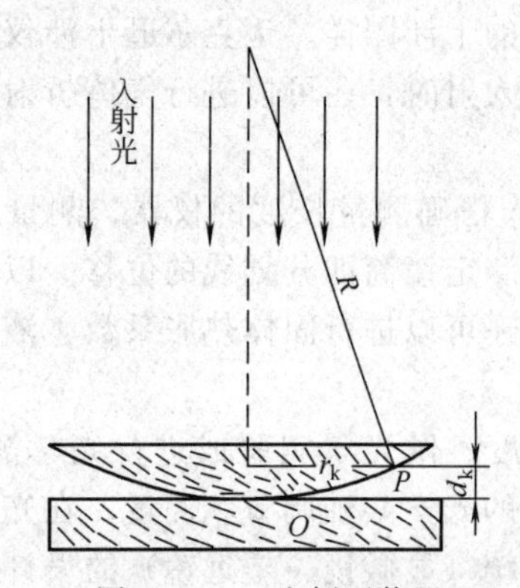

图 2.20.1 牛顿环装置

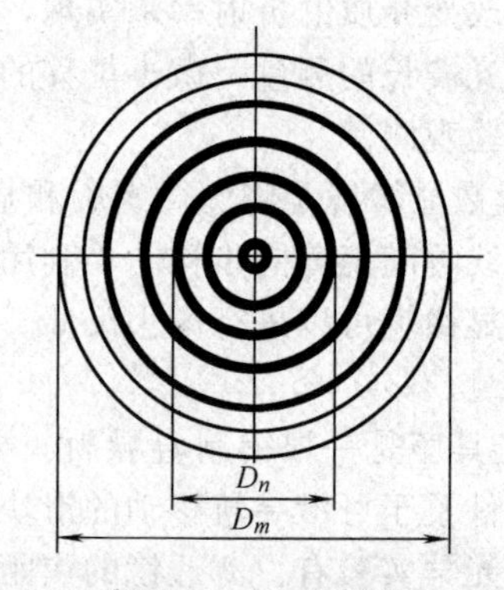

图 2.20.2 牛顿环

牛顿环是典型的分振幅干涉法产生的等厚干涉，它的特点是：明暗相间的同心圆环；级次中心低、边缘高；间隔中心疏、边缘密；同级干涉，波长越短，条纹越靠近中心。

设透镜半径为 R，与接触点 O 的距离为 r 处的薄膜厚度为 d，从图 2.20.1 可得出其几何关系：

$$R^2=(R-d)^2+r^2=R-2Rd+d^2+r^2 \tag{2.20.1}$$

因为 $R \gg r$，式(2.20.1) 中可略去二阶小量 d^2，有：

$$d=\frac{r^2}{2R} \tag{2.20.2}$$

考虑到光从平板玻璃上反射会有半波损失，则光程差为：

$$\delta=2d+\frac{\lambda}{2} \tag{2.20.3}$$

产生第 m 级暗纹的条件为：

$$\delta=(2m+1)\frac{\lambda}{2} \tag{2.20.4}$$

由式(2.20.2)～式(2.20.4)，可得出第 m 级暗纹的半径为：

$$r_m=\sqrt{mR\lambda} \tag{2.20.5}$$

同理，也可以得出第 m 级明纹的半径为：

$$r_m=\sqrt{(2m-1)R\lambda} \tag{2.20.6}$$

由式(2.20.5) 或式(2.20.6)，如果已知光波波长，只要测出暗纹半径或明纹半径，数出对应的级数，可求出曲率半径。

在实验中，暗纹的位置更容易确定，所以一般都选暗纹来进行测量。

实际上，由于玻璃的弹性形变以及接触处的尘埃等因素的影响，凸透镜和平板玻璃间不可能是一个理想的点接触，因此，很难确定干涉环的中心。则 r_m 和 m 不能准确确定，所以，不能直接用式(2.20.5) 来测量。为避免上述困难，我们可采用测量距中心稍远的两个暗纹直径 D_m 和 D_n 来计算曲率半径 R，由式(2.20.5) 有：

$$D_m^2=4Rm\lambda，D_n^2=4Rn\lambda$$

两式相减可得：

$$R=\frac{D_m^2-D_n^2}{4(m-n)\lambda} \tag{2.20.7}$$

从式(2.20.7) 可看出，只要准确地数出级数之差 $m-n$，不必具体地确定级数；又实验中可不必确定圆心，就可以确定暗纹的直径，如此即可求出曲率半径 R。如果考虑玻璃的弹性形变，则接触处不是一个几何点，它使得环心处的干涉结果是一个较大的暗区，其中包括若干级圆环，设它包括的级数为 m_0，则观察到的第 m 级暗环、实际级数应为 $m+m_0$。根据式(2.20.5) 有：

$$D_m^2=4(m+m_0)R\lambda=4mR\lambda+4m_0R\lambda \tag{2.20.8}$$

如果考虑尘埃等因素使得凸透镜的凸面与平面镜间存在间隙，设为 ω，则光程差为：

$$\delta=2(d+\omega)+\frac{\lambda}{2}$$

由暗纹条件：

$$\delta=2(d+\omega)+\frac{\lambda}{2}=m\lambda+\frac{\lambda}{2} \quad (m=1,2,\cdots) \tag{2.20.9}$$

由式(2.20.9) 和式(2.20.2) 不难导出：

$$D_m^2=m4R\lambda-8R\omega \tag{2.20.10}$$

由式(2.20.10) 可以看出，接触处可以为亮斑，也可以为暗斑。

令 $y=D_m^2$，$x=m$，$k=4R\lambda$，b 为截距，则式(2.20.8)、式(2.20.10) 可写为：

$$y=kx+b \tag{2.20.11}$$

式(2.20.11) 为一元线性方程，可通过作图法、线性回归法，求出斜率 k 和截距 b。由斜率 k 可求出透镜的曲率半径，由截距 b 的符号可判断透镜凸面和平板玻璃间是存在间隙

($b<0$)，还是因受力而发生的形变 ($b>0$)。

在实验中，牛顿环的中心较难确定。由图 2.20.3，利用平面几何勾股定理可以证明：

$$(A'A)^2-(B'B)^2=(C'C)^2-(D'D)^2 \tag{2.20.12}$$

即测量线不一定要经过干涉环的中心。

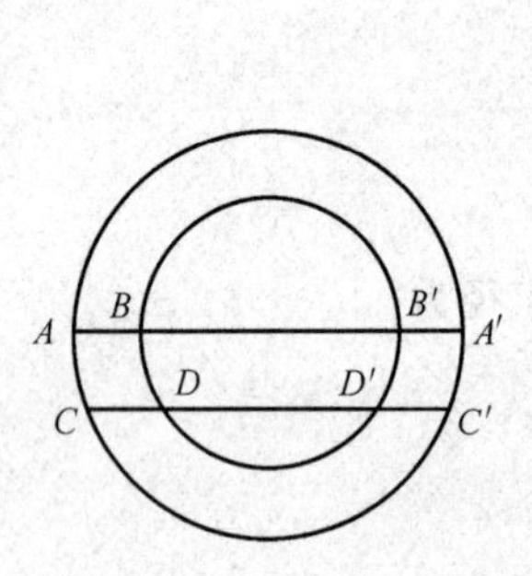

图 2.20.3　弦与直径等效

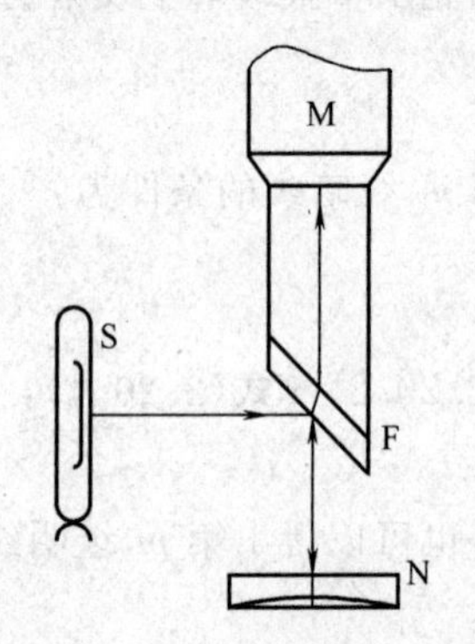

图 2.20.4　牛顿环实验装置

【实验仪器】

(1) 钠灯是一种实验室常用的光源，其灯泡内充有钠蒸气，通过气体放电来发光。钠灯在可见光区有两条黄色的谱线，波长分别为 589.0nm 和 589.6nm。通常在对光源的单色性要求不太高时，可将钠灯作为单色光源来使用，波长值取为 589.37nm。

(2) 读数显微镜。

(3) 牛顿环实验装置如图 2.20.4 所示。用钠灯 S 作为单色光源，它发出的光照射到读数显微镜镜筒 M 上的 45°半反镜 F 上，使一部分反射光接近垂直地入射到牛顿环仪 N 上，用读数显微镜测量牛顿环的直径。

(4) 平凸透镜和平板玻璃组成的牛顿环仪。

【实验内容】

(1) 必做内容　测量透镜的曲率半径

① 读数显微镜的调节　开启钠光灯电源预热约 10min，使读数显微镜的镜筒处于刻度尺中间位置，并且垂直对准 N 的中央。调节光源 S 的位置使其对准半反镜 F，这样就有足够的光反射到读数显微镜中。调节读数显微镜，使能看到清晰的牛顿环（调节镜筒与 N 的距离时，为防止损伤牛顿环仪，镜筒必须先由下往上调节；由上往下调节时要十分缓慢）。转动读数显微镜的读数鼓轮，将镜筒左右来回移动，观察一下牛顿环的全貌，调节 S、M 和 N 三者之间的相对位置，以达到牛顿环边缘部分与中间部分都尽可能清晰。移动十字准丝，使准丝交点大致通过牛顿环中心，一根准丝与镜筒移动方向垂直。在整个调节过程中应仔细观察各种现象，并进行分析。

② 测量　实际操作中，为了减小由于牛顿环仪的表面缺陷以及读数显微镜刻度值不均匀等所引进的不确定度，应多次测量求平均。为了读数和计算方便可采用“逐差法”。为了消除空程误差，在测量时应沿一个方向转动测微鼓轮。例如，先使镜筒向右移动，顺序数到 35 环，再反方向转到 30 环，使叉丝与环的外侧相切，记录读数，然后依次对 28,26,24,…,10,8 环读数；再继续转动测微鼓轮，使叉丝依次与圆心右侧 8,10,12,…,28,30 环的内侧相切，并记下各环的读数。将数据填入表 2.20.1。

③ 计算　取 ΔD^2 的平均值代入式(2.20.7)，求出 R 及其不确定度。不确定度的有关公

式请参考绪论有关内容。

(2) 选做内容

① 把钠灯改成汞灯，记录你在读数显微镜中看到的现象（与钠灯有何异同?）。在汞灯前加一块绿色玻璃，利用已测得的 R，测算出汞绿光的波长。

② 用两平面干涉的方法测量头发的直径　取下一根头发。放在两块平面玻璃片之间，使形成一个劈形空气隙，用读数显微镜读出等厚条纹的间距，量出玻璃片的长度，从而算出头发的直径（请自行推导计算公式）。直接用读数显微镜读出头发的直径，对结果进行分析比较。

【数据记录与处理】

(1) 在表 2.20.1 中记录实验数据，并使用式(2.20.7) 用逐差法处理。

表 2.20.1　测量牛顿环的直径

环的序数	m	20	22	24	26	28	30
环的位置	左						
	右						
环的直径	D_{mi}						
环的序数	n	8	10	12	14	16	18
环的位置	左						
	右						
环的直径	D_{ni}						
曲率半径	R_i/m						

(2) 求出 R 及其不确定度，并进行分析讨论。

$$\bar{R}=\frac{\sum_{i=1}^{n}R_i}{n}=\underline{\qquad\qquad\qquad}$$

$$u_{R_A}=\frac{t_{0.95}}{\sqrt{n}}\sqrt{\frac{\sum(R_i-\bar{R})^2}{n-1}}=\underline{\qquad\qquad\qquad}$$

$$u_{R_B}=\bar{R}\times 0.8\%=\underline{\qquad\qquad\qquad}$$

$$u_R=\sqrt{u_{R_A}^2+u_{R_B}^2}=\underline{\qquad\qquad\qquad}$$

$$R=\bar{R}\pm u_R=\underline{\qquad\qquad\qquad}$$

【思考题】

(1) 牛顿环的干涉条纹是由哪两束光线干涉而产生的？这两束光为什么是相干光？为什么这种干涉称为等厚干涉？

(2) 当用白光照射时，牛顿环的反射条纹与单色光照射时有何不同？

(3) 为什么测牛顿环的直径而不是测其半径？若所看到的牛顿环局部不圆，说明什么？

(4) 为什么可以用测量牛顿环的弦长代替直径的测量？试证明式(2.20.12)。

(5) 用什么方法来判定待测面是凸面还是凹面？

(6) 如果不用平面玻璃，而用两块透镜，能否形成牛顿环？

(7) 使用读数显微镜进行测量时，如何消除视差及空程误差？

【参考文献】

[1] 梁廷权．物理光学．北京：机械工业出版社，1982.
[2] 杨之昌，王潜智，邱淑贞．物理光学实验．上册．上海：上海科学技术出版社，1986.
[3] 詹金斯 FA，怀特 HE. 光学基础．上册．杨光熊，郭永康译．北京：高等教育出版社，1990.

2.21 分光计的调节和应用

分光计是把多色光分解为单色光的仪器，它通常利用棱镜或光栅把一束多色入射光分解为不同角度的出射光，通过对出射光角度的测量来得到它的波长等信息。由于分光计对角度的测量精度较高，它有时也作为一种用光学方法测量角度的精密仪器。由于有些物理量如折射率、光栅常数、色散率等往往可以通过直接测量有关的角度（如最小偏向角、衍射角、布儒斯特角等）来确定，所以在光学技术中，分光计的应用十分广泛。分光计的基本部件和调节原理与其他更复杂的光学仪器（如单色仪、摄谱仪等）有许多相似之处，因此学习和使用分光计能为今后使用更为精密的光学仪器打下良好基础。本实验要求学会对它的调节和使用，并通过测量光栅衍射角等应用，了解分光计的基本原理、结构及调整思想。

具有空间周期性结构的衍射屏统称为衍射光栅。最简单的衍射光栅是由等间距的透明与不透明的条纹组成的一维光栅。此外，有各种平面点阵式网格构成的二维光栅、立体点阵（如晶格）构成的三维光栅等。光栅的衍射有十分广泛的应用：利用衍射光方向与波长有关，可构成光栅光谱仪，它比棱镜光谱仪的分辨率更大，并且是线性的，易于计算机处理；利用X光在晶体上的衍射方向与晶格常数有关，可构成各类X光衍射仪，它是近代研究物质结构的重要手段，生物分子的DNA螺旋结构就是首先用X光衍射的方法揭示出来的，拍摄它的物理学家和生物学家共同获得了1962年的诺贝尔生理和医学奖。

本实验研究最简单的一维光栅，要求通过实验深入了解光栅衍射的原理与一般规律，学会测量光栅的基本特性及用光栅测量未知波长。

【实验目的】

(1) 了解分光仪的结构，熟悉分光仪的使用。
(2) 观察光栅衍射现象。
(3) 学会测定光栅常数。

【实验原理】

透射光栅是在一块透明的玻璃上刻有大量、均匀、相互平行的刻痕，如图2.21.1所示。a 为刻痕，是不透光部分，b 为透明狭缝的宽度，$d=a+b$ 为相邻两狭缝上相应两点的距离，称为光栅常数。

当一束平行单色光垂直照射到光栅平面时，根据夫琅和费衍射理论，从各狭缝发出的光将发生干涉。干涉条纹是定域在无穷远处，为此在光栅后要加一个会聚透镜，在用分光计观察光栅衍射条纹时，望远镜的物镜起着会聚透镜的作用。而相邻两缝对应的光程差为：

$$\delta=d\sin\varphi \tag{2.21.1}$$

出现明纹时需满足条件：

$$d\sin\varphi=k\lambda \qquad (k=0,\pm1,\pm2,\cdots) \tag{2.21.2}$$

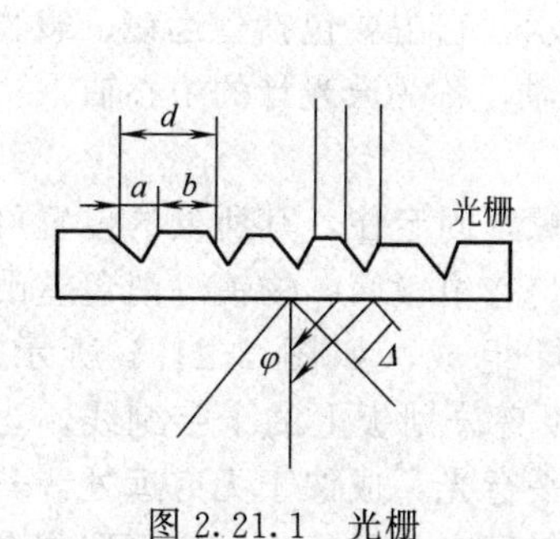

图 2.21.1　光栅

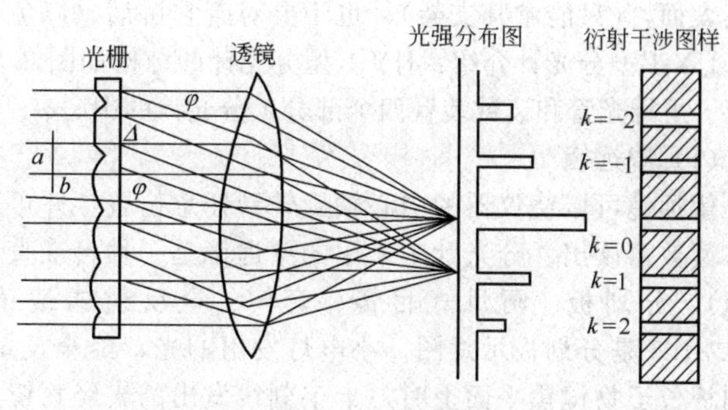

图 2.21.2　光栅衍射示意图

式(2.21.2) 称为光栅方程，其中 λ 为单色光波长；k 为明纹级数。

在 $\varphi=0$ 的方向上可观察到中央极强，称为零级谱线，其他谱线则对称地分布在零级谱两侧，如图 2.21.2 所示。如果光源中包括几种不同波长，则同一级谱线中对不同的波长有不同的衍射角，从而在不同的位置上形成谱线。由式(2.21.2) 光栅方程，若波长已知，并能测出已知波长谱线对应的衍射角，则可以求出光栅常数 d。

衍射光栅的基本特性可用分辨本领和色散率来表征。角色散率 D（简称色散率）是两条谱线偏向角之差 $\Delta\varphi$ 与两者波长之差 $\Delta\lambda$ 之比：

$$D=\frac{\Delta\varphi}{\Delta\lambda} \tag{2.21.3}$$

对光栅方程微分可有：

$$D=\frac{\Delta\varphi}{\Delta\lambda}=\frac{k}{d\cos\varphi} \tag{2.21.4}$$

由式(2.21.4) 可知，光栅光谱具有如下特点：光栅常数 d 越小，色散率越大；高级数的光谱比低级数的光谱有较大的色散率。实际上，是否能观察到两个波长差较小的光谱线被分开不仅取决于其角色散率，更重要的是其分辨率。因为即使两谱线被分开得较大，但每条谱线都很宽，仍然不能分辨出是两条谱线。

光栅分辨率的定义是两条刚好能被光栅分开的谱线的波长差去除它们的平均波长，即

$$R=\frac{\bar{\lambda}}{\Delta\lambda} \tag{2.21.5}$$

由瑞利判据和光栅光强分布函数可以导出：

$$R=kN \tag{2.21.6}$$

式中，N 是被入射平行光照射的光栅光缝的总条数。由此可知，为了用光栅分开两条很靠近的谱线（例如观察光谱线的精细结构），则不仅要光栅缝很密（d 很小），而且要缝很多，并且入射光孔径很大，把这许多缝都照亮才行。

【实验仪器】

主要实验装置包括分光计、低压汞灯、光栅等。

实验用的低压汞灯在可见光区主要有四条谱线，波长分别为：$\lambda_1=435.8\text{nm}$（紫色），$\lambda_2=546.1\text{nm}$（绿色），$\lambda_3=577.0\text{nm}$（黄色），$\lambda_4=579.1\text{nm}$（黄色）。另外，低压汞灯中有紫外线，虽远不如高压汞灯那么强，也不宜对它长期注视。

调节用的平面镜不要用手触摸其表面。

实验用的光栅是一种娇嫩的光学元件，易污、易损，要十分小心不要用手或其他物品接

触其表面，(只能拿其支架)，也不要对着它讲话（以免唾沫污染)。

JJY-1′型分光计介绍：JJY-1′型分光计的结构如图 2.21.3 所示，它主要包括望远镜、载物平台、平行光管和读数装置四个部分。分光计的中心有一个竖直轴，称为分光计的中心轴。

(1) 望远镜

望远镜可以绕仪器的中心轴旋转到任意位置，并可用锁紧螺丝固定住，其所处的位置可以从读数窗读出。分光计中采用的望远镜是一种自准直望远镜，它由镜筒、物镜（消色差凸透镜)、分划板、阿贝式目镜、套筒、全反射式棱镜及小灯组成，如图 2.21.4 所示。图 2.21.5 是分划板示意图。小电灯发出的光，经全反射棱镜照亮分划板上的十字刻线，当分划板位于物镜焦平面上时，十字刻线发出的光经物镜后形成平行光，成像于无穷远处。若在物镜前面放置一个垂直于望远镜主光轴的平面反射镜，则反射回来的平行光经物镜聚焦在分划板上方十字叉丝处形成亮十字像。

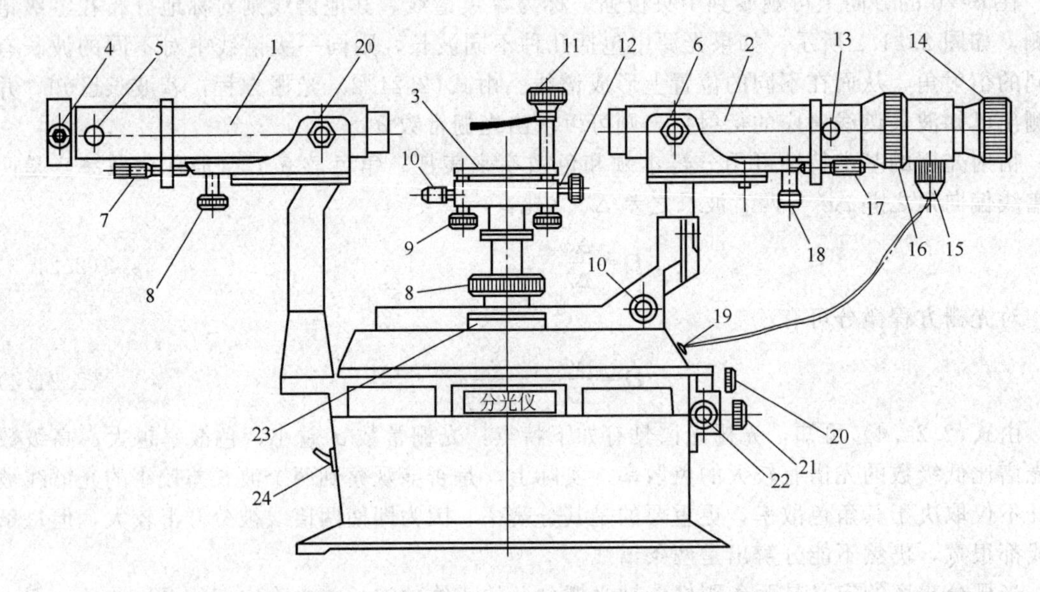

图 2.21.3　分光计整体图

1—平行光管；2—望远镜；3—平台；4—狭缝调节螺丝；5—狭缝体固定螺丝；6—平行光管调节螺丝；7—平行光管锁紧螺丝；8—平台升降固定螺母；9—台台面调节螺丝（三只)；10—平台锁紧螺丝；11、12—用于压紧平台上的被测物；13—目镜筒锁紧螺丝；14—目镜；15—灯座；16—望远镜调焦螺母；17—望远镜锁紧螺丝；18—望远镜高低调节螺丝；19—双芯插孔；20—望远镜和游标盘锁紧螺丝；21—度盘锁紧螺丝；22—度盘微动螺丝；23—读数窗（左右各一个)；24—电源开关

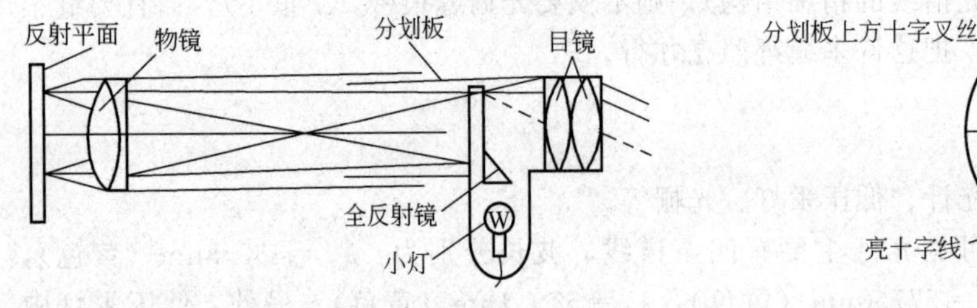

图 2.21.4　自准直望远镜　　图 2.21.5　分划板示意图

(2) 平行光管

平行光管的作用是产生平行光。平行光管的镜筒固定在架座的一只脚上，镜筒的一端装

有一个消色差的复合凸透镜，另一端装有可调狭缝的套筒，调节狭缝的位置，使它位于透镜的焦平面上，即可产生平行光。若平行光管的主轴与中心转轴偏离或倾斜时，可分别通过平行光管的微调螺钉和高低调节螺钉来调整。

(3) 载物平台

载物平台用来放置光学元件，其下方有三个调节螺丝，可调节平台的倾斜。松开平台下的固定螺丝，可使平台沿轴升降。

(4) 读数装置

载物平台和望远镜分别与刻度盘和角游标相连。两者的相对角位置可以从左右读数窗口读出。为了消除因度盘和游标盘不同轴而引起的偏心差，分光计有两个读数窗口，两者相差180°。JJY-1′型分光计的最小分度值为1′。

【实验内容】

(1) 必做内容一：分光仪的调整

调整分光计就是要达到望远镜聚焦于无穷远处；望远镜和平行光管的中心光轴一定要与分光计的中心轴相互垂直；平行光管射出的光是平行光。

① 调望远镜聚焦于无穷远处。目测粗调：由于望远镜的视场角较小，开始一般看不到反射像。因此，先用目视法进行粗调，使望远镜光轴、平台大致垂直于分光计的转轴。然后打开小灯的电源，放上双面镜（为了调节方便，应将双面镜放置在平台上任意两个调节螺丝的中垂线上，且镜面与平台面基本垂直），转动平台，使从双面镜正、反两面的反射像都能在望远镜中看到。若十字像偏上或偏下，适当调节望远镜的倾斜度和平台的底部螺丝，使两次反射像都能进入望远镜中。用自准直法调节望远镜：经目测粗调，可以在望远镜中找到反射的十字像。然后通过调节望远镜的物镜和分划板间的距离，使十字像清晰，并且没有视差（当左右移动眼睛时，十字像与分划板上的叉丝无相对移动），说明望远镜已经聚焦到无穷远处，即平行光聚焦于分划板的平面上。

② 调望远镜光轴垂直于仪器转轴。利用自准法可以分别观察到两个亮十字的反射像。如果望远镜光轴与分光计的中心轴相垂直，而平面镜反射面又与中心轴平行，则转动载物平台时，从望远镜中可以两次观察到由平面镜前后两个面反射回来的亮十字像与分划板准线上部十字线完全重合。如果不重合，而是一个偏低，一个偏高，可以通过半调整法来解决，即先调节望远镜的高低，使亮十字像与分划板准线上部十字线的距离为原来的一半，再调节载物平台下的水平调节螺丝，消除另一半距离，使亮十字像与分划板准线上部十字线完全重合。将载物平台旋转180°，使望远镜对着平面镜的另一面，采用同样的方法调节，如此反复调整，直至从平面镜两表面反射回来的亮十字像与分划板准线上部十字线完全重合为止。

③ 调节平行光管产生平行光。用已调好的望远镜作为基准，正对平行光管观察，并调节平行光管狭缝与透镜的距离，使望远镜中能看到清晰的狭缝像，且像与叉丝无视差。这时平行光管发出的光即为平行光，然后调节平行光管的斜度螺丝，使狭缝居中，上下对称，即平行光管光轴与望远镜光轴重合，都垂直于仪器转轴。

(2) 必做内容二：用汞绿光测未知光栅常数

① 分光计调节好后可将光栅按双面镜的位置放好，适当调节使从光栅面反射回来的亮十字像与分划板准线上部十字线完全重合。

② 锁定平台，旋转望远镜观察汞灯光谱．将可看到蓝紫色、绿色、黄色的许多谱线．调节平台左右倾斜度，使各谱线的高度相同。

③ 从中央条纹（即零级谱线）起向左移动望远镜，使望远镜中的叉丝与第一级衍射光

谱中的绿线相重合，记下对应位置的读数，再反向移动望远镜，越过中央条纹，记录右侧第一级衍射光谱中的绿线位置对应的读数。为了减少误差，再从右侧开始，重测一次。

(3) 选做内容一：用光栅测汞灯中蓝紫光与黄光的波长

自己制订方案，用光栅测低压汞灯中蓝紫光与黄光的波长，并将结果与汞灯中蓝紫光与黄光的波长比较。

(4) 选做内容二：用分光仪测棱镜的折射率

自己制订方案，用分光仪测棱镜的折射率。

【数据记录与处理】

用汞绿光测未知光栅常数，填表 2.21.1。

表 2.21.1 测量光栅常数 绿光波长：$\lambda=546.1\text{nm}$

测量位置	1		2		3		4	
绿光位置	$\theta_{左}$	$\theta_{右}$	$\theta_{左}$	$\theta_{右}$	$\theta_{左}$	$\theta_{右}$	$\theta_{左}$	$\theta_{右}$
$K=1$								
$K=-1$								
φ_i								

$$\varphi_i=\frac{1}{4}(|\theta_{左}-\theta'_{左}|+|\theta_{右}-\theta'_{右}|)=\underline{\qquad\qquad}$$

$$\bar{\varphi}=\frac{\sum_{i=1}^{n}\varphi_i}{n}=\underline{\qquad\qquad},\quad u_{\varphi_A}=\frac{t_{0.95}}{\sqrt{n}}\sqrt{\frac{\sum(\varphi_i-\bar{\varphi})^2}{n-1}}=\underline{\qquad\qquad}$$

$$u_{\varphi_B}=1',\quad u_{\varphi}=\sqrt{u_{\varphi_A}^2+u_{\varphi_B}^2}=\underline{\qquad\qquad}$$

$$\bar{d}=\frac{\lambda}{\sin\bar{\varphi}}=\underline{\qquad\qquad},\quad u_d=\bar{d}\,u_{\varphi}\cot\bar{\varphi}=\underline{\qquad\qquad},\quad d=\bar{d}\pm u_d=\underline{\qquad\qquad}$$

【注意事项】

(1) 请勿用手触摸望远镜片及光栅表面。

(2) 光学仪器属精密仪器，切忌使用蛮力操作。

【思考题】

(1) 怎样调整分光计？调整时应注意的事项有哪些？

(2) 光栅方程和色散率的表达式中各量的物理意义及适用条件有哪些？

(3) 当平行光管的狭缝很宽时，对测量有什么影响？

(4) 若在望远镜中观察到的谱线是倾斜的，则应如何调整？

(5) 为何在进行自准调节时，要以视场中的上十字叉丝为准，而调节平行光管时，却要以中间的大十字叉丝为准？

【参考文献】

[1] 章志鸣，沈元华，陈惠芬．光学．第 2 版．北京：高等教育出版社，2000.

[2] 张三慧．大学物理学：第四册．北京：清华大学出版社，2000.

2.22 透镜焦距的测定

透镜是组成各种光学仪器的基本光学元件，掌握透镜的成像规律，学会光路的分析和调节技术，对于了解光学仪器的构造和正确使用是有益的。另外，焦距是透镜的一个重要特征参量，在不同的使用场合往往要选择焦距合适的透镜或透镜组，为此就需要测定焦距。测焦距的方法很多，应该根据不同的透镜、不同的精度要求和具体的可能条件选择合适的方法。本实验仅介绍其中的几种。

【实验目的】

(1) 加深理解薄透镜的成像规律。

(2) 学习简单光路的分析和调节技术。

(3) 学习几种测量透镜焦距的方法。

【实验原理】

薄透镜是指透镜中心厚度 d 比透镜焦距 f 小很多的透镜。例如一个厚度 d 约为 4mm，而焦距 f 约为 150mm 的透镜，在本实验中就可以认为是薄透镜。

透镜分为两大类：一类是凸透镜（也称为正透镜或会聚透镜），对光线起会聚作用，焦距越短，会聚本领越大；另一类是凹透镜（也称负透镜或发散透镜），对光线起发散作用，焦距越短，发散本领越大。图 2.22.1 是凸透镜成像图。

在近轴光线条件下，透镜的成像规律可用下列公式表示：

$$\frac{f'}{s'}+\frac{f}{s}=1 \tag{2.22.1}$$

$$f'=-f=\frac{s's}{s-s'} \tag{2.22.2}$$

式中，各物理量的意义及它们的符号规则如下：s 为物距，实物为正，虚物为负；s'为像距，实像为正，虚像为负；f 为物方焦距；f'为像方焦距。

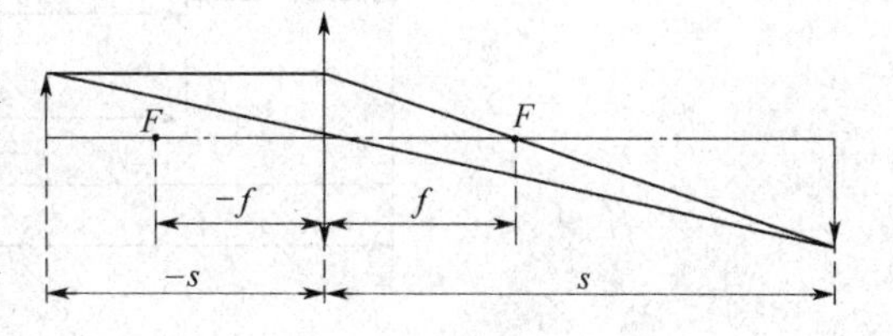

图 2.22.1 凸透镜成像

若实验中分别测出物距 s 和像距 s'，即可用式(2.22.2) 求出透镜的焦距 f'。但应注意：测得的物理量需添加符号，求得的量则根据求得结果中的符号判断其物理意义。

对于透镜焦距的测量，除了用上述物像公式测量外，还可以用以下几种方法。

(1) 粗略估测法

以太阳光或较远的灯光为光源，用凸透镜将其发出的光线聚成一光点（或像），此时 $s\to\infty$，$s'\approx f'$，即该点（或像）可以认为是焦点，而光点到透镜中心（光心）的距离，即为透凸镜的焦距，此法测量的误差约为 10%左右。由于这种方法误差较大，大都用在实验前作粗略估计，如挑选透镜等。

(2) 自准法

光源置于凸透镜焦点处，发出的光线经过凸透镜后成为平行光，若在透镜后放一块与主光轴垂直的平面镜，将此光线反射回去，反射光再经过凸透镜后仍会聚于焦点上，此关系称为自准原理。如果在凸透镜的焦平面上放一物体，其像仍会聚于焦平面上，是一个与原物大小相等的倒立实像，如图 2.22.2 所示，此时物屏至凸透镜光心的距离便是焦距。

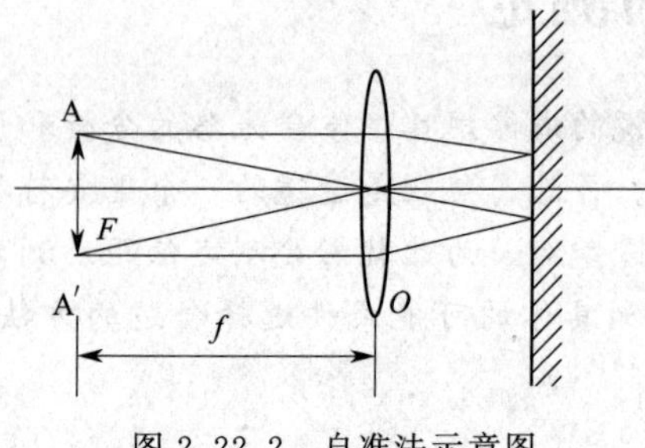

图 2.22.2　自准法示意图

$$f=s \tag{2.22.3}$$

由于这个方法是利用调节实验装置本身使之产生平行光以达到聚焦的目的，所以称之为自准法，该法测量误差 1%～5%之间。

(3) 位移法（又称为贝塞尔物像交换法）

物像公式法、粗略估测法和自准法都因透镜的中心位置不易确定而在测量中引入误差，为避免这一缺点，可取物屏与像屏之间的距离 D 大于 4 倍焦距（$4f$），且保持不变，沿光轴方向移动透镜，则必须在像屏上观察到二次成像。如图 2.22.3 所示，设物距为 s_1 时，得到放大的倒立实像；物距为 s_2 时，得到缩小的倒立实像。透镜二次成像之间的位移为 d，根据透镜成像公式(2.22.2)，将：

$$s_1=-s_2'=-(D-d)/2$$
$$s_1'=-s_2=(D+d)/2$$

代入即得：

$$f'=\frac{D^2-d^2}{4D} \tag{2.22.4}$$

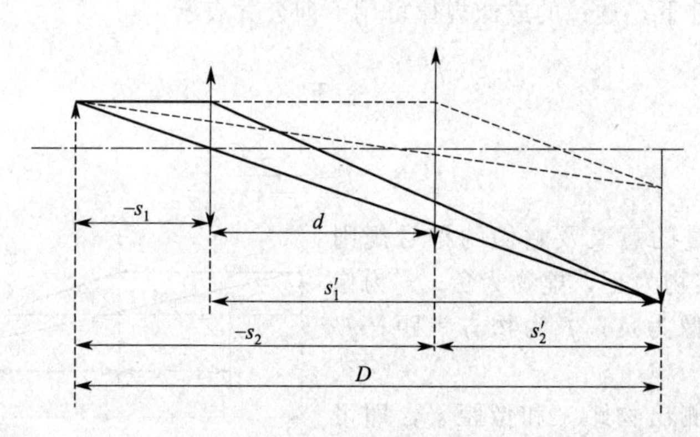

图 2.22.3　位移法

可见，只要在光具座上确定物屏、像屏以及透镜二次成像时其底座边缘所在位置，就可较准确地求出焦距 f'。这种方法无须考虑透镜本身的厚度，测量误差可达到 1%。

对于凹透镜，由于它对于光线有发散作用，不能对实物成像，所以不能完全按上述方法测量其焦距。下面介绍两种测凹透镜焦距的方法。

(4) 成像法（又称为辅助透镜法）

如图 2.22.4 所示，先使物 AB 发出的光线经凸透镜 L_1 后形成一大小适中的实像 $A'B'$，然后在 L_1 和 $A'B'$之间放入待测凹透镜 L_2，就能使虚物 $A'B'$产生一实像 $A''B''$。分别测出 L_2 到 $A'B'$和 $A''B''$之间的距离 s_2、s_2'，根据式(2.22.2) 即可求出 L_2 的像方焦距 f_2'。

(5) 凹透镜自准法

如图 2.22.5 所示，在光路共轴的条件下，L_2 放在适当位置不动，移动凸透镜 L_1，使

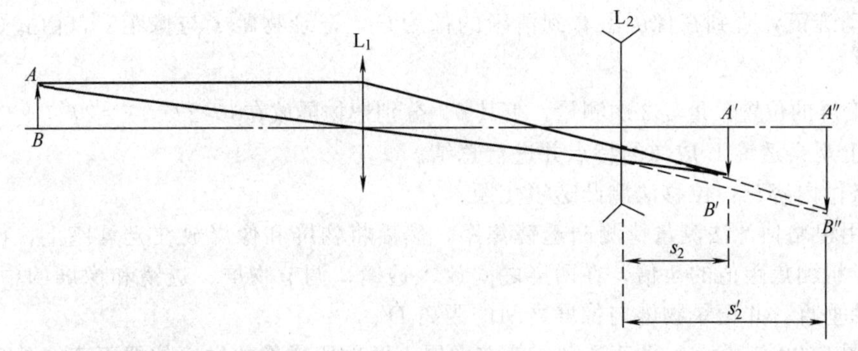

图 2.22.4 成像法

物屏上物点 A 发出的光 L_2、L_1 折射，再经平面镜反射回来，物屏上得到一个与物大小相等的倒立实像。由光的可逆性原理可知，由 L_1 射向平面镜 M 的光线是平行光线。点 A' 是凸透镜 L_1 的焦距。若凸透镜 L_1 的焦距为已知（可事先测定）$f_1 = O_1A'$，再测出 O_1 与 A 和 O_2 与 O_1 之间距离，则凹透镜的虚像距 s_2' 和物距 s_2 可求出。利用透镜公式(2.22.2) 可计算出薄凹透镜 L_2 的焦距 f_2'。这种方法不受成像条件限制，交换 L_1 和 L_2 后可直接测出。

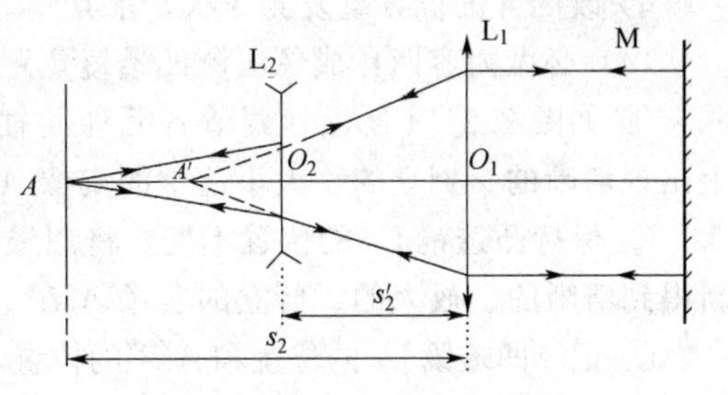

图 2.22.5 凸透镜自准法

【实验仪器】

光源、显微镜组套、光具座、光学平台、凸透镜、凹透镜、白屏、平面反射镜等。

【实验内容】

(1) 必做内容一：自准法测凸透镜焦距

先利用水平尺将光具座导轨在实验桌上调节成水平，然后进行各光学元件同轴等高的粗调和细调，直到各光学元件的光轴共轴，并与光具座导轨平行为止。

① 按如图 2.22.2 所示放置光学元件，其中用个字屏作物（想一想，用十字网络作物是否可以?)，将滤光片插入个字屏，并用白炽光源照明。

② 固定物屏，移动凸透镜 L，并绕铅直轴略转动靠近透镜的平面镜 M（M 远离透镜会出现什么现象?)，直到在物屏上得到一个与物等大倒立的清晰像为止（注意区分物光经凸透镜内表面和平面像反射后所成的像，前者不随平面镜转动而移动)。

③ 记录物屏的位置读数 X_{AB} 与凸透镜 L 位置读数 X_L。

④ 将透镜 L 连同透镜夹旋转 180°后，重做 1 次实验，再记下物屏的位置读数 X'_{AB} 与凸透镜 L 的位置读数 X'_L。

⑤ 取两次读数的平均值 $(X_L + X'_L)/2$，求该透镜的焦距 $f = \left| X_{AB} - \dfrac{X_L + X'_L}{2} \right|$。要求重复 3 次，求出 $\bar{f}$。

(2) 必做内容二：物距像距法测凸透镜焦距

① 先用粗略估计法测量待测凸透镜焦距，然后将物屏和像屏放在光具座上，使它们的距离略大于粗测焦距值的 4 倍，在两屏之间放入透镜，调节物屏、透镜和像屏的中心等高，并与主光轴垂直。

② 移动透镜，直到在像屏上看到清晰的像为止，记录物距 s 与像距 s'，由式(2.22.2)求出焦距 f'。

③ 改变屏的位置，重复3次测量，求其$\bar{f}$。分别把物屏放在 $s>2f'$，$s=2f'$，$2f>s>f'$，$s=f'$位置上观察透镜L成像的特点并进行总结。

(3) 必做内容三：位移法测凸透镜焦距

① 先用粗略估计法测量待测凸透镜焦距，然后将物屏和像屏放在光具座上，使它们的距离略大于粗测焦距值的4倍，在两屏之间放入透镜，调节物屏、透镜和像屏的中心等高，并与主光轴垂直，并记录物屏与像屏之间的距离 D。

② 如图2.22.3所示，移动透镜，使在像屏上两次所成像的中心位置不变，然后记下两次成像时透镜滑座同一边缘的两个位置，从而算出 d，并由式(2.22.4)求出 f'。

③ 改变屏的位置重复测3次，求其$\bar{f}'$。

(4) 必做内容四：成像法测凹透镜焦距

① 如图2.22.4所示，调节各元件共轴后，暂不放入凹透镜，移动凸透镜 L_1，使像屏上出现清晰的、倒立的、大小适中的实像 $A'B'$，记下 $A'B'$的位置。

② 保持凸透镜 L_1 的位置不变，将凹透镜 L_2 放入 L_1 与像屏之间，移动像屏，使屏上重新得到清晰的、放大的、倒立的实像 $A''B''$。

③ 记录凹透镜 L_2 的位置和 $A''B''$的位置，算出物距 s 和像距 s'，代入式(2.22.2)求出 f'。

④ 改变凹透镜位置（注意使虚物距与所成实像像距两者的差不能太小，以免有效数字太少），重复测3次，求$\bar{f}'$。

(5) 选做内容：自准法测凹透镜焦距

方法步骤自拟。

① 测量物屏、透镜及像位置时，要检查光具座上的读数准线和被测平面是否重合，不重合时应根据实际进行修正。

② 由于人眼对成像的清晰分辨能力有限，所以观察到的像在一定范围内都清晰。但球差会影响成像的清晰，成像位置会偏离高斯像。为使两者接近，减小误差。一般有物屏和像屏固定时，成大像时凸透镜应由远离物屏的位置向物屏移动，直到像屏上出现较清晰像（不是最清晰）为止，成小像时凸透镜应由靠近物屏的位置背离物屏移动。

【数据记录与处理】

(1) 自准法测凸透镜焦距，填表2.22.1。

表2.22.1 自准法测凸透镜焦距

次数	X_L	X'_L	f	$\bar{f}$
1				
2				
3				

(2) 物距像距法测凸透镜焦距，填表2.22.2。

表2.22.2 物距像距法测凸透镜焦距

次数	s	s'	f'	$\bar{f}'$
1				
2				
3				

(3) 位移法测凸透镜焦距，填表2.22.3。

表 2.22.3　位移法测凸透镜焦距

次数	s_1	s_2	d	f'	$\bar{f}'$
1					
2					
3					

（4）成像法测凹透镜焦距，填表 2.22.4。

表 2.22.4　成像法测凹透镜焦距

次数	s_2	s_2'	f_2'	$\bar{f}_2'$
1				
2				
3				

【注意事项】

由于人眼对成像的清晰度分辨能力有限，所以观察到的像在一定范围内都清晰，加之球差的影响，清晰成像位置会偏离高斯像。为使两者接近，减小误差。记录数值时应使用左右逼近的方法。

【思考题】

（1）共轴调节时对实验有哪些要求？不满足这些要求对测量会产生什么影响？

（2）在自准法测凸透镜焦距时，你观察到了哪些现象，应如何解释之？

（3）试分析比较各种测凸透镜焦距方法的误差来源，提出对各种方法优缺点的看法。

（4）再设计两种测量凹透镜焦距的实验方案，并说明原理及测量方法。

【参考文献】

[1]　郭红，徐铁军，陈西园，刘凤智．大学物理实验．北京：中国科学技术出版社，2003.

[2]　张兆奎，缪连元，张立．大学物理实验．北京：高等教育出版社，2001.

[3]　李恩普等．大学物理实验．北京：国防工业出版社，2004.

【附录】　光路调节技巧

（1）视差及其消除

光学实验中经常要测量像的位置和大小。经验告诉我们，要测准物体的大小，必须将量度标尺和被测物体贴在一起。如果标尺远离被测物体，读数将随眼睛的不同将有所变化，难以测准。可以说在光学测量中被测物体往往是一个看得见摸不着的像，怎样才能确定标尺和被测物体是贴在一起的呢？利用“视差”现象可以帮助我们解决这个问题。为了认识“视差”现象，我们可以作一简单的实验，双手伸出一只手指，并使一指在前一指在后相隔一定距离，且两指互相平行。用一只眼睛观察，当左右（或上下）晃动眼睛时（眼睛移动方向应与被观察手指垂直），就会发现两指间有相对移动，这种现象称为“视差”。而且还会看到，离眼近者，其移动方向与眼睛移动方向相反；离眼远者则与眼睛移动方向相同。若将两指紧贴在一起，则无上述现象，即无“视差”。由此可以利用视差现象来判断待测像与标尺是否紧贴。若待测像和标尺间有视差，说明它们没有紧贴在一起，则应该稍稍调节像或标尺位置，并同时微微晃动观察，直到它们之间无视差后方可进行测量。这一调节步骤，我们常称之为“消视差”。在光学实验中，“消视差”常常是测量前必不可少的操作步骤。

（2）共轴调节

光学实验中经常要用一个或多个透视成像。为了获得质量好的像，必须使各个透镜的主光轴重合（即共轴），并使物体位于透镜的主光轴附近。此外，透镜成像公式中的物距、像距等都是沿主光轴计算长度的，为了测量准确，必须使透镜的主光轴与带有刻度的导轨平行。为达到上述要求的调节我们统称为共轴调节。调节方法如下。

① 粗调　将光源、物和透镜靠拢，调节它们的取向和高低左右位置，凭眼睛观察，使它们的中心处在一条和导轨平行的直线上，使透镜的主光轴与导轨平行，并且使物（或物屏）和成像平面（或像屏）与导轨垂直。这一步因单凭眼睛判断，调节效果与实验者的经验有关，故称为粗调。通常应再进行细调（要求不高时可只进行粗调）。

② 细调　这一步骤要靠仪器或成像规律来判断调节。不同的装置可能有不同的具体调节方法。下面介绍物与单个凸透镜共轴的调节方法。

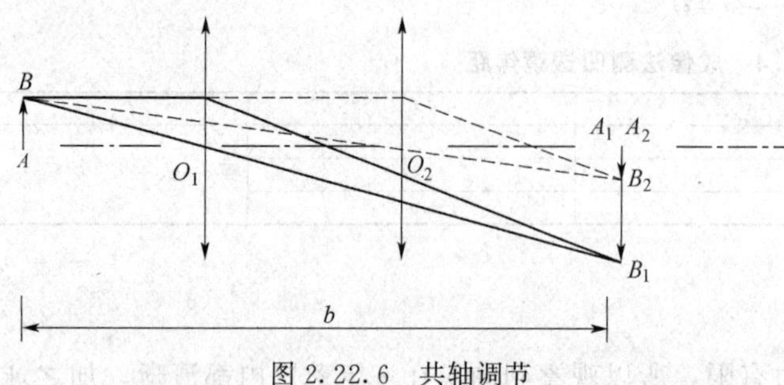

图 2.22.6　共轴调节

使物与单个凸透镜共轴实际上是指将物上的某一点调到透镜的主光轴上。要解决这一问题，首先要知道如何判断物上的点是否在透镜的主光轴上。根据凸透镜成像规律即可判断。如图 2.22.6 所示，当物 AB 与像屏之间的距离 b 大于 $4f$ 时，将凸透镜沿光轴移到 O_1 或 O_2 位置都能在屏上成像，一次成大像 A_1B_1，一次成小像 A_2B_2。物点 A 位于光轴上，则两次像的 A_1 和 A_2 点都在光轴上而且重合。物点 B 不在光轴上，则两次像的 B_1 和 B_2 点一定都不在光轴上，而且不重合，但是，小像的 B_2 点总是比大像的 B_1 点更接近光轴。据此可知，若要将 B 点调到凸透镜光轴上，只需记住像屏上小像的 B_2 点位置（屏上有坐标纸供记录位置时作参照物），调节透镜（或物）的高低左右，使像靠拢。这样反复调节几次直到与之重合，即说明点已调到透镜的主光轴上了。

若要调多个透镜共轴，则应先将轴上物点调到一个凸透镜的主光轴上。然后，同样根据轴上物点的像总在轴上的道理，逐个增加待调透镜，调节它们使之逐个与第一个透镜共轴。

2.23　旋光率的测量

1911 年，阿喇果发现，当线偏振光通过某些透明物质时，它的振动面将会绕光的传播方向转过一定的角度，这种现象就叫旋光效应，光的振动面转过的角度称为旋光度，使光的振动面产生旋转的物质叫做旋光物质。常见的旋光物质有：石英、朱砂、酒石酸、食糖溶液、松节油等。旋光仪是测定旋光物质旋光度的仪器，通过对旋光度的测定可确定物质的浓度、纯度、比重、含量等，可供一般的成分分析之用，广泛应用于石油、化工、制药、香料、制糖及食品、酿造等工业。

【实验目的】

(1) 观察偏振光通过旋光物质的现象。

(2) 了解旋光仪的结构原理。

(3) 学习用旋光仪测旋光性溶液的旋光率和浓度。

【实验原理】

如图 2.23.1 所示，线偏振光通过某些物质的溶液（如蔗糖溶液等）时，偏振光的振动面将旋转一定的角度 φ，这种现象称为旋光现象，旋转的角度 φ 称为旋光度。

实验证明，线偏振光通过旋光性溶液后，其旋光度 φ 与溶液的化学浓度 c 成正比，也与光所通过的液体层厚度 L 成正比，即：

$$\varphi = acL \tag{2.23.1}$$

式中，φ 的单位是°（度）；c 的单位是 g/cm^3；L 的单位是 dm（10cm）；a 表征了物质的旋光性质，称为旋光率，它在数值上等于线偏振光通过厚度为 10cm、浓度为 $1cm^3$ 溶液含

1g 旋光物质的液体层后，其偏振面旋转的角度。

实验还表明，同一旋光物质对不同波长的光有不同的旋光率。在一定温度下，它的旋光率与入射光波长 λ^2 成反比，即随波长 λ 的减小而迅速增大，故一般用钠黄光（$\lambda=589.3\text{nm}$）测定旋光率。

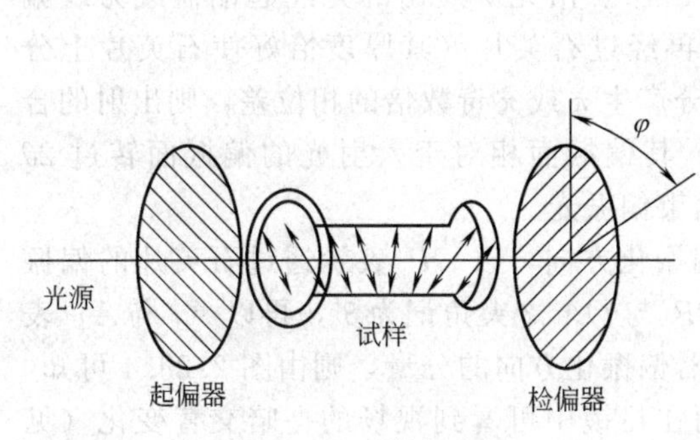

图 2.23.1　旋光现象

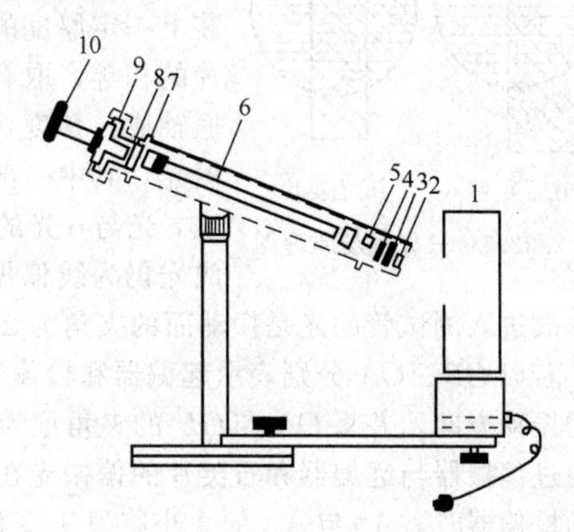

图 2.23.2　旋光仪结构

1—光源；2—汇聚透镜；3—滤光片；4—起偏器；5—旋光片；6—测试管；7—检偏器；8—望远镜物镜；9—刻度盘；10—望远镜目镜

若已知待测旋光性溶液的浓度 c 和液层厚度 L，测出旋光度 φ 后，就可由式(2.23.1)求出其旋光率。当液体层厚度 L 不变时，若依次改变浓度 c，测出相应的旋光度 φ，然后画出其曲线 φ-c（旋光曲线），将得到一条直线，其斜率为 aL，从该直线的斜率也可求出旋光率 a。在测得某种旋光性溶液 φ-c 曲线后，可根据光通过待测定浓度的同种溶液的旋光度 φ，由 φ-c 曲线查出对应的浓度，即待测液体的浓度。

某些晶体（如石英晶体）也具有旋光性质，其旋光度 $\varphi=ad$，其中 d 为晶体的通光方向的厚度，单位为毫米（mm），可见，晶体的旋光率 a 在数值上等于偏振光通过 1mm 的晶体后偏振面的旋转角度。

上述忽略了温度及溶液浓度对旋光率的影响，实际上旋光率 a 与温度及浓度有关。例如在 20℃时，对钠黄光蔗糖水溶液的旋光率为：

$$a_{20}=66.412+0.01267c-0.000376c^2$$

式中，浓度 $c=0\sim50\text{g/dm}^3$。

当温度 t 偏离 20℃附近时，在 14～30℃时，其旋光率随温度变化的关系为：

$$a_t=c_{20}[1-0.00037(t-20)]$$

即在 20℃附近，温度每升高或降低 1℃，蔗糖水溶液的旋光率减小或增加 0.24％。

【实验仪器】

旋光仪、溶液、测管。

旋光仪：测量物质旋光度的装置称为旋光仪，其结构如图 2.23.2 所示。测量时，先将旋光仪中的起偏器 4 与检偏器 7 的偏振面调到相互垂直，这时在目镜 10 中看到最暗的视场，然后装入测试管 6，转动检偏器，因偏振面旋转而使变亮的视场重新达到最暗，则检偏器的旋转角度即为被测溶液的旋光度。

由于人眼不可能准确判断视场是否最暗，故多采用半影法，用比较相邻二光束的强度是

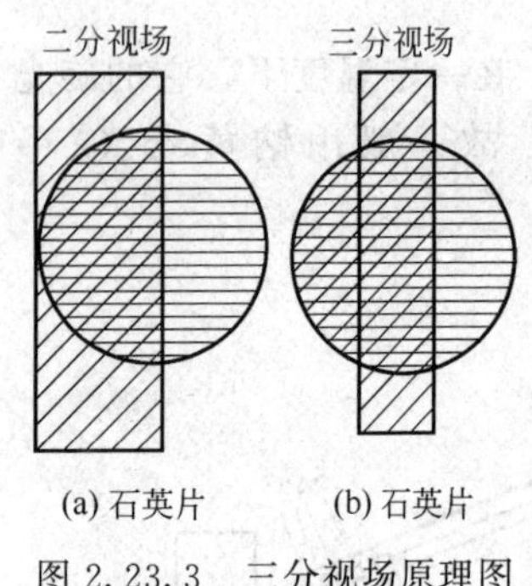

图 2.23.3　三分视场原理图

否相等来确定旋光度。其原理如图 2.23.3 所示。在起偏器后面加一石英晶体片，此石英晶体片与起偏器的一部分在视场中重叠。随着石英晶体片安放的位置不同，可将视场分为两部分［图 2.23.3(a)］或三部分［图 2.23.3(b)］，同时在石英片旁装上一定厚度的玻璃片，使玻璃片吸收和反射光的强度与石英片的相等，取石英片的光轴平行于自身表面，并与起偏器的偏振轴成一角度 θ（仅几度）。由光源发出的光经起偏器成为线偏振光，其中一部分光再经过石英片（其厚度恰好使石英片上分成 e 光与 o 光的两部分产生 π 或 π 奇数倍的相位差，则出射的合成光仍为线偏振光），其偏振面相对于入射光的偏振面转过 2θ 角，故进入测试管的光是振动面的夹角为 2θ 的两束偏振光。

若以 OP、OA 分别表示起偏器和检偏器的偏振化方向，以 OP'表示透过石英片的偏振光的振动方向，并将 OA 与 OP 的夹角记为 β，OP'与 OA 之夹角记为 β'，再以 A_P 与 $A_{P'}$ 表示通过偏振器与起偏器和石英片的偏振光在检偏器偏振化方向的分量，则由图 2.23.4 可知，转动检偏器时，A_P 与 $A_{P'}$ 的大小将发生变化，而在目镜中可看到视场的亮暗交替变化（见图 2.23.4 的下半部），图中显示了三种不同的情况。

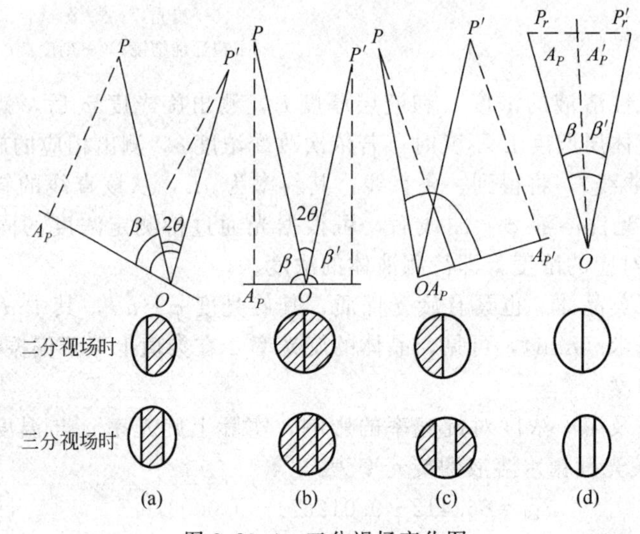

图 2.23.4　三分视场变化图

在图 2.23.4(a) 的情况下，$\beta'>\beta$，$A_P>A_{P'}$，当通过检偏器观察时，与石英片对应的部分为暗区，与起偏器对应的部分为亮区，所以视场为清晰的两（或三）部分，$\beta'=\pi/2$ 时，亮、暗的反差最大。($A_{P'}=0$)

在图 2.23.4(b) 的情况下，$\beta'=\beta$，$A_P=A_{P'}$，通过检偏器观察时，视场中两（或三）部分界线消失，亮度相等，较暗。

在图 2.23.4(c) 的情况下，$\beta'<\beta$，$A_P>A_{P'}$，视场分为两（或三）部分，对应石英片的那部分为亮区，对应起偏器的部分为暗区，当 $\beta=\pi/2$ 时，亮暗的反差最大（$A_P=0$）。

在图 2.23.4(d) 的情况下，$\beta'=\beta$，$A_P=A_{P'}$，视场中两（或三）部分界线消失，亮度相等，较亮。

为提高人眼的分辨率，常取图 2.23.4(b) 所示的视场作为参考视场．并将此时检偏器的偏振化方向所指的位置取作刻度盘的零点。

在旋光仪中放入测试管后，透过起偏器和石英片的两束偏振光均通过测试管，它们因振动而转过相同的角度 φ，并保持两振动面间的夹角 2θ 不变。若转动检偏器，使视场仍旧回到图 2.23.4(b) 的状态，则检偏器转过的角度即为被测试溶液的旋光度。若检偏器向右（顺时针方向）转动，表示旋光器溶液使偏振光的偏振面向右（顺时针方向）旋转了，则将该溶液称为右旋溶液，例如蔗糖的水溶液；反之，若检偏器向左（逆时针方向）转动，则该溶液称为左旋溶液，例如葡萄糖的水溶液。

【实验内容】

（1）调节旋光仪的目镜，使能看清视场中两（或三）部分的分界线。

（2）确定参考点：调检偏器旋钮，使三分场的分界线消失，且视场较暗，亮度相同。此点为参考点，记下刻度盘上左右窗相应读数。

（3）测管的气泡放在试管的突起处，再将试管放入旋光仪中。

（4）确定测试点：第二次对望远镜聚焦，使三分场清晰，再调检偏器旋钮，使三分视场的分界线消失，且视场较暗，此时为测试点。记下刻度盘上左右窗读数，即完成一次测量。对每支测管重复步骤(4) 三次。

（5）测量液层厚度 L 不变时，不同浓度下的旋光度 φ，在坐标纸上作出 φ-c 曲线，并由此求出该物质的旋光率。

（6）测出待测溶液的旋光度 φ，由上述 φ-c 曲线确定待测溶液的浓度。

（7）重复多次，取 φ 的平均值，并求出相对误差。

【数据记录与处理】

填表 2.23.1。

表 2.23.1　测未知溶液的旋光度

浓度 /(g/cm³)	$c_1=$		$c_2=$		$c_3=$		$c_4=$		$c_5=$		$c_6=$	
	$\theta_左$	$\theta_右$	$\theta_左$	$\theta_右$	$\theta_左$	$\theta_右$	$\theta_左$	$\theta_右$	$\theta_左$	$\theta_右$	$\theta_左$	$\theta_右$
1												
2												
3												
φ_1												
φ_2												
φ_3												
$\bar{\varphi}$												

$$\varphi_i=\frac{1}{2}(|\theta_{i左}-\theta_{0左}|+|\theta_{i右}-\theta_{0右}|)=\underline{\qquad\qquad}$$

$$\bar{\varphi}=\frac{1}{3}\sum_{i=1}^{3}\varphi_i=\underline{\qquad\qquad}$$

（1）作 φ-c 曲线。图上最后一位有效数字可略，余者均应表示出来。

（2）利用两点法求直线的斜率 k。

（3）求旋光率 $a=k/2$。

（4）求未知溶液的浓度 $\bar{c}=\dfrac{\bar{\varphi}}{aL}$；并写出结果表达式 $c=\bar{c}\pm\Delta c$。

【注意事项】

（1）由于旋光率与波长 λ、温度 t 和浓度 c 有关，所以在测定旋光率时应对上述各量做出记录或说明。

（2）液体应装满试管，不能有气泡。注入溶液后的试管两端应用擦镜纸擦干，方可装入旋光仪。

（3）试管两端经精密磨制，以保证其长度为确定值，使用时应多加小心，以防损坏。

【思考题】

（1）对波长为 $\lambda=889.3\text{nm}$ 的钠黄光，石英片的折射率为 $n_o=1.5442$，$n_e=1.5533$，若要使垂直入射的线偏振光（设其振动方向与石英片光轴的夹角为 θ）通过石英片后变为振动方向转过 2θ 的线偏振光，石英片的最小厚度应为多少？

（2）为什么说用半影法测定旋光度比单用两个尼科耳棱镜（或两块偏振片）更为方便，更准确？

【参考文献】

[1] 谢行恕，康世秀，霍剑青．大学物理实验．北京：高等教育出版社，2001.
[2] 姚启钧．光学教程．北京：高等教育出版社，2008.
[3] 章志鸣，沈元华，陈惠芬．光学．第2版．北京：高等教育出版社，2000.

2.24 偏振光现象的研究

1809年法国工程师马吕斯在实验中发现了光的偏振现象。麦克斯韦在1865-1873年间建立了光的电磁理论，从本质上说明了光的偏振现象。对于光的偏振现象研究，使人们对光的传播（反射、折射、吸收和散射等）的规律有了新的认识。特别是近年来利用光的偏振性所开发出来的各种偏振光元件、偏振光仪器和偏振光技术在现代科学技术中发挥了极其重要的作用，在光调制器、光开关、光学计量、应力分析、光信息处理、光通信、激光和光电子学器件等应用中，都大量使用偏振技术。本实验要求学习产生和鉴别各种偏振光并对其进行观察、分析和研究，从而了解和掌握偏振片、1/4波片和1/2波片的作用及应用，加深对光的偏振性质的认识。

【实验目的】

（1）了解线偏振光的基本特性，线偏振光的产生和检验。

（2）了解圆偏振光的基本特性，了解椭圆偏振光的基本特性。

（3）学会鉴别偏振光。

【实验原理】

（1）偏振光的种类

光是电磁波，它的电矢量 E 和磁矢量 H 相互垂直，且又垂直于光的传播方向。通常用电矢量代表光矢量，并将光矢量和光的传播方向所构成的平面称为光的振动面。按光矢量的不同振动状态，可以把光分为五种偏振态：如果光矢量沿着一个固定方向振动，称为线偏振光或平面偏振光；如果在垂直于传播方向的平面内，光矢量的方向是任意的，且各个方向的振幅相等，则称为自然光。对自然光而言，若把所有方向的光振动都分解到相互垂直的两个方向上，则在这两个方向上的振动能量和振幅都相等；如果有的方向光矢量的振幅较大，有的方向振幅较小，则称为部分偏振光；如果光矢量的大小和方向随时间作周期性的变化，且光矢量的末端在垂直于光传播方向的平面内的轨迹是圆或椭圆，则分别称为圆偏振光或椭圆偏振光。

（2）线偏振光的产生

① 反射和折射产生偏振　根据布儒斯特定律，当自然光以布儒斯特角 i_b[$\tan(i_b)=\frac{n_2}{n_1}$，$n_1$ 为入射介质折射率；n_2 为折射介质折射率] 入射到两种介质分界面上时，其反射光为完全线偏振光，其振动面垂直于入射面，而透射光为部分偏振光。一般介质在空气中的起偏角在 53°～58°之间，例如，当光由空气射向 $n=1.54$ 的玻璃板时，布儒斯特角 $i_b=57°$。

如果自然光以 i_b 入射到一叠平行玻璃片堆上，则经过多次反射和折射最后从玻璃片堆透射出来的光也接近于线偏振光，其振动面平行于入射面。玻璃片的数目越多，透射光的偏振度越高。

② 双折射产生偏振　当自然光入射到某些双折射晶体（如方解石、石英等）时，在晶体内折射后分解为两束线偏振光：寻常光（o 光）和非常光（e 光）。o 光和 e 光以不同的速度、不同的方向在晶体中传播，从晶体射出后成为两束偏振方向不同的线偏振光。

③ 偏振片　它是利用某些有机化合物晶体的“二向色性”制成的。当自然光通过这种偏振片后，光矢量垂直于偏振片透振方向的分量几乎完全被吸收，光矢量平行于透振方向的分量几乎完全通过，因此透射光基本上为线偏振光。

偏振器件即可以用来使自然光变为平面偏振光——起偏，也可以用来鉴别线偏振光、自然光和部分偏振光——检偏。用作起偏的偏振片叫做起偏器，用作检偏的偏振器件叫做检偏器。实际上，起偏器和检偏器是通用的。

马吕斯定律：设两偏振片的透振方向之间的夹角为 α，透过起偏器的线偏振光振幅为 A_0，强度为 I_0，则透过检偏器的线偏振光的振幅为 A，强度为 I，（偏振片无吸收时）有：

$$A=A_0\cos\alpha \tag{2.24.1}$$

$$I=I_0\cos^2\alpha \tag{2.24.2}$$

（3）波晶片

波晶片简称波片，它通常是一块光轴平行于表面的单轴晶片。一束平面偏振光垂直入射到波晶片后，便分解为振动方向与光轴方向平行的 e 光和与光轴方向垂直的 o 光两部分（如图 2.24.1 所示）。这两种光在晶体内的传播方向虽然一致，但它们在晶体内传播的速度却不相同，于是，e 光和 o 光通过波晶片后就产生固定的相位差 δ，即：

$$\delta=\frac{2\pi}{\lambda}(n_e-n_o)l \tag{2.24.3}$$

式中，λ 为入射光的波长；l 为晶片的厚度；n_e 和 n_o 分别为 e 光和 o 光的主折射率。

对于某种单色光，能产生 $\delta=(2k+1)\frac{\pi}{2}$ 相位差的波晶片称为此单色光的 1/4 波片；能产生 $\delta=(2k+1)\pi$ 的晶片，称为 1/2 波片；能产生 $\delta=2k\pi$ 的波晶片，称为全波片。通常波片用云母片剥离成适当厚度或用石英晶体研磨成薄片。由于石英晶体是正晶体，其 o 光比 e 光的速度快，沿光轴方向振动的光（e 光）传播速度慢，故光轴称为慢轴，与之垂直的方向称为快轴。对于负晶体制成的波片，光轴就是快轴。

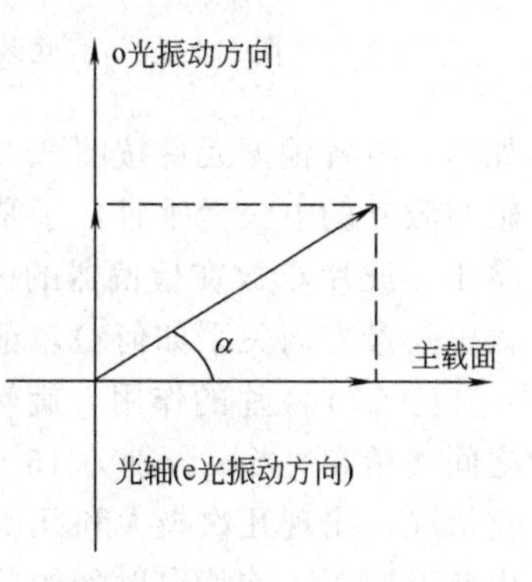

图 2.24.1　波晶片

（4）平面偏振光通过各种波片后偏振态的改变

由图 2.24.1 可知一束振动方向与光轴成 α 角的平面偏振光垂直入射到波片上后，会产生振动方向相互垂直的 e 和 o 光，其 E 矢量大小分别为 $E_e=E\cos\alpha$、$E_o=E\sin\alpha$，通过波片后，二者产生一附加相位差。

离开波片时合成波的偏振性质，决定于相位差δ和α。如果入射线偏振光的振动方向与波片的光轴的夹角为0和$\pi/2$，则任何波片对它都不起作用，即从波片出射的光仍为原来的线偏振光。

而如果α不为0或$\pi/2$，线偏振光通过1/2波片后，出来的也仍为线偏振光，但它振动方向将旋转2α，即出射光和入射光的电矢量对称于光轴。线偏振光通过1/4波片后，则可能产生线偏振光、圆偏振光和长轴与光轴垂直或平行的椭圆偏振光，这取决于入射线偏振光振动方向与光轴夹角α。

(5) 偏振光的鉴别

鉴别入射光的偏振态须借助于检偏器和1/4波片。使入射光通过检偏器后，检测其透射光强并转动检偏器：若出现透射光强为零（称“消光”）的现象，则入射光必为线偏振光；若透射光的强度没有变化，则可能为自然光或圆偏振光（或两者的混合）；若转动检偏器，透射光强虽有变化但不出现消光现象，则入射光可能是椭圆偏振光或部分偏振光。要进一步作出鉴别，则须在入射光与检偏器之间插入一块1/4波片。若入射光是圆偏振光，则通过1/4波片后将转变成线偏振光（为什么?），转动检偏器时就会看到消光现象；否则，就是自然光。若入射光是椭圆偏振光，当1/4波片的慢轴（或快轴）与被检的椭圆偏振光的长轴或短轴平行时，透射光也为线偏振光（为什么?），于是转动检偏器也会出现消光现象；否则，就是部分偏振光。

【实验仪器】

带布儒斯特窗片的He-Ne激光器，带有刻度盘的可旋转的1/4波片两块，检偏器（由偏振片和硅光电池组成，也带有刻度盘，可旋转），检流计，电阻箱两个。

【实验内容】

(1) 必做内容：波片的作用

本实验采用波长为632.8nm的He-Ne激光器作光源，它能输出足够强的单色光，在激光器谐振腔内放有布儒斯特窗片，从而使出射的激光束是线偏振光（它的振动方向如何？为什么只有一块窗片，并不是玻片堆，出射的激光是线偏振光，而不是部分偏振光？如果不放这块窗片，该激光的偏振情况如何？如果把该窗片放在谐振腔外，则其激光的偏振情况如?）。将各偏振元件按图2.24.2放好，暂时不放波片C，图中A为偏振片。先使A的透光轴与激光的电矢量垂直，于是产生消光现象，记下偏振片A消光时的位置读数$A(0)$。然后将1/4波片C放在检偏器的前面，旋转C，使再次出现消光现象（这时1/4波片的快轴与激光电矢量方向关系如何?），记下1/4波片消光时的位置读数$C(0)$。

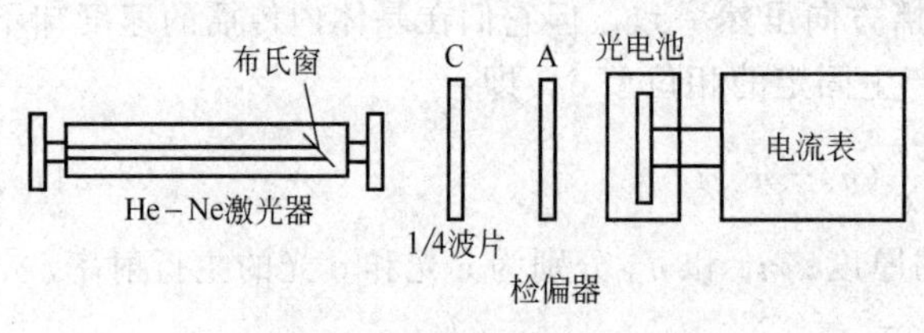

图2.24.2 实验装置原理图

① 1/4波片的作用　旋转1/4波片C，以改变其慢（或快）轴与入射的线偏振光电矢量之间夹角α。当α分别为15°,30°,45°,60°,75°,90°时，将A逐渐旋转360°，观察光电流的变化情况，出现几次极大和几次极小值，将光电流的极大值和极小值记录在表2.24.1中，并由此说明1/4波片出射光的偏振情况。

② 圆、椭圆偏振光的鉴别　单用一块偏振片无法区别圆偏振光和自然光，也无法区别椭圆偏振光和部分偏振光。请设计一个实验，要求用一块1/4波片产生圆偏振光或椭圆偏振

光，再用另一块 1/4 波片将其变成线偏振光（该线偏振光振动方向是否还和原来一致?）。记录下你的实验过程和实验结果。通过这个实验想一想：是否可借助于 1/4 波片把圆偏振光和自然光区别开来，把椭圆偏振光和部分偏振光区别开来，为什么?（可进行选做内容②。）

③ 1/2 波片的作用

a. 如图 2.24.2 所示的装置中，在 C 和 A 之间再插入一个 1/4 波片 C′，使 C 和 C′组成一个 1/2 波片（请考虑如何实现这一要求）。

b. 先不放 C 和 C′，转 A 达到消光，然后在 He-Ne 激光器和 A 之间放上由 C 和 C′组成的 1/2 波片，将此 1/2 波片转动 360°，能看到几次消光？请加以解释。

c. 将 C 和 C′组成 1/2 波片任意转动一角度，破坏消光现象。再将 A 转动 360°，又能看到几次消光？为什么？

d. 改变由 C 和 C′所组成的 1/2 波片的慢（或快）轴与激光的振动方向之间夹角 α 的数值，使其分别为 15°,30°,45°,60°,75°,90°时，转 A 到消光位置，记录相应的角度 α'。解释上面实验结果，并因此了解 1/2 波片的作用。

(2) 选做内容：偏振现象的观察与分析

① 旋转偏振片，观察蓝天、玻璃窗的反射光，光亮的书封面或照片的表面，分析所观察到的现象。

② 设计一个实验，用 1/4 波片区别圆偏振光和自然光或椭圆偏振光与部分偏振光。

③ 透明胶带纸在生产过程中因拉伸呈各向异性，故有双折射现象。它的光轴在其拉伸方向。将透明胶带纸以相同取向粘在玻璃板上，使其厚度分别为 1～8 层，如图 2.24.3 所示（粘贴时应注意各胶带纸的方向一致）。将该样品放在正交偏振片 P、A 之间，用白炽灯照射，转动该样品，在 A 后观察不同层胶带纸的透射光呈什么颜色？逐步转动 A，使 A 平行于 P，仔细观察在此过程中颜色变化的规律，与 A 垂直于 P 时透射光颜色有什么关系？请解释所看到的现象。

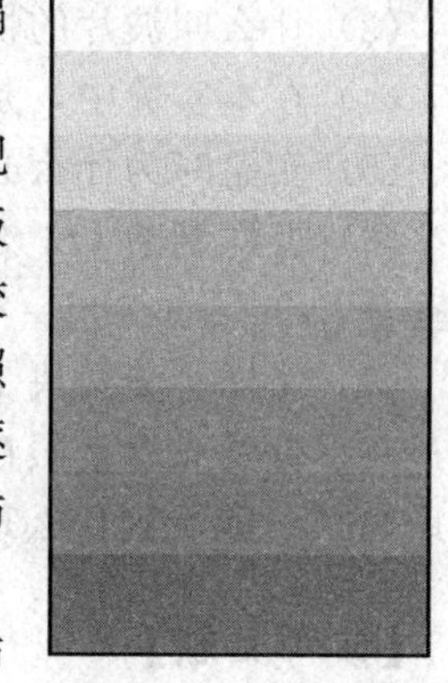

图 2.24.3　胶带纸样品

④ 用透明的三角尺或其他有机玻璃制品取代上述样品，观察与分析白炽灯的透射光情况。

⑤ 通过偏振片观察液晶显示器（如液晶显示的手表或计算器等），你看到什么现象？请解释旋转偏振片时看到的现象。

⑥ 用检偏器检查不带布氏窗的普通 He-Ne 激光器输出光束的偏振状态，并解释之。

⑦ 用“小型旋光仪”测量待测糖溶液浓度。

【数据记录与处理】

(1) 1/4 波片的作用，填表 2.24.1。

表 2.24.1　1/4 波片的作用

1/4 波片转过角度	A 逐渐旋转 360°观察到的现象	光的偏振性质
15°		
30°		
45°		
60°		
75°		
90°		

(2) 1/2 波片的作用，填表 2.24.2

表 2.24.2 1/2 波片的作用

α	α'	线偏振光经 1/2 波片后震动方向转过的角度
15°		
30°		
45°		
60°		
75°		
90°		

【注意事项】

(1) 偏振片、玻璃片等要轻拿轻放，防止打碎。

(2) 所有的镜片、光学表面等应保持清洁、干燥，严禁用手或他物触碰，以免污损。

【思考题】

(1) 什么叫线偏振光？产生线偏振光的方法有哪些？

(2) 如何利用测布儒斯特角的原理，确定一块偏振片的透光轴位置？

(3) 什么叫波片的快轴和慢轴？与光轴有何关系？

(4) 在本实验中，是否要确切知道波片的快轴或慢轴？

(5) 实验时为什么必须使入射光与波片表面垂直？

(6) 怎样判断 1/4 波片的慢（或快）轴与 He-Ne 激光器输出的线偏振光振动方向平行或垂直？

(7) 怎样判断两块 1/4 波片的慢轴已相互平行而组成一个 1/2 波片？

(8) 自然光垂直照在一块 1/4 波片上，再用一块偏振片观察该波片的透射光，转动偏振片 360°，能看到什么现象？固定偏振片转动波片 360°，又看到什么现象？为什么？

【参考文献】

[1] 陆果．基础物理学教程：下卷．北京：高等教育出版社，2008.

[2] 沈元华，陆申龙．基础物理实验．北京：高等教育出版社，2003.

2.25 三棱镜顶角和最小偏向角的测量

分光计是精确测定光线偏转角的仪器，也称测角仪，光学中的许多基本量如波长，折射率等都可以直接或间接地表现为光线的偏转角，因而利用它可测量波长、折射率，此外还能精确的测量光学平面间的夹角。许多光学仪器（棱镜光谱仪、仪栅光谱仪、分光光度计、单色仪等）的基本结构也是以它为基础的，所以分光计是光学实验中的基本仪器之一。使用分光计时必须经过一系列的精细的调整才能得到准确的结果，它的调整技术是光学实验中的基本技术之一，必须正确掌握。本实验的目的就在于着重训练分光计的调整技术和技巧，并用它来测量三棱镜的偏向角。

【实验目的】

(1) 了解分光计的原理，掌握分光计的调节方法。

(2) 学会用分光计测三棱镜的顶角和最小偏向角。

【实验原理】

(1) 分光计的结构

分光计主要由底座、平行光管、望远镜、载物台和读数圆盘五部分组成。外形如图 2.25.1 所示。

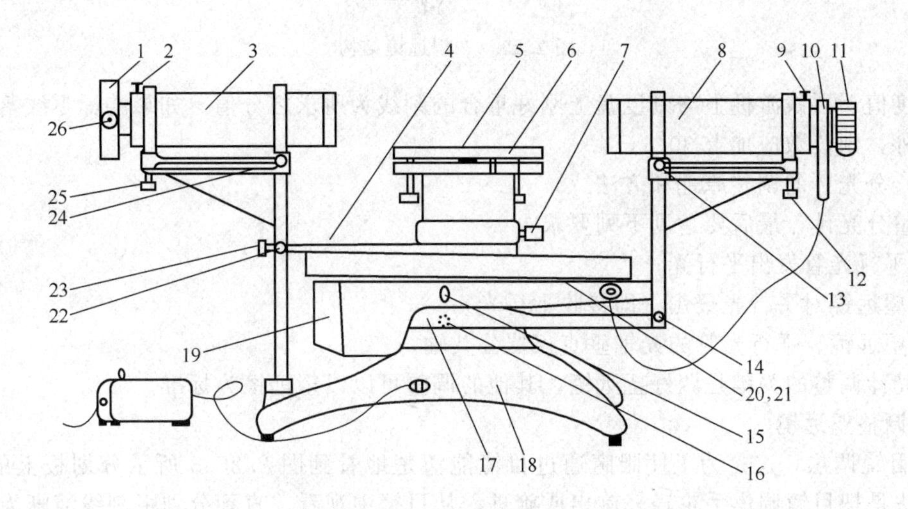

图 2.25.1 分光计外形图

1—狭缝装置；2—狭缝装置锁紧螺钉；3—平行光管；4—制动架（二）；5—载物台；6—载物台调节螺钉（3 只）；7—载物台锁紧螺钉；8—望远镜；9—目镜锁紧螺钉；10—阿贝式自准直目镜；11—目镜调节手轮；12—望远镜仰角调节螺钉；13—望远镜水平调节螺钉；14—望远镜微调螺钉；15—转座与刻度盘止动螺钉；16—望远镜止动螺钉；17—制动架（一）；18—底座；19—转座；20—刻度盘；21—游标盘；22—游标盘微调螺钉；23—游标盘止动螺钉；24—平行光管水平调节螺钉；25—平行光管仰角调节螺钉；26—狭缝宽度调节手轮

① 底座　中心有一竖轴，望远镜和读数圆盘可绕该轴转动，该轴也称为仪器的公共轴或主轴。

② 平行光管　是产生平行光的装置，管的一端装一会聚透镜，另一端是带有狭缝的圆筒，狭缝宽度可以根据需要调节。

③ 望远镜　观测用，由目镜系统和物镜组成，为了调节和测量，物镜和目镜之间还装有分划板，它们分别置于内管、外管和中管内，三个管彼此可以相互移动，也可以用螺钉固定。参看图 2.25.2，在中管的分划板下方紧贴一块 45°全反射小棱镜，棱镜与分划板的粘贴部分涂成黑色，仅留一个绿色的小十字窗口。光线从小棱镜的另一直角边入射，从 45°反射面反射到分划板上，透光部分便形成一个在分划板上的明亮的十字窗。

④ 载物台　放平面镜、棱镜等光学元件用。台面下三个螺钉可调节台面的倾斜角度，平台的高度可旋松螺钉 7 升降，调到合适位置再锁紧螺钉。

⑤ 读数圆盘　是读数装置。由可绕仪器公共轴转动的刻度盘和游标盘组成。度盘上刻有 720 等分刻线，格值为 30 分。在游标盘对称方向设有两个角游标。这是因为读数时，要读出两个游标处的读数值，然后取平均值，这样可消除刻度盘和游标盘的圆心与仪器主轴的轴心不重合所引起的偏心误差。

读数方法与游标卡尺相似，这里读出的是角度。读数时，以角游标零线为准，读出刻度

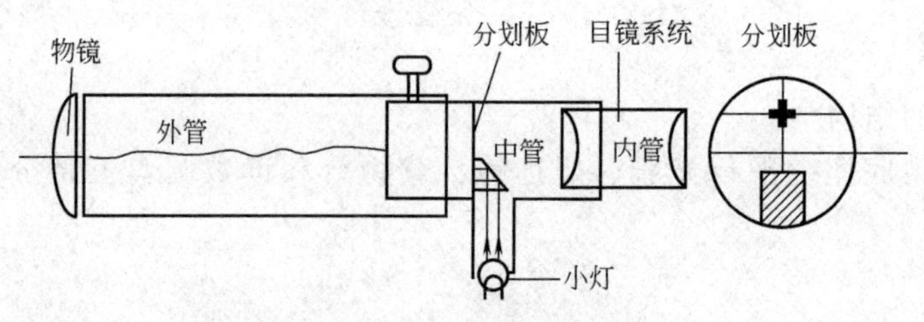

图 2.25.2 望远镜结构

盘上的度值，再找游标上与刻度盘上刚好重合的刻线为所求之分值。如果游标零线落在半度刻线之外，则读数应加上 30′。

(2) 分光计的调整原理和方法

调整分光计，最后要达到下列要求：

① 平行光管发出平行光；

② 望远镜对平行光聚焦（即接收平行光）；

③ 望远镜、平行光管的光轴垂直仪器公共轴。

分光计调整的关键是调好望远镜，其他的调整可以以望远镜为标准。

① 调整望远镜

a. 目镜调焦　这是为了使眼睛通过目镜能清楚地看到图 2.25.3 所示分划板上的刻线。调焦方法是把目镜调焦手轮轻轻旋出或旋进，从目镜中观看，直到分划板刻线清晰为止。

b. 调望远镜对平行光聚焦　这是要将分划板调到物镜焦平面上，调整方法如下。

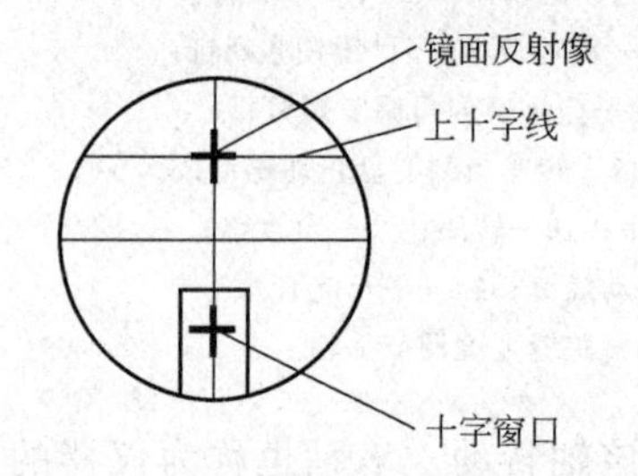

图 2.25.3 从目镜中看到的分划板

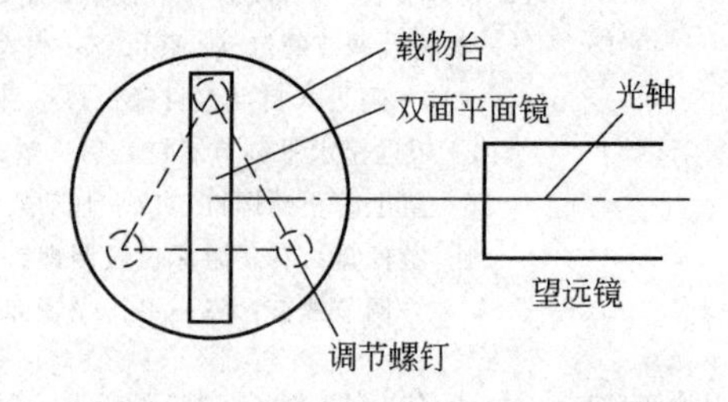

图 2.25.4 载物台上双面镜放置的俯视图

首先把目镜照明，将双面平面镜放到载物台上。为了便于调节，平面镜与载物台下三个调节螺钉的相对位置如图 2.25.4。

其次粗调望远镜光轴与镜面垂直　用眼睛估测一下，把望远镜调成水平，再调载物台螺钉，使镜面大致与望远镜垂直。

最后观察与调节镜面反射像　固定望远镜，双手转动游标盘，于是载物台跟着一起转动。

转到平面镜正好对着望远镜时，在目镜中应看到一个绿色亮十字随着镜面转动而动，这就是镜面反射像。如果像有些模糊，只要沿轴向移动目镜筒，直到像清晰，再旋紧螺钉，则望远镜已对平行光聚焦。

c. 调整望远镜光轴垂直仪器主轴　当镜面与望远镜光轴垂直时，它的反射像应落在目镜分划板上与下方十字窗对称的上十字线中心，见图 2.25.3 平面镜绕轴转 180°后，如果另一镜面的反射像也落在此处，这表明镜面平行仪器主轴。当然，此时与镜面垂直的望远镜光轴也垂直仪器主轴。

在调整过程中出现的某些现象是何原因？调整什么？应如何调整，这是要分析清楚的。

例如，是调载物台？还是调望远镜？调到什么程度？下面简述之。

• 载物台倾角没调好的表现及调整　假设望远镜光轴已垂直仪器主轴，但载物台倾角没调好，见图 2.25.5 平面镜 A 面反射光偏上，载物台转 180°后，B 面反射光偏下，在目镜中看到的现象是 A 面反射像在 B 面反射像的上方。显然，调整方法是把 B 面像（或 A 面像）向上（向下）调到两像点距离的一半，使镜面 A 和 B 的像落在分划板上同一高度。

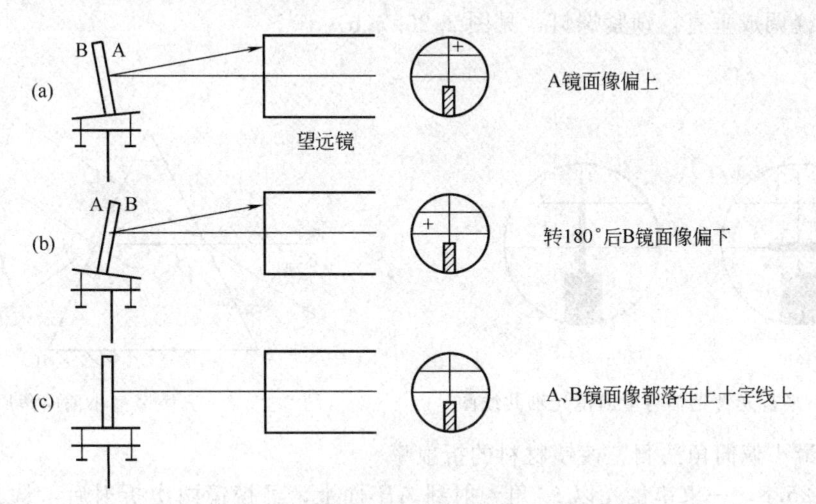

图 2.25.5　载物台倾角没调好的表现及调整原理

• 望远镜光轴没调好的表现及调整　假设载物台已调好，但望远镜光轴不垂直仪器主轴，见图 2.25.6。在图 2.25.6(a) 中，无论平面镜 A 面还是 B 面，反射光都偏上，反射像落在分划板上十字线的上方。在图 2.25.6(b) 中，镜面反射光都偏下，反射像落在上十字线的下方。显然，调整方法是只要调整望远镜仰角调节螺钉 12，（如图 2.25.1 所示）把像调到上十字线上即可，见图 2.25.6(c)。

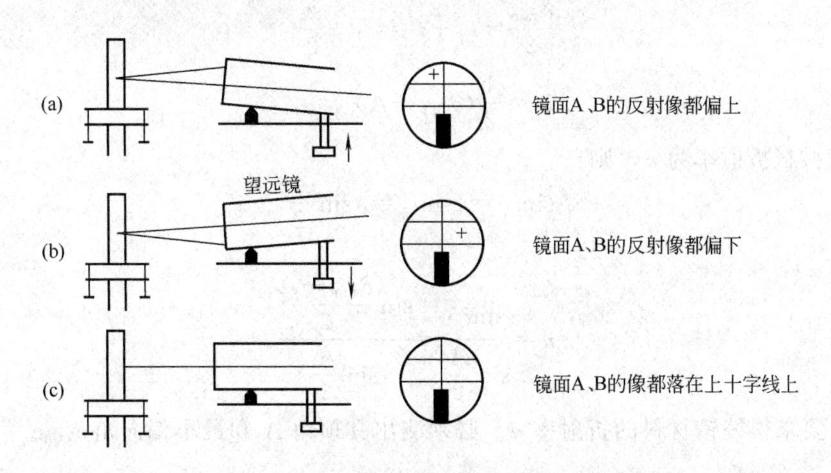

图 2.25.6　望远镜光轴没调好的表现及调整原理

• 载物台和望远镜光轴都没调好的表现和调整方法　表现是两镜面反射像一上一下。先调载物台螺钉，使两镜面反射像像点等高（但像点没落在上十字线上），再把像调到上十字线上，见图 2.25.6(c)。

② 调整平行光管发出平行光并垂直仪器主轴　将被照明的狭缝调到平行光管物镜焦平面上，物镜将出射平行光。

调整方法是：取下平面镜和目镜照明光源，狭缝对准前方水银灯光源，使望远镜转向平行光管方向，在目镜中观察狭缝像，沿轴向移动狭缝筒，直到像清晰。这表明光管已发出平行光，为什么？

再将狭缝转向横向，调螺钉25，将像调到中心横线上，见图 2.25.7(a)。这表明平行光管光轴已与望远镜光轴共线，所以也垂直仪器主轴。螺钉25不能再动。(为什么)？

再将狭缝调成垂直，锁紧螺钉，见图 2.25.7(b)。

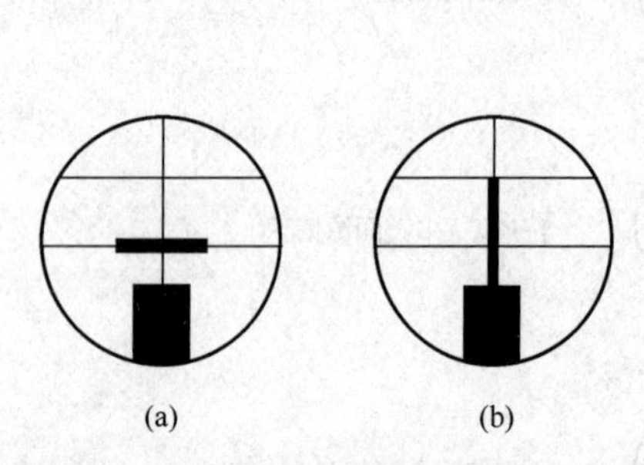

图 2.25.7　平行光管光轴与望远镜光轴共线图

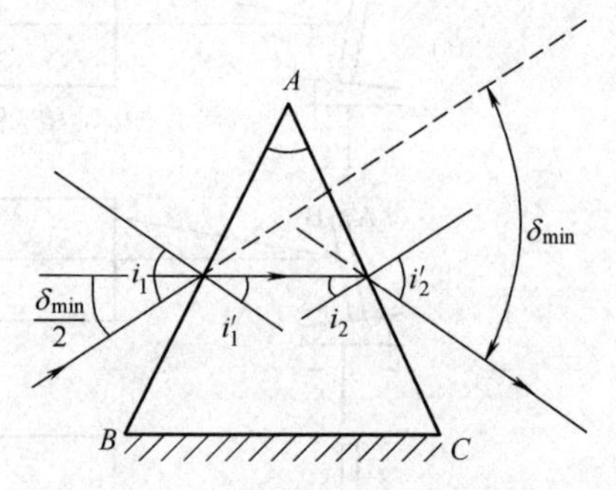

图 2.25.8　三棱镜最小偏向角原理图

(3) 用最小偏向角法测三棱镜材料的折射率

见图 2.25.8，一束单色光以 i_1 角入射到 AB 面上，经棱镜两次折射后，从 AC 面射出来，出射角为 i_2'。入射光和出射光之间的夹角 δ 称为偏向角。当棱镜顶角 A 一定时，偏向角 δ 的大小随入射角 i_1 的变化而变化。而当 $i_1=i_2'$ 时，δ 为最小（证明略）。这时的偏向角称为最小偏向角，记为 $\delta_{\min}$。

由图 2.25.8 中可以看出，这时：

$$i_1'=\frac{A}{2}$$

$$\frac{\delta_{\min}}{2}=i_1-i_1'=i_1-\frac{A}{2} \tag{2.25.1}$$

$$i_1=\frac{1}{2}(\delta_{\min}+A)$$

设棱镜材料折射率为 n，则：

$$\sin i_1=n\sin i_1'=n\sin\frac{A}{2}$$

故：

$$n=\frac{\sin i_1}{\sin\frac{A}{2}}=\frac{\sin\frac{\delta_{\min}+A}{2}}{\sin\frac{A}{2}} \tag{2.25.2}$$

由此可知，要求得棱镜材料的折射率 n，必须测出其顶角 A 和最小偏向角 $\delta_{\min}$。

【实验仪器】

分光仪，汞灯及其电源，三棱镜。

【实验内容】

(1) 调整分光计（要求与调整方法见原理部分）。

(2) 使三棱镜光学侧面垂直望远镜光轴

① 调载物台的上下台面大致平行，将棱镜放到平台上，使棱镜三边与台下三螺钉的连线成三对连线互相垂直，见图 2.25.9。试分析这样放置的好处。

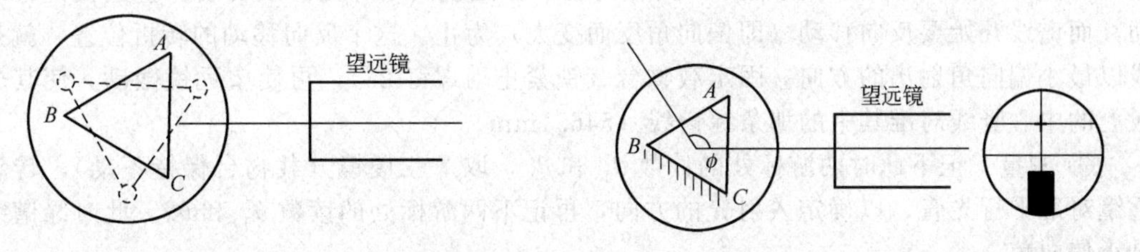

图 2.25.9　三棱镜在载物台上的正确放法　　　　图 2.25.10　测棱镜顶角 A

② 接通目镜照明光源，遮住从平行光管来的光。转动载物台，在望远镜中观察从侧面 AC 和 AB 反射回来的十字像，只调台下三螺钉，使其反射像都落到上十字线处，见图 2.25.10 调节时，切莫动螺钉 12（为什么?）。

注意：每个螺钉的调节要轻微，要同时观察它对各侧面反射像的影响。调好后的棱镜，其位置不能再动。

（3）测棱镜顶角 A

对两游标作一适当标记，分别称游标 1 和游标 2，切记勿颠倒。旋紧度盘下螺钉 15、16，望远镜和刻度盘固定不动。转动游标盘，使棱镜 AC 面正对望远镜，见图 2.25.10 记下游标 1 的读数 θ_1 和游标 2 的读数 θ_2。再转动游标盘，再使 AB 面正对望远镜，记下游标 1 的读数 θ_1' 和游标 2 的读数 θ_2'。同一游标两次读数之差 $|\theta_1-\theta_1'|$ 或 $|\theta_2-\theta_2'|$，即是载物台转过的角度 ϕ，而 ϕ 是 A 角的补角：

$$\phi=\frac{1}{2}(|\theta_1-\theta_1'|+|\theta_2-\theta_2'|)$$

$$A=\pi-\phi$$

（4）反射法测量三棱镜顶角

如图 2.25.11 所示，一束平行光入射于三棱镜，经过 AB 面和 AC 面反射的光线分别沿 θ_1 和 θ_2 方位射出，由几何学关系可知：

$$A=\frac{1}{4}=(|\theta_1-\theta_1'|+|\theta_2-\theta_2'|)$$

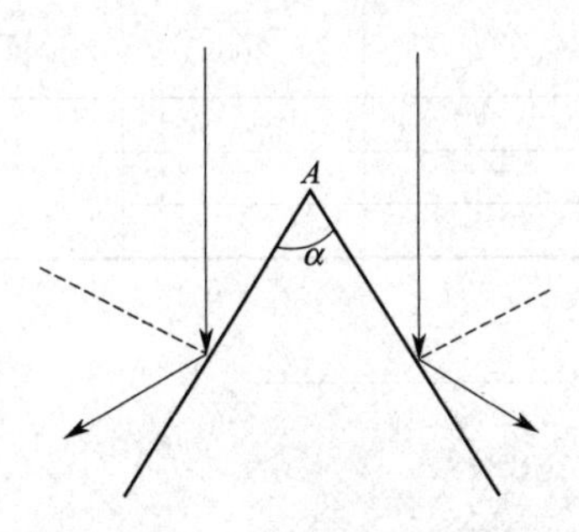

图 2.25.11　三棱镜中的光路图

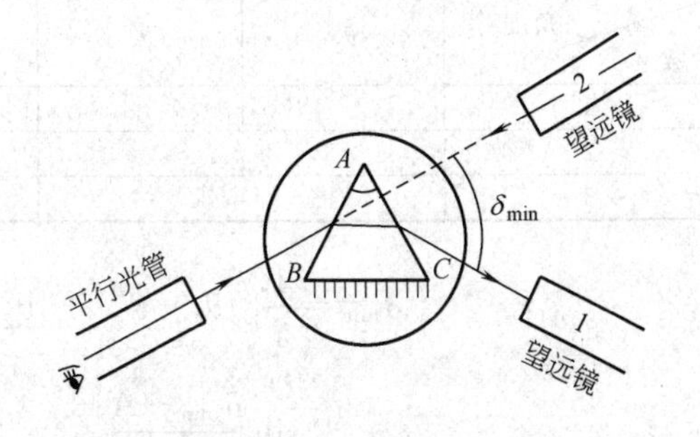

图 2.25.12　测量最小偏向角的方法

（5）测三棱镜的最小偏向角

① 平行光管狭缝对准前方水银灯光源。

② 旋松望远镜止动螺钉 16 和游标盘止动螺钉 23，把载物台及望远镜转至如图 2.25.12 中所示的位置 1 处，再左右微微转动望远镜，找出棱镜出射的各种颜色的水银灯光谱线（各

种波长的狭缝像）。

③ 轻轻转动载物台（改变入射角 i_1），在望远镜中将看到谱线跟着动。改变 i_1，应使谱线往 δ 减小的方向移动（向顶角 A 方向移动）。望远镜要跟踪光谱线转动，直到棱镜继续转动，而谱线开始要反向移动（即偏向角反而变大）为止。这个反向移动的转折位置，就是光线以最小偏向角射出的方向。固定载物台（锁紧止动螺钉 23），再使望远镜微动，使其分划板上的中心竖线对准其中的那条绿谱线（546.1mm）。

④ 测量　记下此时两游标处的读数 θ_1 和 θ_2，取下三棱镜（载物台保持不动），转动望远镜对准平行光管，以确定入射光的方向，再记下两游标处的读数 θ_1' 和 θ_2'。此时绿谱线的最小偏向角：

$$\delta_{\min}=\frac{1}{2}[|\theta_1-\theta_1'|+|\theta_2-\theta_2'|]$$

对 $\delta_{\min}$ 测量 3 次。

【数据记录与处理】

（1）三棱镜顶角的测量，填表 2.25.1。

表 2.25.1　测量三棱镜顶角

次数 / 角度		1		2		3		4	
θ_1	θ_2								
θ_1'	θ_2'								
$A_i=\frac{1}{4}(\lvert\theta_1'-\theta_1\rvert+\lvert\theta_2-\theta_2'\rvert)$									

$$u_{A_A}=\frac{t_{0.95}}{n}\sqrt{\frac{\sum(A_i-\bar{A})^2}{n-1}}=\underline{\qquad\qquad}，\quad u_{A_B}=1'=0.017°$$

$$u_A=\sqrt{(u_{A_A})^2+(u_{A_B})^2}=\underline{\qquad\qquad}$$

$$A=\bar{A}\pm u_A=\underline{\qquad\qquad}$$

（2）三棱镜最小偏向角的测量，填表 2.25.2。

表 2.25.2　测量三棱镜最小偏向角

角度 / 次数	θ_1	θ_2	θ_1'	θ_2'	$\delta_{\min}$	$\bar{\delta}_{\min}$
1						
2						
3						

$$\delta_{\min}=\frac{1}{2}[|\theta_1-\theta_1'|+|\theta_2-\theta_2'|]=\underline{\qquad\qquad}$$

利用公式 $n=\dfrac{\sin i_1}{\sin\dfrac{A}{2}}=\dfrac{\sin\dfrac{\delta_{\min}+A}{2}}{\sin\dfrac{A}{2}}$ 求折射率 n：

$$u_n=\frac{\bar{n}}{2}\sqrt{\cot^2\left(\frac{\bar{\delta}_m+\bar{A}}{2}\right)(u_{\delta_m}+u_A)^2+\cot^2\frac{\bar{A}}{2}\times u_{A^2}}=\underline{\qquad\qquad}$$

其中

$$u_{\delta_{mA}}=\frac{t_{0.95}}{n}\sqrt{\frac{\sum(\delta_{mi}-\bar{\delta}_m)^2}{n-1}}=\_\_\_\_\_\_\_\_\_\_,\quad u_{\delta_{mB}}=1'=0.017^\circ$$

$$u_{\delta_m}=\sqrt{u_{\delta_{mA}^2}+u_{\delta_{mB}^2}}=\_\_\_\_\_\_\_\_\_\_$$

$$n=\bar{n}\pm u_n=\_\_\_\_\_\_\_\_\_\_$$

【注意事项】

(1) 转动载物台，都是指转动游标盘带动载物台一起转动。

(2) 狭缝宽度 1mm 左右为宜，宽了测量误差大，窄了光通量小。狭缝易损坏，尽量少调，调节时要边看边调，动作要轻，切忌两缝太近。

(3) 光学仪器螺钉的调节动作要轻柔，锁紧螺钉也是指锁住即可，不可用力过大，以免损坏器件。

【思考题】

(1) 已调好望远镜光轴垂直主轴，若将平面镜取下后，又放到载物台上（放的位置与拿下前的位置不同），发现两镜面又不垂直望远镜光轴了，这是为什么？是否说明望远镜光轴还没有调好？

(2) 转动望远镜测角度之前，分光计的哪些部分固定不动？望远镜应和什么盘一起转动？

(3) 能否直接通过三棱镜的两个光学面来调望远镜主光轴与分光计主轴垂直？

【参考文献】

[1] 梁廷权．物理光学．北京：机械工业出版社，1982：55-72.

[2] 杨之昌，王潜智，邱淑贞．物理光学实验：上册．上海：上海科学技术出版社，1986：60-71.

[3] 詹金斯 FA，怀特 HE. 光学基础：上册．杨光熊，郭永康译．北京：高等教育出版社，1990.

2.26 迈克尔逊干涉仪的调节和使用

迈克尔逊干涉仪是一种分振幅双光束的干涉仪，用它可以观察光的干涉现象（包括等倾干涉条纹、等厚干涉条纹、白光干涉条纹），也可以研究许多物理因素（如温度、压强、电场、磁场以及媒质的运动等）对光的传播的影响，同时还可以测定单色光的波长、光源和滤光片的相干长度以及透明介质的折射率等，当配上法布里-珀罗系统还可以观察多光束的干涉，因此它是一种用途很广，验证基础理论的好的实验仪器。

【实验目的】

(1) 了解迈克尔逊干涉仪的结构、调整和使用方法。

(2) 通过实验观察面光源等倾干涉、等厚干涉的形成条件和条纹特点。

(3) 用干涉条纹变化的特点测定光源波长。

【实验原理】

如图 2.26.1 所示。单色光 S 经扩束镜 L 后变成为发散光束，该光束射到与光束成 45°倾角的分光板 G_1上，G_1的后表面镀有金属的半反射膜，射向 G_1的光束被半反射膜分成强度大致相同的两部分：一部分从 G_1的反射膜处反射，射向平面镜 M_1（反射光①）；另一部分从 G_1透射，射向平面镜 M_2（透射光②）。因为 G_1和平面镜 M_1、M_2均成 45°角，所以反射光①和透射光②均垂直射到 M_1 和 M_2 上。从 M_1 和 M_2 反射回来的光再经 G_1 半反射膜反射汇合成一束，在 E 处就可观察到干涉条纹。G_2 为补偿板，其材料和厚度与 G_1 相同，用以补偿光束②的光程，使光束②和光束①在玻璃中走过的光程大致相等，以满足相干条件。M_2' 是平面镜 M_2 对半反射膜的虚像，所以从 M_2 上反射的光，可以看成是从虚像 M_2' 处发出的来的。迈克尔逊干涉仪所产生的干涉花样就如同 M_2' 和 M_1 之间的空气膜所产生的干涉花纹一样，如 M_2' 和 M_1 平行则可视为等倾干涉，如 M_2' 与 M_1 不平行则视为等厚干涉。

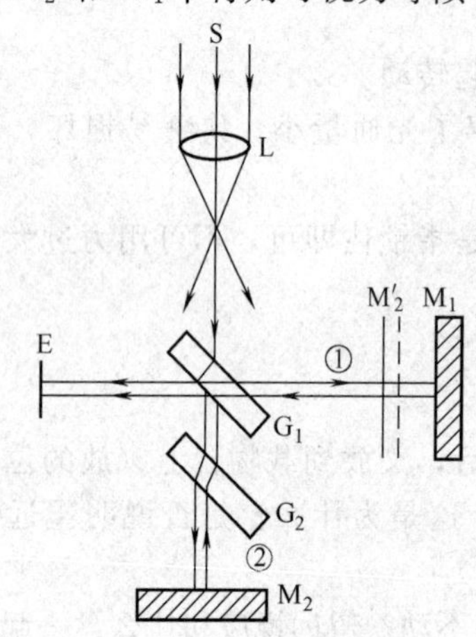

图 2.26.1　干涉光路图

S—激光束；L—扩束透镜；G_1—分光板；

G_2—补偿板；M_1，M_2—反射镜；E—观察屏

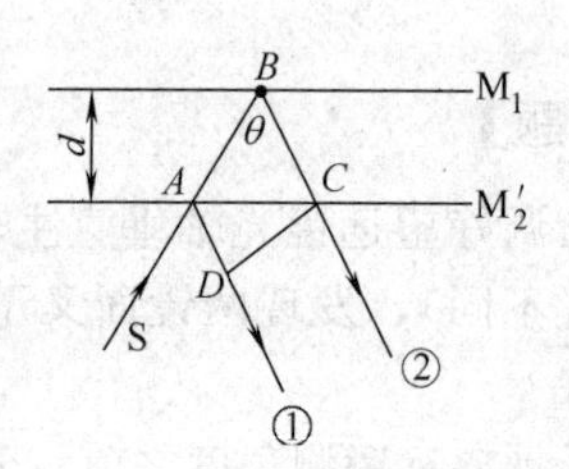

图 2.26.2　等倾干涉光程差示意

（1）单色面光源等倾干涉

如图 2.26.2 所示，在面光源上有一点光源 S_1 发出一束光 S 入射到 M_2'、M_1 上，而分别反射出①、②两条光束，由于①、②两光束来自同一光束，是相干的，由几何关系可以求得两光束的光程差 Δ 为：

$$\Delta = AB + BC - AD$$

因：

$$AB = d/\cos\theta$$

$$AD = AC\sin\theta = 2d\tan\theta \cdot \sin\theta$$

$$\Delta = \frac{2d}{\cos\theta} - 2d\tan\theta \cdot \sin\theta = \frac{2d(1-\sin^2\theta)}{\cos\theta}$$

即：

$$\Delta = 2d\cos\theta \tag{2.26.1}$$

式中，d 为 M_2' 与 M_1 之间的距离；θ 为入射光束的入射角。根据光的相干条件：

$$\Delta = 2d\cos\theta = \begin{cases} k\lambda, & k=1,2,\cdots \quad 明纹 \\ (2k+1)\dfrac{\lambda}{2}, & k=0,1,2,\cdots \quad 暗纹 \end{cases} \tag{2.26.2}$$

若面光源上另有一点光源 S_2，以同一入射角 θ 入射，经 M_1 和 M_2' 反射后，同样可以得到与光线①、②互相平行的反射光，即由式(2.26.2) 可见，当 d 一定时，光程差 Δ 只取决于入射角 θ，因此，具有相同入射角的光经反射镜 M_2'、M_1 反射后，在无穷远处相遇而产生相干，且在相遇点有相同的光程差，也就是说，凡入射角相同的光就形成同一条干涉条纹，这样的干涉条纹称为等倾干涉条纹。又因为这些光线的干涉发生在空间某特定区域，所以称为定域干涉。当用单色扩展光入射时，则等倾干涉条纹的形状决定于来自扩展光源平面上光的入射角 θ (如图 2.26.3 所示)，在垂直于观察方向的光源平面 S 上，自以 O 点为中心的圆周上各点发出的光以相同的倾角 θ 入射到 M_2' 与 M_1 之间的空气层，所以它的干涉图样是同心圆环。由于 θ 越小，$\cos\theta$ 越大，据式(2.26.2)，k 的级数也就越大，所以干涉条纹的级次以圆心为最大。

当 M_1 向 M_2' 靠近，即 d 减小时，对某一圆环（即 k 一定）条纹 $2d\cos\theta$ 要保持恒定，此时 θ 就要变小，若我们跟踪观察某一圆环条纹，将看到该干涉圆环变小并向中心收缩，每当 d 减小 $\lambda/2$ 干涉条纹就向中心消失一个（即向中心“吞没”），随着 M_1 向 M_2' 接近，圆环条纹变粗变疏，当 M_1 和 M_2' 完全重合时（即 $d=0$），视场亮度均匀。当 M_1 继续沿原方向前进时，d 逐渐由零增加，与 d 减小情况同理，此时 θ 就要变大，跟踪观察某一圆环条纹，将看到该干涉圆环条纹将从中心向外“长出”，图 2.26.4 表示 d 变化时对干涉条纹的影响。

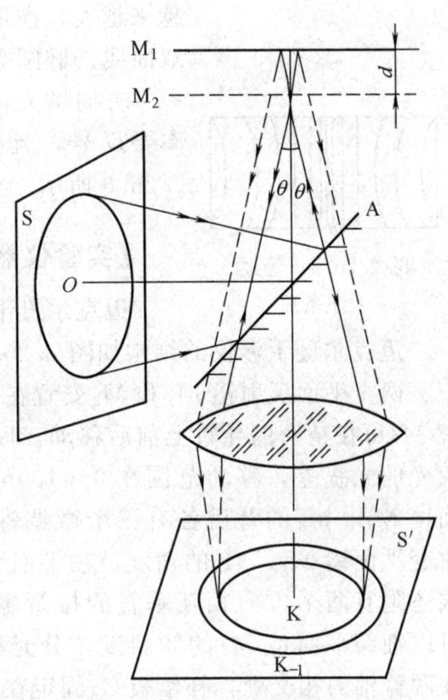

图 2.26.3　面光源等倾干涉

在圆环中心有 $\theta=0$，所以 $\cos\theta=1$，则式(2.26.2)的明纹条件变为：

$$2d=k\lambda \qquad (2.26.3)$$

如果在迈克尔逊干涉仪上读出 M_1 移动的距离 d，同时数出在这期间干涉条纹（“冒出”或“吞没”）变化的条纹数 k，由式(2.26.3)可得：

$$d=k\cdot\lambda/2 \qquad (2.26.4)$$

就可计算出此时光波的波长 λ。

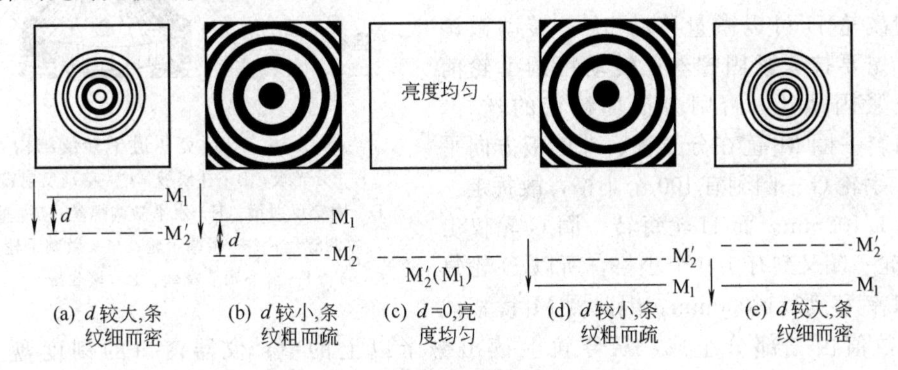

(a) d 较大,条纹细而密　(b) d 较小,条纹粗而疏　(c) d=0,亮度均匀　(d) d 较小,条纹粗而疏　(e) d 较大,条纹细而密

图 2.26.4　等倾干涉条纹随 d 的变化

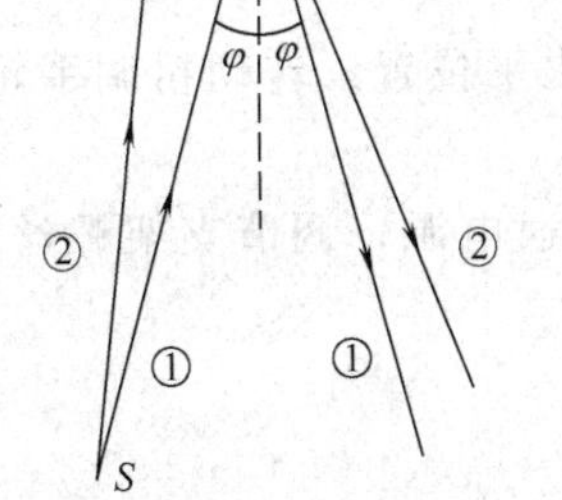

(2) 单色面光源等厚定域干涉

如果 M_1 不垂直 M_2，即 M_1 与 M_2' 成一很小的交角（交角太大看不到干涉条纹），它们之间形成楔形空气隙，如图 2.26.5 所示。从面光源上某点 S 发出不同方向的光线①和②，经 M_1 和 M_2' 反射后，在镜面附近相交，产生干涉，则出现等厚干涉条纹。

图 2.26.5　等厚定域干涉

由图 2.26.5 可知光线①和②的光程差为：

$$\Delta=SA+AB-SB$$

由于楔角 θ 很小，因此在入射点 B 的微小区域内，近似看成平行平板，可以证明其光程差为：

$$\Delta=2d\cos\varphi$$

式中，d 为楔形平板在 B 点处的厚度；φ 为入射角。如果 M_1 和 M_2' 相交，在交点处 $d=0$，$\Delta=0$，对应的干涉条纹称中央干涉条纹，为一条直线。随着偏离 M_1 和 M_2' 的交点，光程差 Δ

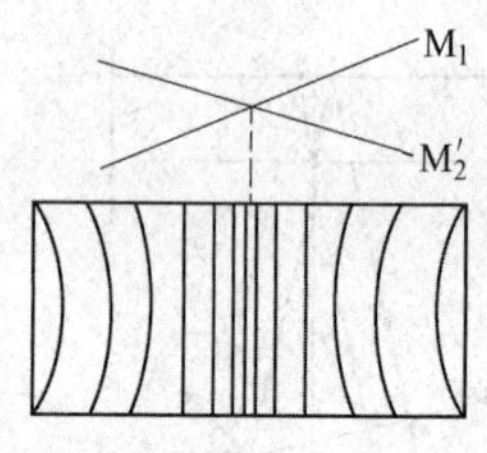

图 2.26.6　等厚干涉条纹

越来越大，楔形空气薄膜的厚度由 0 逐渐增加，则直条纹将逐渐变成双曲线、椭圆等。随着光程差 Δ 的减小，空气薄膜的厚度由 0 逐渐向另一方向增大，则直线条纹也将逐渐变成双曲线、椭圆等，只不过曲率要反号，且楔形空气薄膜的夹角变大、条纹的间距变密。如图 2.26.6 所示。

【实验仪器】

迈克尔逊干涉仪，He-Ne 激光器，扩束器。

迈克尔逊干涉仪的结构如图 2.26.7 所示。

两个平面反射镜 M_1 和 M_2 安置在相互垂直的两个臂上，其中平面镜 M_2 是固定的，平面镜 M_1 可在精密的导轨上前后移动，以便改变两束光的光程差，移动范围在 0～100mm 内，平面镜 M_1、M_2 的背后各有三个微调螺丝，用以改变平面镜 M_1、M_2 的角度，在平面镜 M_2 的下端还附有两个方向相互垂直的拉簧螺丝 F、E，可以细调平面镜 M_2 的倾斜度。分光板 G_1 固定在两臂轴的相交处，补偿板 G_2 固定在分光板 G_1 和平面镜 M_2 之间。移动平面镜 M_1 有两种方式，一是旋转粗调手轮 G 可以较快地移动 M_1，二是旋转微调鼓轮 H 可以微量移动 M_1。转动微调鼓轮前，先要拧紧紧固螺丝；转动粗调手轮前必须松开紧固螺丝，否则会损坏精密的丝杆。手轮 G 每转一圈 M_1 镜在分光板、补偿板方向平移 1mm，手轮 G 一圈刻有 100 个小格，故每走一格平移为 1/100mm。而 H 轮每转一圈 G 轮仅走 1 格，H 轮一圈又刻有 100 个小格，所以 H 轮每走一格 M_1 镜移动1/10000mm。因此测 M_1 镜移动的距离，数值由三部分组成：从导轨上读出毫米以上的值；仪器窗口的刻度盘上读到 0.01mm；在微动手轮上最小刻度值为 0.0001mm，还可估读到 0.0001mm 的十分之一。即：

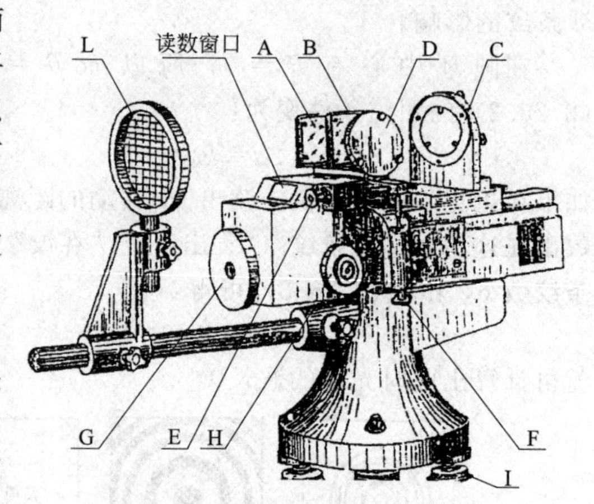

图 2.26.7　迈克尔逊干涉仪结构

A—分光板；B—补偿板；C—移动反射镜；D—固定反射镜；E—水平微调螺丝；F—垂直微调螺丝；G—粗调手轮；H—微调手轮；I—水平调节螺丝；L—接收屏

$$d=m+l\cdot\frac{1}{100}+n\cdot\frac{1}{10000}(\mathrm{mm})$$

式中，m 是主尺读数；l 是 G 轮读数；n 是 H 轮读数。

【实验内容】

(1) 迈克尔逊干涉仪的调节

① 仪器粗调　调节三脚底座下的三只调平螺丝，使仪器处于水平位置。转动粗调手轮 G，使平面镜 M_1、M_2 与分光板 G_1 之间的距离大致相等。

② 调节激光束方向　将 He-Ne 激光器放在可调的支架上，接通电源，调节支架螺丝，使激光束大致垂直于仪器导轨，并使其射向分光板 G_1 中心部位。

③ 转动粗调手轮 G，使主尺指示在 30～32mm 处。

④ 将固定光纤头的支架置于 M_2 的法线位置。

⑤ 将激光光束置于 M_2 中央的法线位置，此时在接收屏上可见两排光点，清楚的一般为三

个，慢慢调节定镜 M_2 背后的三个螺丝，使两排光点中间的一个完全重合，此时重合的两个光点应闪闪发光，再将光纤头推到 M_2 的法线位置，这时一般就可看到干涉条纹，若看不到可重复步骤③，再仔细调节定镜 M_2 背后的三个螺丝和水平、竖直微调拉杆，使干涉环处于荧屏中央。

⑥ 细调　在测量过程中，只能动微调装置即鼓轮 H，而不能动手轮 G。方法是在将手柄由“开”转向“合”的过程中，迅速转动鼓轮 H，使鼓轮 H 的蜗轮与粗动手轮的蜗杆啮合，这时 H 轮动，便带动 G 的转动（这可以从读数窗口直接看到）。

⑦ 调零　为了使读数指示正常，还需“调零”。其方法是：先将鼓轮 H 指示线转到和“0”刻度对准（此时手轮也跟随转），然后再动手轮，将手轮 G 转到 1/100mm 刻度线的整数线上（此时鼓轮 H 并不跟随转动，仍指原来的“0”位置），这时“调零”过程完毕。

⑧ 消除空回误差　首先认定测量时是使光程差增大（顺时针方向转动 H）还是减小（反时针转动 H），然后顺时针方向转动 H 若干周后，再开始记数测量。

⑨ 上述调节全部进行完，当看到接收屏上的干涉圆环开始“冒”或“吞”时，记录动镜 M_1 的初始位置 d_1，然后数环记录数据。

(2) 测波长

① 顺时针转动鼓轮 H（使光程差增大）则看到圆环从中央“冒出”（反之则“吞进”）。

② 记下此时读数 d_1，然后每数 50 条环记录一个读数，直到记录至 550 条，将此数据填入下表，用逐差法按式(2.26.4) 计算出 λ 值。

(3) 观察等厚干涉条纹

在利用等倾干涉条纹测定 He-Ne 激光波长的基础上，继续增大或减小光程差，使 $d\to 0$（即转动鼓轮 H，使 M_1 镜背离或接近 A，使 M_1A 距离逐渐等于 M_2A 距离），则逐渐可以看到等倾干涉条纹的曲率由大变小（条纹慢慢变直）再由小变大（条纹反向弯曲又成等倾干涉条纹）的全过程。

【数据记录与处理】

填表 2.26.1。

表 2.26.1　测波长数据记录

条纹移动数 N_1	0	50	100	150	200	250
M_1 镜位置 d_1/mm						
条纹移动数 N_2	300	350	400	450	500	550
M_1 镜位置 d_2/mm						
$\Delta d=\lvert d_2-d_1\rvert$						
$\lambda_i=2\Delta d/N$						

$$N=N_1-N_2=300(\text{环})$$

求出 $\bar{\lambda}$ 及 u_λ：$u_{\lambda A}=\dfrac{t}{\sqrt{n}}\sqrt{\dfrac{\sum_{i=1}^{n}(\lambda_i-\bar{\lambda})^2}{n-1}}=$__________，　$n=6$

$u_{\lambda B}=1.5\bar{\lambda}\%=$__________，$u_\lambda=\sqrt{(u_{\lambda A})^2+(u_{\lambda B})^2}=$__________

写出结果表达式：$\lambda=\bar{\lambda}\pm u_\lambda=$__________

$\lambda_{标}=632.8\text{nm}$，　$E=\dfrac{\bar{\lambda}-\lambda_{标}}{\lambda_{标}}\times 100\%=$__________

【注意事项】

(1) 调整部件用力要适当，不可强旋硬扳。

（2）粗动前须先将手柄转到“开”上，然后才能转动粗动手轮，（否则会损坏蜗轮杆）；若要微动，则必须在转动开合手柄于“合”的位置过程中，迅速转动鼓轮 H，以使蜗杆平稳地与蜗轮啮合。

（3）勿用手或硬物触摸仪器上各种光学元件的表面，若有异物，必须请教师用专门毛笔或高级镜头纸等消除。

【思考题】

（1）观察等倾干涉和等厚干涉的先决条件是什么？为什么在观察到等倾干涉后，在不改变 M_1、M_2 镜倾角的前提下（保持原来方位不变），继续改变光程差，使 $d=0$，会出现等厚干涉条纹？这两者是否矛盾？

（2）等倾干涉的特点，测量长度的理论公式是什么？

（3）什么是空程？如何防止空程对测量的影响？

（4）干涉圆环吞入（或冒出）一个环，动镜移动多远距离？两镜之间的距离如何变化？

【参考文献】

[1] 赵凯华，钟锡华．光学．北京：北京大学出版社，2008.

[2] 谢行恕，康世秀，霍剑青．大学物理实验．北京：高等教育出版社，2001.

[3] 章志鸣，沈元华，陈惠芬．光学．第 2 版．北京：高等教育出版社，2000.

[4] 姚启钧．光学教程．北京：高等教育出版社，2008.

2.27 阿贝折射仪测定物质折射率

光与物质相互作用可以产生各种光学现象（如光的折射、反射、散射、透射、吸收、旋光以及物质受激辐射等），通过分析研究这些光学现象，可以提供原子、分子及晶体结构等方面的大量信息。所以，不论在物质的成分分析、结构测定及光化学反应等方面，都离不开光学测量。折射率是物质的重要物理常数之一，许多纯物质都具有一定的折射率，如果其中含有杂质则折射率将发生变化，出现偏差，杂质越多，偏差越大。因此通过折射率的测定，可以测定物质的浓度。

【实验目的】

（1）了解阿贝折射仪的原理，学会阿贝折射仪的调整和使用方法。

（2）掌握使用阿贝折射仪测定物质折射率的方法。

（3）通过对葡萄糖溶液折射率的测定，确定其浓度。

【实验原理】

阿贝折射仪是药物鉴定中常用的分析仪器，主要用于测定透明液体的折射率。折射率是物质的重要光学常数之一，可借以了解该物质的光学性能、纯度和浓度等。

当光从一种媒质进入到另一种媒质时，在两种媒质的分界面上，会发生反射和折射现象，如图 2.27.1 所示。在折射现象中有：

$$n_1\sin\theta_1=n_2\sin\theta_2$$

显然，若 $n_1>n_2$，则 $\theta_1<\theta_2$。其中绝对折射率较大的媒质称为光密媒质，较小的称为光疏媒质。当光线从光密媒质 n_1 进入光疏媒质 n_2 时，折射角 θ_2 恒大于入射角 θ_1，且 θ_2 随

θ_1 的增大而增大，当入射角 θ_1 增大到某一数值 θ_0 而使 $\theta_2=90°$时，则发生全反射现象。入射角 θ_0 称为临界角。

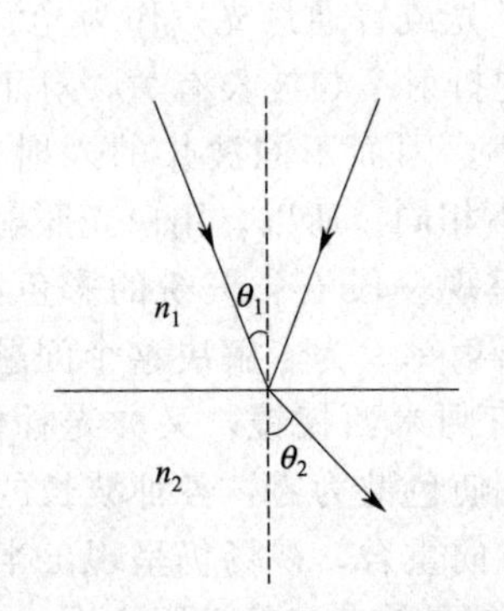

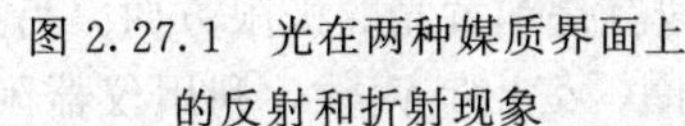
图 2.27.1　光在两种媒质界面上的反射和折射现象

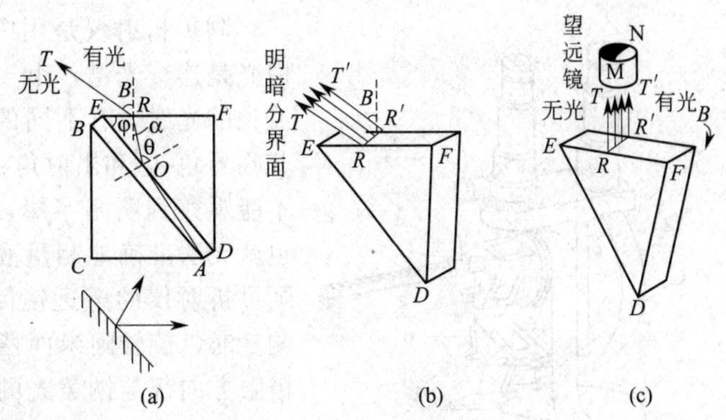

图 2.27.2　阿贝折射仪原理图

阿贝折射仪就是根据全反射原理而制成的。其主要部分是由一直角进光棱镜 ABC 和另一直角折光棱镜 DEF 组成，在两棱镜间放入待测液体，如图 2.27.2(a) 所示。进光棱镜的一个表面 AB 为磨砂面，从反光镜 M 射入进光棱镜的光照亮了整个磨砂面，由于磨砂面的漫反射，使液层内有各种不同方向的入射光。

假设入射光为单色光，图中入射光线 AO（入射点 O 实际是在靠近 E 点处）的入射角为最大，由于液层很薄，这个最大入射角非常接近直角。设待测液体的折射率 n_2 小于折光棱镜的折射率 n_1，则在待测液体与折光棱镜界面上入射光线 AO 和法线的夹角近似 90°，而折射光线 OR 和法线的夹角为 θ_0，由光路的可逆性可知，此折射角 θ_0 即为临界角。

根据折射定律：$n_1\sin\theta_0=n_2\sin 90°$，即：

$$n_2=n_1\sin\theta_0 \tag{2.27.1}$$

可见临界角 θ_0 的大小取决于待测液体的折射率 n_2 及折光棱镜的折射率 n_1。

当 OR 光线射出折射棱镜进入空气（其折射率 $n=1$）时，又要发生一次折射，设此时的入射角为 α，折射角为 β（或称出射角），则根据折射定律得：

$$n_1\sin\alpha=\sin\beta \tag{2.27.2}$$

根据三角形的外角等于不相邻两内角之和的几何原理，由△ORE，得：

$$(\theta_0+90°)=(\alpha+90°)+\varphi \tag{2.27.3}$$

将式(2.27.1)～式(2.27.3) 联立，解得：

$$n_2=\sin\varphi\sqrt{n_1^2-\sin^2\beta}+\sin\beta\cos\varphi \tag{2.27.4}$$

式中，棱镜的棱角 φ 和折射率 n_1 均为定值，因此用阿贝折射仪测出 β 角后，就可算出液体的折射率 n_2。

在所有入射到折射棱镜 DE 面的入射光线中，光线 AO 的入射角等于 90°已经达到了最大的极限值，因此其出射角 β 也是出射光线的极限值，凡入射光线的入射角小于 90°，在折射棱镜中的折射角必小于 θ_0，从而其出射角也必小于 β。由此可见，以 RT 为分界线，在 RT 的右侧可以有出射光线，在 RT 的左侧不可能有出射光线，见图 2.27.2(a)。必须指出图 2.27.2(a) 所示的只是棱镜的一个纵截面，若考虑折射棱镜整体，光线在整个折射棱镜中传播的情况，就会出现如图 2.27.2(b) 所示的明暗分界面 $RR'T'T$。在 $RR'T'T$ 面的右侧有光，在 $RR'T'T$ 面的左侧无光，这分界面与棱镜顶面的法线成 β 角，当转动棱镜 β 角后，使明暗分界面通过望远镜中十字线的交点，这时从望远镜中可看到半明半暗的视场，如

图 2.27.2(c) 所示。因在阿贝折射仪中直接刻出了与 β 角所对应的折射率，所以使用时可从仪器上直接读数而无需计算，阿贝折射仪对折射率的测量范围是 1.3000～1.7000。

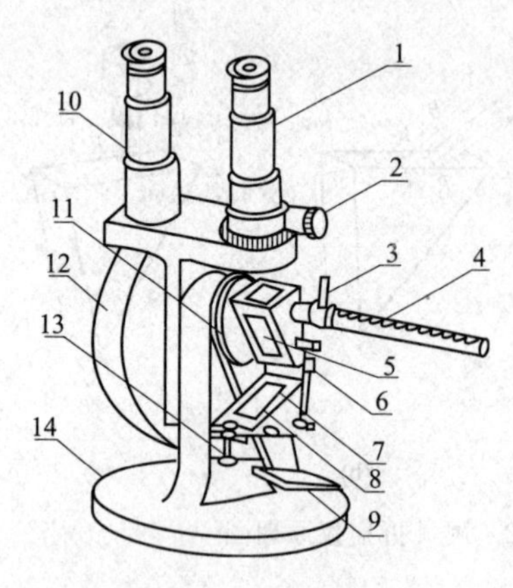

图 2.27.3　阿贝折射仪

1—测量望远镜；2—消散手柄；3—恒温水入口；4—温度计；5—测量棱镜；6—铰链；7—辅助棱镜；8—加液槽；9—反射镜；10—读数望远镜；11—转轴；12—刻度盘罩；13—闭合旋钮；14—底座

阿贝折射仪是用白光（日光或普通灯光）作为光源，而白光是连续光谱，由于液体的折射率与波长有关，对于不同波长的光线，有不同的折射率，因而不同波长的入射光线，其临界角 θ_0 和出射角 β 也各不相同。所以，用白光照射时就不能观察到明暗半影，而将呈现一段五彩缤纷的彩色区域，也就无法准确地测量液体的折射率。为了解决这个问题，在阿贝折射仪的望远镜筒中装有阿米西棱镜，又称光补偿器。测量时，旋转阿米西棱镜手轮使色散为零，各种波长的光的极限方向都与钠黄光的极限方向重合，视场仍呈现出半边黑色、半边白色，黑白的分界线就是钠黄光的极限方向。另外，光补偿器还附有色散值刻度圈，读出其读数，利用仪器附带的卡片，还可以求出待测物的色散率。

【实验仪器】

阿贝折射仪，待测液体（若干），葡萄糖溶液（若干不同浓度值），无水酒精（若干），蒸馏水（若干），镜头纸，滴管（三支）。

阿贝折射仪的外形结构如图 2.27.3 所示。

阿贝折射仪由测量系统和读数系统两部分组成，如图 2.27.4 所示。

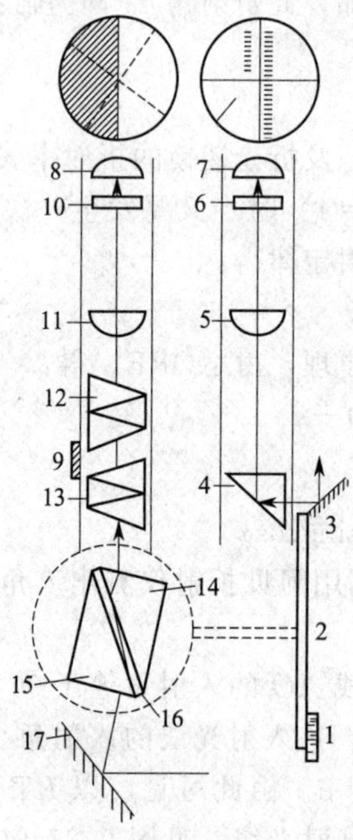

图 2.27.4　阿贝折射仪测量、读数系统

1—旋转手轮；2—照明刻度盘；3—小反光镜；4—转向棱镜；5，11—物镜；6—分划板；7，8—目镜；9—阿米西棱镜手轮；10—分划板；12，13—阿米西棱镜；14—折光棱镜；15—进光棱镜；16—折光棱镜和进光棱镜之间的缝隙；17—反光镜

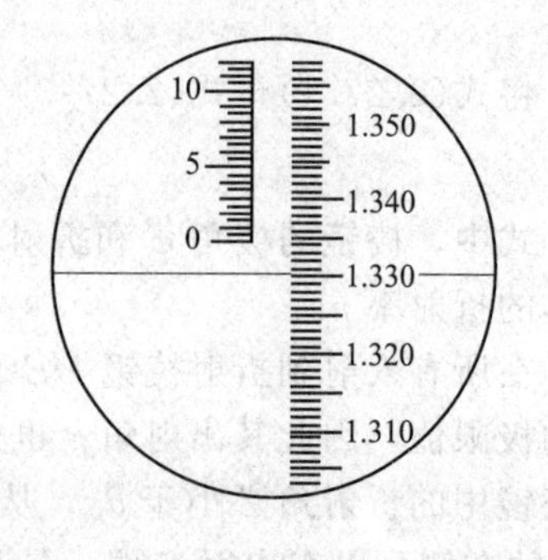

图 2.27.5　阿贝折射仪的读数

测量系统：光线由反光镜 17 进入进光棱镜 15，经过被测液体后射入折光棱镜 14，再经过两个阿米西棱镜 13、12，以消除色散，然后由物镜 11 将黑白分界线成像于分划板 10（内有十字叉丝）上，经目镜 8 放大后成像于观察者眼中。

读数系统：光线由小反光镜 3 照明刻度盘 2，经转向棱镜 4 及物镜 5 将刻度成像于分划板 6 上，再经目镜 7 放大成像后以供观察。

刻度盘和棱镜组是同轴的，旋转手轮 1 可同时转动棱镜组和刻度盘。在测量镜筒视场中如出现彩色区域，使分界不够明显，可旋转阿米西棱镜手轮 9，以调整棱镜的位置，抵消色散现象，至黑白分界明显，调节 1 使叉丝交点与分界线重合。此时在读数镜筒分划板中的横线在右边刻度所指示的数值即为待测液体的折射率，如图 2.27.5 所示。对于糖溶液，还可以从分划板中的横线在左边刻度所指示的数据，得出该糖溶液中含糖量浓度百分数。

由于液体折射率随温度而变化，测量时需记录液体的温度，本仪器备有温度计插孔和恒温插头。

【实验内容】

(1) 校准仪器

仪器在测量前，先要进行校准。校准时可用蒸馏水（$n_D^{20}=1.3330$）或标准玻璃块（如图 2.27.6 所示）进行（标准玻璃块标有折射率）

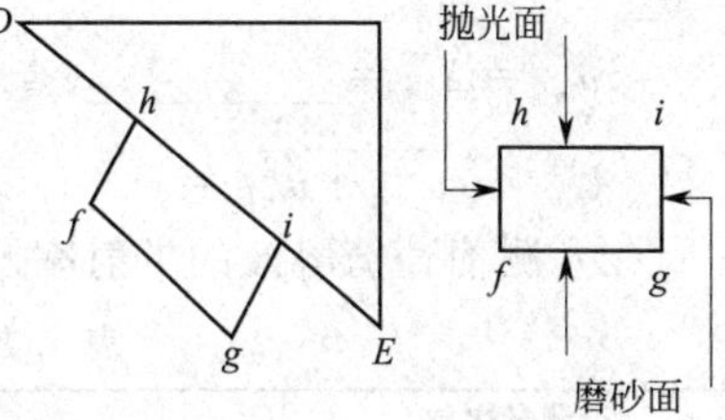

图 2.27.6　标准玻璃块

① 用蒸馏水校准

a. 将棱镜锁紧扳手松开，将棱镜擦干净（注意：用无水酒精或其他易挥发溶剂，用镜头纸擦干）。

b. 用滴管将 2～3 滴蒸馏水滴入两棱镜中间，合上并锁紧。

c. 调节棱镜转动手轮，使折射率读数恰为 1.3330。

d. 从测量镜筒中观察黑白分界线是否与叉丝交点重合。若不重合，则调节刻度调节螺丝，使叉丝交点准确地和分界线重合。若视场出现色散，可调节阿米西棱镜手轮至色散消失。

② 用标准玻璃块校准

a. 松开棱镜锁紧扳手，将进光棱镜拉开。

b. 在玻璃块的抛光底面上滴溴化萘（高折射率液体），把它贴在折光棱镜的 *DE* 面上，玻璃块的抛光侧面应向上，以接收光线，使测量镜筒视场明亮。

c. 调节手轮，使折射率读数恰为标准玻璃块已知的折射率值。

d. 从测量镜筒中观察。若分界线不与叉丝交点重合，则调节螺丝使它们重合。若有色散，则调节手轮消除色散。

(2) 测定某液体的折射率

① 将进光棱镜和折光棱镜擦干净。

② 滴 2～3 滴待测液体在进光棱镜的磨砂面上，并锁紧。（若溶液易挥发，须在棱镜组侧面的一个小孔内加以补充。）

③ 旋转手轮，在测量镜筒中将观察到黑白分界线在上下移动（若有彩色，则转动阿木西棱镜手轮消除色散，使分界线黑白分明），至视场中黑白分界线与叉丝交点重合为止。

④ 在读数镜筒中，读出分划板中横线在右边刻度所指示的数据，即为待测液体的折射率 n，并记录。

⑤ 重复测量四次，求折射率的不确定度的结果表达式。

⑥ 记录室温。

注意：若需要测量在不同温度时液体的折射率，可将温度计旋入插座内，接上恒温器，并调节到所需的温度，待稳定后，按上述步骤进行测量。

(3) 测葡萄糖溶液的折射率 n 和浓度 c，并作 n-c 曲线。

实验步骤与 (2) 相同，换上不同浓度的葡萄糖溶液，测 8～10 组对应的 n、c 值，然后以 c 为横坐标、n 为纵坐标，在坐标纸上作出葡萄糖溶液的 n-c 关系曲线。也可以用最小二乘法拟合 n-c 的函数关系，求函数关系式 $n=a+bc$。

【数据记录与处理】

(1) 测定某液体的折射率，填表 2.27.1。

表 2.27.1 测定液体折射率 分度值：______

次数	1	2	3	4
折射率				

A 类不确定度

$$\bar{n}=\frac{\sum_{i=1}^{4} n_i}{4}=\underline{\qquad\qquad}, \quad u_{nA}=\sqrt{\frac{\sum_{i=1}^{4}(n_i-\bar{n})^2}{4-1}}=$$

$u_{nB}=\Delta_{仪}=$______(查仪器说明书,取最小分度值的一半)

$U_n=\sqrt{u_{nA}^2+u_{nB}^2}=$______, $n=\bar{n}\pm U_n=$

(2) 测葡萄糖溶液的折射率及浓度，填表 2.27.2，作 n-c 曲线。

表 2.27.2 测葡萄糖溶液的折射率及浓度

待测量次数	n	c
1		
2		
3		
4		
5		
6		
7		
8		

【注意事项】

(1) 阿贝棱镜质地较软，用滴管加液时，不能让滴管碰到棱镜面上，以免划伤。并合棱镜时，应防止待测液层中存在气泡。

(2) 实验前，应首先用蒸馏水或标准玻璃块来校正阿贝折射仪的读数。

(3) 测固体折射率时，接触液溴代萘的用量要适当，不能涂得太多，过多会导致待测玻璃或固体容易滑下、损坏。

(4) 实验后，用清洁液（如乙醚、乙醇等易挥发的液体）擦洗棱镜并擦干，整理放妥。

【思考题】

(1) 能否用阿贝折射仪来测折射率大于折光棱镜折射率的液体？为什么？

(2) 为什么用标准玻璃块校准时要滴一滴高折射率液体？

(3) 在测量蒸馏水的折射率与温度实验曲线时，若水分蒸发完了，则会出现什么现象？为什么？

3 近代及综合实验

3.1　光电效应测定普朗克常数

1887 年，赫兹在做电磁波的发射与接收的实验中，发现了光电效应现象。1905 年爱因斯坦在普朗克能量子假说的基础上提出“光量子”假说，圆满地解释了光电效应，并给出了光电效应方程。约十年后密立根以精确的光电效应实验证实了爱因斯坦的光电效应方程，并精确测出了普朗克常数 h（公认值 $h=6.626075540\times10^{-34}\text{J}\cdot\text{s}$）。爱因斯坦和密立根因在光电效应方面的杰出贡献，分别于 1921 年和 1923 年获得诺贝尔物理奖。

而今光电效应已经广泛地应用于各科技领域，利用光电效应制成的光电元件（如光电管、光电池、光电倍增管等）已成为生产和科研中不可缺少的器件。

【实验目的】

（1）了解光电效应的规律，加深对光的量子性的理解。

（2）验证截止电压与入射光频率的正比关系，测量普朗克常数 h。

（3）研究光电管的光电流与其极间电压的关系。

（4）验证光电效应中关于饱和电流与光强的正比关系。

【实验原理】

以一定频率的光照射在金属表面上，有电子从金属表面逸出的现象称为光电效应。把产生光电效应的金属板 K 接电源负极，称为光电阴极（光电阴极往往由电子逸出功较小的金属化合物制成，这样就能在较低频率的光照下有光电子逸出）；把另一块金属板 A 接电源正极，并把它们一起封装在抽成真空的玻璃壳里就成了光电管。光电管在现代科学技术中，如自动控制、有声电影、电视以及光讯号测量等领域都有重要的应用。

观察光电效应规律的实验装置如图 3.1.1 所示。在光电阴极 K 与阳极 A 之间加上电压(称为极间电压)，则 K、A 之间形成电场。平时 K、A 之间绝缘，电路中没有电流通过。当用适当频率的光照射到光电管阴极 K 上，产生的光电子在电场的作用下向阳极 A 迁移，于是回路中就有了流，在电流计上有读数 I，这个电流值与无光照射时的电流 I_g（称为暗电流，由于热电子发射、漏电等原因产生的）之差 I_ω 叫光电流（$I_\omega=I-I_g$）。本实验所用光电管的暗电流非常小（$\leqslant 2\times10^{-12}$ A)，可以用回路里的电流 I 代替光电流 I_ω。改变外加电压 U，测量出光电流 I_ω 的大小，即可得出光电管的伏安特性曲线。

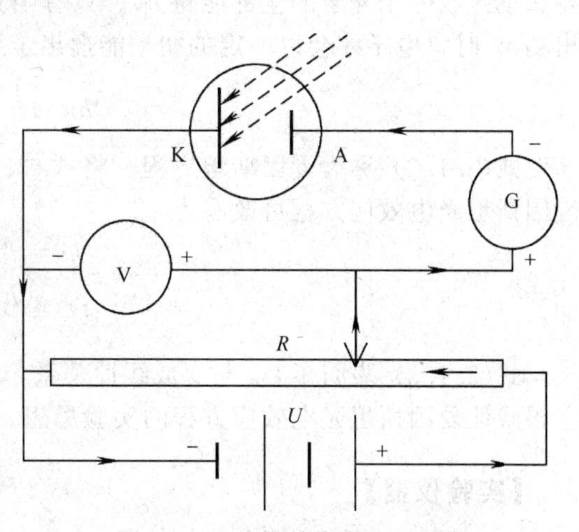

图 3.1.1　光电效应实验原理图

光电效应有如下实验的规律。

(1) 饱和光电流 $I_{\omega 0}$　光强一定时，光电流随着极间电压的增大而增大，并趋于一个饱和值 $I_{\omega 0}$，对不同的光强，$I_{\omega 0}$ 与入射光的强度 P 成正比。

(2) 截止电压 U_0　当光电管两端加反向电压时，光电流迅速减小，但不立即降为零，直至反向电压达到 U_0 时，光电流为零，U_0 称为截止电压。这表明此时静电场力对光电子所做的功等于光电子的最大初动能：

$$eU_0=\frac{1}{2}mu_0^2 \tag{3.1.1}$$

实验表明，截止电压 U_0 与入射光的强度 P 无关（如图 3.1.2 所示），只与入射光的频率 ν 有关。即光电子的最大初动能与入射光的强度 P 无关，只与入射光的频率 ν 有关。

(3) 红限频率　改变入射光频率 ν 时截止电压 U_0 随之改变，（如图 3.1.3 所示），且 U_0 与 ν 成线性关系（如图 3.1.4 所示）。实验表明，无论光多么强，只有当入射光频率 ν 大于 ν_0 时才能发生光电效应，ν_0 称为红限频率。对于不同的金属阴极 ν_0 的值也不同。

(4) 光电效应是瞬时效应　即使入射光的强度非常微弱，只要频率大于 ν_0，一经光线照射，就立刻产生光电流，弛豫时间$<10^{-9}$s。

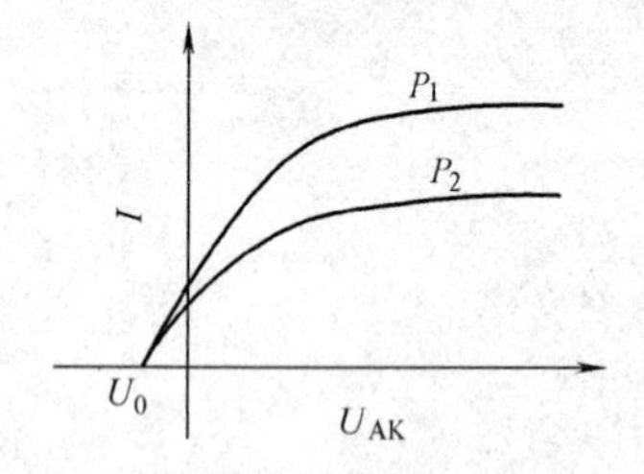

图 3.1.2　频率 ν 一定，不同光强下的 U_{AK}-I 曲线

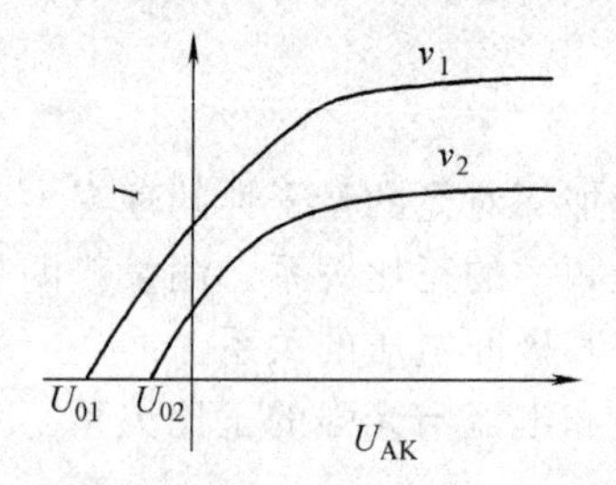

图 3.1.3　不同频率 ν 的 U_{AK}-I 曲线

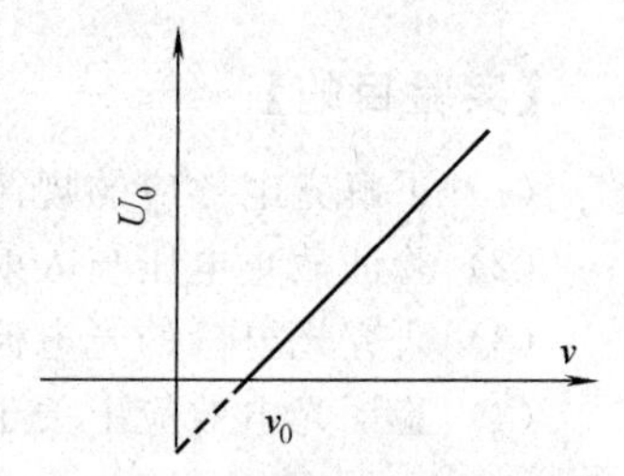

图 3.1.4　截止电压 U_0 与入射光频率 ν 的关系

上述光电效应的实验规律是麦克斯韦的经典电磁理论无法解释的。爱因斯坦光量子假说成功地解释了这些规律。假设光是由能量 $h\nu$ 的粒子（称为光子）组成的，其中 h 为普朗克常量，实验确定的数值为：

$$h=(6.62607554\pm0.00000052)\times10^{-34}\,\mathrm{J\cdot s}$$

当光束照射在金属上时，光子一个个地打在金属上面，金属中的电子要么不吸收能量，要么就吸收一个光子的全部能量 $h\nu$。只有当这能量大于电子摆脱金属表面约束所需要的逸出功 W 时，电子才会以一定的初动能逸出金属表面。根据能量守恒有：

$$h\nu=\frac{1}{2}mu_0^2+W \tag{3.1.2}$$

式(3.1.2) 称为爱因斯坦方程。将式(3.1.1) 代入式(3.1.2)，并知 $\nu\geqslant W/h=\nu_0$，则爱因斯坦光电效应方程可改写为：

$$h\nu=eU_0+h\nu_0$$

即：

$$U_0=\frac{h}{e}(\nu-\nu_0) \tag{3.1.3}$$

式(3.1.3) 表明了 U_0 与 ν 成线性关系，由直线斜率可求 h，由截距可求 ν_0。这正是密立根验证爱因斯坦光电效应方程的实验思想。

【实验仪器】

滤色片 5 组：中心波长 365.0nm，404.7nm，435.8nm，546.1nm，578.0nm；ZKY-

GD-4 智能光电效应（普朗克常数）实验仪。

GD-4 型智能光电效应（普朗克常数）实验仪由两部分组成，仪器结构如图 3.1.5 所示。

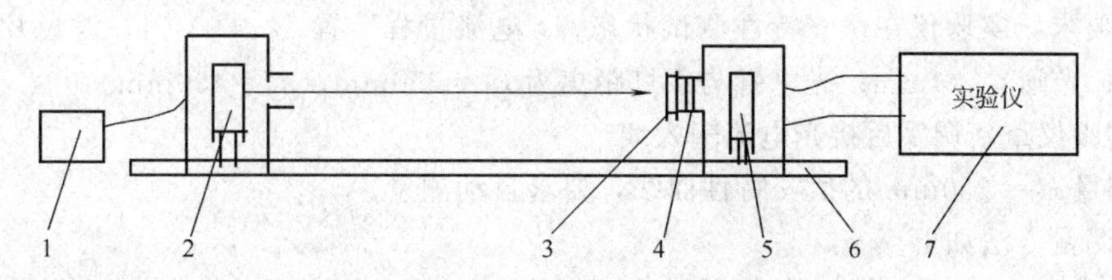

图 3.1.5　仪器结构图

1—汞灯电源；2—汞灯；3—滤色片；4—光阑；5—光电管；6—基座；7—实验仪

（1）光电检测装置包括：光电管暗箱 GDX-1；高压汞灯灯箱 GDX-2；高压汞灯电源 GDX-3 和实验基准平台 GDX-4。

（2）实验主机为 GD-4 型光电效应（普朗克常数）实验仪。

【实验内容】

（1）测试前准备

① 连线。用专用连接线将光电管暗箱电压输入端与实验仪电压输出端（后面板上）连接起来（红-红，蓝-蓝）。

② 调整光电管与汞灯距离为 400mm 并保持不变。

③ 将实验仪及汞灯电源接通（注意：将汞灯及光电管暗箱遮光盖盖上），预热 20min。开机后，实验仪进入系统调零状态，前面板显示如下：

a. 电压指示为“ -------- ”；

b. 电流指示为零偏电流值；

c. 截止电压测试灯亮；

d. 手动测试灯亮。

若要动态显示采集曲线，需将实验仪的“信号输出”端口接至示波器的“Y”输入端，“同步输出”端口接至示波器的“外触发”输入端。示波器“触发源”开关拨至“外”，“Y 衰减”旋钮拨至约“1V/格”，“扫描时间”旋钮拨至约“20μs/格”。此时示波器将用轮流扫描的方式显示 5 个存储区中存储的曲线，横轴代表电压 U_0，纵轴代表电流 I_{ω}。

（2）测试截止电压

由于本实验仪器的电流放大器灵敏度高，稳定性好；光电管阳极反向电流、暗电流水平也较低。在测量各谱线的截止电压 U_0 时，可采用零电流法，即直接将各谱线照射下测得的电流为零时对应的电压 U 的绝对值作为截止电压 U_0。

测量要求：实验仪在截止电压测试状态；手动测量；“电流量程”置 10^{-13} A；光阑 $\Phi=$ 4mm；光电管与汞灯距离为 $r=400$mm。

① 实验仪调零。旋转“调零”旋钮使电流指示为 000.0，然后用高频匹配电缆将光电管暗箱电流输出端 K 与实验仪微电流输入端（后面板上）连接起来，按“调零确认/系统清零”键，系统进入测试状态。

② 取去光电管暗箱遮光盖，将光阑及滤色片（365.0nm，404.7nm，435.8nm，546.1nm，577.0nm）装在光电管暗箱光输入口上，再打开汞灯遮光盖，此时电压表显示 U 的值，单位为伏（V）；电流表显示与 U_0 对应的电流值 I_{ω}，单位为所选择的“电流量程”。

③ 调节电压观察电流值的变化，寻找电流为零时对应的 U，即为此时的截止电压 U_0

值，记录数据，完成表 3.1.1。

（3）测光电管的伏安特性曲线

测量要求：实验仪在伏安特性测试状态；“电流量程”置 10^{-10} A 挡；滤色片波长 $\lambda=546.1$nm；光阑 $\Phi=4$mm；光电管与汞灯距离为 $r_1=350$mm，$r_2=400$mm。

① 实验仪重新调零后接光电流输入线。

② 测量 $r_1=350$mm 的伏安特性曲线，要求自动测量。

自动测量方法如下。

a. 按“手动/自动”键，则仪器进入自动测试状态，“溢出/起止电压设置指示”灯闪烁。

b. 设定光电管扫描电压起始、终止值　进行自动测试时，实验仪自动提供一个默认的光电管扫描起始、终止电压：$-1\sim35$V，扫描步长 1V。此时，区〈2〉是自动扫描起始电压设置指示区；区〈3〉是自动扫描终止电压设置指示区。（如果需要修改，用“电压调节”键↑/↓，←/→可完成光电管扫描起始、终止电压的具体设定。）

c. 启动自动测试　确定自动测试状态设置正确后，按下相应的存储区按键，经 30s 倒计时自动测试开始，测试数据存储在对应的存储区内。且从面板电流指示区（区〈2〉），测试电压指示区（区〈3〉），可观察光电流与扫描电压相关变化情况。

d. 查询数据　自动测试过程正常结束后，区〈11〉的查询灯亮。所有按键都被再次开启工作。按下相应存储区的按键，用“电压调节”键改变电源电压指示值，就可得到对应的光电流值的大小，该数值显示于区〈2〉的电流指示表上。在草稿上记录数据。

e. 结束查询 按灭“查询”键，实验仪回到自动测试的电压设置状态。按下“手动/自动”键至手动测试状态，实验仪进入手动测试状态，自动退出查询过程。

f. 分析测量数据，从中选择 16 个电压值（$V=-1$V 和 $V=0$V 必选）及相应的光电流值记入表 3.1.2。

注意：在自动测试过程中，为避免面板按键误操作，导致自动测试失败，面板上除“手动/自动”按键外的所有按键都被屏蔽禁止。在自动测试过程中，若要中断自动测试过程，只要按下“手动/自动”键，手动测试指示灯亮，实验仪就回复到手动测试状态。所有按键都被再次开启工作。

③ 测量 $r_2=400$mm 的伏安特性曲线，要求手动测量。

a. 按“手动/自动”键将实验仪切换至手动测量模式。

b. 分析自动测试数据，确定合适的电压测量点，要求：电压值从 -1V 开始，共选择 16 个电压测量点（$V=-1$V 和 $V=0$V 必选）。

c. 按“电压调节”键调节电压，使电压由 -1V 开始逐渐升高，记录每个电压测量点下的光电流值，完成表 3.1.3。

（4）观察入射光频率 ν 一定时，光电管的饱和光电流 $I_{\omega0}$ 与光强 P 的关系

测量要求：实验仪在伏安特性测试状态；手动测试；“电流量程”置 10^{-10} A 挡；滤色片波长 $\lambda=405$nm 或 436nm；光阑 $\Phi=4$mm。

① 按要求选定光阑及一个滤色片装在光电管暗箱光输入口上，再打开汞灯遮光盖。

② 将电压 U_{AK} 调至 50V 且保持不变，改变光电管与汞灯的距离 r（从 300mm 至 400mm，每次改变 20mm，共测量六个点），记录各个距离下的饱和电流 $I_{\omega0}$ 值，完成表 3.1.4。

实验完毕后，切断电源整理好仪器。

【数据记录与处理】

（1）测量截止电压　见表 3.1.1。

表 3.1.1　测量截止电压

Φ=4mm，r=400mm

波长 λ_i/nm	365.0	404.7	435.8	546.1	577.0
频率 $\nu_i/\times10^{14}$Hz	8.214	7.408	6.879	5.490	5.196
截止电压 U_{0i}/V					

由表 3.1.1 的实验数据，绘制 U_0-ν 曲线，通过曲线的斜率计算普朗克常量。

（2）测量光电管的伏安特性曲线　见表 3.1.2、表 3.1.3。

表 3.1.2　测量光电管的伏安特性曲线（一）

λ=546.0nm，Φ=4mm，r_2=350mm

U_{AK}/V								
$I/\times10^{-10}$A								
U_{AK}/V								
$I/\times10^{-10}$A								

表 3.1.3　测量光电管的伏安特性曲线（二）

λ=546.0nm，Φ=4mm，r_1=400mm

U_{AK}/V								
$I/\times10^{-10}$A								
U_{AK}/V								
$I/\times10^{-10}$A								

根据表 3.1.2、表 3.1.3 的数据，绘制 546.0nm 的滤光片的两条伏安特性曲线。

（3）ν 一定时，测量 $I_{\omega0}$ 与 P 的关系　见表 3.1.4。

表 3.1.4　$I_{\omega0}$ 与 P 的关系

U_{AK}=50V，Φ=4mm，λ=

r/mm						
$I_{\omega0}/\times10^{-10}$A						

分析表 3.1.4 的实验结果，说明饱和光电流 $I_{\omega0}$ 与光强 P 的关系。

【注意事项】

（1）实验仪和汞灯必须要充分预热后才能正常工作。

（2）汞灯要求在冷却时启动，否则影响汞灯寿命，故不准学生擅自开关电源。

（3）强光长时间照射光电管阴极及两极间长时间加高电压会缩短光电管的寿命。因此，实验中更换滤光片时应先把汞灯的出光孔盖上，而且在每步实验完毕后用遮光罩盖住光电管暗合进光口。测量光电管的伏安特性和光电特性后，尽快将电压调低。

（4）当实验仪开机或变换电流量程时，均需对实验仪进行调零（注意：每次调零时应将光电管暗箱电流输出端 K 与实验仪微电流输入端断开）。

（5）更换滤光片时注意不要弄脏滤光片，或使用前用镜头纸认真揩拭以保证滤光片有良好的透光性能。滤光片更要平整地放入套架，以消除不必要的折射光带来的实验误差。

（6）实验结束后，将光电管暗箱电流输出端与实验仪微电流输入端断开。

【思考题】

(1) 光电效应法测量普朗克常量的依据是什么？

(2) 加在光电管两端电压为零时，光电流 I_{ω} 为何不为零？

(3) 光电子的最初动能与入射光的频率由什么关系？与我们实验中测得的截止电压有何关系？

(4) 实验内容 (4) 中测量 $I_{\omega 0}$ 与 P 关系时，为何设 $U_{AK}=50V$？

(5) 从截止电压 U_0 与入射光频率 ν 的关系曲线，能确定阴极材料的逸出功吗？

【参考文献】

滕道祥．大学物理实验．北京：北京理工大学出版社，2006.

【附录】 光电效应（普朗克常数）实验仪简介

光电效应（普朗克常数）实验仪包含有微电流放大器和扫描电压源发生器两部分组成的整体仪器。有手动和自动两种工作模式，具有数据自动采集，存储，实时显示采集数据，动态显示采集曲线（连接普通示波器，可同时显示5个存储区中存储的曲线），及采集完成后查询数据的功能。

光电效应（普朗克常数）实验仪前面板如图 3.1.6 所示，以功能划分为 12 个区。

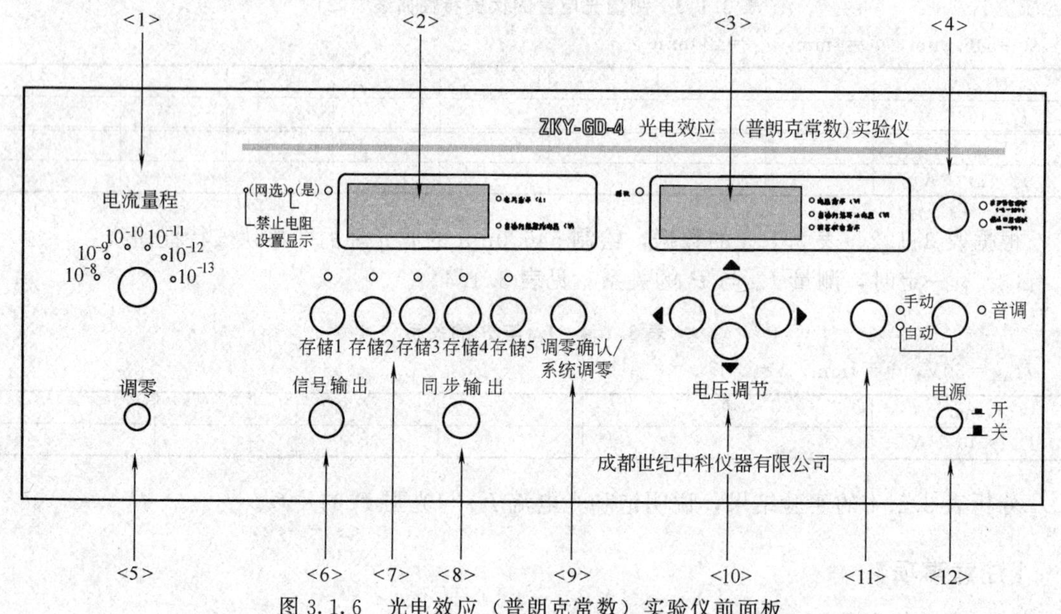

图 3.1.6 光电效应（普朗克常数）实验仪前面板

区〈1〉是电流量程调节旋钮及其指示。

区〈2〉是复用区，用于电流指示和自动扫描起始电压设置指示复用：当实验仪处于测试状态或查询状态时，区〈2〉是电流指示区；当实验仪处于设置自动扫描电压时，区〈2〉是自动扫描起始电压设置指示区；四位七段数码管指示电流或电压值。

区〈3〉是复用区，用于电压指示、自动扫描终止电压设置指示和调零状态指示复用：当实验仪处于测试状态或查询状态时，区〈3〉是电压指示区；当实验仪处于设置自动扫描电压时，区〈3〉是自动扫描终止电压设置指示区；当实验仪处于调零状态时，区〈3〉是调零状态指示区，显示“ ------ ”；四位七段数码管指示电压值。

区〈4〉是实验类型选择区：当绿灯亮时，实验仪选择伏安特性测试实验。此时，电压调节范围为－1～＋50V。手动调节，电压最小改变量为 0.5V，自动测量时扫描步长为 1V，示值精度≤5%。当红灯亮时，实验仪选择截止电压测试实验。此时，电压调节范围：0～－2V。手动调节电压最小改变量为 2mV，自动扫描步长为 4mV，示值精度≤1%。

区〈5〉是调零状态区，用于系统调零。

区〈6〉、区〈8〉是示波器连接区：区〈6〉、区〈8〉可将信号送示波器显示。

区〈7〉是存储区选择区：通过按键选择存储区。

区〈9〉是复用区，用于调零确认和系统清零：当实验仪处于调零状态时，按下此键则跳出调零状态；当实验仪处于测试状态或查询状态时，按下此键则系统清零，重新启动，并进入调零状态。

区〈10〉是电压调节区：通过按键调节电压。→、←键用于选择调节位，↑、↓键用于调节值的大小。

区〈11〉是工作状态指示选择区：用于选择及指示实验仪工作状态，详细说明见相关操作说明；通信指示灯指示实验仪与计算机的通信状态。

区〈12〉是电源开关。

3.2 夫兰克-赫兹实验

1913 年，丹麦物理学家玻尔（N. Bohr）提出了一个氢原子模型，并指出原子存在能级。该模型在预言氢光谱的观察中取得了显著的成功。根据玻尔的原子理论，原子光谱中的每根谱线表示原子从某一个较高能态向另一个较低能态跃迁时的辐射。

1914 年，德国物理学家夫兰克（J. Franck）和赫兹（G. Hertz）对勒纳用来测量电离电位的实验装置作了改进，他们同样采取慢电子（几个到几十个电子伏特）与单元素气体原子碰撞的办法，但着重观察碰撞后电子发生什么变化（勒纳则观察碰撞后离子流的情况）。通过实验测量，电子和原子碰撞时会交换某一定值的能量，且可以使原子从低能级激发到高能级。直接证明了原子发生跃变时吸收和发射的能量是分立的、不连续的，证明了原子能级的存在，从而证明了玻尔理论的正确。由而获得了 1925 年诺贝尔物理学奖金。

夫兰克-赫兹实验至今仍是探索原子结构的重要手段之一，实验中用的“拒斥电压”筛去小能量电子的方法，已成为广泛应用的实验技术。

【实验目的】

（1）学习夫兰克和赫兹研究原子内部能量的基本思想和实验设计方法。掌握测量原子激发电势的实验方法。

（2）测量氩原子等元素的第一激发电位，从而验证原子能级的存在。

【实验原理】

玻尔提出的原子理论如下。

（1）原子只能较长地停留在一些稳定状态（简称为定态）。原子在这些状态时，不发射或吸收能量；各定态有一定的能量，其数值是彼此分隔的。原子的能量不论通过什么方式发生改变，它只能从一个定态跃迁到另一个定态。

（2）原子从一个定态跃迁到另一个定态而发射或吸收辐射时，辐射频率是一定的。如果用 E_m 和 E_n 分别代表有关两定态的能量的话，辐射的频率 ν 决定于如下关系：

$$h\nu = E_m - E_n \tag{3.2.1}$$

式中，普朗克常数 $h = 6.63 \times 10^{-34}\,\mathrm{J \cdot s}$

为了使原子从低能级向高能级跃迁，可以通过具有一定能量的电子与原子相碰撞进行能量交换的办法来实现。

设初速度为零的电子在电位差为 U_0 的加速电场作用下，获得能量 eU_0。当具有这种能量的电子与稀薄气体的原子（比如十几个毫米汞柱的氩原子）发生碰撞时，就会发生能量交换。如以 E_1 代表氩原子的基态能量、E_2 代表氩原子的第一激发态能量，那么当氩原子吸收从电子传递来的能量恰好为：

$$eU_0=E_2-E_1 \tag{3.2.2}$$

此时，氩原子就会从基态跃迁到第一激发态。而且相应的电位差称为氩的第一激发电位。测定出这个电位差 U_0，就可以根据式(3.2.2) 求出氩原子的基态和第一激发态之间的能量差了（其他元素气体原子的第一激发电位亦可依此法求得）。

夫兰克-赫兹实验的原理如图 3.2.1 所示。在充氩的夫兰克-赫兹管中，电子由热阴极发出，阴极 K 和第二栅极 G_2 之间的加速电压 V_{G_2K} 使电子加速。在板极 A 和第二栅极 G_2 之间加有反向拒斥电压 V_{G_2A}。管内空间电位分布如图 3.2.2 所示。当电子通过 KG_2 空间进入 G_2A 空间时，如果有较大的能量（$\geqslant eV_{G_2A}$），就能冲过反向拒斥电场而到达板极形成板流，为微电流计 μA 表检出。如果电子在 KG_2 空间与氩原子碰撞，把自己一部分能量传给氩原子而使后者激发的话，电子本身所剩余的能量就很小，以致通过第二栅极后已不足于克服拒斥电场而被折回到第二栅极 G_2，这时，通过微电流计 μA 表的电流将显著减小。

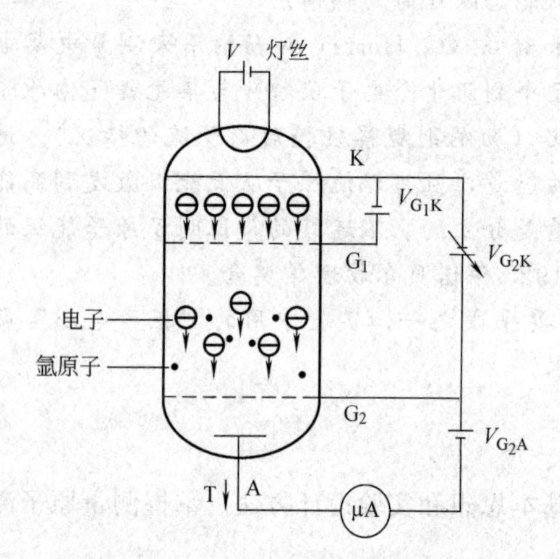

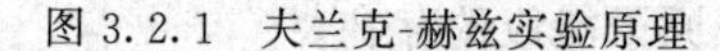
图 3.2.1　夫兰克-赫兹实验原理

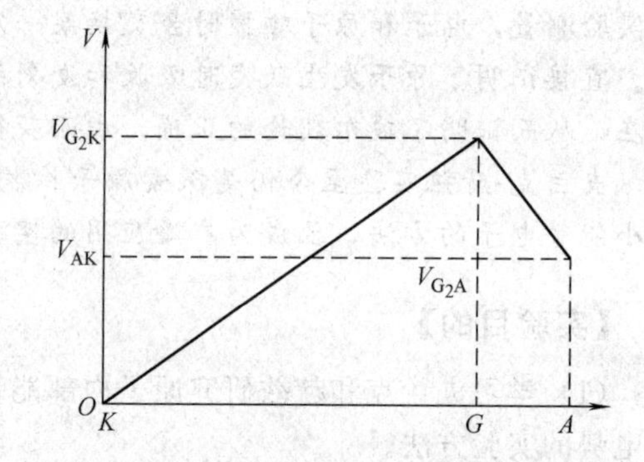

图 3.2.2　夫兰克-赫兹管管内空间电位分布

实验时，使 V_{G_2K} 电压逐渐增加并仔细观察电流计的电流指示，如果原子能级确实存在，而且基态和第一激发态之间有确定的能量差的话，就能观察到如图 3.2.3 所示的 I_A-V_{G_2K} 曲线。

图 3.2.3 所示的曲线反映了氩原子在 KG_2 空间与电子进行能量交换的情况。当 KG_2 空间电压逐渐增加时，电子在 KG_2 空间被加速而取得越来越大的能量。但起始阶段，由于电压较低，电子的能量较少，即使在运动过程中与原子相碰撞，也只有微小的能量交换（为弹性碰撞）。穿过第二栅极的电子所形成的板流 I_A 将随第二栅极电压 V_{G_2K} 的增加而增大（如图 3.2.3 的 oa 段）。当 KG_2 间的电压达到氩原子的第一激发电位 U_0 时，电子在第二栅极附近与氩原子相碰撞，将自己从加速电场中获得的全部能量交给后者，并且使后者从基态激发到第一激发态。而电子本身由于把全部能量给了氩原子，即使穿过了第二栅极也不能克服反向拒斥电场而被折回第二栅极（被筛选掉）。所以板极电流将显著减小（图 3.2.3 所示 ab 段）。随着第二栅极电压的增加，电子的能量也随之增加，在与氩原子相碰撞后还留下足够

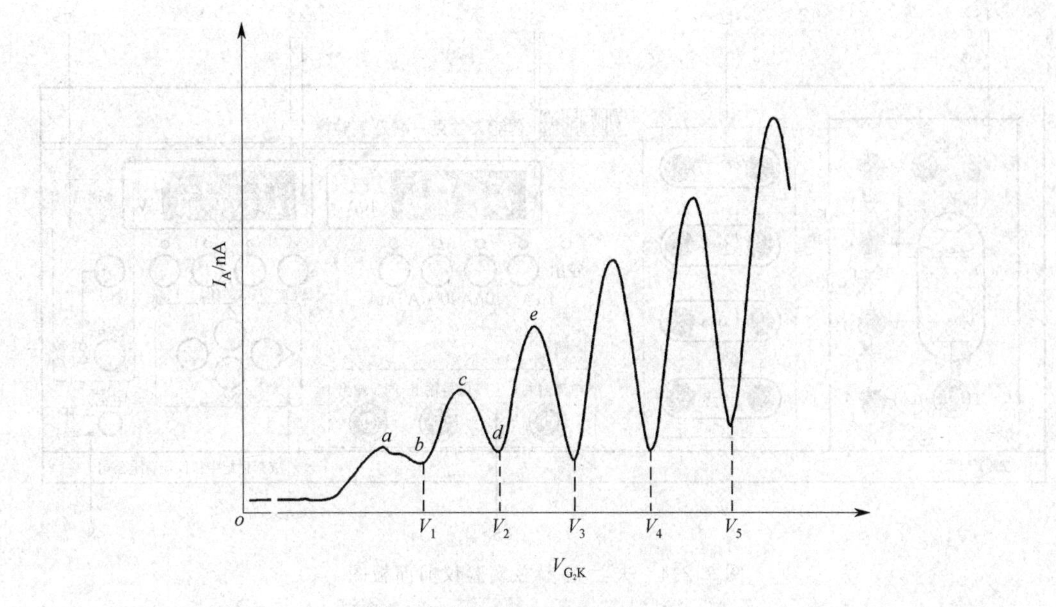

图 3.2.3 夫兰克-赫兹管的 I_A-V_{G_2K} 曲线

的能量，可以克服反向拒斥电场而达到板极 A，这时电流又开始上升（*bc* 段）。直到 KG_2 间电压是 2 倍氩原子的第一激发电位时，电子在 KG_2 间又会因二次碰撞而失去能量，因而又会造成第二次板极电流的下降（*cd* 段），同理，凡在：

$$V_{G_2K}=nU_0 \quad (n=1,2,3,\cdots) \tag{3.2.3}$$

的地方板极电流 I_A 都会相应下跌，形成规则起伏变化的 I_A-V_{G_2K} 曲线。而各次板极电流 I_A 下降相对应的阴、栅极电压差 $U_{n+1}-U_n$ 应该是氩原子的第一激发电位 U_0。

本实验就是要通过实际测量来证实原子能级的存在，并测出氩原子的第一激发电位（公认值为 $U_0=11.5$V）。

【实验仪器】

FH-2 智能夫兰克-赫兹实验仪，示波器。

(1) 夫兰克-赫兹实验仪前面板如图 3.2.4 所示，以功能划分为八个区。

区〈1〉是夫兰克-赫兹管各输入电压连接插孔和板极电流输出插座。

区〈2〉是夫兰克-赫兹管所需激励电压的输出连接插孔，其中左侧输出孔为正极，右侧为负极。

区〈3〉是测试电流指示区：四位七段数码管指示电流值；四个电流量程挡位选择按键用于选择不同的最大电流量程挡；每一个量程选择同时备有一个选择指示灯指示当前电流量程挡位；

区〈4〉是测试电压指示区：四位七段数码管指示当前选择电压源的电压值；四个电压源选择按键用于选择不同的电压源；每一个电压源选择都备有一个选择指示灯指示当前选择的电压源。

区〈5〉是测试信号输入输出区：电流输入插座输入夫兰克-赫兹管板极电流；信号输出和同步输出插座可将信号送示波器显示。

区〈6〉是调整按键区，用于改变当前电压源电压设定值；设置查询电压点。

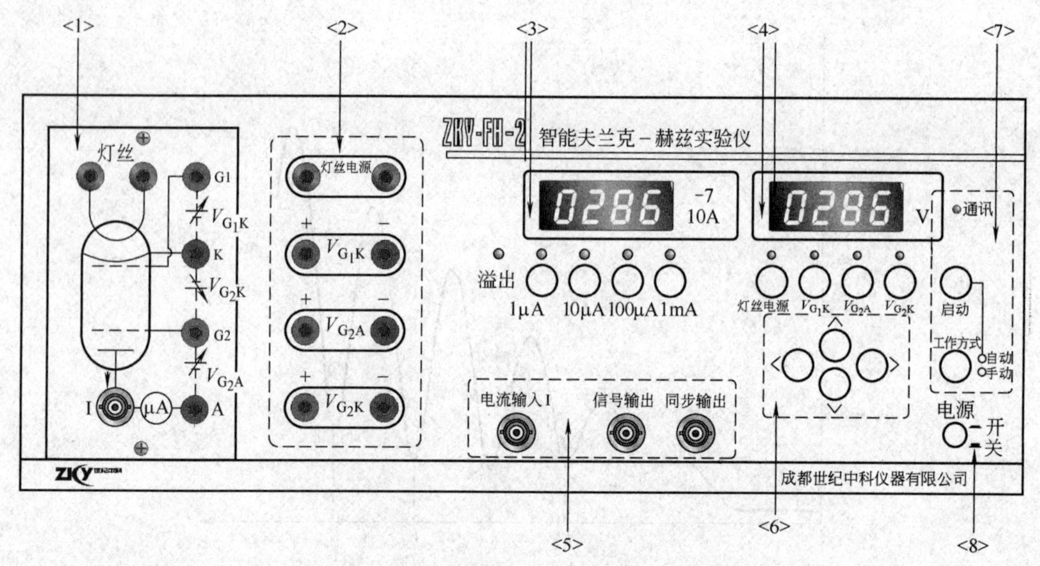

图 3.2.4　夫兰克-赫兹实验仪前面板图

区〈7〉是工作状态指示区：通信指示灯指示实验仪与计算机的通信状态；启动按键与工作方式按键共同完成多种操作。

区〈8〉是电源开关。

（2）基本操作

① 夫兰克-赫兹实验仪连线说明　先不要打开电源，各工作电源请按图 3.2.5 连接，务必反复检查，切勿连错！待老师检查后再打开电源。

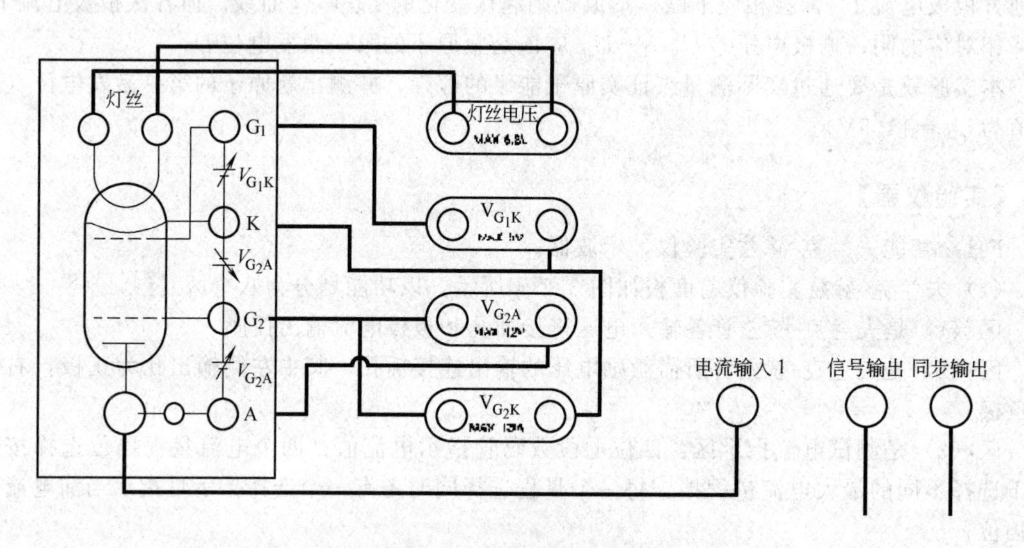

图 3.2.5　前面板接线

② 开机后的初始状态　开机后，实验仪面板状态显示如下。

a. 实验仪的“1mA”电流挡位指示灯亮，表明此时电流的量程为 1mA 挡；电流显示值为 000.0μA（若最后一位不为 0，属正常现象）；

b. 实验仪的“灯丝电压”挡位指示灯亮，表明此时修改的电压为灯丝电压；电压显示值为 000.0V；最后一位在闪动，表明现在修改位为最后一位；

c. “手动”指示灯亮，表明此时实验操作方式为手动操作。

③ 变换电流量程　如果想变换电流量程，则按下在区〈3〉中的相应电流量程按键，对应的量程指示灯点亮，同时电流指示的小数点位置随之改变，表明量程已变换。

④ 变换电压源　如果想变换不同的电压，则按下在区〈4〉中的相应电压源按键，对应的电压源指示灯随之点亮，表明电压源变换选择已完成，可以对选择的电压源进行电压值设定和修改。

⑤ 修改电压值　按下前面板区〈6〉上的←/→键，当前电压的修改位将进行循环移动，同时闪动位随之改变，以提示目前修改的电压位置。

按下面板上的↑/↓键，电压值在当前修改位递增/递减一个增量单位。

注意：a. 如果当前电压值加上一个单位电压值的和值超过了允许输出的最大电压值，再按下↑键，电压值只能修改为最大电压值；

b. 如果当前电压值减去一个单位电压值的差值小于零，再按下↓键，电压值只能修改为零。

【实验内容】

（1）必做内容　逐点手动测试

① 准备

a. 熟悉实验仪使用方法。

b. 按照要求连接夫兰-克赫兹管各组工作电源线，检查无误后开机。

观察开机后的初始状态（详见实验仪器之基本测量），若仪器工作正常，进行下一步操作。

② 氩元素的第一激发电位测量之手动测试

a. 设置仪器为“手动”工作状态，按“手动/自动”键，“手动”指示灯亮。

b. 设定电流量程（电流量程可参考机箱盖上提供的数据）。按下相应电流量程键，对应的量程指示灯点亮。

c. 设定电压源的电压值（设定值可参考机箱盖上提供的数据），用↓/↑，←/→键完成，需设定的电压源有：灯丝电压 V_F、第一加速电压 V_{G_1K}、拒斥电压 V_{G_2A}。

d. 按下“启动”键，实验开始。用↓/↑，←/→键完成 V_{G_2K} 电压值的调节，从0.0V起，按步长1V（或0.5V）的电压值调节电压源 V_{G_2K}，同步记录 V_{G_2K} 值和对应的 I_A 值，同时仔细观察夫兰克-赫兹管的板极电流值 I_A 的变化（可用示波器观察）。切记为保证实验数据的唯一性 V_{G_2K} 电压必须从小到大单向调节，不可在过程中反复；记录完成最后一组数据后，立即将 V_{G_2K} 电压快速归零。

e. 重新启动　在手动测试的过程中，按下启动按键，V_{G_2K} 的电压值将被设置为零，内部存储的测试数据被清除，示波器上显示的波形被清除，但 V_F、V_{G_1K}、V_{G_2A}、电流挡位等的状态不发生改变。这时，操作者可以在该状态下重新进行测试，或修改状态后再进行测试。

建议：手动测试 I_A-V_{G_2K}，进行一次或修改 V_F 值再进行一次。

记录各组 I_A-V_{G_2K} 数据，并在坐标纸上描绘 I_A-V_{G_2K} 数据对应曲线。计算每两个相邻峰或谷所对应的 V_{G_2K} 之差值 ΔV_{G_2K}，并求出其平均值 $\overline{U}_0$，将实验值 $\overline{U}_0$ 与氩的第一激发电位 $U_0=11.61\text{V}$ 比较，计算相对误差。

（2）选做内容

① 自动测试　进行自动测试时，实验仪将自动产生 V_{G_2K} 扫描电压，完成整个测试过

程；将示波器与实验仪相连接，在示波器上可看到夫兰克-赫兹管板极电流随V_{G_2K}电压变化的波形。

a. 自动测试状态设置　自动测试时，V_F、V_{G_1K}、V_{G_2A}及电流挡位等状态设置的操作过程，夫兰克-赫兹管的连线操作过程与手动测试操作过程一样。

b. V_{G_2K}扫描终止电压的设定　进行自动测试时，实验仪将自动产生V_{G_2K}扫描电压。实验仪默认V_{G_2K}扫描电压的初始值为零，V_{G_2K}扫描电压大约每0.4s递增0.2V，直到扫描终止电压。

要进行自动测试，必须设置电压V_{G_2K}的扫描终止电压。

首先，将“手动/自动”测试键按下，自动测试指示灯亮；按下V_{G_2K}电压源选择键，V_{G_2K}电压源选择指示灯亮；用↓/↑，←/→键完成V_{G_2K}电压值的具体设定。V_{G_2K}设定终止值建议以不超过80V为好。

c. 自动测试启动　将电压源选择选为V_{G_2K}，再按面板上的“启动”键，自动测试开始。

在自动测试过程中，观察扫描电压V_{G_2K}与夫兰克-赫兹管板极电流的相关变化情况（可通过示波器观察夫兰克-赫兹管板极电流I_A随扫描电压V_{G_2K}变化的输出波形）。

在自动测试过程中，为避免面板按键误操作，导致自动测试失败，面板上除“手动/自动”按键外的所有按键都被屏蔽禁止。

d. 自动测试过程正常结束　当扫描电压V_{G_2K}的电压值大于设定的测试终止电压值后，实验仪将自动结束本次自动测试过程，进入数据查询工作状态。

测试数据保留在实验仪主机的存储器中，供数据查询过程使用，所以，示波器仍可观测到本次测试数据所形成的波形。直到下次测试开始时才刷新存储器的内容。

e. 自动测试后的数据查询　自动测试过程正常结束后，实验仪进入数据查询工作状态。这时面板按键除测试电流指示区外，其他都已开启。自动测试指示灯亮，电流量程指示灯指示于本次测试的电流量程选择挡位；各电压源选择按键可选择各电压源的电压值指示，其中V_F、V_{G_1K}、V_{G_2A}三电压源只能显示原设定电压值，不能通过按键改变相应的电压值。用↓/↑，←/→键改变电压源V_{G_2K}的指示值，就可查阅到在本次测试过程中，电压源V_{G_2K}的扫描电压值为当前显示值时，对应的夫兰克-赫兹管板极电流值I_A的大小，记录I_A的峰、谷值和对应的V_{G_2K}值（为便于作图，在I_A的峰、谷值附近需多取几点）。

f. 中断自动测试过程　在自动测试过程中，只要按下“手动/自动键”，手动测试指示灯亮，实验仪就中断了自动测试过程，回复到开机初始状态。所有按键都被再次开启工作。这时可进行下一次的测试准备工作。

本次测试的数据依然保留在实验仪主机的存储器中，直到下次测试开始时才被清除。所以，示波器仍会观测到部分波形。

g. 结束查询过程回复初始状态　当需要结束查询过程时，只要按下“手动/自动”键，手动测试指示灯亮，查询过程结束，面板按键再次全部开启。原设置的电压状态被清除，实验仪存储的测试数据被清除，实验仪回复到初始状态。

建议：“自动测试”应变化两次V_F值，测量两组I_A-V_{G_2K}数据。若实验时间允许，还可变化V_{G_1K}、V_{G_2A}进行多次I_A-V_{G_2K}测试。

② 联机测试

a. 输入学生基本信息，输入密码，然后单击“下一步”进入参数设置窗口。

b. 输入实验参数，选择电流量程，然后单击“下一步”进入数据采集状态，进行数据采集。

c. 数据检测，单击菜单上“数据通信-数据检测”，在右边窗口输入峰值或谷值电压，然后单击“检验”计算第一激发电压值。

d. 保存数据并打印结果。

【数据记录与处理】

见表 3.2.1。

表 3.2.1 I_A 与 V_{G_2K} 关系

V_{G_2K}/V	0	0.5	1.0	1.5	2.0	2.5	…	79	79.5	80
$I_A/\mu A$										

记录各组 I_A-V_{G_2K} 数据，并在坐标纸上描绘 I_A-V_{G_2K} 数据对应曲线。计算每两个相邻峰或谷所对应的 V_{G_2K} 之差值 ΔV_{G_2K}。

【注意事项】

(1) 注意各电极不要短路。

(2) 灯丝电压不宜过高，否则加快夫兰克-赫兹管的老化。

(3) V_{G_2K} 不宜超过 80V，否则管子易被击穿。

【思考题】

(1) 从实验曲线可以看出极板电流 I_A 并不突然改变，每个峰和谷都有圆滑的过渡，这是为什么？

(2) 由实验数据说明温度对充氩 F-H 管 I_A-V_{G_2K} 曲线的影响，试描述其物理机制。

(3) 在 I_A-V_{G_2K} 曲线中为什么“谷”点的板极电流最小值也不为零？为什么“谷”点的板极电流值随着加速电压的增大而增大？

(4) 氩的第一激发电位为 $U_0=11.61$V，为什么 V_{G_2K} 要加到大于 U_0 才出现第一个峰？

3.3 液晶的电光效应

液晶是介于液体与晶体之间的一种物质状态。它是一种既具有液体的流动性，其分子又按一定规律有序排列，使它呈现晶体的各向异性的特殊物质。大多数液晶材料都是由有机化合物构成的。这些有机化合物分子多为细长的棒状结构，长度约为数纳米，宽约为十分之几纳米。液晶分子有较强的电偶极矩和容易极化的化学团，由于液晶分子间作用力比固体弱，液晶分子容易呈现各种状态，微小的外部能量——电场、磁场、热能等就能实现各分子状态间的转变，从而引起它的光、电、磁的物理性质发生变化，液晶材料用于显示器件就是利用它的光学性质变化。当光通过液晶时，会产生偏振面旋转，双折射等效应。在电场作用下，电偶极子会按电场方向取向，导致分子原有的排列方式发生变化，从而液晶的光学性质也随之发生改变，这种因外电场引起的液晶光学性质的改变称为液晶的电光效应。

1888 年，奥地利植物学家 Reinitzer 在做有机物溶解实验时，在一定的温度范围内观察到液晶。1961 年美国 RCA 公司的 Heimeier 发现了液晶的一系列电光效应，并制成了显示器件。从 20 世纪 70 年代开始，日本公司将液晶与集成电路技术结合，制成了一系列的液晶显示器件，并至今在这一领域保持领先地位。液晶显示器件由于具有驱动电压低（一般为几伏），功耗极小，体积小，寿命长，环保无辐射等优点，在当今各种显示器件的竞争中有独领风骚之势。

【实验目的】

(1) 在掌握液晶光开关的基本工作原理的基础上，测量液晶光开关的电光特性，由光开关特性曲线，得到液晶的阈值电压和关断电压，上升时间和下降时间。

(2) 测量由液晶光开关矩阵所构成的液晶显示器的视角特性以及在不同视角下的对比度，了解液晶光开关的工作条件。

(3) 了解液晶光开关构成图像矩阵的方法，学习和掌握这种矩阵所组成的液晶显示器构成文字和图形的显示模式，从而了解一般液晶显示器件的工作原理。

【实验原理】

(1) 液晶光开关的工作原理

液晶的种类很多，仅以常用的 TN（扭曲向列）型液晶为例，说明其工作原理。

TN 型液晶光开关的结构如图 3.3.1 所示。在两块玻璃板之间夹有正性向列相液晶，液晶分子的形状如同火柴一样，为棍状。棍的长度在十几埃（1 埃$=10^{-10}$ m），直径为 4～6 埃，液晶层厚度一般为 5～8μm。玻璃板的内表面涂有透明电极，电极的表面预先作了定向处理（可用软绒布朝一个方向摩擦，这样，液晶分子在透明电极表面就会躺倒在摩擦所形成的微沟槽里；也可在电极表面涂取向剂），使电极表面的液晶分子按一定方向排列，且上下电极上的定向方向相互垂直。上下电极之间的那些液晶分子因范德瓦尔斯力的作用，趋向于平行排列。然而由于上下电极上液晶的定向方向相互垂直，所以从俯视方向看，液晶分子的排列从上电极的沿$-45°$方向排列逐步地、均匀地扭曲到下电极的沿$+45°$方向排列，整个扭曲了 90°。如图 3.3.1(a) 所示。

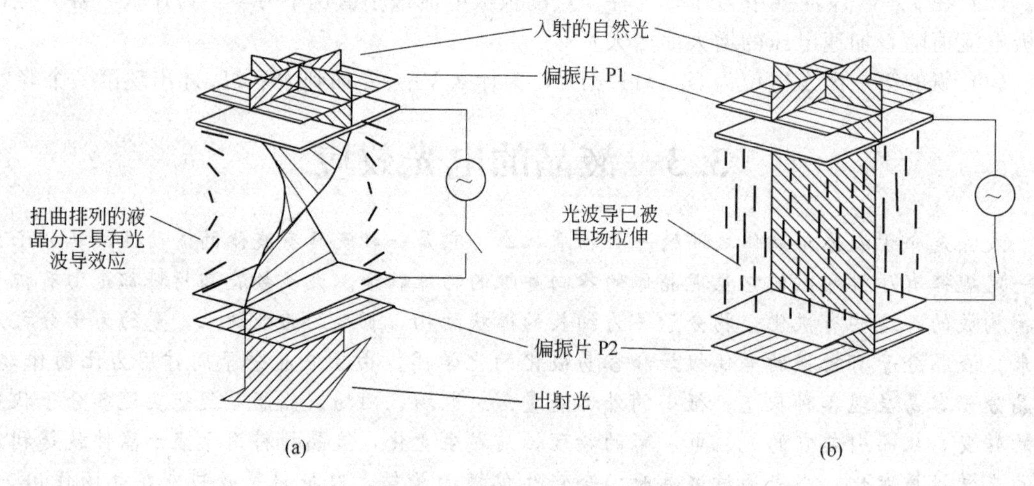

图 3.3.1　液晶光开关的结构

理论和实验都证明：上述均匀扭曲排列起来的结构具有光波导的性质，即偏振光从上电极表面透过扭曲排列起来的液晶传播到下电极表面时，偏振方向会旋转 90°。

取两张偏振片贴在玻璃的两面，P1 的透光轴与上电极的定向方向相同，P2 的透光轴与下电极的定向方向相同，于是 P1 和 P2 的透光轴相互正交。

在未加驱动电压的情况下，来自光源的自然光经过偏振片 P1 后只剩下平行于透光轴的线偏振光，该线偏振光到达输出面时，其偏振面旋转了 90°。这时光的偏振面与 P2 的透光轴平行，因而有光通过。

在施加足够电压情况下（一般为1～2V），在静电场的吸引下，除了基片附近的液晶分子被基片“锚定”以外，其他液晶分子趋于平行于电场方向排列。于是原来的扭曲结构被破坏，成了均匀结构，如图 3.3.1(b) 所示。从 P1 透射出来的偏振光的偏振方向在液晶中传播时不再旋转，保持原来的偏振方向到达下电极。这时光的偏振方向与 P2 正交，因而光被关断。

由于上述光开关在没有电场的情况下让光透过，加上电场的时候光被关断，因此叫做常通型光开关，又叫做常白模式。若 P1 和 P2 的透光轴相互平行，则构成常黑模式。

液晶可分为热致液晶与溶致液晶。热致液晶在一定的温度范围内呈现液晶的光学各向异性，溶致液晶是溶质溶于溶剂中形成的液晶。目前用于显示器件的都是热致液晶，它的电光特性随温度的改变而有一定变化。

(2) 液晶光开关的电光特性

图 3.3.2 为光线垂直入射时本实验所用液晶相对透射率（以不加电场时的透射率为100%）与外加电压的关系。

由图 3.3.2 可见，对于常白模式的液晶，其透射率随外加电压的升高而逐渐降低，在一定电压下达到最低点，此后略有变化。可以根据此电光特性曲线图得出液晶的阈值电压和关断电压。

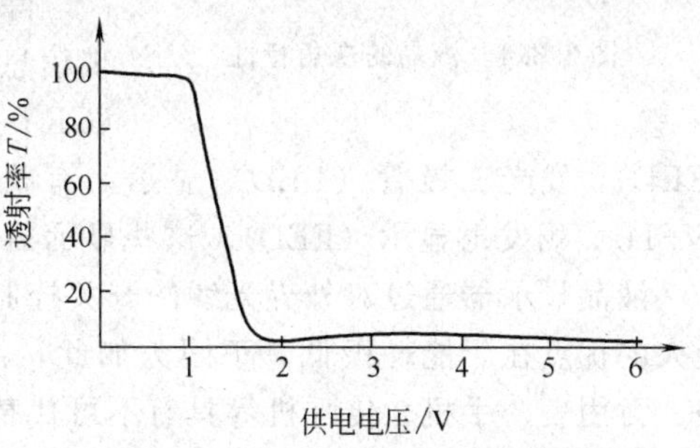

图 3.3.2　液晶光开关的电光特性曲线

阈值电压：透过率为 90%时的供电电压；

关断电压：透过率为 10%时的供电电压。

液晶的电光特性曲线越陡，即阈值电压与关断电压的差值越小，由液晶开关单元构成的显示器件允许的驱动路数就越多。TN 型液晶最多允许 16 路驱动，故常用于数码显示。在电脑，电视等需要高分辨率的显示器件中，常采用 STN（超扭曲向列）型液晶，以改善电光特性的陡度，增加驱动路数。

(3) 液晶光开关的时间相应特性

加上（或去掉）驱动电压能使液晶的开关状态发生改变，是因为液晶的分子排序发生了改变，这种重新排序需要一定时间，反映在时间响应曲线上，用上升时间 τ_r 和下降时间 τ_d 描述。给液晶开关加上一个如图 3.3.3(a) 所示的周期性变化的电压，就可以得到液晶的时间响应曲线，上升时间和下降时间，如图 3.3.3(b) 所示。

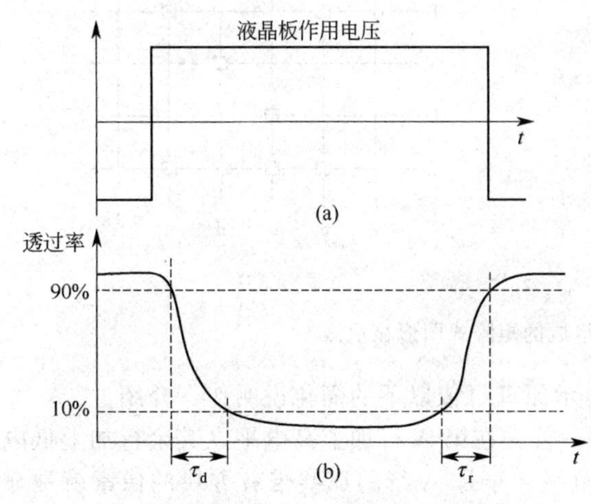

图 3.3.3　液晶光开关的响应时间曲线

上升时间：透过率由 10%升到 90%所需时间；

下降时间：透过率由 90%降到 10%所需时间。

液晶的响应时间越短，显示动态图像的效果越好，这是液晶显示器的重要指标。早期的液晶显示器在这方面逊色于其他显示器，现在通过结构方面的技术改进，已达到很好的效果。

(4) 液晶光开关的视角特性

液晶光开关的视角特性表示对比度与

视角的关系。对比度定义为光开关打开和关断时透射光强度之比，对比度大于5时，可以获得满意的图像，对比度小于2，图像就模糊不清了。

图3.3.4表示了某种液晶视角特性的理论计算结果。图3.3.4中，用与原点的距离表示垂直视角（入射光线方向与液晶屏法线方向的夹角）的大小。

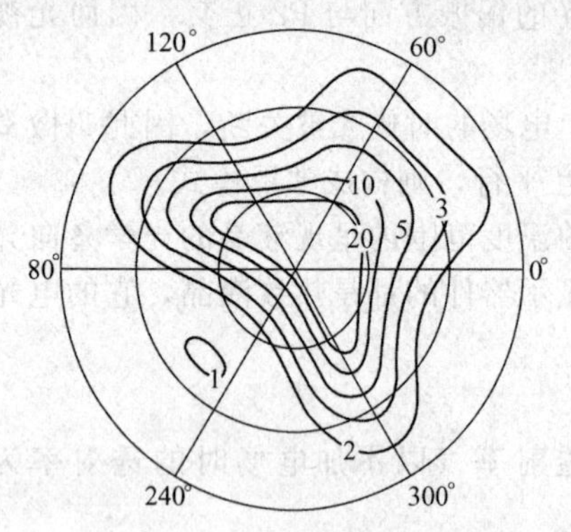

图3.3.4　液晶的视角特性

图3.3.4中3个同心圆分别表示垂直视角为30°，60°和90°。90°同心圆外面标注的数字表示水平视角（入射光线在液晶屏上的投影与0°方向之间的夹角）的大小。图3.3.4中的闭合曲线为不同对比度时的等对比度曲线。

由图3.3.4可以看出，对比度与垂直、水平视角都有关。而且视角特性具有非对称性。

(5) 液晶光开关构成图像显示矩阵的方法

除了液晶显示器以外，其他显示器靠自身发光来实现信息显示功能。这些显示器主要有：阴极射线管显示(CRT)，等离子体显示(PDP)，电致发光显示(ELD)，发光二极管(LED)显示，有机发光二极管(OLED)显示，真空荧光管显示(VFD)，场发射显示(FED)。这些显示器因为要发光，所以要消耗大量的能量。

液晶显示器通过对外界光线的开关控制来完成信息显示任务，为非主动发光型显示，其最大的优点在于能耗极低。正因为如此，液晶显示器在便携式装置的显示方面，例如电子表、万用表、手机、传呼机等具有不可代替地位。下面我们来看看如何利用液晶光开关来实现图形和图像显示任务。

矩阵显示方式，是把图3.3.5(a)所示的横条形状的透明电极做在一块玻璃片上，叫做行驱动电极，简称行电极（常用Xi表示），而把竖条形状的电极制在另一块玻璃片上，叫做列驱动电极，简称列电极（常用Si表示）。把这两块玻璃片面对面组合起来，把液晶灌注在这两片玻璃之间构成液晶盒。为了画面简洁，通常将横条形状和竖条形状的ITO电极抽象为横线和竖线，分别代表扫描电极和信号电极，如图3.3.5(b)所示。

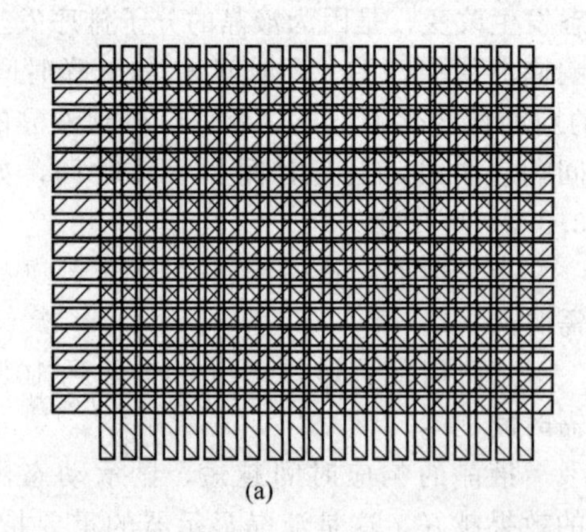
(a)

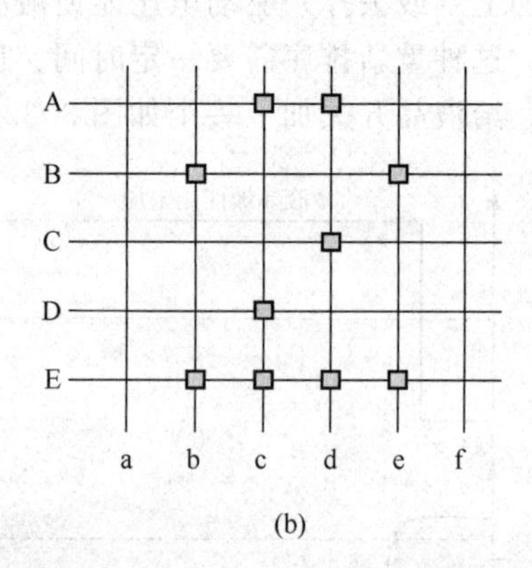

(b)

图3.3.5　液晶光开关组成的矩阵式图形显示器

矩阵型显示器的工作方式为扫描方式。显示原理可依以下的简化说明作一介绍。

欲显示图3.3.5(b)的那些有方块的像素，首先在第A行加上高电平，其余行加上低电平，同时在列电极的对应电极c、d上加上低电平，于是A行的那些带有方块的像素就被显示出来了。然后第B行加上高电平，其余行加上低电平，同时在列电极的对应电极b、e上加上低电平，因而B行的那些带有方块的像素被显示出来了。然后是第C行、第D行……依此类推，最后显示出一整场的图像。这种工作方式称为扫描方式。

这种分时间扫描每一行的方式是平板显示器的共同的寻址方式，依这种方式，可以让每一个液晶光开关按照其上的电压的幅值让外界光关断或通过，从而显示出任意文字、图形和图像。

【实验仪器】

本实验所用仪器为液晶光开关电光特性综合实验仪，其外部结构如图 3.3.6 所示。下面简单介绍仪器各个按钮的功能。

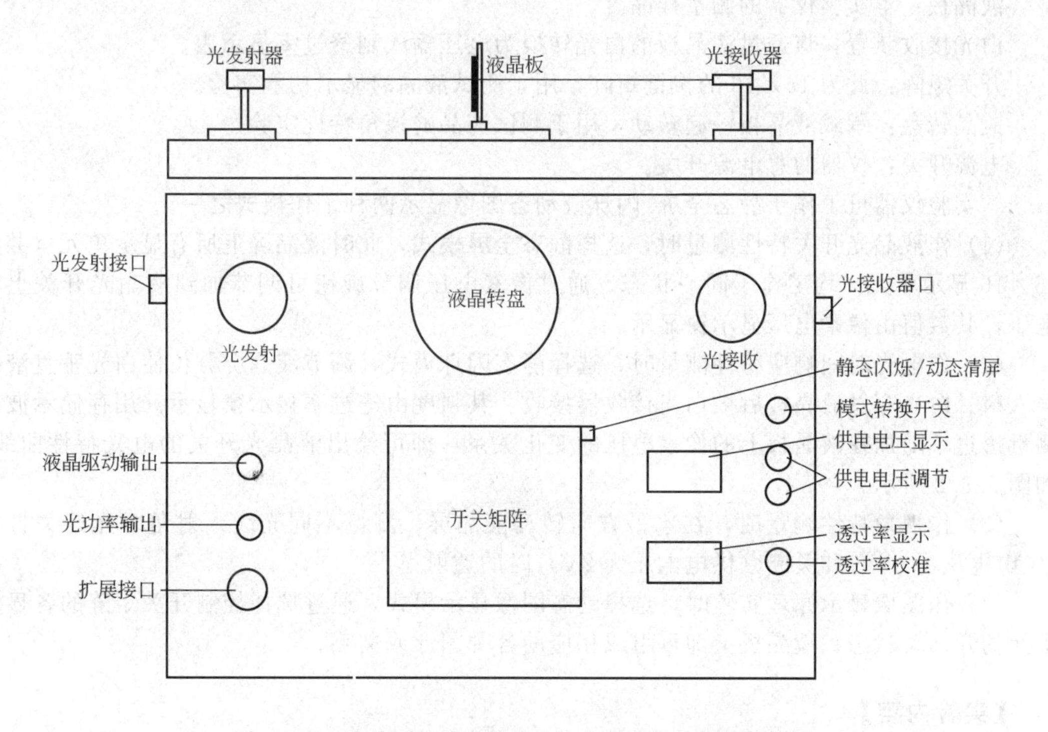

图 3.3.6　液晶光开关电光特性综合实验仪功能键示意图

模式转换开关：切换液晶的静态和动态（图像显示）两种工作模式。在静态时，所有的液晶单元所加电压相同，在（动态）图像显示时，每个单元所加的电压由开关矩阵控制。同时，当开关处于静态时打开白光发射器，当开关处于动态时关闭白光发射器。

静态闪烁/动态清屏切换开关：当仪器工作在静态的时候，此开关可以切换到闪烁和静止两种方式；当仪器工作在动态的时候，此开关可以清除液晶屏幕因按动开关矩阵而产生的斑点。

液晶供电电压显示：显示加在液晶板上的电压，范围在 0～6.5V 之间。

供电电压调节按键：改变加在液晶板上的电压，调节范围在 0～6.5V 之间。其中单击＋按键（或－按键）可以增大（或减少）0.01V。一直按住＋按键（或－按键）2s 以上可以快速增大（或减小）供电电压，但当电压大于或小于一定范围时需要单击按键才可以改变电压。

透过率显示：显示光透过液晶板后光强的相对百分比。

透过率校准按键：在白光接收端处于最大接收的时候（即供电电压为0V时），如果显示值大于“250”，则按住该键3s可以将透过率校准为100%；如果供电电压不为0V，或显示小于“250”，则该按键无效，不能校准透过率。

液晶驱动输出：接存储示波器，显示液晶的驱动电压。

光功率输出：接数字存储示波器，显示液晶的时间响应曲线，可以根据此曲线来计算液晶的阈值电压和关断电压。

扩展接口：连接LCDEO信号适配器的接口，通过信号配示器可以使用普通示波器观测液晶光开关特性的响应时间期限。

白光发射器：为仪器提供较强的光源。

液晶板：本实验仪器的测量样品。

白光接收装置：将透过液晶板的白光转换为电压输入到透过率显示表。

开关矩阵：此为16×16的按键矩阵，用于测试液晶的显示功能实验。

液晶转盘：承载液晶板一起转动，用于测试液晶的视角特性实验。

电源开关：仪器的总电源开关。

本实验仪器可工作于静态全屏/闪烁或动态图像显示两种工作模式之一。

(1) 作液晶光开关特性测量时，选择静态全屏模式，此时液晶屏上所有显示单元（共有16×16显示单元）均工作于同一状态。通过像素电压调节旋钮可调节加到液晶光开关上的电压，其数值由像素电压显示窗显示。

(2) 作电光时间响应特性测量时，选择静态闪烁模式，调节液晶屏方位使白光垂直液晶屏入射。白光穿过液晶板后被白光接收器接收，其强度由透过率显示窗显示。用存储示波器测量透过率随加在液晶板上的像素电压的变化关系，即可绘出液晶光开关的电光特性曲线，如图3.3.2所示。

(3) 作视角特性测量时，在水平方向转动液晶屏，测量不同光线入射角时光开关打开（供电电压为0V）和关断（供电电压为2V）时的透射光。

(4) 作图像显示原理实验时，选择动态图像显示模式，通过选择控制开关矩阵的各显示单元的开、关状态，液晶板上即可组成相应的各种图形或文字。

【实验内容】

本实验仪可以进行以下几个实验内容。

(1) 液晶的光开关特性测量实验。其中可以测得液晶的阈值电压和关断电压，以及上升时间和下降时间。

(2) 液晶的视角特性测量实验。

(3) 液晶的图像显示原理实验。

其安装和操作步骤为：将液晶板金手指1按图3.3.7插入转盘上的插槽。液晶凸起面必须正对白光发射方向。打开电源开关，使白光器预热10min左右。

在正式进行实验前，首先需要检查仪器的初始状态，看发射器光线是否垂直入射到接收器；在静态0V供电电压条件下，透过率显示是否为“100%”。若显示正确，则可以开始实验，若不正确，指导教师可以根据附录的调节方法将仪器调整好再让学生进行实验。

模式转换开关置于静态全屏模式。将液晶屏旋转台置于零刻度位置固定住，并以此为基准调节左边的白光发射器，使得准直白光垂直入射到液晶屏上，而且白光光斑要尽可能地照在液晶屏上的其中某个像素单元上，然后调节白光接收的位置，使得白光通过液晶后再经过入射孔垂直照射到接收装置上，（可以在供电电压为0V时，看透过率达到最大时表示接收

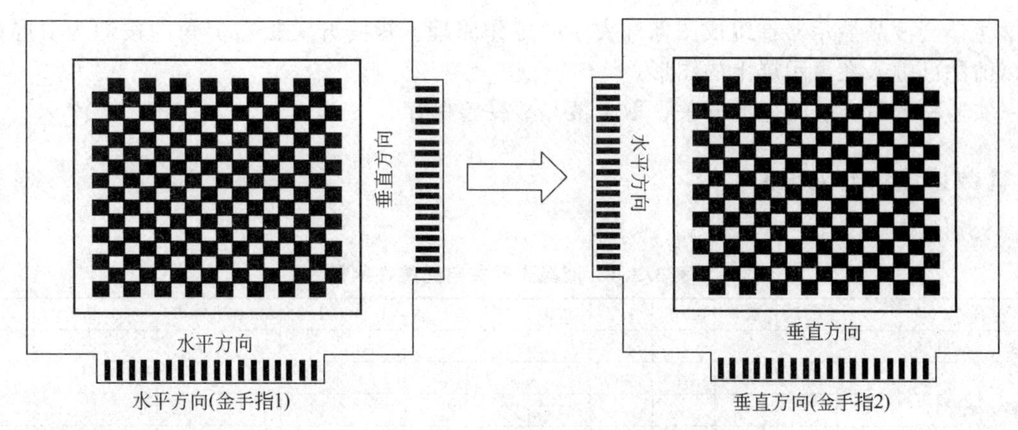

图 3.3.7 液晶板方向（视角为正视液晶屏凸起面）

装置接收效果为最好）。

当调节好白光发射和接收装置后，再校准透过率。方法为：将供电电压置于 0V，此时光开关处于开通状态，遮住白光接收端的白光入光口，调节 0%旋钮，使得透过率显示为 0。再调节 100%旋钮使得透过率显示为 100。然后用同样的方法再次调 0 和调 100，如此重复几次，直到两个旋钮之间匹配合适为止。当初始的透过率校准后，就可以开始做实验了。

（1）液晶光开关电光特性测量

① 当调节好白光发射和接收装置后，将模式转换开关置于静态模式，将供电电压置于 0 伏，调节 100%旋钮，将透过率显示校准为 100%。

② 按表 3.3.1 的数据改变电压，使得电压值从 0V 到 6V 变化，记录相应电压下的透射率数值。重复 3 次并计算相应电压下透射率的平均值，依据实验数据绘制电光特性曲线，并得出阈值电压和关断电压。

（2）液晶的时间响应的测量

将模式转换开关置于静态模式，透过率显示调到 100，然后将液晶供电电压调到 2.00V，用示波器在液晶静态闪烁状态下观察此光开关时间响应特性曲线，可以根据此曲线得到液晶的上升时间 τ_r 和下降时间 τ_d。

（3）液晶光开关视角特性的测量

① 水平方向视角特性的测量　将模式转换开关置于静态模式。首先将透过率显示调 0 和调 100，然后再进行实验。

在供电电压为 0V 时，按照表 3.3.2 所列的角度调节液晶屏与入射白光的角度，在每一角度下测量光强透过率最大值 T_{max}。然后将供电电压置于光透过率为 10%时的电压（关断电压），再次调节液晶屏角度，测量光强透过率最小值 T_{min}，并计算其对比度。以角度为横坐标，对比度为纵坐标，绘制水平方向对比度随入射光入射角而变化的曲线。

② 垂直方向视角特性的测量　关断总电源后，取下液晶显示屏，将液晶显示屏旋转 90°，用金手指 2 插入，如图 3.3.7 所示。重新打开总电源，按照与①相同的方法和步骤，可测量垂直方向的视角特性。并记录入表 3.3.3 中。

（4）液晶显示器显示原理

将模式转换开关置于动态（图像显示）模式。

此时矩阵开关板上的每个按键位置对应一个液晶光开关像素。初始时各像素都处于开通状态，按 1 次矩阵开光板上的某一按键，可改变相应液晶像素的通断状态，所以可以利用点阵输入关断（或点亮）对应的像素，使暗像素（或点亮像素）组合成一个字符或文字。以此让学生体会液晶显示器件组成图像和文字的工作原理。矩阵开关板右上角的按键为清屏键，用以清除已输入在显示屏上的图形。

实验完成后，关闭电源开关，取下液晶板妥善保存。

【数据记录与处理】

分别见表3.3.1～表3.3.3。

表3.3.1　液晶光开关电光特性测量

电压/V		0	0.5	0.8	1.0	1.2	1.3	1.4	1.5	1.6	1.7	2.0	3.0	4.0	5.0	6.0
透射率/%	1															
	2															
	3															
	平均															

由表3.3.1绘制液晶电光特性曲线。

结论：液晶的阈值电压为____________，关断电压为____________。

液晶的时间响应测量（表格自拟）。

上升时间 $\tau_r=$________，下降时间 $\tau_d=$________。

表3.3.2　液晶光开关视角特性测量（水平方向）

正角度/(°)	0	5	10	15	20	25	30	35	40	45	50	55	60	65	70	75	80	85
T_{max}/0V																		
T_{min}/2V																		
T_{max}/T_{min}																		
负角度/(°)	0	5	10	15	20	25	30	35	40	45	50	55	60	65	70	75	80	85
T_{max}/0V																		
T_{min}/2V																		
T_{max}/T_{min}																		

结论：

表3.3.3　液晶光开关视角特性测量（垂直方向）

正角度/(°)	0	5	10	15	20	25	30	35	40	45	50	55	60	65	70	75	80	85
T_{max}/0V																		
T_{min}/2V																		
T_{max}/T_{min}																		
负角度/(°)	0	5	10	15	20	25	30	35	40	45	50	55	60	65	70	75	80	85
T_{max}/0V																		
T_{min}/2V																		
T_{max}/T_{min}																		

结论：实验结论：（包含对响应曲线好坏的评价、液晶的阈值电压和关断电压、液晶的响应时间及液晶的视角特性）

【注意事项】

(1) 绝对禁止用光束照射他人的眼睛或直视光束本身，以防伤害眼睛。

(2) 在进行液晶视角特性实验中，更换液晶板方向时，务必断开电源，再进行插取，否则将会损坏液晶板。

(3) 液晶板凸起面必须要朝向白光发射方向，否则实验记录的数据为错误数据。

(4) 在调节透过率100%时，如果透过率显示不稳定，则很有可能是光路没有对准，或者为白光发射器没有调节好，需要仔细检查，调节好光路。

（5）在校准透过率100%前，必须将液晶供电电压显示调到0.00V或显示大于“250”，否则无法校准透过率为100%。在实验中，电压为0.00V时，不要长时间按住“透过率校准按钮”，否则透过率显示将进入非工作状态，本组测试的数据为错误数据，需要重新进行本组实验数据记录。

【思考题】

（1）如何实现常黑型和长白型液晶显示？如何确定本实验所使用的液晶样品是常黑型的还是常白型的？

（2）如果入射到液晶片的光是线偏振光，你认为会有什么现象？

（3）什么是液晶的对比度？要获得满意的观看效果要求对比度为多少？

（4）水平与垂直的对比度哪一个更有对称性，为什么？

（5）施加电压的过程中，液晶样品上有时会出现成片状的斑点，说明导致这种现象出现的可能原因。

【参考文献】

［1］ 安毓英，刘继芳等．光电子技术．北京：电子工业出版社，2002.

［2］ 严燕来，叶庆好．大学物理拓展与应用．北京：高等教育出版社，2002.

【附录】 LCDEO信号适配器的操作方法

LCDEO信号适配器是液晶电光效应综合实验仪的一个可选附件。在进行液晶电光效应实验中，需要使用到具有存储功能的示波器进行观测和数据记录。而普通的模拟示波器不具备存储功能，要完成整个实验，可以借助LCDEO信号适配器实现。

（1）LCDEO信号适配器简介　如图3.3.8所示。

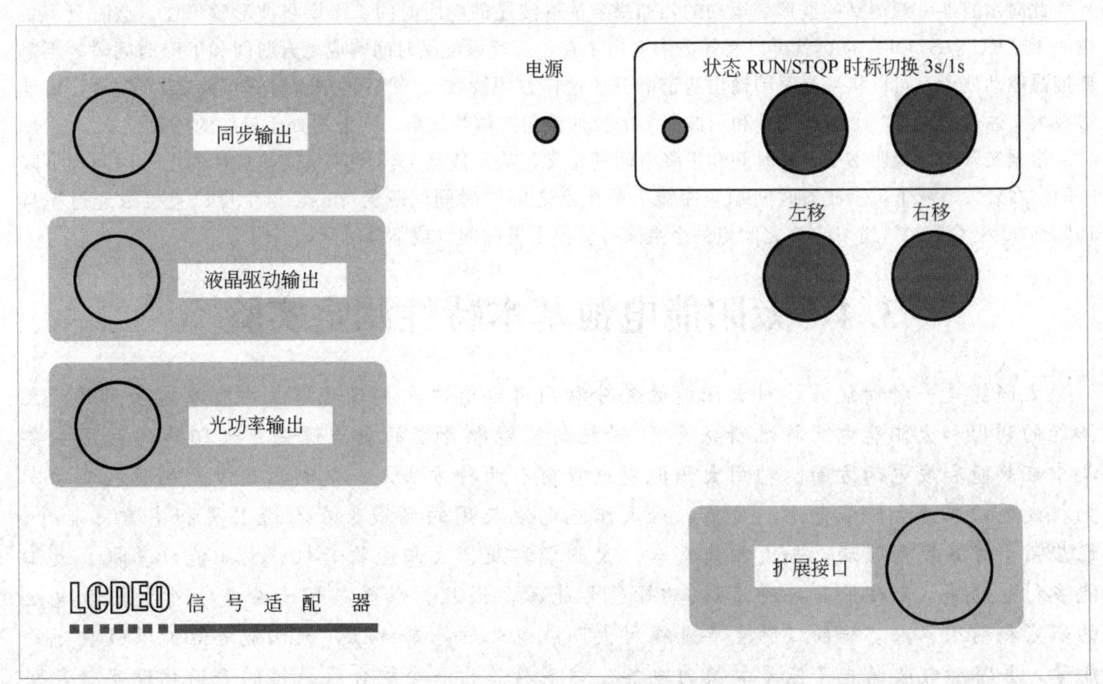

图3.3.8　LCDEO信号适配器面板

液晶驱动输出：接示波器，显示液晶的驱动电压。

光功率输出：接到信号适配器或数字存储示波器，显示液晶的时间响应曲线，可以根据此曲线来测量液晶的上升时间和下降时间。

同步输出：提供示波器的外部触发信号。

扩展接口：和液晶电光效应综合实验仪主机上“扩展输出”口相连。

RUN/STOP 按键：运动或暂停观测波形。即当示波器波形在移动的时候，按一下该键，波形会停止移动，这时才可以进行后面的读数操作。如果再按一下该键，则波形又会开始移动。当波形在动的时候，按动模块上的其他按键都是无效。

时标切换 3s/1s：当暂停波形后，按该键可以将波形放大 3 倍。即放大前时标为 3s，波形中每个点之间的时间间隔为 15ms。放大后时标为 1s，波形中每个点之间的时间间隔为 5ms。

左移按键：当波形被放大后，按该键可以向左移动波形。

右移按键：当波形被放大后，按该键可以向右移动波形。

状态指示灯：显示当前波形所处的状态。指示灯为红色时表示波形处于运动状态；指示灯灭表示波形处于暂停状态；指示灯为绿色表示波形处于放大状态。

电源指示灯：指示灯亮表示当前模块已通电，处于工作状态；指示灯灭表示当前模块没有通电，处于非工作状态。

(2) LCDEO 信号适配器的使用方法

LCDEO 信号适配器主要用于进行液晶时间响应特性测量时观测和读取液晶响应的上升时间和下降时间，并观测液晶的驱动电压波形。

首先用连接线将液晶电光效应综合实验仪的扩展输出接口和存储示波器模块的扩展接口连接起来，然后再打开主机电源进行实验。

当进行液晶时间响应特性测量实验时，将 LCDEO 信号适配器上的“液晶驱动输出”、“光功率输出”用 Q9 线分别接到普通示波器的两个通道上，“同步输出”接示波器的同步输入端。将两个通道都打到直流挡位，幅度旋钮打到 0.5V/DIV，周期旋钮调到 0.5ms/DIV 挡位上。同时将触发源选择为外部触发，调节示波器上下移和左右移动旋钮，就可以观测到液晶驱动电压波形和时间响应波形了。

此时示波器上观测到的波形是运动的，如果要读取液晶的响应时间，需要将波形暂停住。这时只需要按一下“RUN/STOP”按键就可以暂停波形（由于在进行读取液晶时间响应上升时间和下降时间时，不需要液晶驱动波形，可以将液晶驱动输出通道断开。这样方便读数）。然后再按“时标切换 3s/1s”键，将波形放大。通过“左移”、“右移”键和示波器上的拉伸旋钮来调整波形，使波形处于最佳的读数位置。

根据实验指导说明书中上升时间和下降时间的定义，从示波器上读出液晶时间特性的上升时间和下降时间。在放大情况下，示波器时间响应曲线上每个点之间的时间间隔为 5ms，学生可以直接数透过率从 10%到 90%（或 90%到 10%）之间点的个数来计算出上升时间（或下降时间）。

3.4 太阳能电池基本特性测定实验

太阳能是一种新能源，对太阳能的充分利用可以解决人类日趋增长的能源需求问题。太阳能的利用和太阳能电池特性研究是 21 世纪新型能源开发的重点课题。太阳能的利用主要集中在热能和发电两方面。利用太阳能发电目前有两种方法，一是利用热能产生蒸汽驱动发电机发电，二是太阳能电池。目前，硅太阳能电池应用的领域除在人造卫星和宇宙飞船外，已应用于许多民用领域：如太阳能汽车、太阳能游艇、太阳能收音机、太阳能计算机、太阳能乡村电站等。太阳能是一种清洁、“绿色”能源，因此，世界各国十分重视对太阳能电池的研究和利用。本实验的目的主要是探讨太阳能电池的基本特性，太阳能电池能够吸收光的能量，并将所吸收的光子能量转换为电能。该实验作为一个综合设计性的普通物理实验，联系科技开发实际，有一定的新颖性和实用价值，能激发学生的学习兴趣。

【实验目的】

（1）了解和掌握太阳能电池的基本特性。

（2）掌握太阳能电池的有关测量方法。

（3）了解并熟悉太阳能电池的实际应用。

【实验原理】

太阳能电池能够吸收光的能量，并将所吸收的光子的能量转化为电能。在没有光照时，可将太阳能电池视为一个二极管，其正向偏压 U 与通过的电流 I 的关系为：

$$I=I_0\left(e^{\frac{qU}{nKT}}-1\right) \tag{3.4.1}$$

式中，I_0 是二极管的反向饱和电流；n 是理想二极管参数，理论值为1；K 是玻尔兹曼常量；q 为电子的电荷量；T 为热力学温度$\left[\text{可令 }\beta=\left(\frac{q}{nKT}\right)\right]$。

由半导体理论，二极管主要是由能隙为 E_C-E_V 的半导体构成，如图 3.4.1 所示。E_C 为半导体电带，E_V 为半导体价电带。当入射光子能量大于能隙时，光子会被半导体吸收，产生电子和空穴对。电子和空穴对会分别受到二极管之内电场的影响而产生光电流。

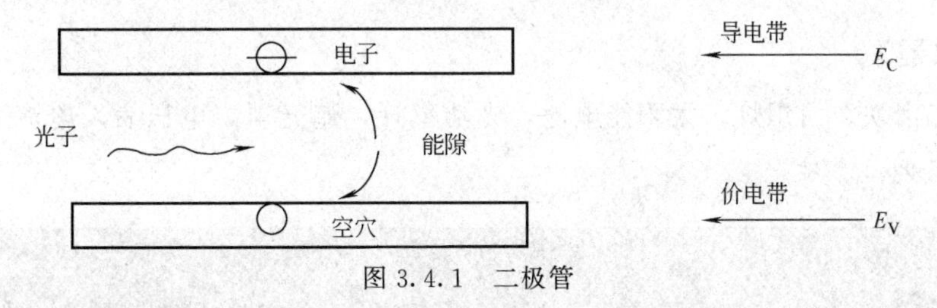

图 3.4.1　二极管

假设太阳能电池的理论模型是由一理想电流源（光照产生光电流的电流源）、一个理想二极管、一个并联电阻 R_{sh} 与一个电阻 R_s 所组成，如图 3.4.2 所示。

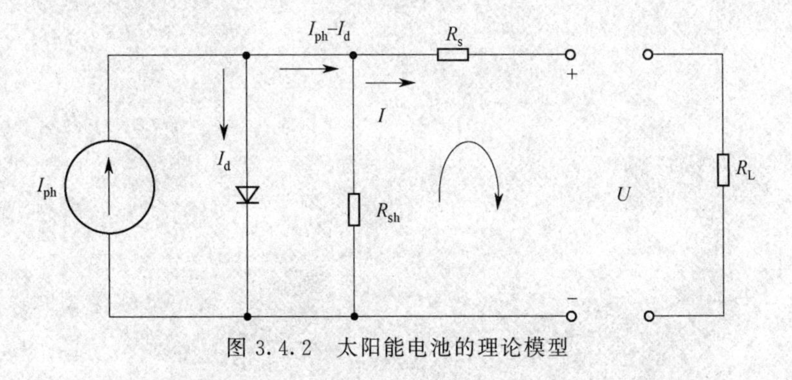

图 3.4.2　太阳能电池的理论模型

图 3.4.2 中，I_{ph}为太阳能电池在光照时该等效电源输出电流；I_d 为光照时，通过太阳能电池内部二极管的电流。由基尔霍夫定律得：

$$IR_s+U-(I_{ph}-I_d-I)R_{sh}=0 \tag{3.4.2}$$

式中，I 为太阳能电池的输出电流；U 为输出电压。由式(3.4.1) 可得：

$$I\left(1+\frac{R_s}{R_{sh}}\right)=I_{ph}-\frac{U}{R_{sh}}-I_d \tag{3.4.3}$$

假定 $R_{sh}=\infty$ 和 $R_s=0$，太阳能电池可简化为图 3.4.3 所示电路。

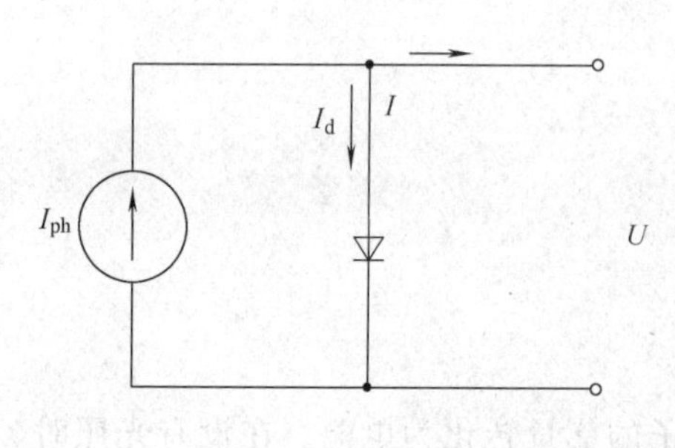

图 3.4.3　太阳能电池的简化模型

这里：$I=I_{ph}-I_d=I_{ph}-I_0(e^{\beta U}-1)$

在短路时：　$U=0$，$I_{ph}=I_{sc}$

而在开路时：$I=0$，$I_{SC}-I_0(e^{\beta U_{oc}}-1)=0$

所以：

$$U_{OC}=\frac{1}{\beta}\ln\left[\frac{I_{SC}}{I_0}+1\right] \tag{3.4.4}$$

式(3.4.4) 即为在 $R_{sh}=\infty$ 和 $R_s=0$ 的情况下，太阳能电池的开路电压 U_{OC} 和短路电流 I_{SC} 的关系式。式中 U_{OC} 为开路电压；I_{SC} 为短路电流；而 I_0、β 是常数。

太阳能电池的基本技术参数除短路电流 I_{SC} 和开路电压 U_{OC} 外，还有最大输出功率 P_{max} 和填充因子 FF。最大输出功率 P_{max} 也就是 IU 的最大值。填充因子 FF 定义为：

$$FF=\frac{P_{max}}{I_{SC}U_{OC}} \tag{3.4.5}$$

FF 是代表太阳能电池性能优劣的一个重要参数。FF 值越大，说明太阳能电池对光的利用率越高。

【实验仪器】

光具座，滑块，白炽灯，太阳能电池，光功率计，遮光罩，电压表，电流表，电阻箱。如图 3.4.4 所示。

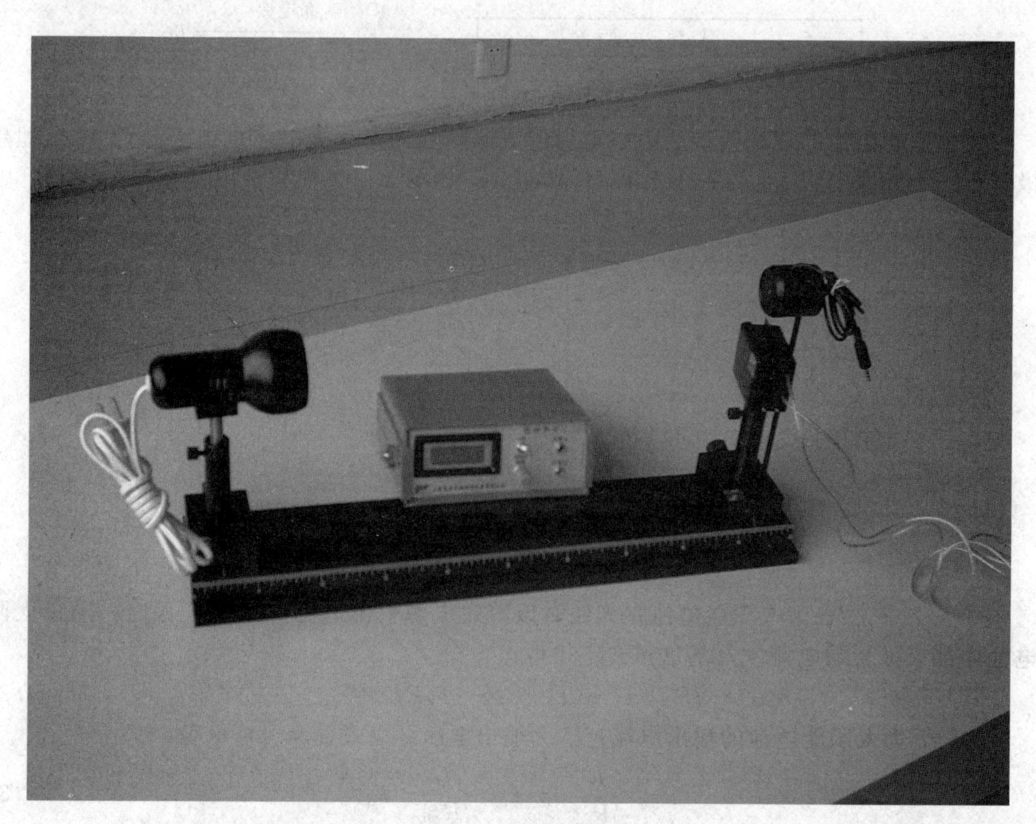

图 3.4.4　实验仪器

【实验内容】

（1）必做内容

在不加偏压时，用白色光照射，测量太阳能电池一些特性。注意此时光源到太阳能电池距离保持为 23cm。

① 测量电池在不同负载电阻下，I-U 变化关系。

a. 设计测量电路（图 3.4.5），并连接。

b. 测量电池在不同负载电阻下，I-U 变化关系，画出 I-U 曲线图。

c. 根据 I-U 曲线图，求短路电流 I_{SC} 和开路电压 U_{OC}。

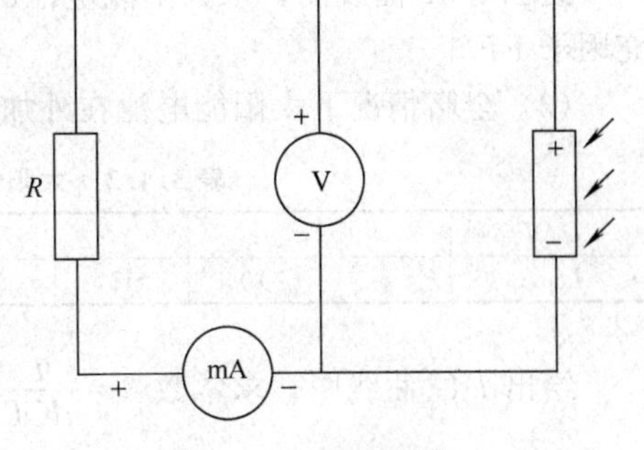

图 3.4.5　测量电路一

② 太阳能电池的 P-R 特性研究

a. 设计测量电路图，并连接。

b. 测量 R、U、I 值，绘出 P-R 曲线，求太阳能电池的最大输出功率及最大输出功率时负载电阻。

c. 计算填充因子 $FF=P_{max}/I_{SC}U_{OC}$。

（2）选做内容

没有光源（全黑）的条件下，测量太阳能电池正向偏压时的 I-U 特性（直流偏压从 0～3.0V）。

a. 设计测量电路（图 3.4.6），并连接。

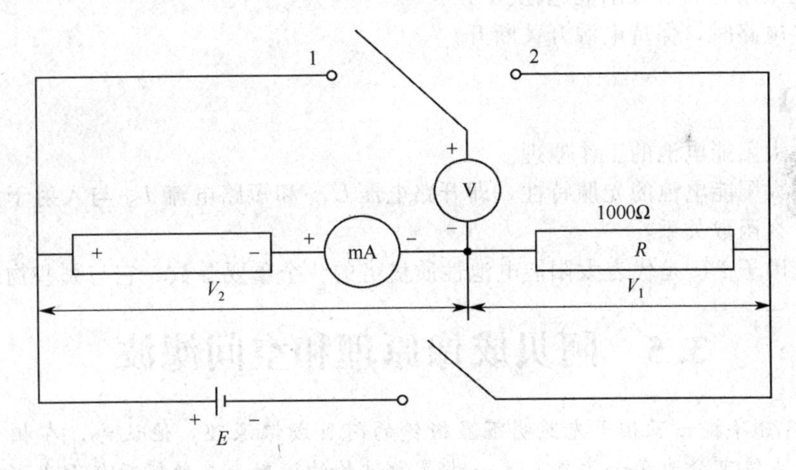

图 3.4.6　测量电路二

b. 利用测得的正向偏压时 I-U 关系数据，画出 I-U 曲线并求出常数 $\beta=\frac{q}{nKT}$和 I_0 的值。

【数据记录与处理】

（1）不加偏压时，在使用遮光罩条件下，保持白光源到太阳能电池距离 23cm，测量太阳能电池的输出电流对太阳能电池的输出电压的关系（表 3.4.1）。

表 3.4.1　太阳能电池的输出电流对太阳能电池的输出电压的关系

U/V	0.5	1.0	1.5	2.0	2.5	3.0	3.1	3.2	3.3	3.4	3.5	3.5	3.6	3.7	3.9	4.0	…
R/kΩ																	
I/mA																	

绘出 I-U 曲线图，求短路电流 I_{SC}和开路电压 U_{OC}。

(2) 太阳能电池在光照时，测量输出功率与负载电阻的关系（表 3.4.2）。

表 3.4.2 太阳能电池输出功率与负载电阻的关系

R/kΩ	1	2	3	3.2	3.4	3.6	3.8	3.9	4.0	4.2	4.4	4.6	4.8	5.0	8	10	15	…
U/V																		
I/mA																		
P/mW																		

绘出 P-R 曲线图，求太阳能电池的最大输出功率及最大输出功率时负载电阻。计算填充因子 FF。

(3) 全暗情况下太阳能电池在外加偏压时的伏安特性（表 3.4.3）。

表 3.4.3 太阳能电池在外加偏压时的伏安特性

U/V										
I/μA	5	10	15	20	25	30	35	40	45	50

绘出 I-U 曲线图，求常数 $\beta=\dfrac{q}{nKT}$和 I_0。

【注意事项】

(1) 连接电路时，保持太阳能电池无光照条件。

(2) 避免太阳光照射太阳能电池。

(3) 连接电路时，保持电源开关断开。

【思考题】

(1) 试述太阳能电池的工作原理。

(2) 试述太阳能电池的光照特性，即开路电压 U_{OC}和短路电流 I_{SC}与入射于太阳能电池的光强符合什么函数关系？

(3) 填充因子 FF 是代表太阳能电池性质优劣的一个重要参数，它与哪些物理量有关？

3.5 阿贝成像原理和空间滤波

阿贝在 1873 年提出了相干光照明下显微镜的阿贝成像原理，他认为，在相干的光照明下，显微镜的成像可分为两个步骤：第一步是通过物的衍射光在物镜后焦面上形成一个衍射图，第二步则为物镜后面上的衍射图复合为（中间）像，这个像可以通过目镜观察到。

【实验目的】

(1) 通过实验，加深对傅里叶光学中空间频率、空间频谱和空间滤波等概念的理解。

(2) 了解阿贝成像原理和透镜孔径对透镜成像分辨率的影响。

【实验原理】

(1) 二维傅里叶变换

设有一个空间二维函数 $g(x,y)$，其二维傅里叶变换为：

$$G(f_x,f_y)=\mathscr{F}[g(x,y)]=\int_{-\infty}^{\infty}\int g(x,y)\exp[-i2\pi(f_x x+f_y y)]\mathrm{d}x\mathrm{d}y \quad (3.5.1)$$

式中，f_x，f_y 分别为 x，y 方向的空间频率，其量纲为 L^{-1}；而 $g(x,y)$ 又是 $G(f_x,f_y)$ 的逆傅里叶变换，即：

$$g(x,y)=\mathscr{F}^{-1}[G(f_x,f_y)]=\int_{-\infty}^{\infty}\int G(f_x,f_y)\exp[i2\pi(f_x x+f_y y)]\mathrm{d}f_x\mathrm{d}f_y \qquad (3.5.2)$$

式(3.5.2) 表示任意一个空间函数 $g(x,y)$，可以表示为无穷多个基元函数 $\exp[i2\pi(f_x x+f_y y)]$ 的线性叠加，$G(f_x,f_y)\mathrm{d}f_x\mathrm{d}f_y$ 是相应于空间频率为 f_x、f_y 的基元函数的权重，$G(f_x,f_y)$ 称为 $g(x,y)$ 的空间频率。

当 $g(x,y)$ 是一个空间周期性函数时，其空间频率是不连续的离散函数。

(2) 光学傅里叶变换

理论证明，如果在焦距为 F 的会聚透镜的前焦面上放一振幅透过率为 $g(x,y)$ 的图像作为物，并以波长为 λ 的单色平面波垂直照明图像，则在透镜后焦面 (x',y') 上的振幅分布就是 $g(x,y)$ 的傅里叶变换 $G(f_x,f_y)$，其中 f_x，f_y 与坐标 x'，y'的关系为：

$$f_x=\frac{x'}{\lambda F},\ f_y=\frac{y'}{\lambda F} \qquad (3.5.3)$$

故 x'-y'面称为频谱面（或傅氏面），见图 3.5.1，由此可见，复杂的二维傅里叶变换可以用一透镜来实现，称为光学傅里叶变换，频谱面上的光强分布则为 $|G(f_x,f_y)|^2$，称为频谱，也就是物的夫琅和费衍射图。

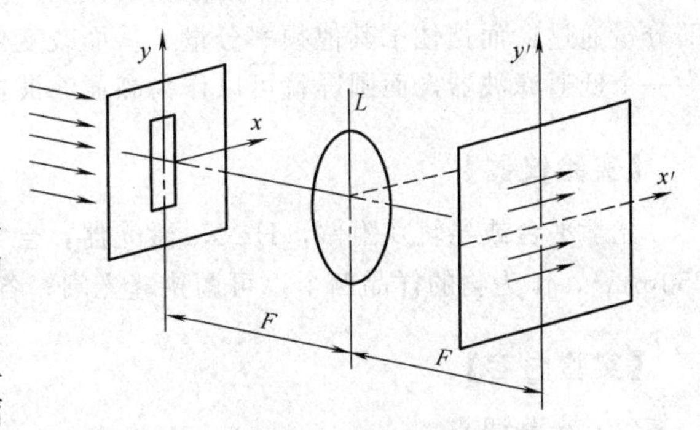

图 3.5.1 光学傅里叶变换

(3) 阿贝成像原理

阿贝在 1873 年提出了相干光照明下显微镜的阿贝成像原理，他认为，在相干的光照明下，显微镜的成像可分为两个步骤：第一步是通过物的衍射光在物镜后焦面上形成一个衍射图，第二步则为物镜后焦面上的衍射图复合为（中间）像，这个像可以通过目镜观察到。

成像的这两个步骤本质上就是两次傅里叶变换，第一步把物面光场的空间分布 $g(x,y)$ 变为频谱面上空间频率分布 $G(f_x,f_y)$，第二步则是再作一次变换，又将 $G(f_x,f_y)$ 还原到空间分布 $g(x,y)$。

图 3.5.2 显示了成像的这两个步骤，为了方便起见，我们假设是一个一维光栅，单色平行光照在光栅上，经衍射分解成为不同的很多束平行光，相应于一定的空间频率，经过物镜分别聚焦在后焦面上形成点阵，然后代表不同空间频率的光束又重新在像平面上复合而成像。

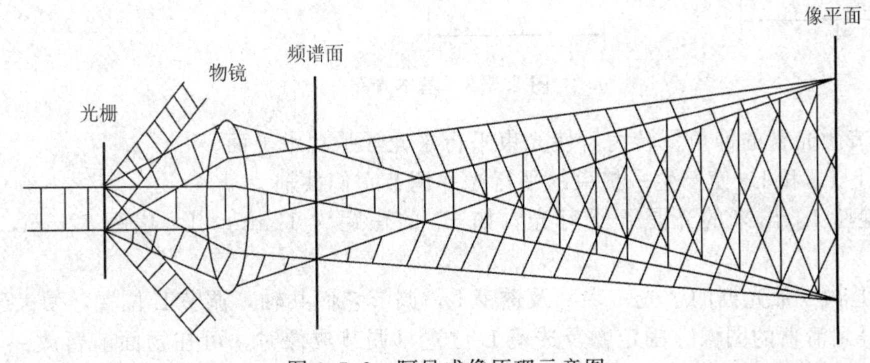

图 3.5.2 阿贝成像原理示意图

如果这两傅氏变换完全是理想的，即信息没有任何损失，则像和物应完全相似（可能有放大或缩小），但一般说来像和物不可能完全相似，这是由于透镜的孔径是有限的，总有一部分衍射角度较大的高次成分（高频信息）不能进入到透镜而被丢失了，所以像的信息总是比物的信息要少一些，高频信息主要反映了物的细节，如果高频信息受到了孔径的限制而不能到达像平面，则无论显微镜有多大的放大倍数，也不可能在像平面上显示出这些高频信息所反映的细节，这是透镜分辨率受到限制的根本原因，特别当物的结构非常精细（如很密的光栅）或物镜孔非常小时，有可能只有0级衍射（空间频率为0）能通过，则在像平面上就完全不能形成像，为加深对上述内容的理解，可参阅“光学成像系统的分辨本领”有关内容。

（4）空间滤波

根据上面讨论，成像过程本质上是两次傅里叶变换，即从空间函数 $g(x, y)$ 变为频谱函数 $G(f_x, f_y)$，再变回到空间函数 $g(x,y)$（忽略放大率），如果我们在频谱面（即透镜的后焦面）上放一些模板（吸收板或相移板），以减弱某些空间频率成分或改变某些频率成分的相位，则必然使像面上的图像发生相应的变化，这样的图像处理称为空间滤波，频谱面上这种模板称为滤波器，最简单的滤波器就是一些特殊形状的光阑，它使频谱面上一个或一部分量通过，而挡住了其他频率分量，从而改变像上图像的频率成分，例如圆孔光阑可以作为一个低通滤波器，而圆屏就可以作为高通滤波器。

【实验仪器】

光学平台或导轨及附件，He-Ne激光器，会聚透镜三块（L_1：12mm，L_2：70mm；L：250mm），作为物的样品四个，可调狭缝光阑，各种形状模板，屏板和毛玻璃。

【实验内容】

（1）光路调节

本实验基本光路如图3.5.3所示，其中透镜 L_1(焦距 F_1)、L_2(焦距 F_2）组成倒装置望远系统。将激光扩展成具有较大截面的平行光束，L(焦距为 F）则为成像透镜，调节步骤如下。

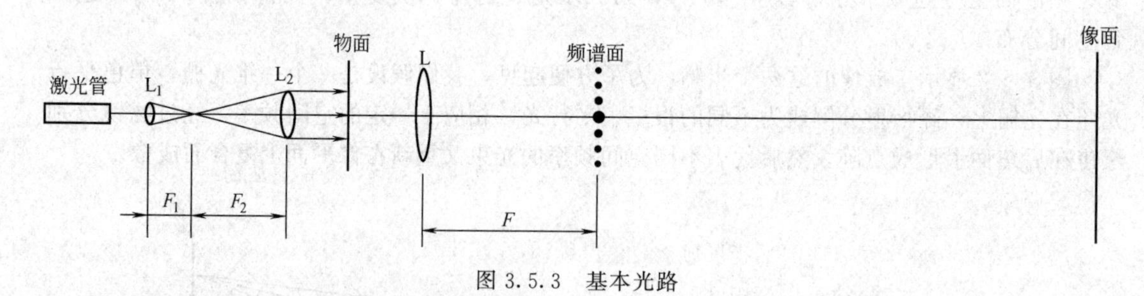

图3.5.3　基本光路

① 调节激光管的仰角及转角，使光束平行于光学平台水平面。

② 放上 L_1 和 L_2 使产生一扩束的平行光并调节它们共轴。

怎样检验 L_2 出来的光是否平行光？如 L_1 的焦距为12mm，L_2 焦距72mm，则扩束多少倍？

③ 放上物（带光栅的“光”字）及透镜L，调节它们共轴，调节L位置，使大于4m距离的屏上得到清晰的图像，固定物及透镜L位置（调节成像时，可在物面前暂放一毛玻璃，以便在扩展光照明下，找到成像的精确位置）。

④ 确定频谱面位置，去掉物，用毛玻璃在 L 后焦面附近移动，当毛玻璃散射产生的散斑达到最大限度时，毛玻璃上光点最小，此毛玻璃所在平面就是频谱面，将滤波器支架放在此平面上。

(2) 阿贝成像原理实验

① 在物平面放上一维光栅，像平面上看到沿垂直方向的光栅条纹，频谱面上出现 0，±1，±2，±3，…一排清晰衍射光点，如图 3.5.4 中 A 所示，测量 1，2，3，…级衍射点与光轴（0 级衍射）的距离 x'（表 3.5.1），由式(3.5.3) 求出相应空间频率 f_x 并求光栅的基频。

② 在傅氏面上放上可调狭缝及其他附加光阑，按图 3.5.4 中 A，B，C，D，E 分别通过一定的空间频率成分，按表 3.5.2 依次记录像面上的特点及条纹间距，特别注意观察 D 和 E 两条件下图像的差异，并对图像变化作出适当的解释。

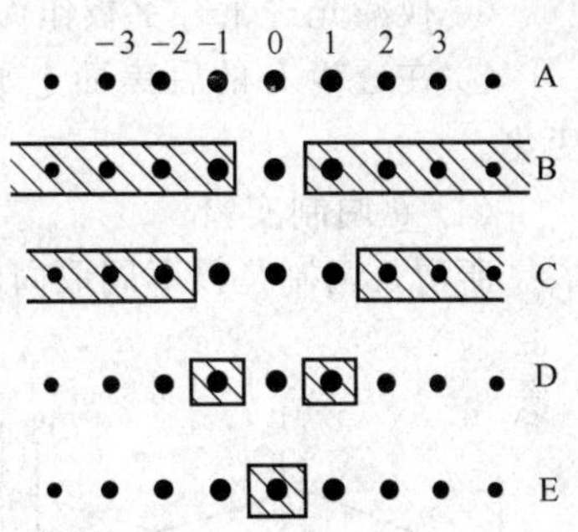

图 3.5.4　五种衍射条件示意图

③ 取下物面上的一维光栅，换上一个二维正交光栅，则在频谱面上可看到二维离散的光点阵即正交光栅的频谱，像面上可以看到放大了的正交光栅的像，测出像面上的网格间距。

④ 依次在频谱面上放上小孔及不同取向的狭缝光阑（见图 3.5.5），使频谱面上一个光点或一排光点通过，观察并记录像面上的变化，测量像面上的条纹间距，并给出相应的解释。

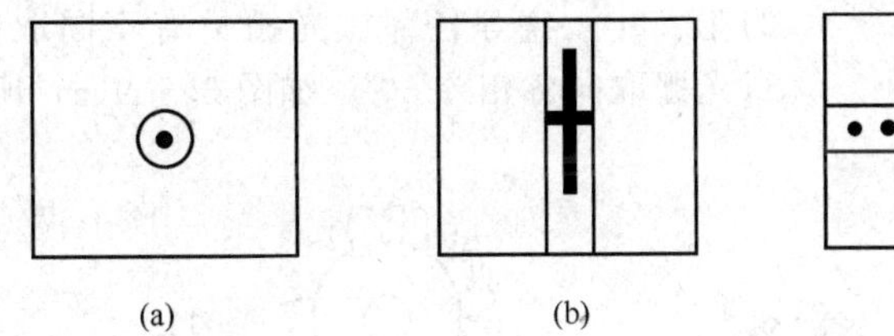

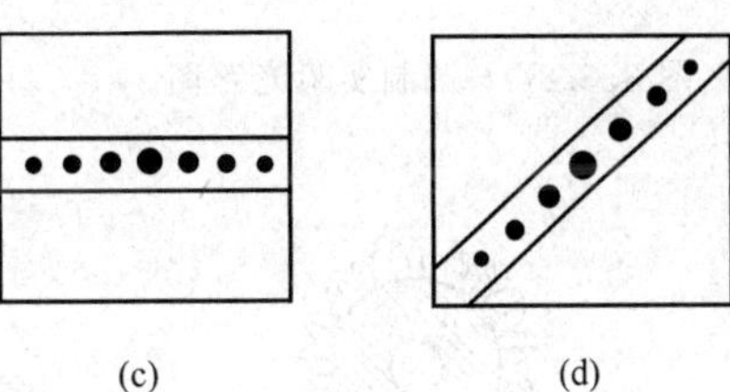

图 3.5.5　四种狭缝光阑示意图

(3) 高低通滤波

① 将正交光栅与一个透明的“光”字重叠在一起作为物［见图 3.5.6(a)］，通过透镜 L 成像在像平面上。

② 用毛玻璃观察 L 后焦面上物的空间频谱，光栅为一周期性函数，其频谱是有规律排列的离散点阵，而字迹不是周期性函数，它的频谱是连续的，一般不容易看清楚，由于光字笔画较粗，其空间低频成分较多，因此频谱面的光轴面的光轴附近只有光字信息而没有网格信息。

③ 将一个 $\phi=1$mm 的圆孔光阑放在 L 后面焦面的光轴上，则像面上图像发生变化，记录变化的特征，换一个 $\phi=0.3$mm 的圆孔光阑，图像又有何变化？

④ 如果网格为 12 条/mm，字的笔画粗为 0.5mm，从理论上计算，要使网格消失和字迹模糊滤波器应有的孔径，并解释上述实验结果。

⑤ 将频谱面上光阑作平移，使不在光轴上的一个衍射点通过光阑（参看图 3.5.7），此时在像面上有何现象？

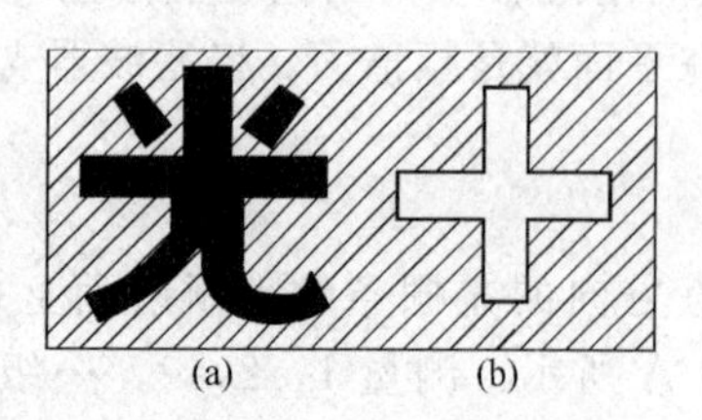

图 3.5.6　正交光栅与一个透明的“光”字示意图

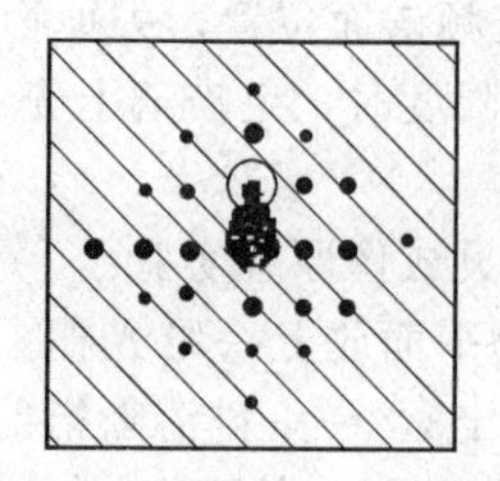

图 3.5.7　频谱面上光阑平移

⑥ 换漏光“十”字板作为物［见图 3.5.6(b)］，并使之成像。

⑦ 在透镜 L 的后焦面上放一圆屏光阑挡去空间频谱的中心部分，观察记录像面上的变化。

(4) θ 调制实验

所谓θ调制是以不同取向的光栅调制物面图像上的不同部位，经空间滤波后，像面上各像应呈现不同的颜色。

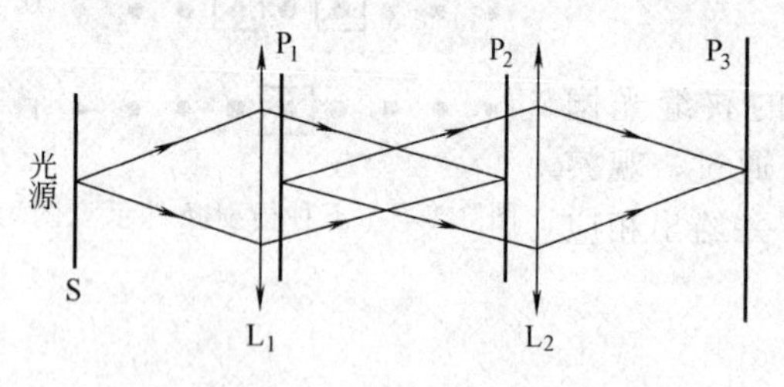

图 3.5.8　θ 调制实验光路图

① 本实验光路如图 3.5.8 所示，以白炽灯为光源，灯前放小孔 S，聚光透镜 L_1 将 S 成像于透镜 L_2 前面的 P_2 面上，物放在紧靠 L_1 的 P_1 平面上，经 L_2 成像于屏幕 P_3 上，此光路中频谱面是光源的成像面，即 P_2 平面。

② 作为物的样品由薄膜光栅制成，样品上的花、叶、盆等各部位光栅具有不同取向，三组光栅取向各相差 60°，如图 3.5.9(a) 所示。

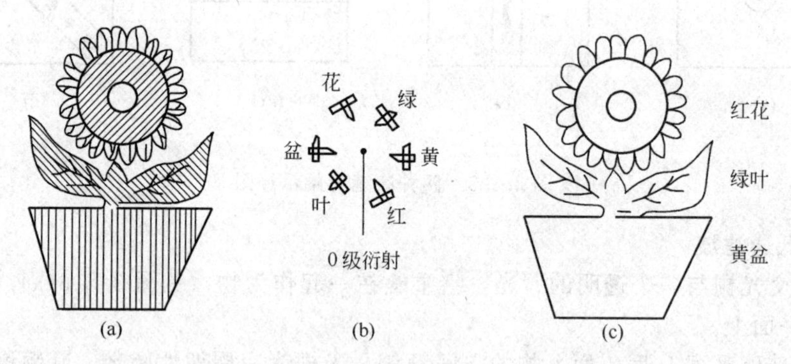

图 3.5.9　θ 调制实验样品及摆放示意图

③ 将上述样品放在 P_1 平面，在 P_2 面上可看到光栅的衍射图，三行不同取向的衍射光斑相应于不同取向的光栅［见图 3.5.9(b)］，这些衍射极大值除 0 级以外均有色散。

④ 调节 P_2 面上滤波器，使像面 P_3 上花瓣呈红色，花叶呈绿色，而花盆与花蕊则为黄色［图 3.5.9(c)］。

(5) 卷积现象的观察

用激光束分别照在 20 条/mm 和 200 条/mm 的两个正交光栅上，观察各自的空间频谱(即夫琅和费衍射图)，将两光栅重叠起来，观察并记录其频谱特点，先后转动两光栅之一，频谱面上有何变化？(根据傅里叶变换的卷积定理可解释观察到的现象)

【数据记录与处理】

(1) 阿贝成像原理实验　见表 3.5.1、表 3.5.2。

表 3.5.1　测衍射点位置及相应空间频率

	位置 x'/mm	空间频率 f_x/mm^{-1}
一级衍射		
二级衍射		
三级衍射		

表 3.5.2　五种衍射条件的图像情况及简要解释

	通过的衍射	图像情况	简要解释
A	全部		
B	0 级		
C	0,±1 级		
D	0,±2,±3 级		
E	除 0 级外		

(2) 高低通滤波，θ 调制实验　将观察到的图像拍照记录，并对结果做出恰当的描述。

【思考题】

(1) 根据本实验结果，你如何理解显微镜、望远镜的分辨本领？为什么说一定孔径物镜只能具有有限的分辨本领？如增大放大倍数能否提高仪器的分辨本领？

(2) 本实验内容中 (2)、(3) 两部分均用激光作为光源，有什么优越性？如以钠光或白炽灯代替激光，会产生什么困难，应采取什么措施？

(3) 试用卷积定理解释高、低通滤波实验内容的实验现象及 θ 调制实验。

(4) 我们曾用低滤波器去了图 3.5.6 中的网格而保留了“光”字，试设计一个滤波器能滤去字迹而保留网格。

3.6　密立根油滴法测电子电量

密立根是著名的实验物理学家，1907 年开始，他在总结前人实验的基础上，着手电子电荷量的测量研究，之后改为以微小的油滴作为带电体，进行基本电荷量的测量，并于 1911 年宣布了实验的结果，证实了电荷的量子化。此后，密立根又继续改进实验，精益求精，提高测量结果的精度，在前后十余年的时间里，做了几千次实验，取得了可靠的结果，最早完成了基本电荷量的测量工作。密立根的实验设备简单而有效，构思和方法巧妙而简洁，他采用了宏观的力学模式来研究微观世界的量子特性，所得数据精确且结果稳定，无论在实验的构思还是在实验的技巧上都堪称是第一流的，是一个著名的有启发性的实验，因而被誉为实验物理的典范。由于密立根在测量电子电荷量以及在研究光电效应等方面的杰出成就而荣获 1923 年诺贝尔物理学奖。1917 年精确测定出 e 值。

【实验目的】

(1) 学习密立根油滴实验的设计思想。

(2) 通过对带电油滴在重力场和静电场中运动的测量，验证电荷的不连续性，并测定基本电荷量 e。

(3) 通过对实验仪器的调整，油滴的选择、跟踪和测量，以及实验数据处理等，培养学生严谨的科学实验态度。

【实验原理】

用喷雾器将油滴喷入电容器两块水平的平行电极板之间时，油滴经喷射后，一般都是带电的。利用带电荷的微小油滴在均匀电场中运动的受力分析，可将油滴所带的微观电荷量 q 的测量转化为油滴宏观运动速度的测量。在本实验中利用两种方法来测量。

(1) 静态平衡测量法

一带电油滴在水平的平行板均匀电场中平衡时，受到的重力 mg 和电场力 qE 相等（图 3.6.1），有：

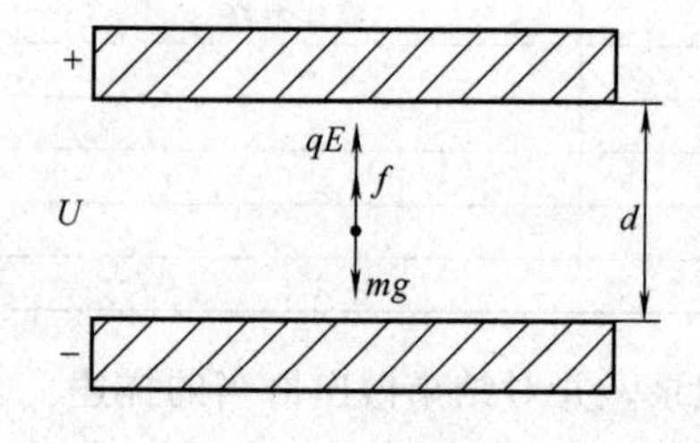

图 3.6.1　小油滴受力示意

$$mg=qE=q\frac{U}{d} \tag{3.6.1}$$

可见，要得到关于电量的信息，除应测出电压 U 和两板间距 d 之外，必须想办法确定油滴的质量。因 m 很小，可通过油滴下落时的匀速下降速度 v 测出。

在平行板中，若没有电场，油滴受重力的作用而加速下降，此时空气会对油滴产生正比于速度的黏滞力 f。当两力平衡时，油滴会作匀速运动。由斯托克斯定律知：

$$f=6\pi\eta a v_g=mg \tag{3.6.2}$$

式中，η 为空气的黏滞系数；a 为油滴的半径（假定油滴呈球状）。

设油滴的密度为 ρ，则油滴的质量可以用式(3.6.3) 表示：

$$m=\frac{4}{3}\pi a^3\rho \tag{3.6.3}$$

考虑到小油滴的半径比较小，和空气中的缝隙相近，必须对油滴的半径作修正：

$$a=\sqrt{\frac{9\eta v_g}{2\rho g\left(1+\frac{b}{pa}\right)}} \tag{3.6.4}$$

式中，b 为修正常数；p 为大气压，单位 Pa。于是得：

$$m=\frac{4}{3}\pi\left[\frac{9\eta v_g}{2\rho g\left(1+\frac{b}{pa}\right)}\right]^{3/2}\rho \tag{3.6.5}$$

根据实验确定油滴的下落距离 l 和下落时间 t_g，速度 v_g 可以测定，可以得到：

$$q=\frac{18\pi}{\sqrt{2\rho g}}\left[\frac{\eta l}{t_g\left(1+\frac{b}{pa}\right)}\right]^{3/2}\frac{d}{U} \tag{3.6.6}$$

式中，d 为两平行板距离；U 为平行板之间所加电压。

(2) 动态非平衡测量法（选做）

为解决静态平衡法中由于气流扰动而产生的非预期的影响以及油滴蒸发引起的误差，可在平行极板上加适当电压 U_2，使电场方向与重力方向相反，并调节 U_2 使静电力稍大于重力，则带电油滴将向上作加速运动，速度增加时，空气对油滴的黏滞力也随之增大，直到油滴所受诸力又达平衡后，油滴将以速度 v_2 匀速上升，此时油滴受力为：

$$\frac{qU_2}{d}-mg=6\pi\eta a v_2 \tag{3.6.7}$$

去掉平行板上电压后，油滴受重力作用开始加速下降，到空气阻力与重力平衡时，以匀

速 v_g 下降：

$$mg=6\pi\eta a v_g \tag{3.6.8}$$

两式相除，得：

$$\frac{v_2}{v_g}=\frac{q\dfrac{U_2}{d}-mg}{mg} \tag{3.6.9}$$

若实验时取油滴匀速上升和匀速下降的距离相等，都等于 l，测出油滴匀速上升时间为 t_2，匀速下降的时间为 t_g，可以得到电荷公式为：

$$q=mg\frac{d}{U_2}\left(\frac{v_g+v_2}{v_g}\right)=\frac{18\pi}{\sqrt{2\rho g}}\left(\frac{\eta l}{1+\dfrac{b}{pa}}\right)^{3/2}\frac{d}{U_2}\left(\frac{1}{t_g}+\frac{1}{t_2}\right)\left(\frac{1}{t_g}\right)^{1/2} \tag{3.6.10}$$

(3) 基本电荷 e 的计算

为了证明电荷的不连续性和所有电荷都是基本电荷 e 的整数倍，并得到基本电荷 e 值，应对实验测得的各个电荷量 q 求最大公约数，这个最大公约数就是基本电荷 e 值，也就是电子的电荷值。但由于存在测量误差，要求出各个电荷量 q 的最大公约数比较困难。通常可用“倒过来验证”的办法进行数据处理，即用公认的电子电荷值 $e=1.602\times10^{-19}$ C 去除实验测得的电荷量 q，得到一个接近于某一个整数的数值，这个整数就是油滴所带的基本电荷的数目 N，再用这个 N 去除实验测得的电荷量 q，即得电子的电荷值 e。

【实验仪器】

密立根油滴实验仪，喷雾器和实验用油。

(1) 密立根油滴实验仪介绍

密立根油滴实验仪主要由主机、CCD 成像系统、油滴盒和监视器等组成（图 3.6.2）。

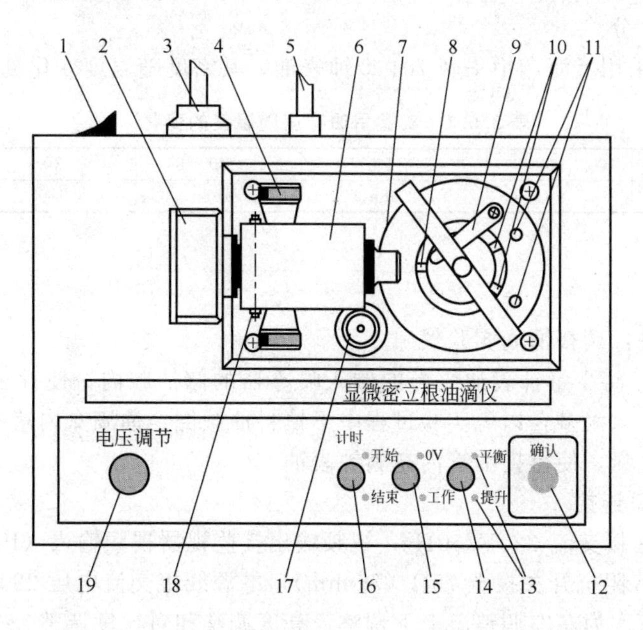

图 3.6.2 实验仪部件示意图

1—电源开关；2—CCD 盒；3—电源插座；4—调焦旋钮；5—视频接口；6—光学系统；7—镜头；8—观察孔；9—上极板压簧；10—进光孔；11—光源；12—确认键；13—状态指示灯；14—平衡、提升切换键；15—0V、工作切换键；16—定时开始、结束切换键；17—水准泡；18—紧定螺钉；19—电压调节旋钮

① 主机　主机包括可控高压电源、计时装置、A/D采样以及视频处理等单元模块。

② CCD成像系统　CCD成像系统包括CCD传感器和光学成像部件等。光学成像部件用来捕捉油滴室中油滴，实验过程中可以通过调焦旋钮来改变物距，使油滴清晰地成像在CCD传感器的电子分划板上，同时通过CCD传感器将图像信息由光信号转化为少数载流子密度信号，在驱动脉冲的作用下顺序地移出CCD传感器，以此作为视频信号传给主机的视频处理模块。

③ 油滴盒　油滴盒具体构成如图3.6.3所示。两块经过精磨的金属圆板做成的上、下电极通过胶木圆环支撑，三者之间的接触面经过机械精加工后可以将极板间的不平行度和间距误差控制在0.01mm以下。这种结构较好地保证了油滴室可以形成匀强电场，从而有效地减小了实验误差。

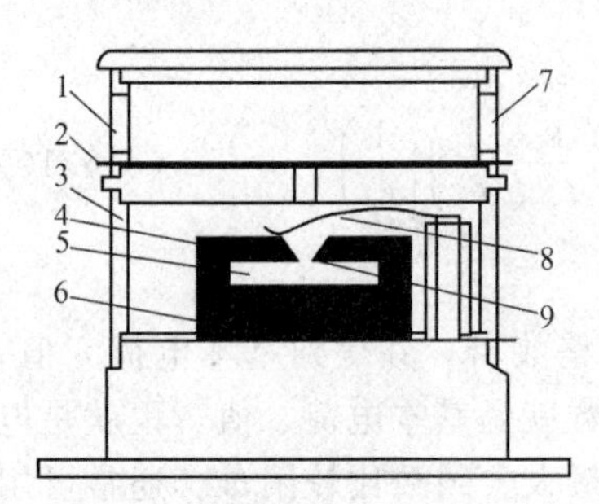

图3.6.3　油滴盒装置示意图

1—喷雾口；2—进油量开关；3—防风罩；4—上极板；5—油滴室；6—下极板；7—油雾杯；8—上极板压簧；9—落油孔

胶木圆环上开有进光孔和一个观察孔，带聚光的高亮发光二极管作为光源通过进光孔给油滴室提供照明，而成像系统则通过观察孔捕捉油滴的像。

油雾杯可以暂存油雾，使油雾不至于过早地逸散。油滴经进油量开关和上极板上的落油孔进入油滴室。利用进油量开关可以控制落油量，还可以防止灰尘等落入油滴盒。防风罩可以避免外界空气流动对油滴的影响。

④ 监视器　监视器用于接收主机输出的视频信号，将CCD成像系统观测到的图像显现出来。

(2) 喷雾器和实验用油

① 喷雾器　储油腔内的实验用油经皮囊挤压出的高速气流吹过，形成由大量油滴组成的高速油雾。油滴与空气发生摩擦使部分油滴带电，带电与不带电的油滴可以通过油滴在电场中的运动状态来区分。

② 实验用油　采用上海产中华牌701型钟表油，其密度随温度变化见表3.6.1。

表3.6.1　实验用油密度随温度的变化

温度 T/℃	0	10	20	30	40
密度 ρ/kg/m^3	991	986	981	976	971

【实验内容】

(1) 必做内容一：调整油滴实验仪

① 喷雾器调整　将少量钟表油缓慢的倒入喷雾器的储油腔内，使钟表油湮没提油管下方。注意，油不要注入太多，以免实验过程中不慎将油倾倒至油滴盒内堵塞落油孔。将喷雾器竖起，用手挤压气囊，使得提油管内充满钟表油。

② 仪器硬件接口连接

a. 主机　电源线接交流220V/50Hz；视频输出接监视器视频输入（IN）接口。

b. 监视器　输入阻抗开关拨至75Ω（75ohm），电源线接交流电压220V/50Hz。前面板调整旋钮自左至右依次为左右调整、上下调整、亮度调整和对比度调整。

③ 水平调整　旋转实验仪底部的调平螺丝，使水准泡位于水准仪中央，从而使上、下极板水平及平衡电场方向与重力方向平行。这样可以避免油滴在下落或提升过程中发生前后、左右的漂移所引起实验误差。

④ 设置实验参数

a. 先后打开监视器电源及实验仪电源，监视器出现欢迎界面。

b. 按任意键，监视器出现参数设置界面。首先，设置实验方法（此次实验采用平衡法，选做动态法），然后设置重力加速度、油密度、大气压强和油滴下落距离（见数据处理中提供的具体参数值）。设置参数时，主机上的“←”表示左移键，“→”键表示为右移键，“+”键表示数据设置键。

⑤ CCD 成像系统调整

a. 按“确认”键出现实验界面，如图 3.6.4 所示。

0		（极板电压） （经历时间）
		（电压保存提示栏）
		（保存结果显示区）
		（共 5 格）
		（下落距离设置栏）
（距离标志）		（实验方法栏）
		（仪器生产厂家）

图 3.6.4　实验界面示意图

实验界面说明如下。

极板电压：实际加到极板的电压，显示范围为 0～640V 左右。

经历时间：定时开始到定时结束所经历的时间，显示范围为 0～99.99s。

电压保存提示栏：在每次完整的实验后，显示将要作为结果保存的极板电压。按下“确认”键，保存实验结果，电压保存提示栏自动清零。

保存结果显示区：分别显示 5 次实验保存的实验结果，显示格式与实验方法有关。平衡法和动态法显示的格式如下。

平衡法：

	（平衡电压）
	（下落时间）

动态法：

（提升电压）	（平衡电压）
（上升时间）	（下落时间）

按下“确认”键 2s 以上，清除当前保存的实验结果。

下落距离设置栏：显示当前设置的油滴下落距离。当需要更改下落距离的时候，按住“平衡”或“提升”键 2s 以上，激活距离设置栏，通过“+”键修改油滴下落距离，然后按“确认”键确认修改，距离标志相应变化。

距离标志：显示当前设置的油滴下落距离，在相应的格线上做数字标记，显示范围为 0.2～1.8mm。

实验方法栏：显示当前的实验方法（平衡法或动态法）。若改变实验方法，只有重新启动主机和监视器。对于平衡法，实验方法栏仅显示“平衡法”字样；对于动态法，实验方法栏除了显示“动态法”以外还显示即将开始的动态法实验步骤。

仪器生产厂家：显示生产厂家。

b. 工作状态切换至“0V”，绿色指示灯点亮。此时，上、下极板同时接地，电场力为零。

c. 从喷雾口喷入油雾，此时监视器上应该出现大量运动油滴的像。若没有看到油滴的像，则需调整“调焦旋钮”或检查喷雾器是否有油雾喷出，直至得到油滴清晰的图像。

(2) 必做内容二：练习控制、测量并选择适当的油滴

选择合适的油滴，学习控制油滴在视场中的运动；测量其所带电量；验证电荷量子化，测量电子电量；做出实验结果评价和不确定度计算。

① 练习控制和测量油滴

a. 重力场中油滴下落　将工作状态按键切换至“0V”，绿色指示灯点亮。此时，上、下极板同时接地，电场力为零，油滴受重力、浮力及空气阻力的作用下落。

b. 油滴静止并测量其平衡电压　将工作状态切换至“工作”，再将“平衡”、“提升”按键设置为“平衡”。调整“电压调节”旋钮使油滴平衡在某一格线上，等待一段时间，观察油滴是否飘离格线。若油滴向同一方向飘动，则需检查极板是否水平以及是否有定向气流进入油滴室，并重新调整仪器；若其基本稳定在格线或只在格线上、下作轻微的布朗运动，则可以认为其基本达到了动力学平衡。此时，实验界面上显示的电压为该油滴的平衡电压。

由于油滴在实验过程中处于挥发状态，在对同一油滴进行多次测量时，每次测量时间前都需要重新调整平衡电压，以免引起较大的实验误差。实验证明，同一油滴的平衡电压将随着时间的推移有规律地递减，且其对实验误差的贡献较大。

c. 提升油滴　若再按下“提升”按钮，则极板电压将在原平衡电压的基础上再增加200～220V的电压，用来向上提升油滴。

d. 练习测量油滴

• 平衡法　首先，通过选择“工作”，切换“提升”和“平衡”按键，调整“电压调节”旋钮使油滴在开始下落位置处于平衡状态，如图 3.6.5 所示。其次，使油滴在重力场中下落，当油滴下落到有 0 标记的刻度线（开始计时的位置）时，按下定时“开始”键，计时器开始记录油滴下落的时间；待油滴下落至有距离标志（例如 1.6）的格线（结束计时的位置）时，立即切换至定时“结束”键，计时器停止计时。再次，经历一小段时间后“工作”按键自动切换至“工作”，平衡、提升按键处于“平衡”，油滴将停止下落。通过“确认”键将此次测量数据记录到屏幕上。最后，对所选油滴重复上述操作再进行 4 次测量。

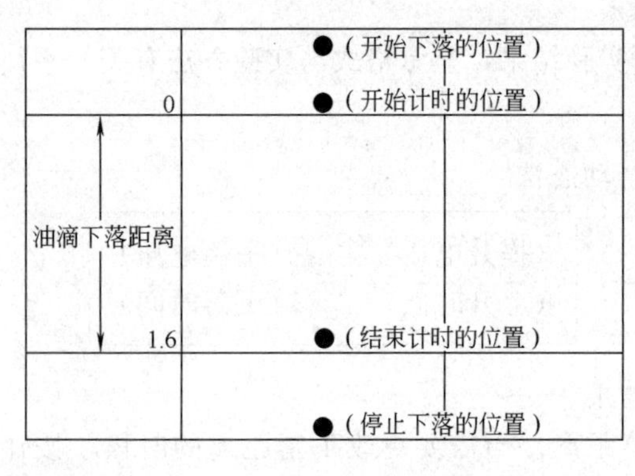

图 3.6.5　平衡法示意

当达到 5 次记录后，按“确认”键，界面的左面出现实验结果。$\overline{V}$ 表示五组平衡电压的平均值，$\overline{t}$ 表示五组下落时间的平均值，$\overline{Q}$ 表示该油滴的五次测量的平均电荷。按“确认”键继续实验。

选择 2～3 颗油滴进行测量练习。

• 动态法　利用平衡法测量所选油滴的平衡电压及其在重力场中匀速下落的时间。

首先，利用“0V”、“平衡”及“提升”，使油滴下偏距离标志格线一定距离，停止在开始上升的位置，如图 3.6.6 所示。其次，调节“电压调节”旋钮加大电压，使油滴上升。当

油滴到达距离标志格线时，按下定时“开始”键，计时器开始计时。当油滴上升到“0”标记格线（结束计时的位置）时，立即按下定时“结束”键，计时器停止计时，但油滴继续上移。再次，调节“电压调节”旋钮再次使油滴平衡于“0”格线以上。按“确认”键保存本次实验结果。

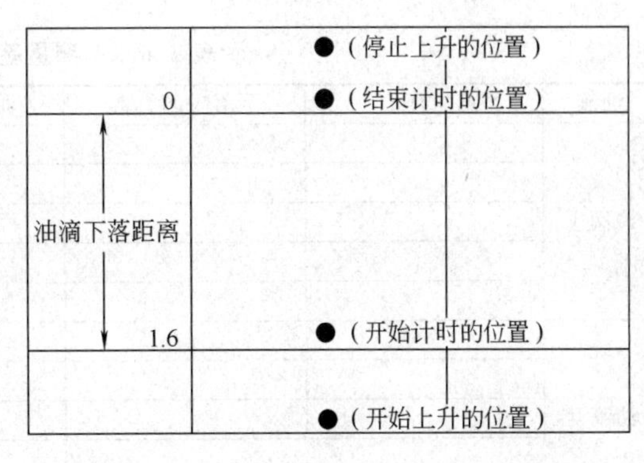

图 3.6.6　动态法示意

重复以上步骤完成 5 次完整实验，然后按“确认”键，出现实验结果画面。再次按下“确认”键继续实验。

选择 2～3 颗油滴用动态法进行测量练习。

② 选择合适的油滴　选择合适的油滴十分重要。大而且明亮的油滴，其质量必然大，所带电荷也多，匀速下降或提升时间很短，增大了测量误差。油滴太小则受布朗运动的影响明显，测量时涨落较大，同样会引入较大的测量误差，因此，应该选择质量适中而带电不多的油滴。通常选择下落距离为 1.6mm 时，平衡电压在 200～300V 之间以及下落时间在 9～20s 左右的油滴较为适宜。

（3）必做内容三：正式测量

实验采用静态测量法。正式测量前都要进行实验仪的水平调整。本次实验下落距离设置为 1.6mm。选用平衡法做正式测量，步骤如下。

① 设置实验参数。

② CCD 成像系统调整。

③ 选取适当的油滴，按照测量练习中静态法的测量方法对该油滴进行测量。

实验中选取 3～8 个合适的油滴，每个油滴用上述方法重复测量 5～10 次。

（4）选做内容：用动态法测量。

① 设置实验参数。

② CCD 成像系统调整。

③ 选取适当的油滴，按照动态法测量法对该油滴进行测量。

实验中选取 3～8 个合适的油滴，每个油滴用上述方法重复测量 5～10 次。

【数据记录与处理】

（1）参数化的平衡法实验公式

将参数 $d=5.00\times10^{-3}$m，$\eta=1.83\times10^{-5}$kg/(m·s)，油密度 $\rho=981$kg/m^3（20℃），$l=1.6$mm，$g=9.802$m/s^2，$b=0.00832$N/m，$p=1.01325\times10^5$Pa，代入式(3.6.6)得到参数化后的静态法实验公式：

$$q=\frac{1.02\times10^{-14}}{[t_g(1+0.022\sqrt{t_g})]^{3/2}}\times\frac{1}{U}\tag{3.6.11}$$

式中，U 为油滴的平衡电压，t_g 为重力场中油滴的下落时间。

注意：由于油滴的密度 ρ 和空气黏滞系数 η 都是温度的函数，重力加速度和大气压强也是近似值，因此，由上述实验公式无法得到精确的测量结果。在精确度要求不高的条件下，采用上式可以简化实验。

（2）数据处理方法（见表 3.6.2）

表 3.6.2　测量基本电荷量原始数据

油滴	平衡电压 U/V	下落时间 t_g/s	油滴电量 q/C	电子数量 N	电子电量 e/C
油滴Ⅰ					
油滴Ⅱ					

油滴电量 q_i，电子数量 N_i，电子电量 e_i 及电子电量平均值 $\bar{e}$。

$$N_i=\left[\frac{q_i}{e_{标}}\right]=\_\_\_\_\_\_\_\_;\quad e_i=\frac{q_i}{N_i}=\_\_\_\_\_\_\_\_;\quad \bar{e}=\frac{1}{n}\sum_{i=1}^{n}e_i=\_\_\_\_\_\_\_\_$$

$$\Delta_A=\frac{t_{0.95}}{\sqrt{n}}\sqrt{\frac{\sum\limits_{i=1}^{n}(e_i-\bar{e})^2}{n-1}}=\_\_\_\_\_\_;\quad \Delta_B=0.02\bar{e}=\_\_\_\_\_\_;\quad \Delta=\sqrt{\Delta_A^2+\Delta_B^2}=\_\_\_\_\_\_$$

最后写出结果表达式：

$e=\bar{e}\pm\Delta=$____________

【注意事项】

(1)CCD 盒、紧定螺钉和摄像镜头的机械位置不能变更，否则，会对像距及成像角度造成影响。

(2)喷油时工作状态应处于“0V”，保持上、下极板电压为零。否则，带电的上极板会导致观测的油滴数量减少，甚至堵塞落油孔。

(3)喷油结束后应该立即关闭油量开关，避免外界空气流动对油滴测量造成影响。

(4)喷油雾时切勿将喷雾器插入油雾室，甚至将油倒出来或者连续多次喷油。否则，会将油滴室周围弄脏，甚至堵塞落油孔。

(5)仪器内有高压，实验人员避免用手接触电极。

(6)测量油滴运动时应在两极板中间进行。若太靠近上极板，小孔附近有气流，电场也不均匀；若太靠近下极板，测量后油滴容易丢失。

(7)注意仪器的防尘保护。

【思考题】

(1)试述 Millikan 油滴实验的基本设计思想和所运用的科学思想方法。

(2)若所加电场方向使得带电油滴所受电场力方向与重力方向相同，能否利用本实验的理论思想和方法测得电子电量 e？

(3)不同的油滴对实验结果有何影响？实验中选择油滴的原则是什么？

(4)实验过程中油滴逐渐变模糊的原因是什么？如何消除？

(5)为什么必须使油滴做匀速运动或静止？实验中如何保证油滴在测量范围内做匀速

运动？

(6)对同一油滴进行多次测量，是否需要多次测量其平衡电压？为什么？

3.7 霍尔效应法测磁场

1879年霍尔在研究载流导体在磁场中受力的性质时发现了霍尔效应，它是电磁基本现象之一，利用霍尔效应可以制成各种霍尔元件，它们在工业自动化和电磁测量中具有重要的应用。

【实验目的】

(1)了解霍尔法测量磁场的原理和方法。

(2)学会用霍尔效应法测量亥姆霍兹线圈轴线上的磁场，验证磁场的叠加原理。

(3)测定所用霍尔片的霍尔灵敏度。

【实验原理】

根据毕奥-萨伐尔定律，载流线圈在轴线(通过圆心并与线圈平面垂直的直线)上某点的磁感应强度为：

$$B=\frac{\mu_0 R^2}{2(R^2+x^2)^{3/2}}NI \tag{3.7.1}$$

式中，I 为通过线圈的电流强度；N 为线圈的匝数；R 为线圈平均半径；x 为圆心到该点的距离；μ_0 为真空磁导率。因此，圆心处的磁感应强度 B_0 为：

$$B_0=\frac{\mu_0}{2R}NI \tag{3.7.2}$$

轴线外的磁场分布计算公式较复杂，这里从略。

亥姆霍兹线圈是一对匝数和半径相同的共轴平行放置的圆线圈，两线圈间的距离 d 正好等于圆形线圈的半径 R。这种线圈的特点是能在其公共轴线中点附近产生较广的均匀磁场区，故在生产和科研中有较大的实用价值，其磁场合成如图3.7.1所示。根据霍尔效应，探测头置于磁场中，运动的电荷受洛仑兹力，运动方向发生偏转。在偏向的一侧会有电荷积

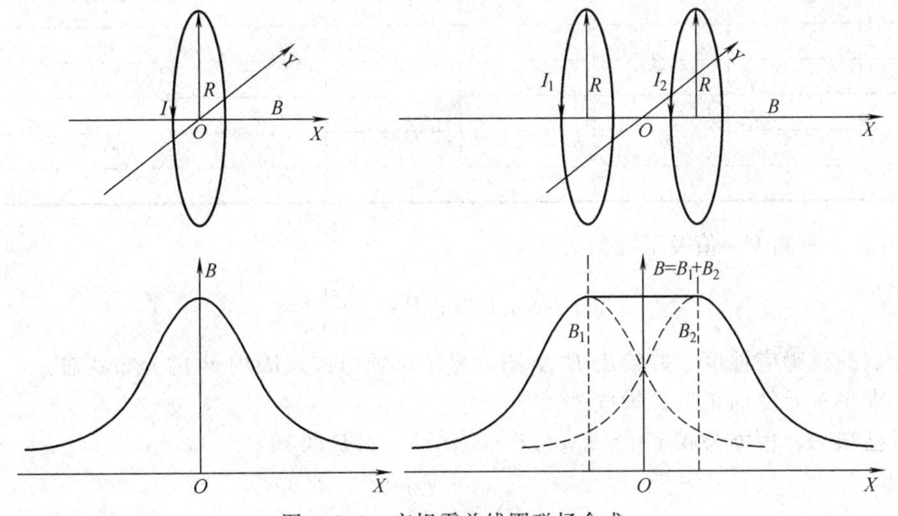

图 3.7.1 亥姆霍兹线圈磁场合成

累，这样两侧就形成电势差，通过测电势差就可知道其磁场的大小。通电线圈内部有磁场，当两通电线圈的通电电流方向一样时，它们内部形成的磁场方向也一致，这样两线圈之间的部分就形成均匀磁场。当探头在磁场内运动时，其测量的数值几乎不变。当两通电线圈电流方向不同时，在两线圈中心的磁场应为0。

设 Z 为亥姆霍兹线圈中轴线上某点离中心点 O 处的距离，则亥姆霍兹线圈轴线上任一点的磁感应强度为：

$$B'=\frac{1}{2}\mu_0 NIR^2\left\{\left[R^2+\left(\frac{R}{2}+Z\right)^2\right]^{-3/2}+\left[R^2+\left(\frac{R}{2}-Z\right)^2\right]^{-3/2}\right\} \tag{3.7.3}$$

而在亥姆霍兹线圈轴线上中心 O 处磁感应强度 B_O 为：

$$B'_O=\frac{\mu_0 NI}{R}\times\frac{8}{5^{3/2}} \tag{3.7.4}$$

在 $I=0.5A$、$N=500$、$R=0.110m$ 的实验条件下，组成亥姆霍兹线圈时轴线上中心 O 处磁感应强度 B_O 为：

$$B'_O=\frac{\mu_0 NI}{R}\times\frac{8}{5^{3/2}}=\frac{4\pi\times10^{-7}\times500\times0.5}{0.11}\times\frac{8}{5^{3/2}}=2.04\ (\text{mT})$$

【实验仪器】

DH4512 型霍尔效应实验仪。

【实验内容】

(1) 载流圆线圈和亥姆霍兹线圈轴线上各点的磁感应强度的测量

① 先将 I_M、I_s 调零，调节中间的霍尔电压表，使其显示为 0mV。

② 将霍尔元件置于通电圆线圈中心，调节 $I_M=500mA$，调节 $I_S=5.00mA$，测量相应的 V_H。

③ 将霍尔元件从中心向边缘移动每隔 5mm 选一个点测出相应的 V_H，填入表 3.7.1。

表 3.7.1 测量 V_H-X 的关系 $I_S=5.00mA$ $I_M=500mA$

X/mm	V_1/mV	V_2/mV	V_3/mV	V_4/mV	$V_H=\frac{\vert V_1-V_2\vert+\vert V_3-V_4\vert}{4}$/mV
	$+I_s$	$+I_s$	$-I_s$	$-I_s$	
0					
5					
10					
15					
20					
…					

④ 由以上所测 V_H 值及下面的公式：

$$V_H=K_H I_S B；B=\frac{V_H}{K_H I_S}$$

计算出各点的磁感应强度，并绘出 B-X 图，显示出通电圆线圈内 B 的分布状态。

(2) 求霍尔元件的霍尔灵敏度

如果已知 B，根据公式 $V_H=K_H I_S B\cos B=K_H I_S B$ 可知：

$$K_H=\frac{V_H}{I_S B}$$

本实验采用的双个圆线圈的励磁电流与总的磁场强度来求霍尔元件的灵敏度，对应的数据填入表 3.7.2。

表 3.7.2 测量霍尔元件的霍尔灵敏度

电流值 I/A						
中心磁场强度 B/mT						

【数据记录和处理】

计算出各点的磁感应强度，并绘出 B-X 图，显示出通电圆线圈内 B 的分布状态。

根据公式 $K_H=\frac{V_H}{I_S B}$求得霍尔灵敏度。

【思考题】

(1) 用霍尔传感器测量载流线圈磁感应强度比探测线圈有何优点？霍尔传感器能否测量交流磁场？

(2) 用霍尔传感器测量磁场时，如何确定磁感应强度方向？

【参考文献】

[1] 张兆奎等．大学物理实验．北京：高等教育出版社，2001.

[2] 丁慎训等．物理实验教程．北京：清华大学出版社，2002.

[3] 王海林等．大学物理实验．北京：高等教育出版社，2004.

3.8 电子射线和场的研究

许多近代的检测仪器，如示波器、电视显像管、摄像管、粒子加速器等都是利用了带电粒子在电场和磁场中的运动规律设计而成的。在多数情况下，要求电子束能约束在一个平面上，这需要电子束在两个互相垂直的方向上偏移，使得电子束能够到达电子接受器上任意一点。电子束的偏移与聚焦可以通过电场或磁场对电子的作用来实现。

【实验目的】

(1) 理解带电粒子在电磁场中的运动规律。

(2) 掌握用外加电场或磁场使电子偏转的方法。

【实验原理】

(1) 电子在横向电场作用下的电偏转

8SJ31 型示波管：它由灯丝 F，阴极 K，栅极 G，聚集级 FA，第一阳极 A_1，第二阳极 A_2 构成，其主要功能是发射一束强度可调，经过聚焦的高速电子流。

灯丝加电，发热，使阴极温度升高，从而发射电子。栅极位于第一阳极和阴极之间，相对于阴极加数十伏的负电压，调节负电压的大小，就可以调节电子束的强度，从而控制荧光屏光点的亮度。阳极 A_1、A_2 相对阴极 K 分别加上几百伏和上千伏的正电压。调节第一阳极 A_1，可使电子在荧光屏上会聚成一个很细小的光点。第二阳极所加的电压也称为加速电压，它决定电子进入偏转板时的速度，起辅助聚焦的作用。阳极 A_1 和 A_2 组成一个电子束聚焦系统。

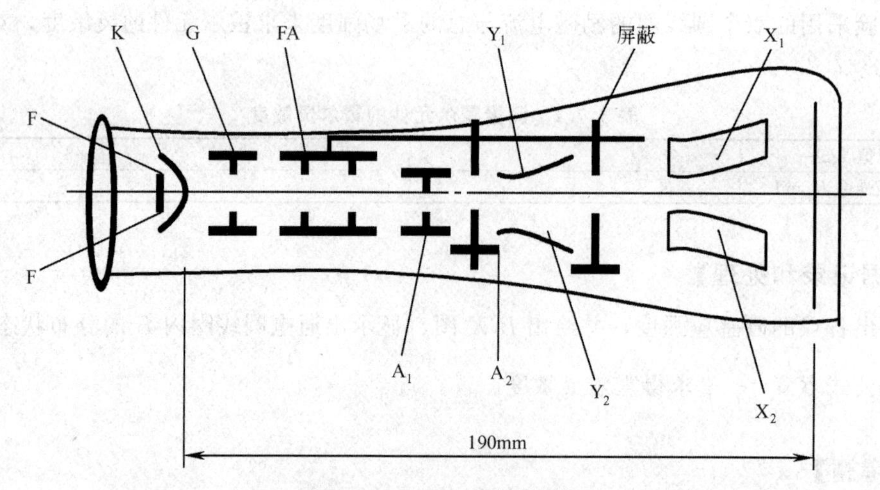

图 3.8.1　8SJ31 型示波管

偏转板：它有两对相互垂直的偏转板，即一对垂直偏转板（与 Y 轴对应）及一对水平偏转板（与 X 轴对应）。如果在水平方向偏转板加电压，可使光点沿水平方向移动；如果在垂直偏转板上加电压，可使光点沿垂直方向移动。可见两对偏转板，可以控制光点在整个荧光屏上的移动。

从电子枪阴极 K 发射出来的电子与第二阳极的电压 V_2 之间有如下关系：

$$\frac{1}{2}mv_{\mathrm{X}}^2=eV_2 \tag{3.8.1}$$

电子通过加有偏转电压（V_{d}）的空间，它将获得一个横向速度 v_{Y}，但不改变轴向分量 v_{X}。此时电子偏离轴心方向与 X 轴成一个夹角 θ，如图 3.8.2 所示，而 θ 由下式决定：

$$\tan\theta=v_{\mathrm{Y}}/v_{\mathrm{X}} \tag{3.8.2}$$

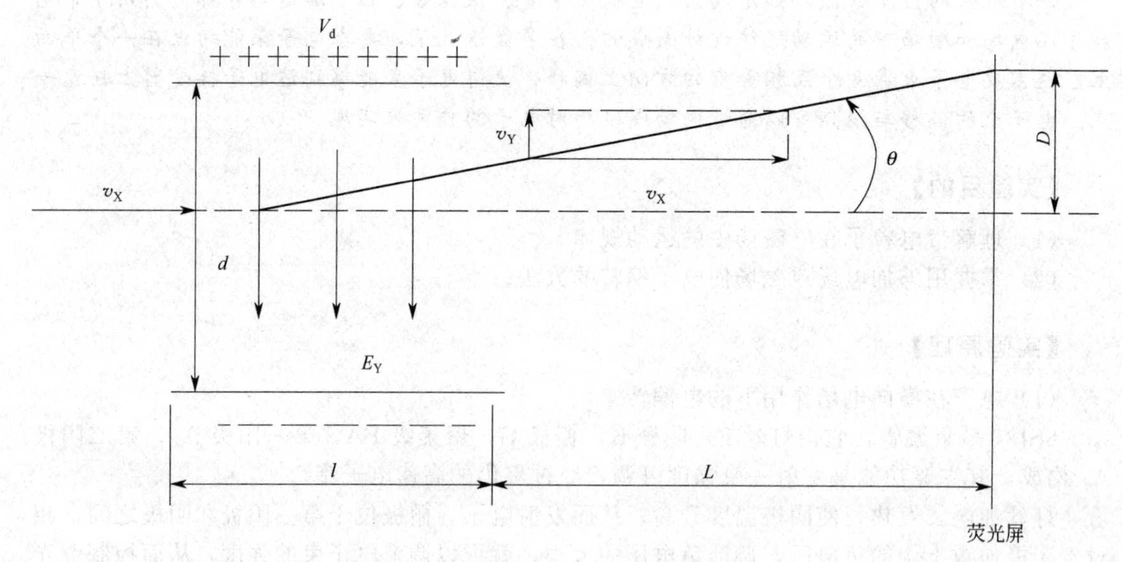

图 3.8.2　电子束在横向电场作用下的电偏转

电子在横向电场 $E_{\mathrm{Y}}=V_{\mathrm{d}}/d$ 作用下受到一个大小为 $F_{\mathrm{Y}}=eE_{\mathrm{Y}}=eV_{\mathrm{d}}/d$ 的横向力。在电子从偏转板之间通过的时间 ΔT 内，F_{Y} 使电子得到一个横向动量 mv_{Y}，而它等于力的冲量，即：

$$mv_Y = F_Y \Delta T = eV_d \Delta T / d \tag{3.8.3}$$

于是：

$$v_Y = \frac{e}{m} \times \frac{V_d}{d} \Delta T \tag{3.8.4}$$

在时间间隔 ΔT 内，电子以轴向速度 v_X 通过距离 l（l 等于偏转板长度），因此 $l = v_X \Delta T$，将 ΔT 代入冲量-动量关系式(3.8.4) 可得：

$$v_Y = \frac{e}{m} \times \frac{V_d}{d} \times \frac{l}{v_X} \tag{3.8.5}$$

这样，偏转角可由下式给出：

$$\tan\theta = \frac{v_Y}{v_X} = \frac{e}{d} \times \frac{V_d}{m} \times \frac{l}{v_X^2} \tag{3.8.6}$$

把能量关系式(3.8.1) 代入式(3.8.6)，最后得到：

$$\tan\theta = \frac{V_d}{V_2} \times \frac{l}{2d} \tag{3.8.7}$$

式(3.8.7) 表明偏转角与偏转电压 V_d 及偏转板长度 l 成正比，与加速电压 V_2 及偏转板间距 d 成反比，由图 3.8.2 知，$D = L\tan\theta$，（L 为偏转板中心到荧光屏的距离），于是有：

$$D = L\frac{V_d}{V_2} \times \frac{l}{2d} = \delta_d V_d \tag{3.8.8}$$

电偏灵敏度：

$$\delta_d = \frac{Ll}{2d} \times \frac{1}{V_2} \tag{3.8.9}$$

(2) 电子在纵向不均匀电场作用下的运动

在示波管中，阴极发出的电子处于加速电场中，这个电场经过栅极的出口孔而达到阴极表面，如图 3.8.3 所示。电场线的曲率（可用模拟法得到示波管各极间电场分布）具有这样的性质：使由阴极表面不同点发出的电子在向栅极方向运动时，在栅极出口前方会聚，形成一个电子束的交叉点 F_1，由加速电极、第一阳极和第二阳极所组成的电聚焦系统就是交叉点 F_1 成像在荧光屏上，呈现为直径足够小的光点 F_2。如图 3.8.4 所示。

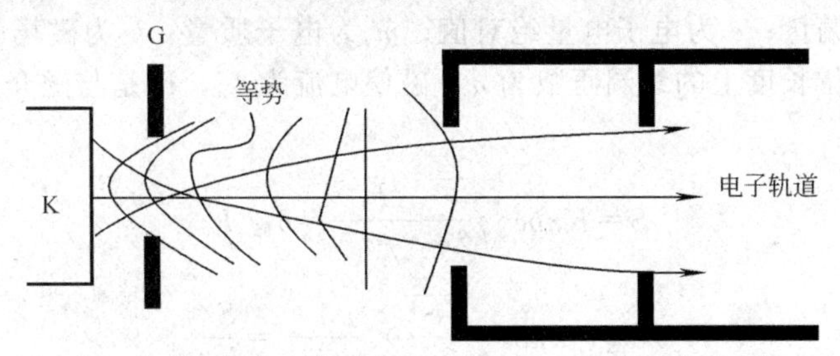

图 3.8.3　栅极与加速极间电场对电子束的聚焦作用

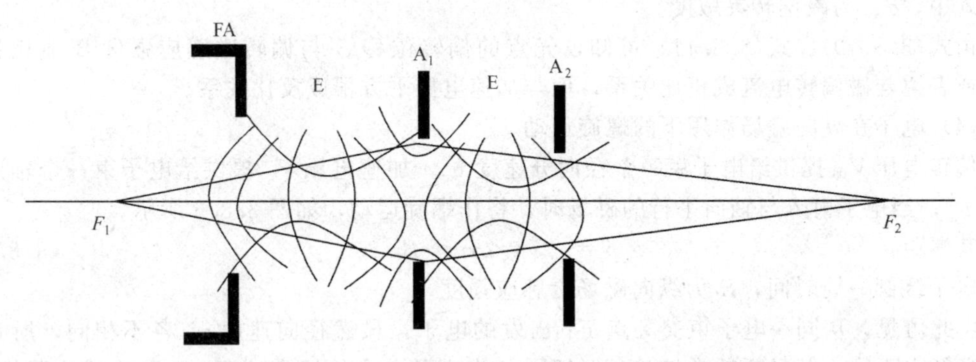

图 3.8.4　集聚极、第一阳极和第二阳极组成的电子束聚焦透镜

集聚极、第一阳极和第二阳极是采用一个圆筒和两个膜片组成的。据以上分析，这个静电透镜的中间部分是一个会聚透镜，而两侧是发散透镜，由于中间部分处在低电势空间，电子运动的速度小，电子在该区域通过的时间长，因此会聚焦作用的时间长，所以合成的透镜仍然具有会聚的性质，改变各电极之间的电势差，特别是改变第一阳极的电压，相当于改变电子透镜的焦距，可使电子束的会聚点正好和荧光屏相合，这就是电子射线的电聚焦原理。

(3) 电子在横向磁场作用下的运动（磁偏转）

电子束的磁偏转，是指电子束通过磁场时，在洛仑兹力的作用下发生偏转，如图 3.8.5 所示。

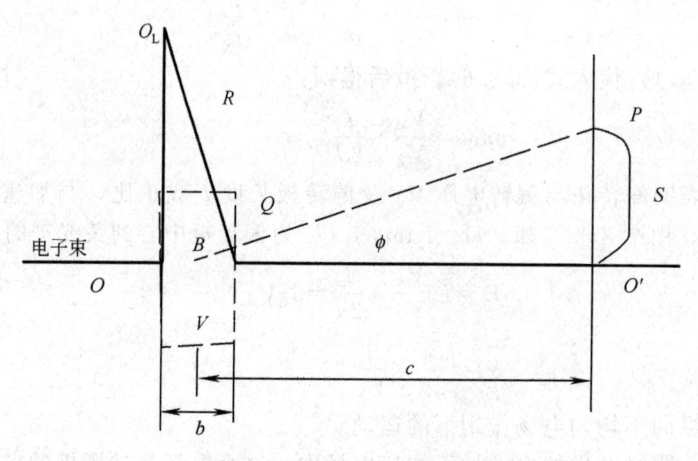

图 3.8.5 电子束的磁偏转

根据理论分析可知，磁偏量 S 与磁感应强度 B 之间的关系由下式决定：

$$S=bc\sqrt{\frac{e}{2m}}\times\frac{B}{\sqrt{V_2}} \tag{3.8.10}$$

式中，S 为磁偏量；e 为电子电量绝对值；m 为电子质量；b 为磁场范围。设磁偏线圈是螺管式的，其单位长度上的线圈匝数为 n，磁偏电流为 I_a，K 是与磁介质及螺管几何因素有关的常数，则有：

$$S=Knbc\sqrt{\frac{e}{2m}}\frac{I_a}{\sqrt{V_2}}=\delta_{磁}\ I_a \tag{3.8.11}$$

$$\delta_{磁}=knbc\sqrt{\frac{e}{2m}}\times\frac{1}{\sqrt{V_2}}=\frac{S}{I_a} \tag{3.8.12}$$

式中，$\delta_{磁}$ 为磁偏转灵敏度。

由式(3.8.10)、式(3.8.11) 可知，光点的偏转位移 S 与偏转磁感应强度 B 成正比关系，或者说与磁偏转电流成正比关系，而与加速电压平方根成反比关系。

(4) 电子在纵向磁场作用下的螺旋运动

偏转电压 V_{dx} 提供给电子束一个径向分速度 v_r，加速电压 V_2 提供给电子束一个轴向分速度 v_x，当电子射入与轴向平行的磁场时，将作螺旋运动，如图 3.8.6 所示。

其螺距：

$$p=v_xT=2\pi m/eBv_x \tag{3.8.13}$$

T 为电子绕圆一周时间，B 为纵向磁场磁感应强度。

由此可见，从同一电子束交叉点 F_1 出发的电子，虽然径向速度 v_r 各不相同，所走的螺线半径也不同，但只要轴向速度 v_x 相同，并选择适合的轴向速度 v_x 和磁感应强度 B，

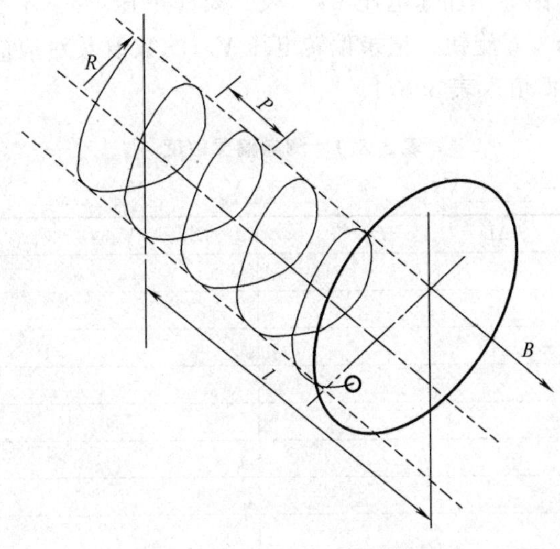

图 3.8.6 电子束的螺旋运动

(可调节加速电压 V_2 改变 v_x，调节励磁电流 I_a 改变 B)，使电子在经过 l（电子束交叉点 F_1 到荧光屏的距离）长的路程恰好为螺距 P 的倍数，此时，电子束又将在屏上会聚成一点，这就是电子射线纵向磁场聚焦原理。由理论推导可得：

$$v_x=\sqrt{\frac{2eV_2}{m}} \tag{3.8.14}$$

当螺距 P 恰好等于 l 时，将式(3.8.13) 代入(3.8.14) 得：

$$l=P=\frac{2\pi m}{eB}\sqrt{2eV_2/m} \tag{3.8.15}$$

故电子荷质比为：

$$e/m=\frac{8\pi^2}{l^2}\times\frac{V_2}{B^2} \tag{3.8.16}$$

设螺线管长度为 A(m)，螺线管平均直径为 D(m)，且螺线管内聚焦磁场均匀 B 可近似用式(3.8.17) 表示：

$$B=\mu_0 nI_aA/\sqrt{A^2+D^2} \tag{3.8.17}$$

I_a 为励磁电流，$\mu_0=4\pi\times10^{-7}\text{N/A}^2$（真空中磁导率），$n$ 为螺线管单位长度线圈匝数，如线圈总匝数为 N，则得实验电子荷质比公式：

$$e/m=8\pi^2\ \frac{A^2+D^2}{\mu_0^2N^2l^2}\times\frac{V_2}{I_a^2} \tag{3.8.18}$$

保持加速电压 V_2 不变，测得聚焦电流 I_a（即励磁电流），即可由式(3.8.18) 计算电子荷质比实验值。

【实验仪器】

EF-VI 型电子和场实验仪。

【实验内容】

(1) 必做内容一：电子在横向电场作用下的电偏转

① 调节各功能钮，使荧光屏上的光点聚成一细点，处于坐标中心位置。

② 测偏转电压 V_d，保持"加速电压 V_2"及"聚焦电压 V_1"不变，将"低压测量"选择开关打至 V_{dx} 挡，调节 V_{dx} 旋钮，记录偏转电压 V_{dx} 的数值及对应的电偏转量 D（屏前坐标系中光点位置），将数据填入表 3.8.1。

表 3.8.1　测电偏灵敏度

$V_1=$______V；　$V_2=$______V；　$V_G=$______V

D/格	V_{dx}/V	$\Delta D=D_{i+5}-D_i$/格	$\Delta V_{dx}=V_{dxi+5}-V_{dXi}$/V	δ_{di}
1				
2				
3				
4				
5				
6				
7				
8				
9				
10				

（2）必做内容二：电子在纵向不均匀电场作用下的运动

① 调节各功能钮，使荧光屏上的光点聚成一细点，处于坐标中心位置。

② 记录此时聚焦电压 V_1 及栅压 V_G。

③ 调节栅压旋钮，使光点在荧光屏上刚好消失，记录此时截止栅压的数值；重新调节 V_2、V_1，记录对应的截止栅压的数值，将数据填入表 3.8.2。

表 3.8.2　电聚焦数据

电压＼次数	1	2	3	4
V_2				
V_1				
V_G				

（3）必做内容三：电子在横向磁场作用下的运动（磁偏转）

① 使荧光屏上光点聚成一细点，处于坐标中心位置。

② 两只偏转磁场线圈分别插入示波器两侧磁场线圈插孔 V_S 内。

③ 打开仪器面板左下角"磁场线圈电源"开关（开前电流调节钮左旋至底）。

④ 调整 V_{dX}、V_{dy} 偏转电压旋钮，使光点移至坐标中心。调节加速电压 V_2 旋钮，选择一定的加速电压 V_2。

⑤ 调节磁场线圈稳压电源"电流调节"旋钮，逐步增大磁偏电流 I_a，此时观察线圈电流，记录不同 V_2 下磁偏量 S 及对应的 I_a 数值（至少三组）。

⑥ 拨动"换向开关"。测量 X、Y 轴反方向数据，将数据填入表 3.8.3。

表 3.8.3　磁偏转数据

$V_2=$________V

S/格	−9	−6	−3	0	3	6	9
I_a/A							

【数据记录与处理】

(1) 测电偏转灵敏度 δ_d

用逐差法求出电偏转灵敏度 δ_d。

(2) 观察电聚焦数据

分析记录数据，得出加速电压 V_2 与 V_1 及截止 V_G 之间的定性关系，并讨论产生的原因。

(3) 测磁偏转数据

在 X、Y 坐标系中，描出不同 V_2 下的 S-I_a 关系图线，并分析直线斜率与加速电压之间的关系。

【注意事项】

在调节“栅压 V_G”来控制荧光屏上光点的亮度时，光点不要太亮，决不能让栅压在零偏压下工作，以免损坏荧光物质。

【思考题】

(1) 从实验数据说明作电偏转时在 X 方向和 Y 方向哪一个方向的偏转灵敏度大？根据示波管的构造分析是什么原因？

(2) 当螺旋管电流逐渐增加，电子射线从一次聚焦到二次聚焦，荧光屏上的亮斑如何运动？原因是什么？

(3) 假设电子枪产生的电子束是由带正电荷的粒子构成的，那么示波管中应做什么改变？这样的电子束在做电致偏转实验中又会如何改变？

(4) 若示波管不加偏转电压，也不人为地外加横向磁场，把示波管聚焦调好以后，将仪器原地转动一周，观察荧光屏上光点位置的变动，根据光点的变化估算当地磁场的磁感应强度。

【参考文献】

[1] 历爱聆，穆秀家．大学物理实验．北京：高等教育出版社，2006.

[2] 姜向东等．大学物理实验．成都：西南交通大学出版社，2006.

[3] 李平．大学物理实验．北京：高等教育出版社，2004.

3.9 核磁共振

共振是一种普遍现象。在力学中，当外力的频率和物体的固有频率相同时，振幅最大；在电学中，电源的频率和线路的谐振频率相同时，电流最大；在光学中，入射光子的频率所对应的能量（$E=h\nu$）与原子体系的能级差相同时，吸收最大：这些都是共振现象。

1896 年，荷兰物理学家塞曼（Zeeman）发现在强磁场的作用下，光谱的谱线会发生分裂，这一现象称为“塞曼效应”，塞曼因此获 1902 年诺贝尔物理学奖。塞曼效应的本质是原子的能级在磁场中的分裂，因而人们后来把各种能级在磁场中的分裂都称为“塞曼分裂”。当入射电磁波的频率所对应的能量与由于磁场而引起塞曼分裂的能级差相同时，吸收最大，这种现象称为“磁共振”。

原子核的能量也是量子化的，也有核能级，这种核能级在磁场作用下也会发生塞曼分裂。当入射电磁波的频率所对应的能量与核能级的塞曼分裂的能级差相同时，该原子核系统对这种电磁波的吸收最大，这种现象称为“核磁共振”。拉比（I. I. Rabi）以及随后的伯塞尔（E. M. Purcell）和布洛赫（F. Bloch）因观察到此现象而分别获得1944年和1952年诺贝尔物理学奖。如今，核磁共振已成确定物质分子结构、组成和性质的重要实验方法，在有机化学分析中更具有独特的优点。1977年研制成功的人体核磁共振断层扫描仪（NMR-CT）因能获得人体软组织的清晰图像而成功用于许多疑难病症的临床诊断。

本实验采用扫场法观察氢核和氟核的核磁共振现象，并测量磁场和氟核的 g 因子，从而对该自旋和核磁共振现象有一个直观的认识。

【实验目的】

（1）了解核磁共振的基本原理和实验方法。

（2）掌握测量 ^{1}H 和 ^{19}F 的旋磁比 γ 因子和 g 因子的方法。

【实验原理】

（1）共振吸收

自旋是微观物理学中的最重要概念之一。1924年泡利（W. Pauli）提出核自旋的假设，1930年被埃斯特曼（L. Esterman）在实验上证实，这一原子核基态的重要特性表明原子核不是一个质点而有电荷分布，还有自旋角动量和磁矩，据此才会发生核磁共振现象。实验表明，质子和中子都有自旋，但若一个原子核有两个质子或两个中子，则它们的自旋方向必相反而相互抵消，使总的核自旋为零。因此，只有质子数和中子数两者或其一为奇数的原子核才有核自旋。当核自旋系统处在 Z 方向的恒定磁场 B_0 中时，由于核自旋和磁场 B_0 间的相互作用，核能级发生塞曼分裂。

对氢原子核 ^{1}H，即一个质子，如原来的能级为 E_0，氢原子总数为 N，把这些氢原子放在 Z 方向的磁场 B_0 中时，它的能级就会分裂为 E_2 和 E_1 两个能级。磁场越大，能级差越大，如图 3.9.1 所示。

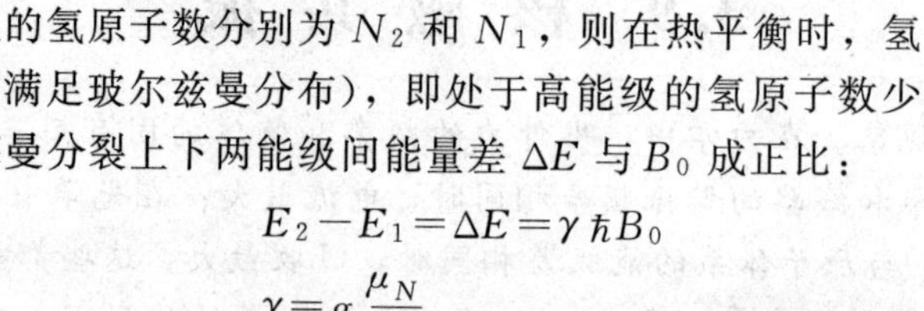

图 3.9.1　核能级的塞曼分裂

设在上下两能级的氢原子数分别为 N_2 和 N_1，则在热平衡时，氢原子数随着能量的增加按指数规律下降（满足玻尔兹曼分布），即处于高能级的氢原子数少于在低能级的氢原子数，故 $N_1>N_2$。塞曼分裂上下两能级间能量差 ΔE 与 B_0 成正比：

$$E_2-E_1=\Delta E=\gamma \hbar B_0 \tag{3.9.1}$$

又：

$$\gamma=g\frac{\mu_N}{\hbar} \tag{3.9.2}$$

式中，γ 为粒子的旋磁比；$\hbar$ 为约化普朗克常数；$\mu_N=\dfrac{e\hbar}{2m_p c}$ 称为玻尔核磁矩；g 是一个与原子核本性有关的量纲为一常数，称为朗德因子。

若在垂直于 B_0 方向上加一个频率为 ν（$10^6\sim10^9$ Hz）的高频电磁场，则当它所对应的能量 $h\nu$ 与塞曼能级分裂 ΔE 正好相等时，可发生核磁共振。即核磁共振的条件为：

$$\Delta E=\gamma\hbar B_0=\hbar\nu \tag{3.9.3}$$

这时，虽然核自旋粒子由 E_1 到 E_2 的共振吸收跃迁和由 E_2 到 E_1 的共振辐射跃迁的概率相等，但由于 $N_1>N_2$，故对为数众多的自旋系统，统计上的净结果是以吸收为主，这种现象称为核磁共振吸收。观察核磁共振吸收现象可有两种方法：一种是磁场 B_0 固定，让入射电磁场 B_1 的频率 ν 连续变化，当满足式(3.9.2) 时，出现共振峰，称为扫频法；另一种是把频率 ν 固定，而让 B_0 连续变化，称为扫场法。本实验用的是扫场法。

(2) 测量^{1}H 的 γ 因子

由式(3.9.3) 可知，只要知道 B_0、ν 即可求得 γ，B_0 在实验设备中已标定，ν 可由频率计测出。但是在本实验中 γ 是无法用实验求出的。因为本实验中两能级的能量差是一个精确、稳定的量，而实验用的高频振荡器其频率 ν 只能稳定在 10^3 Hz 量级，其能量 $h\nu$ 很难固定在 $\gamma\hbar B_0$ 这一值上，等式(3.9.3) 在实验中很难成立。

为实现核磁共振，可在永磁铁 B_0 上叠加一个低频交变磁场 $B_m\sin\omega t$，即所谓的扫场（ω 为市电圆频率，远低于高频场的频率 ν，其约几十兆赫兹），使氢质子两能级能量差 $\gamma\hbar(B_0+B_m\sin100\pi t)$ 有一个连续变化的范围。调节射频场的频率 ν，使射频场的能量$\hbar\nu$ 进入这个范围，这样在某一时刻等式$\hbar\nu=r\hbar(B_0+B_m\sin100\pi t)$ 总能成立。

此时通过边限振荡器的探测装置在示波器上可观测到共振信号（图 3.9.2)。

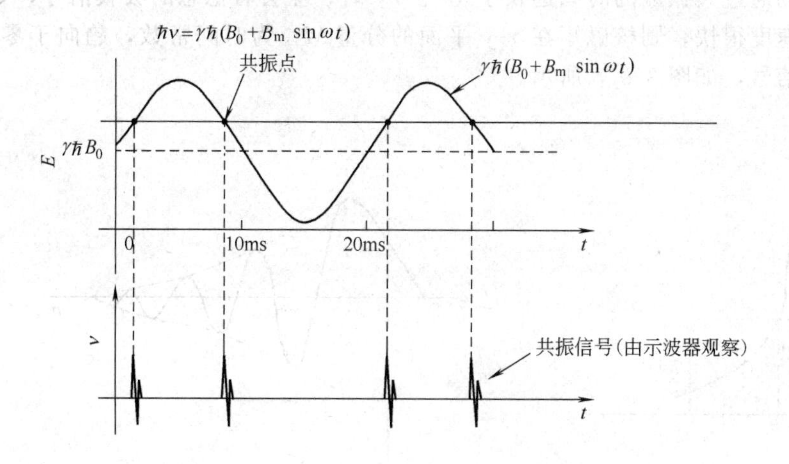

图 3.9.2 共振信号非等间距

由图 3.9.2 可见，当共振信号非等间距时，共振点处的等式为$\hbar\nu=\gamma\hbar(B_0+B_m\sin100\pi t)$，$B_m\sin100\pi t$ 未知，无法利用该等式求出 γ 值。

调节射频场的频率 ν 使共振信号等间距，共振点处 $100\pi t=n\pi$，$B_m\sin100\pi t=0$，$\hbar\nu=\gamma\hbar B_0$此时的 ν 为共振信号等间距时的频率，由频率计读出。$\gamma=2\pi\nu/B_0$，γ 值可求(图 3.9.3)。

(3) 纵向弛豫和横向弛豫

在核磁共振条件下，核自旋系统处于非平衡态（N_1 与 N_2 的关系不满足玻尔兹曼分布)。通过核和晶格之间的相互作用以及核自旋与核自旋之间的相互作用，逐步由非平衡态又恢复到平衡态的过程，称为弛豫过程。由核和晶格之间的相互作用形成的弛豫称为纵向弛豫 T_1；由核自旋与核自旋之间的相互作用形成的弛豫称为横向弛豫 T_2。T_1 越小，表示核与晶格的相互作用越强烈。人体组织的骨、脂肪、内脏、血液的 T_1 都不同，所以在医用核

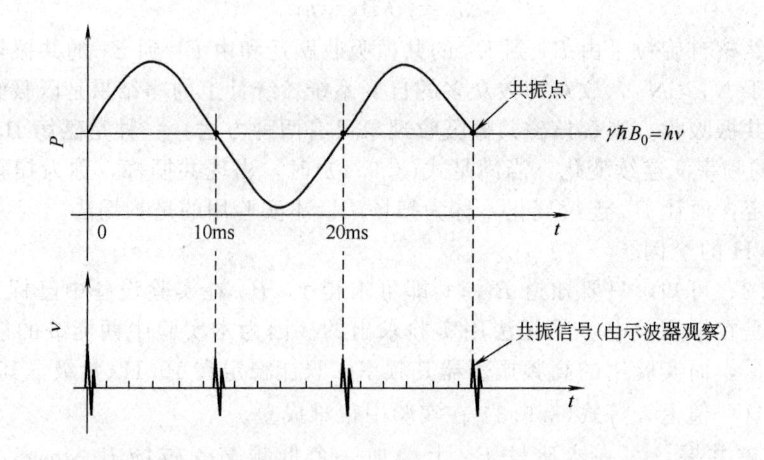

图 3.9.3　共振信号等间距

磁共振仪上很容易区别它们，T_1 小的共振峰就较大。T_2 越小表示各核自旋之间的相互作用越强烈。实验表明，T_2 的大小反比于盐的浓度。人体组织各部分的盐浓度都不一样，所以在医用核磁共振仪上可根据 T_2 来区别它们。T_2 小的共振峰就较宽。

另外，只有扫描磁场通过共振区的时间远长于 T_1、T_2 时，才会有稳态的吸收信号，如图 3.9.4 所示。若扫场速度很快，则核磁矩在 x-y 平面的分量 M_{xy} 为时间常数，趋向于零，则观察到不稳定的瞬时信号，如图 3.9.5 所示。

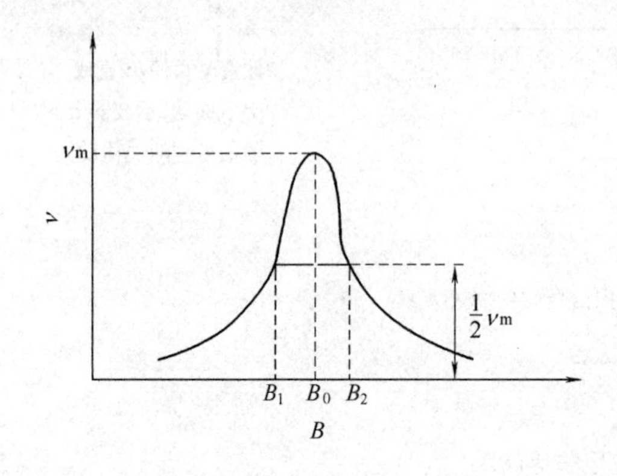

图 3.9.4　稳态共振吸收信号

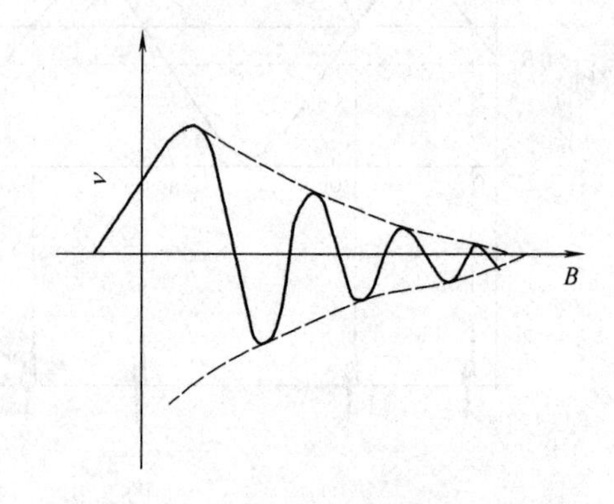

图 3.9.5　瞬时共振吸收信号

在样品中加入少许顺磁离子，即具有电子磁矩的粒子，在一定条件下，可使共振信号变大，因为电子磁矩产生较强的局部磁场而影响核磁的弛豫过程，使 T_1、T_2 都大大变小了，T_1 的变小可使用较强的 B_1，从而增强了共振信号，T_1、T_2 的变小使共振信号变宽。

【实验仪器】

实验装置由频率计、射频边限振荡器、探头及样品、稳流电源、移相器、示波器及电磁铁组成，如图 3.9.6 所示。说明如下。

(1) 样品放在塑料管内，置于永磁铁的磁场中。样品管外绕有线圈，构成边限振荡器振荡电路中的一个电感。

(2) 永磁铁提供样品能级塞曼分裂所需要的强磁场，其磁感应强度为 B_0；在永磁铁上还加一个小的音频调制磁场，把 $B_m\sin 2\pi\nu_m t$ 的 50Hz 信号接在永磁铁的调场线圈上（$B_m \ll$

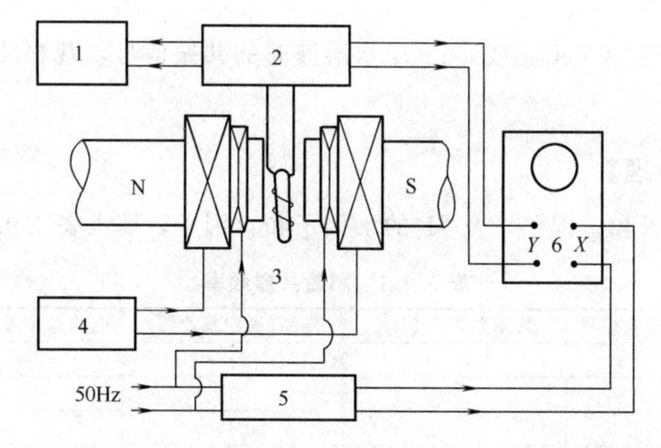

图 3.9.6 实验仪器

1—频率计；2—射频边限振荡器；3—探头及样品；4—稳流电源；

5—移相器；6—示波器；N，S—电磁铁

B_0)，B_m 值可连续调节。因此磁场中的样品处的实际磁感应强度为：

$$B_Z = B_0 + B_m \sin 2\pi\nu_m t \tag{3.9.4}$$

(3) 射频边限振荡器因处于稳定振荡与非振荡的边缘状态而得名，它提供频率为 19～25MHz 的射频电磁波（频率为 3～30MHz 的电磁波是最适合于无线电发射的频率，故称为“射频”），其频率连续可调，并由频率计监视。由于此振荡器的振荡特性处于稳定振荡与非振荡的边缘状态，因而其振荡幅度随振荡电路中的元件性能而明显变化；本实验中的边限振荡器设计得使其振幅随电感性能变化特别明显（注意：边限振荡器的振荡状态与工作电流有关，实验中应适当调节工作电流，以达到最佳状态）。该电感线圈中放有样品，当样品由于核磁共振而吸收能量时，振荡器的输出幅度会明显降低。

【实验内容】

(1) 必做内容

① 实验装置的连接

a. 将样品放入探头的线圈中，注意要将样品及线圈置于磁场最均匀处。

b. 按照图 3.9.6 进行连接：

- 扫描输出接磁铁的扫描线圈；
- 轴输出接示波器的 X 轴输入；
- 扫描电源的电源输出接头与边限振荡器的电源输入接头连接；
- 射频输出（频率输出）接频率计；
- 信号输出接示波器 Y 轴。

② 观察 ^{1}H 的核磁共振信号。样品用蒸馏水，缓慢改变 B_0 或 ν，找出共振信号，然后分别改变 B_0、ν 和 B 的大小，观察示波器上共振信号位置、形状的变化并分析讨论。

③ 测量 ^{1}H 的 γ 因子和 g 因子。用特斯拉计和频率计测出不同 B_0 时对应的共振频率 ν，作 B_0-ν 曲线，用直线拟合法求出 γ 因子和 g 因子。

④ 观察 ^{19}F 的核磁共振信号并测量 ^{19}F 的 γ 因子和 g 因子。样品用聚四氟乙烯，在永磁铁的磁场最强处（可左右移动边限振荡器铁盒，观察示波器上共振信号波形，当幅值最强、波形尾波最多时，样品即在磁场最强处，记下此时盒边所对标尺的刻度值），测出 ^{19}F 核的共振频率 ν，并计算 ^{19}F 的 γ 因子和 g 因子。

(2) 选做内容

比较纯水和加入少许 $FeCl_3$ 或 $CuSO_4$ 水溶液时的共振信号，观察顺磁离子对共振信号的影响，并解释之。

【数据记录与处理】

测量^1H 的 γ 因子和 g 因子，及^{19}F 的 γ 因子和 g 因子，填入表 3.9.1。

表 3.9.1　测量共振频率

样品(水质子)	电路盒位置	共振频率 ν/MHz	样品(聚四氟乙烯)	电路盒位置	共振频率 ν/MHz
1			1		
2			2		
3			3		
4			4		
5			5		
6			6		

① 对^1H 用作图法做 B_0-ν 曲线，并用直线拟合求出^1H 的 γ 因子和 g 因子。

② 根据测得的^{19}F 核的共振频率 ν，计算^{19}F 的 γ 因子和 g 因子。

【思考题】

(1) 何谓核磁共振现象？在那些物质中可以有核磁共振现象？实验中怎样观察核磁共振现象？

(2) 如何确定对应于磁场为 B_0 时核磁共振的共振频率 ν_0？

(3) 试想象如何调节出共振信号？

(4) B_0、B_m 的作用是什么？如何产生，它们有何区别？不用调制磁场能否观察到共振现象？

【参考文献】

[1] 沈元华．基础物理实验．北京：高等教育出版社，2003.

[2] 郭红．大学物理实验．北京：中国科学技术出版社，2003.

【附录】 核磁共振实验注意事项和故障处理

(1) 共振信号波形太弱，可能有以下两种情况：

① 边限振荡器中的电源太弱则需更换电源。

② 如样品是“水”，则可能是样品水流失太多，需撬开边限振荡器上样品头上的铜皮，取出盛水的小玻璃管重新注水并用蜡封好管口。

(2) 调节边限振荡器频率由小到大始终出不了信号：

① 检查永磁铁上应叠加的交流磁场是否加上。

② 变压器上的电压值是否调得太小，应在 100V 左右。

③ 样品是否放在永磁铁的中心位置。

④ 边限振荡器应和永磁铁对号使用，是否两者不对号，如不对号，应换回来。

⑤ 检查示波器，看各个旋钮是否正确调节，是否有不该按的旋钮被按下。

⑥ 连接示波器和边限振荡器的缆线是否断开。

(3) 示波器上始终是等幅振荡的高频信号：

① 检查边限振荡器上的两根电缆线是否接错。

② 如一开始有好的信号，则可能是边线振荡器自激，属仪器的质量问题，一般可关一会边线振荡器再打开。

3.10 用迈克尔逊干涉仪测玻璃折射率

迈克尔逊干涉仪是用分振幅的方法实现干涉的光学仪器，设计十分巧妙。迈克尔逊发明它后，最初用于著名的以太漂移实验。后来，他又首次用之于系统研究光谱的精细结构以及将镉（Cd）的谱线的波长与国际米原器进行比较。迈克尔逊干涉仪在基本结构和设计思想上给科学工作以重要启迪，为后人研制各种干涉仪打下了基础。迈克尔逊干涉仪在物理学中有十分广泛的应用，如用于研究光源的时间相干性，测量气体、固体的折射率和进行微小长度测量等。

【实验目的】

(1) 了解迈克尔逊干涉仪的结构、原理和调节方法。

(2) 了解光的干涉现象及其形成条件。

(3) 观察等倾干涉条纹，测量 He-Ne 激光器的波长。

(4) 学习一种测量气体折射率的方法。

【实验原理】

(1) 一般介绍

迈克尔逊干涉仪的原理见图 3.10.1。光源 S 发出的光束射到分光板 G_1 上，G_1 的后面镀有半透膜，光束在半透膜上反射和透射，被分成光强接近相等、并相互垂直的两束光。这两束光分别射向两平面镜 M_1 和 M_2，经它们反射后又汇聚于分光板 G_1，再射到光屏 E 处，从而得到清晰的干涉条纹。平面镜 M_1 可在光线 1 的方向上平行移动。补偿板 G_2 的材料和厚度与 G_1 相同，也平行于 G_1，起着补偿光线 2 的光程的作用。如果没有 G_2，则光线 1 会三次经过玻璃板，而光线 2 只能一次经过玻璃板。G_2 的存在使得光线 1、2 由于经过玻璃板而导致的光程相等，从而使光线 1、2 的光程差只由其它几何路程决定。由于本实验采用相干性很好的激光，故补偿板 G_2 并不重要。但如果使用的是单色性不好、相干性较差的光，如纳光灯或汞灯，甚至白炽灯，G_2 就成为必需了。这是因为波长不同的光折射率不同，由分光板 G_1 的厚度所导致的光程就会各不一样。补偿板 G_2 能同时满足这些不同波长的光所需的不同光程补偿。

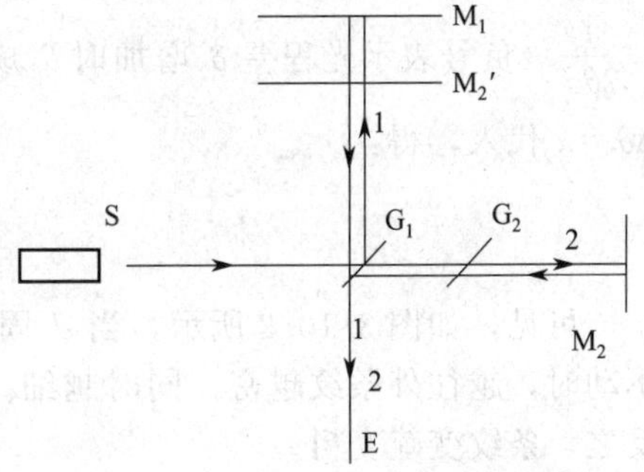

图 3.10.1 迈克尔逊干涉仪原理示意

(2) 等倾干涉与激光波长的测量

平面镜 M_2 通过 G_1 成虚像 M_2'，故可认为两束相干光线是由 M_1 和 M_2' 反射来的。用扩束镜会聚激光，可得到一个点光源。它经平面镜 M_1 和 M_2' 反射后的光线可视为由虚光源 S_1 和 S_1' 发出（见图 3.10.1），其间距为 $2d$（d 为 M_1 和 M_2' 的间距）。此二虚光源发射的球面波在相遇空间处处相干，故为非定域干涉。用屏观察干涉花样时，取不同的空间位置和空间取向，原则上可以观察到圆、椭圆、双曲线和直线条纹（但受实验仪器的实际限制，一般只能看到圆和椭圆）。通常使屏垂直于 S_1 和 S_1' 的连线，此时观察到一组同心圆，圆心在 S_1 和 S_1' 的连线上。若使屏旋转一个角度，则得到一组椭圆。

由 S_1、S_2 到屏上任一点 B 的两光线的光程差为 $\delta=\overline{S_1B}-\overline{S_2'B}$。考虑到 $d\ll z$，且 θ 很

小，从图中可以看出：

$$\delta=2d\cos\theta\approx2d\left(1-\frac{1}{2}\theta^2\right) \tag{3.10.1}$$

当：

$$\delta=2d\cos\theta=\begin{cases}k\lambda, & \text{明纹中心}\\ (2k+1)\lambda/2, & \text{暗纹中心}\end{cases} \tag{3.10.2}$$

时，在屏上就可以看到相应的明纹或暗纹。

由式(3.10.1)和式(3.10.2)可知：

① $\theta=0$ 时光程差最大，即圆心处的干涉级最高。若盯住同一级圆条纹（δ 不变），移动平面镜 M_1 使 d 增加时，θ 会增加，即条纹向外扩大。此时中心处 $\theta=0$，故光程差（干涉级）将变大，表现为不断冒出圆环。反之，d 减小时，条纹内缩，最后在中心处消失。对于中心处，每冒出或消失一个圆环，条纹就改变一个级别，相当于光程差 $\delta=2d=S_1S_2'$ 改变一个波长。设 M_1 移动了 $|\Delta d|$ 的距离，同时冒出或消失的圆环个数为 N，则光波波长：

$$\lambda=\frac{2|\Delta d|}{N} \tag{3.10.3}$$

从仪器上读出 $|\Delta d|$，并数出相应的条纹变化条数 N，就可由上式测出光波的波长 λ。若将 λ 作为标准值，测出冒出或消失 N 个圆环时 M_1 移动的距离，与由式(3.10.3)算出的理论值比较，可以校正仪器传动系统误差。

② 圆条纹间距可以用相邻条纹的角间距 $\Delta\theta$ 来表示。对式(3.10.1)求微分，得 $\frac{\Delta\theta}{\Delta\delta}=-\frac{1}{2\theta d}$（负号表示光程差 δ 增加时 θ 减小），其中 $\Delta\delta$ 为相邻条纹的光程差之差，即 λ。把 $\Delta\delta=\lambda$ 代入，得：

$$|\Delta\theta|=\frac{\lambda}{2\theta d} \tag{3.10.4}$$

可见，如图 3.10.2 所示，当 d 固定时，θ 越大，$|\Delta\theta|$ 越小。也就是说，平面镜 M_1 不动时，越往外条纹越密，同时越细。当 d 增加时，间距 $|\Delta\theta|$ 将变小，条纹变密变细；反之，条纹变疏变粗。

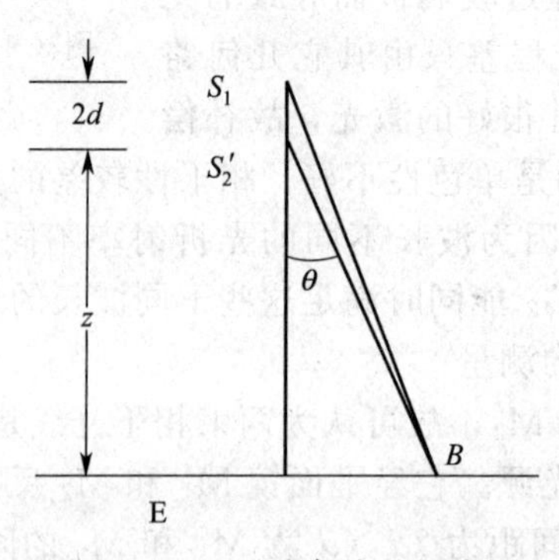

图 3.10.2　干涉条纹的级次图

③ 上面的讨论都是 $d>0$ 即 M_1 比 M_2' 靠外的情况。对于 $d<0$（M_1 比 M_2' 靠里）的情况，只要把上述讨论中的 δ 理解成为 $|\delta|$、d 理解成为 $|d|$ 就行了。这意味着，不论平面镜 M_1 往哪个方向移动，只要是使距离 $|d|$ 增加，圆条纹都会不断从中心冒出来并扩大，同时条纹会变密变细。反之，如果使距离 $|d|$ 减小，条纹都会缩小并消失在中心处，

同时条纹会变疏变粗。这表明 $d=0$（即两臂等长）是一个临界点。当往同一个方向不断地移动 M_1 时，只要经过这个临界点，看到的现象就会反过来（图 3.10.1）。因此，在利用式(3.10.3) 测波长时，最好先把两臂的长度调成有明显差别（$|d|\gg 0$），避免在移动 M_1 时不小心通过了临界点，造成计数上的麻烦。

(3) 等厚干涉与透明玻璃板厚度的测量

如图 3.10.1，如果 M_1 和 M_2' 间形成一很小的角度，则 M_1 与 M_2' 之间有一楔形空气薄层，这时将产生等厚干涉条纹。当光束入射角 θ 足够小时，可由式(3.10.1) 求两相干光束的光程差，即：

$$\delta=2d\cos\theta\approx 2d\left(1-\frac{1}{2}\theta^2\right)=2d-d\theta^2 \tag{3.10.5}$$

在 M_1、M_2' 的交线上，$d=0$，即 $\delta=0$，因此在交线处产生一直线条纹，称为中央明纹。在左右两旁靠近交线处，由于 θ 和 d 都很小，这时式(3.10.5) 中的 $d\theta^2$ 项与 $2d$ 相比可忽略，因而由：

$$\delta=2d \tag{3.10.6}$$

所以产生的条纹近似为直线条纹，且与中央条纹平行。离中央条纹较远处，因 $d\theta^2$ 项的影响增大，条纹发生显著的弯曲，弯曲方向突向中央明纹。离交线越远，d 越大，条纹弯曲得越明显。

由于干涉条纹的明暗和间距决定于光程差 δ 与波长的关系，若用白光作光源，则每种不同波长的光所产生的干涉条纹明暗会相互交错重叠，结果就看不到明暗相间的条纹了。换句话说，如果换用白光作光源，在一般情况下，不出现干涉条纹。进一步分析还可以看出，在 M_1、M_2' 两面相交处，交线上 $d=0$，但是 1、2 两束光在半反射膜面上的反射情况不同，引起不同的光程差，故各种波长的光在交线附近可能有不同的光程差。因此，用白光作光源时，在 M_1、M_2' 两面的交线附近的中央条纹可能看到白色条纹，也可能是暗条纹。在它的两旁还大致对称的有几条彩色的直线条纹，稍远就看不到条纹了。

光通过折射率为 n 厚度为 l 的均匀透明介质时，其光程比通过同厚度的空气（空气的折射率为 $n_0=1.00039$）要大 $l(n-n_0)$。在迈克尔逊干涉仪中，当白光的中央条纹出现在视场的中央后，如果光路 2 中加入一块折射率为 n 厚度为 l 的均匀补偿板薄玻璃片，由于光束 2 的往返，光束 1 和光束 2 在相遇时所获得的附加光程差 δ' 为：

$$\delta'=2l(n-n_0)$$

此时，若将 M_1 向 G_1 方向移动距离 $\Delta d=\delta'/2$，则光束 1、2 在相遇时的光程差又恢复至原样，这样白光干涉的中央条纹将重新出现在视场中央。这时：

$$\Delta d=\frac{\delta'}{2}=l(n-n_0) \tag{3.10.7}$$

根据式(3.10.7)，测出 M_1 前移的距离 Δd，如已知薄玻璃片的折射率 n，则可求出其厚度 l；反之，如已知玻璃片的厚度 l，则可求出其折射率 n。

(4) 迈克尔逊干涉仪的结构

迈克尔逊干涉仪的结构如图 2.26.7 所示，反射镜 M_1 由精密丝杆转动可沿导轨前后移动，称为移动反射镜；反射镜 M_2 固定在仪器架上，称为固定反射镜；M_1 和 M_2 的镜架背后各有三个调节螺丝，用来调节反射镜的法线方向；与 M_2 镜架连接的有垂直方向和水平方向两个拉簧螺丝，利用拉簧的弹性可以比较精细地调节 M_2 镜面的方位。确定 M_1 位置的有三个读数装置，即导轨侧面的毫米刻度主尺、两个调节手轮上的百分度盘和读数窗口（H 为微调手轮）。迈克尔逊干涉仪上带有精密的读数装置，其读数方法与螺旋测微器相同，只是有两层嵌套而已。具体地说，读数装置由三部分组成：①主尺。是毫米刻度尺，装在导轨地侧面，只读到毫米整数位（2位），不估读。②粗调手轮。控制着刻度圆盘，从读数窗口可以看到刻度。旋转手轮使圆盘转一周，动镜 M_1 就移动1mm。而圆盘有100个分格，故圆盘转动一个分格时 M_1 就移动0.01mm。③微调鼓轮。其上又有100个分格。鼓轮转一周使 M_1 移动0.01mm，故它转一个分格使 M_1 移动0.0001mm。读数时还要估读一位。可见，每一级装置读数时只读出整数个分格数，不估读，其估读位由下一级给出；而最后一级则要估读。这样，一个读数由导轨刻度尺读数（2位）、正面窗口读数（2位）和鼓轮读数（3位）构成，共7位有效数字。

由激光器光源产生的平行入射光，在G处用毛玻璃屏通过分光板可以看到光源的若干个像，利用 M_1、M_2 镜架背后的螺丝，细心调整镜面方位，使最亮的两个像重合，再在光源后加上扩束镜，就可以在屏上看到干涉条纹，然后用拉丝弹簧调整干涉条纹形状满足实验要求。

【实验仪器】

迈克尔逊干涉仪，He-Ne激光器及电源，接收屏，升降台，玻璃板，白光光源。

【实验内容】

(1) 迈克尔逊干涉仪的基本调节

① 取下补偿板 G_2，测量玻璃板厚度 l（4次），$L=\frac{\sqrt{2}}{2}l$。（当 M_1 与 M_2 垂直时，光的传播方向与补偿板之间的夹角为45°）

② 调节步骤如下。

a. 仪器粗调：调节三脚底座下的三只调平螺丝，使仪器处于水平位置。转动粗调手轮G，使平面镜 M_1、M_2 与分光板 G_1 之间的距离大致相等。

b. 调节激光束方向：将He-Ne激光器放在可调的支架上，接通电源，调节支架螺丝，使激光束大致垂直于仪器导轨，并使其射向分光板 G_1 中心部位。

c. 转动粗调手轮G，使主尺指示在30～32mm（46mm）处（旧仪器使主尺指示在30～32mm处；新仪器使主尺指示在46mm处）。

d. 移开接收屏，此时在接收屏上可见两排光点，清楚的每排一般为三个，慢慢调节定镜 M_2 背后的三（两个）个螺丝，使两排光点中间的一个完全重合，此时重合的两个光点应闪闪发光，将接收屏置入光路中时一般就可看到干涉条纹，若看不到条纹可重复步骤d，仔细调节定镜 M_2 背后的两个螺丝和水平、竖直微调拉杆，使干涉环处于荧屏中央。

e. 顺时针转动粗调手轮G，使接收屏上的等倾干涉圆环出现吞进（说明 M_1M_2' 逐渐接近）的现象，直到接收屏上出现3～5条等厚干涉条纹为宜。

f. 调零：为了使读数指示正常，还需“调零”。其方法是：先将鼓轮H指示线转到和“0”刻度对准（此时手轮也跟随转），然后再动手轮，将手轮G转到1/100mm刻度线的整数线上（此时鼓轮H并不跟随转动，仍指原来的“0”位置），这时“调零”过程完毕。

(2) 观察等厚干涉条纹，测量透明玻璃板厚度

① 调节白光条纹。将白光光源代替激光光源。调整白光光源的位置使接收屏达到最亮。向顺时针方向缓慢地转动鼓轮。直到接收屏上出现白光彩色干涉条纹。

② 将中央条纹移至视场中某一位置，记下 M_1 位置仪器的度数 Z_1，将待测玻璃片插入支架置入光路中，继续向顺时针方向缓慢地转动鼓轮。直到接收屏上再次出现白光彩色干涉

条纹。记下 M_1 位置仪器的度数 Z_2。

【数据记录与处理】

(1) 测量透明玻璃板厚度 见表 3.10.1。

表 3.10.1 测透明玻璃板厚度

次数	1	2	3	4
玻璃板厚度 l				
增加光程差的实际长度 $L_i=\frac{\sqrt{2}}{2}l$				

(2) 白光干涉 见表 3.10.2。

表 3.10.2 白光干涉

次数	1	2	…
Z_1			
Z_2			
$\Delta d=Z_2-Z_1$			

$$\overline{L}=\frac{1}{4}\sum_{i=1}^{4}L_i=\_\_\_\_\_\_,\quad u_{LA}=\frac{t_p}{n}\sqrt{\frac{\sum_{i=1}^{4}(L_i-\overline{L})^2}{4-1}}=\_\_\_\_\_\_,\quad u_{LB}=0.002\text{mm}$$

$$U_L=\sqrt{u_{LA}^2+u_{LB}^2}=\_\_\_\_\_\_,\ L=\overline{L}\pm U_L=\_\_\_\_\_\_,\ \overline{n}=\frac{\Delta d}{2\overline{L}}+n_0=\_\_\_\_\_\_$$

$$U_n=(\overline{n}-n_0)\sqrt{\left(\frac{0.00005\sqrt{2}}{\Delta d}\right)^2+\left(\frac{U_L}{\overline{L}}\right)^2}=\_\_\_\_\_\_$$

$$n=\overline{n}\pm U_n=\_\_\_\_\_\_,\ n_0=1.00039$$

【注意事项】

(1) 实验中，请勿正视激光光源，以免损伤眼睛。

(2) 仪器上的光学元件精度极高，不要用手抚摩或让赃物沾上。

(3) 仪器传动机构相当精密，使用时要轻缓小心。

(4) 测量过程中，由于仪器存在空程误差，一定要条纹的变化稳定后才能开始测量。而且，测量一旦开始，微调鼓轮的转动方向就不能中途改变。

【思考题】

(1) 迈克尔逊干涉仪的主要部件有哪些？分别起什么作用？

(2) 光的干涉形成的条件，以及相关结论是什么？

(3) 为什么在测量过程中，测位鼓轮的转动方向不能中途改变？

3.11 数字电表原理及万用表设计与组装实验

电表是常用的电学测量仪器。按用途可分为直流电流表、交流电流表、直流电压表、交流电压表、欧姆表、万用表等；这些电表都可通过表头改装而成。表头是基本的电学测量工具，它可分为数字表、指针表等。任何一件仪器（尤其是自行组装的仪器）在使用前都应该进行校准，特别是在进行精密测量之前，校准是必不可少的。因此校准是实验技术中一项非常重要的技术。本实验通过学习电表的基础知识掌握如何进行电表的改装和校准，并学习焊接及组装技术。

本实验是利用数字表的工作原理，通过给定的外围线路，让学生设计出直流数字电压表、直流数字电流表、交流数字电压表、交流数字电流表和欧姆表。让学生了解数字万用表的工作原理、组成和特性等，掌握分压分流、整流滤波、过压过流保护等电路的原理。

【实验目的】

(1) 了解数字电表的基本原理及常用双积分模数转换芯片外围参数的选取原则、电表的校准原则以及测量误差来源。

(2) 了解万用表的特性、组成和工作原理。

(3) 掌握分压、分流电路的原理以及设计对电压、电流和电阻的多量程测量。

(4) 了解交流电压、三极管和二极管相关参数的测量。

(5) 通过数字电表原理的学习，能够在传感器设计中灵活应用数字电表。

【实验原理】

(1) 数字电表原理

常见的物理量都是幅值大小连续变化的所谓模拟量，指针式仪表可以直接对模拟电压和电流进行显示。而对数字式仪表，需要把模拟电信号（通常是电压信号）转换成数字信号，再进行显示和处理。数字信号与模拟信号不同，其幅值大小是不连续的，就是说数字信号的大小只能是某些分立的数值，所以需要进行量化处理。若最小量化单位为 Δ，则数字信号的大小是 Δ 的整数倍，该整数可以用二进制码表示。设 $\Delta=0.1\text{mV}$，我们把被测电压 U 与 Δ 比较，看 U 是 Δ 的多少倍，并把结果四舍五入取为整数 N（二进制）。一般情况下，$N\geqslant 1000$ 即可满足测量精度要求（量化误差$\leqslant 1/1000=0.1\%$）。所以，最常见的数字表头的最大示数为 1999，被称为三位半$\left(3\dfrac{1}{2}\right)$数字表。如 U 是 $\Delta(0.1\text{mV})$ 的 1861 倍，即 $N=1861$，显示结果为 186.1(mV)。这样的数字表头，再加上电压极性判别显示电路和小数点选择位，就可以测量显示 $-199.9\sim199.9\text{mV}$ 的电压，显示精度为 0.1mV。

① 双积分模数转换器（ICL7107）的基本工作原理　双积分模数转换电路的原理比较简单，当输入电压为 V_x 时，在一定时间 T_1 内对电量为零的电容器 C 进行恒流（电流大小与待测电压 V_x 成正比）充电，这样电容器两极之间的电量将随时间线性增加，当充电时间 T_1 到后，电容器上积累的电量 Q 与被测电压 V_x 成正比；然后让电容器恒流放电（电流大小与参考电压 V_{ref}成正比），这样电容器两极之间的电量将线性减小，直到 T_2 时刻减小为零。所以，可以得出 T_2 也与 V_x 成正比。如果用计数器在 T_2 开始时刻对时钟脉冲进行计数，结束时刻停止计数，得到计数值 N_2，则 N_2 与 V_x 成正比。

双积分 AD 的工作原理就是基于上述电容器充放电过程中计数器读数 N_2 与输入电压 V_x 成正比构成的。现在以实验中所用到的 3 位半模数转换器 ICL7107 为例来讲述它的整个工作过程。ICL7107 双积分式 A/D 转换器的基本组成如图 3.11.1 所示，它由积分器、过零比较器、逻辑控制电路、闸门电路、计数器、时钟脉冲源、锁存器、译码器及显示等电路所组成。下面主要讲一下它的转换电路，大致分为三个阶段。

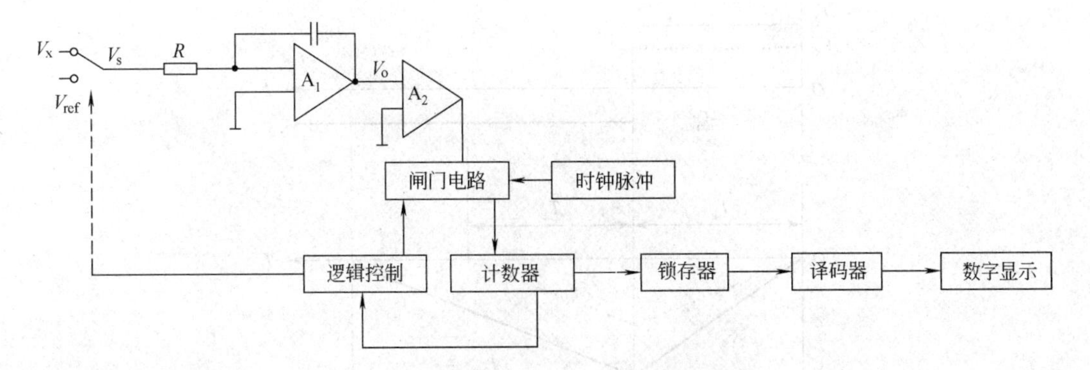

图 3.11.1　双积分 AD 内部结构图

第一阶段，首先电压输入脚与输入电压断开而与地端相连放掉电容器 C 上积累的电量，然后参考电容 C_{ref} 充电到参考电压值 V_{ref}，同时反馈环给自动调零电容 C_{AZ} 以补偿缓冲放大器、积分器和比较器的偏置电压。这个阶段称为自动校零阶段。

第二阶段为信号积分阶段（采样阶段），在此阶段 V_s 接到 V_x 上使之与积分器相连，这样电容器 C 将被以恒定电流 V_x/R 充电，与此同时计数器开始计数，当计到某一特定值 N_1（对于三位半模数转换器，$N_1=1000$）时逻辑控制电路使充电过程结束，这样采样时间 T_1 是一定的，假设时钟脉冲为 T_{CP}，则 $T_1=N_1T_{CP}$。在此阶段积分器输出电压 $V_o=-Q_o/C$（因为 V_o 与 V_x 极性相反），Q_o 为 T_1 时间内恒流（V_x/R）给电容器 C 充电得到的电量，所以存在下式：

$$Q_o=\int_0^{T_1}\frac{V_x}{R}\mathrm{d}t=\frac{V_x}{R}T_1 \tag{3.11.1}$$

$$V_o=-\frac{Q_o}{C}=-\frac{V_x}{RC}T_1 \tag{3.11.2}$$

第三阶段为反积分阶段（测量阶段），在此阶段，逻辑控制电路把已经充电至 V_{ref} 的参考电容 C_{ref} 按与 V_x 极性相反的方式经缓冲器接到积分电路，这样电容器 C 将以恒定电流 V_{ref}/R 放电，与此同时计数器开始计数，电容器 C 上的电量线性减小，当经过时间 T_2 后，电容器电压减小到 0，由零值比较器输出闸门控制信号再停止计数器计数并显示出计数结果。此阶段存在如下关系：

$$V_o+\frac{1}{C}\int_0^{T_2}\frac{V_{ref}}{R}\mathrm{d}t=0 \tag{3.11.3}$$

把式(3.11.2) 代入式(3.11.3)，得：

$$T_2=\frac{T_1}{V_{ref}}V_x \tag{3.11.4}$$

从式(3.11.4) 可以看出，由于 T_1 和 V_{ref} 均为常数，所以 T_2 与 V_x 成正比，从图 3.11.2 可以看出，若时钟最小脉冲单元为 T_{CP}，则 $T_1=N_1T_{CP}$，$T_2=N_2T_{CP}$，代入式(3.11.4)，即有：

$$N_2=\frac{N_1}{V_{ref}}V_x \tag{3.11.5}$$

可以得出测量的计数值 N_2 与被测电压 V_x 成正比。

对于 ICL7107，信号积分阶段时间固定为 1000 个 T_{CP}，即 N_1 的值为 1000 不变。而 N_2 的计数随 V_x 的不同范围为 0～1999，同时自动校零的计数范围为 2999～1000，也就是

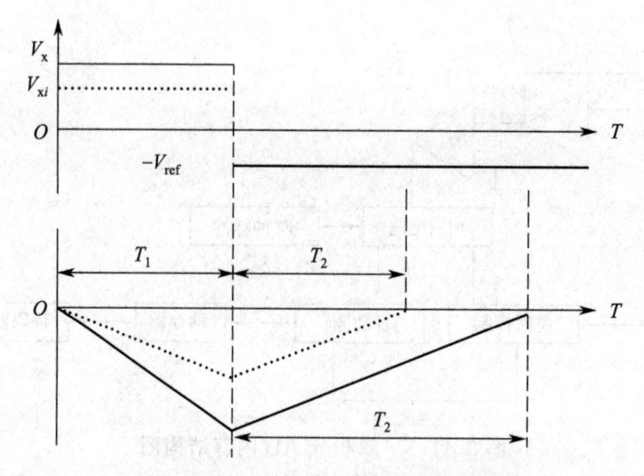

图 3.11.2 积分和反积分阶段曲线图

测量周期总保持 4000 个 T_{CP} 不变。即满量程时 $N_{2max}=2000=2N_1$，所以 $V_{xmax}=2V_{ref}$，这样若取参考电压为 100mV，则最大输入电压为 200mV；若参考电压为 1V，则最大输入电压为 2V。

② ICL7107 双积分模数转换器引脚功能、外围元件参数的选择　ICL7107 芯片的引脚图如图 3.11.3 所示，它与外围器件的连接图如 3.11.4 所示。它和数码管相连的脚以及电源

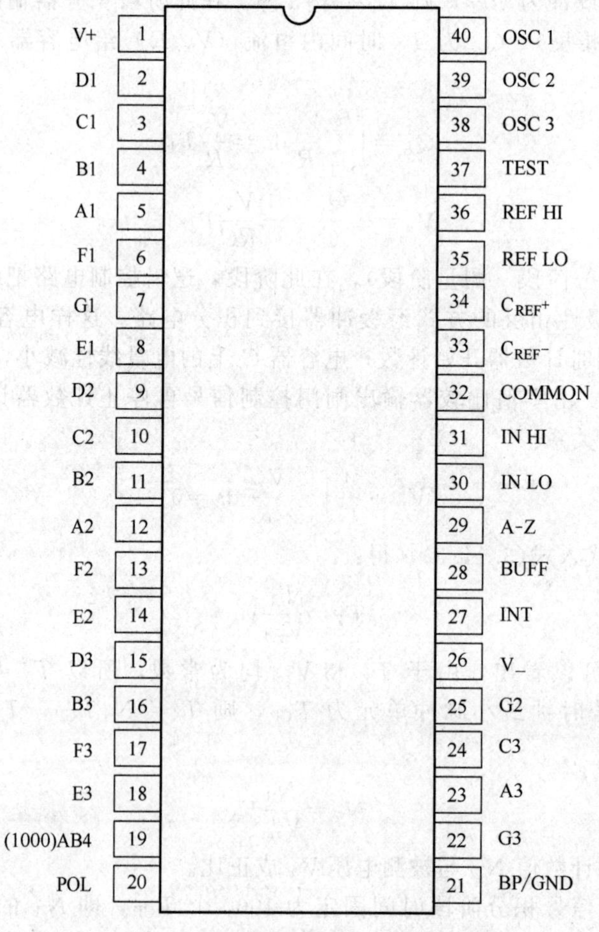

图 3.11.3　ICL7107 芯片引脚图

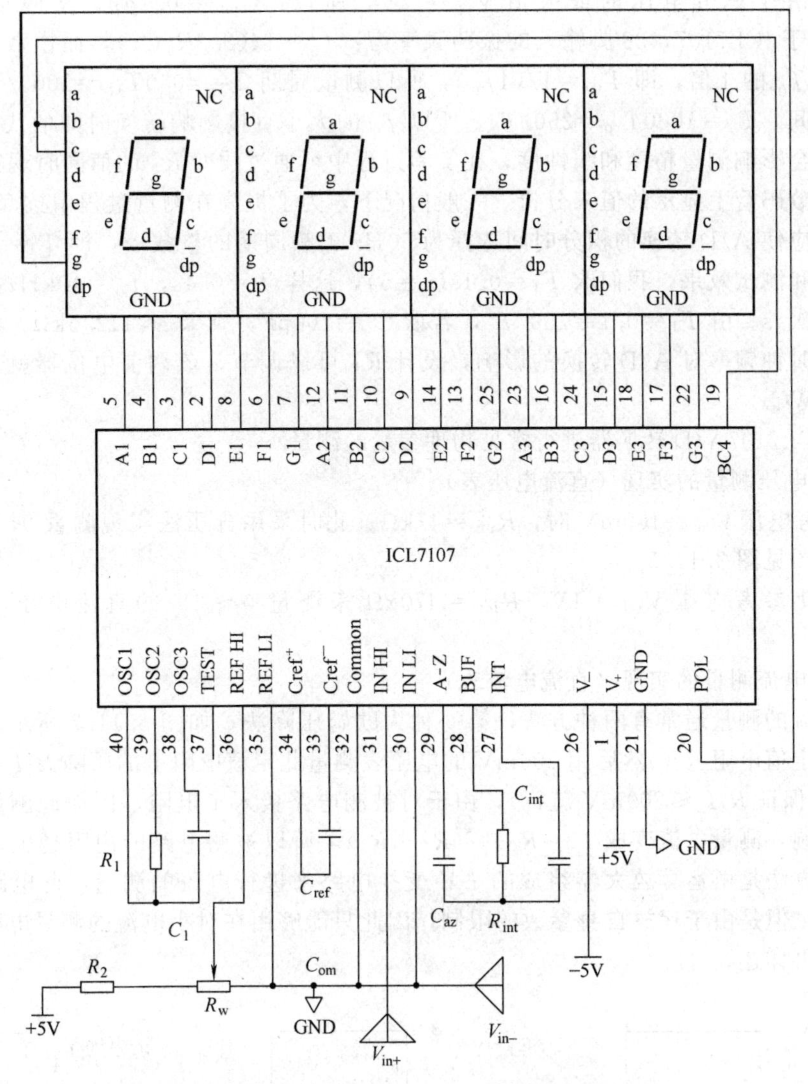

图 3.11.4　ICL7107 和外围器件连接图

脚是固定的，所以不加详述。芯片的第 32 脚为模拟公共端，称为 COM 端；第 36 脚 V_{r+} 和 35 脚 V_{r-} 为参考电压正负输入端；第 31 脚 IN＋和 30 脚 IN－为测量电压正负输入端；C_{int} 和 R_{int} 分别为积分电容和积分电阻，C_{az} 为自动调零电容，它们与芯片的 27、28 和 29 相连，用示波器接在第 27 脚可以观测到前面所述的电容充放电过程，该脚对应实验仪上示波器接口 V_{int}；电阻 R_1 和 C_1 与芯片内部电路组合提供时钟脉冲振荡源，从 40 脚可以用示波器测量出该振荡波形，该脚对应实验仪上示波器接口 CLK，时钟频率的快慢决定了芯片的转换时间（因为测量周期总保持 4000 个 T_{cp} 不变）以及测量的精度。下面我们来分析一下这些参数的具体作用。

R_{int} 为积分电阻，它是由满量程输入电压和用来对积分电容充电的内部缓冲放大器的输出电流来定义的，对于 ICL7107，充电电流的常规值为 $I_{int}=4\mu A$，则 R_{int}＝满量程/$4\mu A$。所以在满量程为 200mV，即参考电压 $V_{ref}=0.1V$ 时，$R_{int}=50k\Omega$，实际选择 47kΩ 电阻；在满量程为 2V，即参考电压 $V_{ref}=1V$ 时，$R_{int}=500k\Omega$，实际选择 470kΩ 电阻。$C_{int}=T_1 I_{int}/V_{int}$，一般为了减小测量时工频 50Hz 干扰，$T_1$ 时间通常选为 0.1s，具体下面再分析，这样又由于积分电压的最大值 $V_{int}=2V$，所以：$C_{int}=0.2\mu F$，实际应用中选取 $0.22\mu F$。对于ICL7107，38脚输入的振荡频率为：$f_0=1/(2.2R_1C_1)$，而模数转换的计数脉冲频率是 f_0 的4倍，即 $T_{cp}=1/(4f_0)$，所以测量周期 $T=4000T_{cp}=1000/f_0$，积分时间（采样时间）$T_1=1000T_{cp}=250/f_0$。所以 f_0 的大小直接影响转换时间的快慢。频率过快或过慢都会影响测量精度和线性度，在实验过程中可通过改变 R_1 的值同时观察芯片第40脚的波形和数码管上显示的值来分析。一般情况下，为了提高在测量过程中抗50Hz工频干扰的能力，应使A/D转换的积分时间选择为50Hz工频周期的整数倍，即 $T_1=n20ms$，考虑到线性度和测试效果，我们取 $T_1=0.1s(n=5)$，这样 $T=0.4s$，$f_0=40kHz$，A/D转换速度为2.5次/s。由 $T_1=0.1=250/f_0$，若取 $C_1=100pF$，则 $R_1\approx112.5k\Omega$。实验中为了更好地理解时钟频率对A/D转换的影响，设计 R_1 可以调节，该调节电位器就是实验仪中的电位器RWC。

③ 用ICL7107A/D转换器进行常见物理参量的测量

a. 直流电压测量的实现（直流电压表）

• 当参考电压 $V_{ref}=100mV$ 时，$R_{int}=47k\Omega$。此时采用分压法实现测量0～2V的直流电压，电路图见图3.11.5。

• 直接使参考电压 $V_{ref}=1V$，$R_{int}=470k\Omega$ 来测量0～2V的直流电压，电路图如图3.11.6。

b. 直流电流测量的实现（直流电流表）

直流电流的测量通常有两种方法，第一种为欧姆压降法，如图3.11.7所示，即让被测电流流过一定值电阻 R_i，然后用200mV的电压表测量此定值电阻上的压降 R_iI_s（在 $V_{ref}=100mV$ 时，保证 $R_iI_s\leqslant200mV$ 就行），由于对被测电路接入了电阻，因而此测量方法会对原电路有影响，测量电流变成 $I'_s=R_0I_s/(R_0+R_i)$，所以被测电路的内阻越大，误差将越小。第二种方法是由运算放大器组成的 I-V 变换电路来进行电流的测量，此电路对被测电路的无影响，但是由于运放自身参数的限制，因此只能够用在对小电流的测量电路中，所以在这里就不再详述。

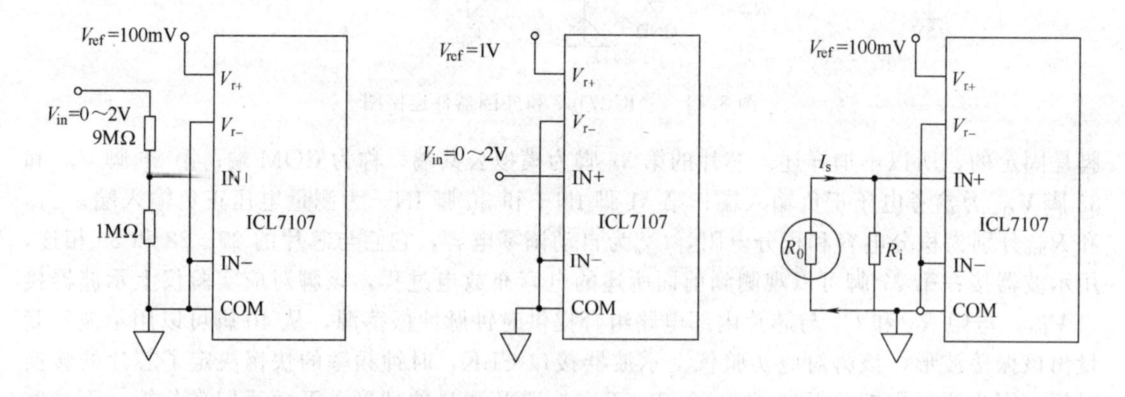

图3.11.5　直流电压测量电路一　　图3.11.6　直流电压测量电路二　　图3.11.7　直流电流测量电路

c. 电阻值测量的实现（欧姆表）

• 当参考电压选择在100mV时，此时选择 $R_{int}=47k\Omega$，测试的接线图如图3.11.8所示，图中 D_w 提供测试基准电压，而 R_t 是正温度系数（PTC）热敏电阻，既可以使参考电压低于100mV，同时也可以防止误测高电压时损坏转换芯片，所以必需满足 $R_x=0$ 时，$V_r\leqslant100mV$。由前面所讲述的7107的工作原理，存在：

$$V_r=(V_{r+})-(V_{r-})=V_d R_s/(R_s+R_x+R_t) \qquad (3.11.6)$$

$$IN=(IN+)-(IN-)=V_d R_x/(R_s+R_x+Rt) \qquad (3.11.7)$$

由前述理论 $N_2/N_1=IN/V_r$ 有：

$$R_x=(N_2/N_1)R_s \qquad (3.11.8)$$

所以从上式可以得出电阻的测量范围始终是 $0\sim 2R_s(\Omega)$。

• 当参考电压选择在 1V 时，此时选择 $R_{int}=470k\Omega$，测试电路可以用图 3.11.9 实现，因为它不带保护电路，所以必须保证 $V_r\leqslant 1V$。在进行多量程实验时（万用表设计实验），为了设计方便，参考电压都将选择为 100mV，除了比例法测量电阻我们使 $R_{int}=470k\Omega$ 和在进行二极管正向导通压降测量时也使 $R_{int}=470k\Omega$ 并且加上 1V 的参考电压。

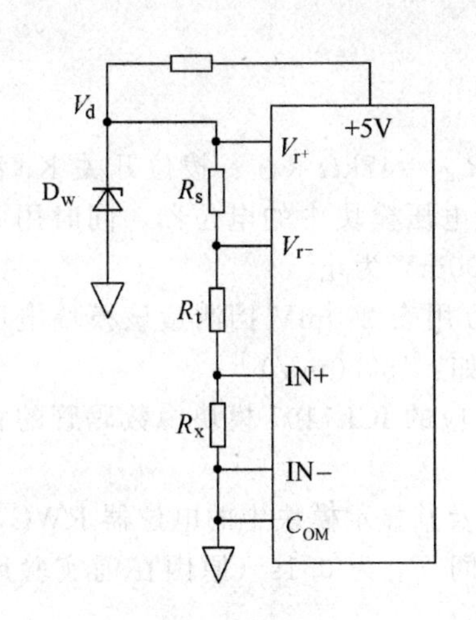

图 3.11.8　测试电路一

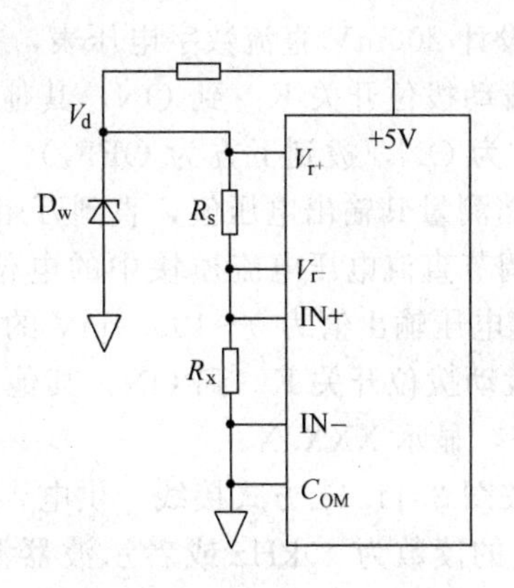

图 3.11.9　测试电路二

（2）数字万用表设计

万用表可以对交直流电压、交直流电流、电阻、三极管 h_{FE} 和二极管正向压降等参数进行测量，图 3.11.10 为万用表测量基本原理图。下面介绍几种参数的测量。

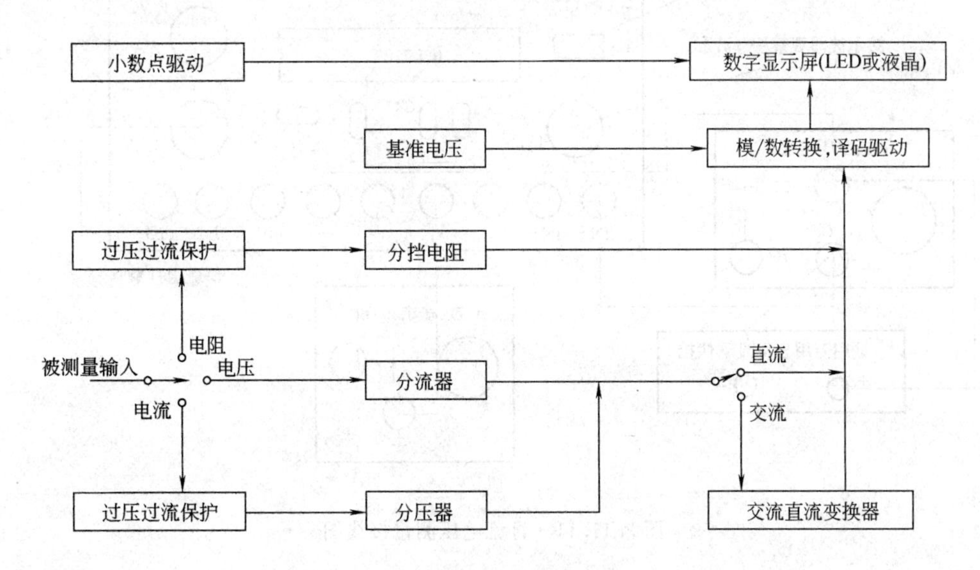

图 3.11.10　数字万用表的组成

实验使用的DH6505型数字电表原理及万用表设计实验仪，它的核心是由双积分式模数A/D转换译码驱动集成芯片ICL7107和外围元件、LED数码管构成。为了能更好地理解其工作原理，在仪器中预留了9个输入端，包括2个测量电压输入端（IN＋、IN－）、2个基准电压输入端（V_{r+}、V_{r-}）、3个小数点驱动输入端（dp1、dp2和dp3）以及模拟公共端（COM）和地端（GND）。

【实验仪器】

DH6505数字电表原理及万用表设计实验仪，四位半通用数字万用表，示波器。

【实验内容】

（1）必做内容

① 设计200mV直流数字电压表，并进行校准。

a. 拨动拨位开关K_{1-2}到ON，其他到OFF，使$R_{\text{int}}=47\text{k}\Omega$（注：拨位开关$K_1$和$K_2$，拨到上方为ON，拨到下方为OFF。）。调节AD参考电压模块中的电位器，同时用万用表200mV挡测量其输出电压值，直到万用表的示数为100mV为止。

b. 调节直流电压电流模块中的电位器，同时用万用表200mV挡测量该模块电压输出值，使其电压输出值为0～199.9mV的某一具体值（如：150.0mV）。

c. 拨动拨位开关K_{2-3}到ON，其他到OFF，使对应的ICL7107模块中数码管的相应小数点点亮，显示XXX.X。

d. 按图3.11.11方式接线。供电，调节模数转换及其显示模块中的电位器RWC，使外部频率计的读数为40kHz或者示波器测量的积分时间T_1为0.1s（原因在前实验原理中已述）。

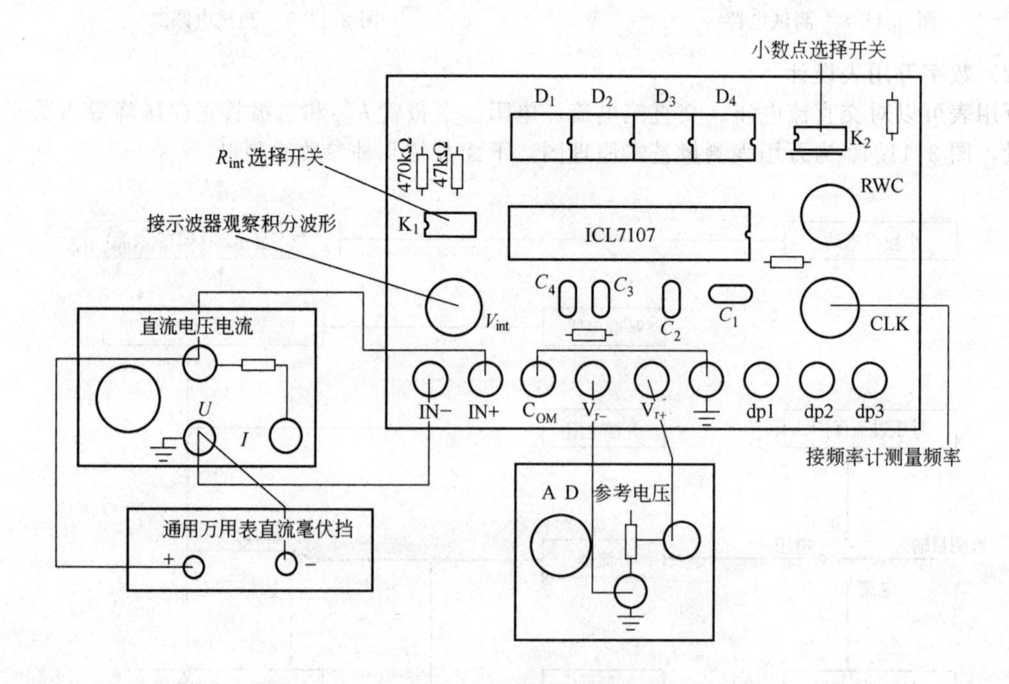

图3.11.11　直流电压测量接线图

e. 观察ICL7107模块数码管显示是否为前述0～199.9mV中那一具体值（如：

150.0mV)。若有些许差异，稍微调整 AD 参考电压模块中的电位器使模块显示读数为前述那一具体值（如：150.0mV）。

f. 调节电位器 RWC 改变时钟频率，观察模块中数字显示的变化情况以及示波器所观察到的频率以及 T_1 的变化情况，从而理解和认识时钟频率的变化对转换结果的影响。

g. 重复步骤 d，使 $T_1=0.1s$，注意以后不要再调整电位器 RWC。

h. 调节直流电压电流模块中的电位器，减小其输出电压，使模块输出电压为 199.9mV，180.0mV，160.0mV，…，20.0mV，0mV；并同时记录下万用表所对应的读数。再以模块显示的读数为横坐标，以万用表显示的读数为纵坐标，绘制校准曲线。

i. 若输入的电压大于 200mV，请先采用分压电路并改变对应的数码管再进行，请同学们自行设计实验。注意在测量高电压时，务必在测量前确定线路连接正确，避免伤亡事故。

② 设计 20mA 直流数字电流表，并进行校准。

a. 测量时可以先左旋直流电压电流模块中的电位器到底，使输出电流为 0。

b. 拨动拨位开关 K_{1-2} 到 ON，其他到 OFF，使 $R_{int}=47k\Omega$。调节 AD 参考电压模块中的电位器，同时用万用表 200mV 挡测量输出电压值，直到万用表的示数为 100mV 为止。

c. 拨动拨位开关 K_{2-2} 到 ON，其他 OFF，使对应的 ICL7107 模块中数码管的相应小数点点亮，显示 XX.XX。

d. 按照图 3.11.12 方式接线。供电。向右旋转调节直流电压电流模块中的电位器，使万用表显示为 0～19.99mA 的某一具体值（如：15.00mA）。

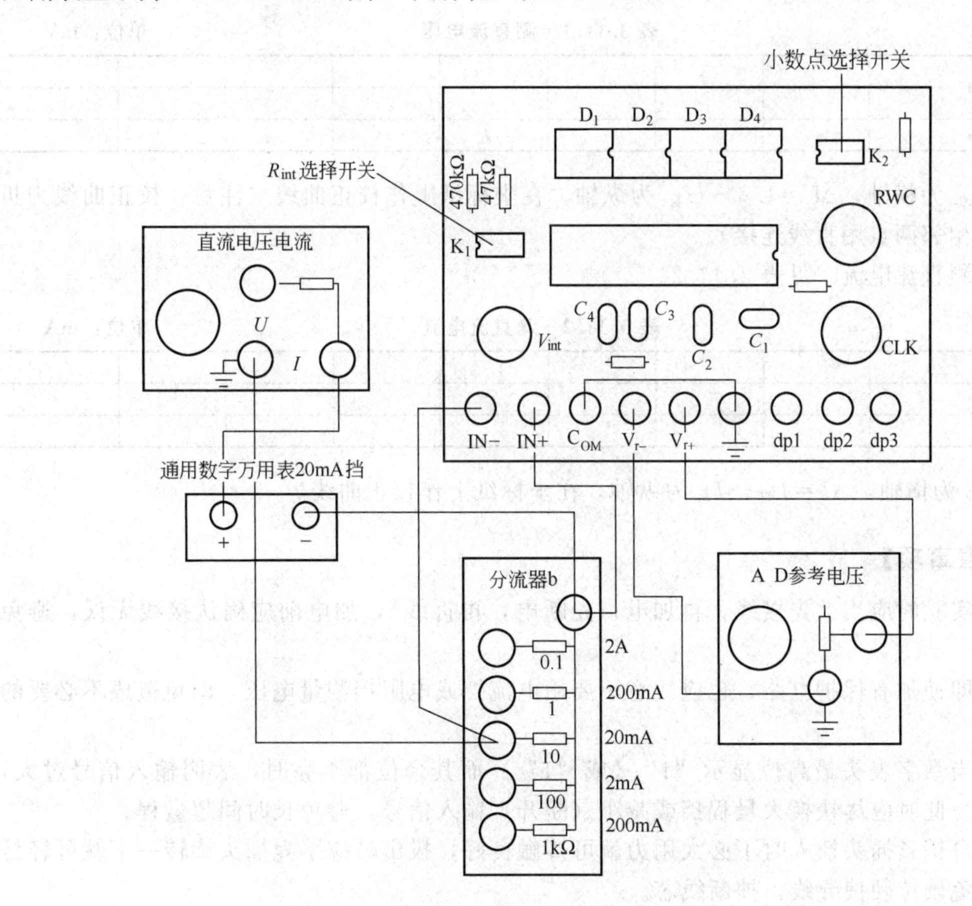

图 3.11.12　直流电流测量接线图

e. 观察模数转换模块中显示值是否为 0～19.99mA 中的前述的那某一具体值（如：15.00mA）。若有些许差异，稍微调整 AD 参考电压模块中的电位器使模块显示数值为 0～19.99mA 中的前述的那某一具体值（如：15.00mA）。

f. 调节直流电压电流模块中的电位器，减小其输出电流，使显示模块输出电流为 19.99mA，18.00mA，16.00mA，…，0.20mA，0mA；并同时记录下万用表所对应的读数。再以模块显示的读数为横坐标，以万用表显示的读数为纵坐标，绘制校准曲线。

(2) 选做内容

① 设计多量程交流数字电压表，并进行校准。自拟校准表格。量程为：AC，200mV、2V。

② 设计多量程交流数字电流表，并进行校准。自拟校准表格。量程为：AC，20mA、200mA。

③ 设计多量程数字欧姆表，并进行校准。自拟校准表格。量程为：200Ω、2kΩ、20kΩ、200kΩ、2MΩ。

(3) 实验拓展

利用实验室提供的万用表散件，组装万用表并进行校准。

【数据记录与处理】

(1) 测直流电压　见表 3.11.1。

表 3.11.1　测直流电压　　单位：mV

$U_{改}$									
$U_{标}$									
ΔU									

以 $U_{改}$ 为横轴，$\Delta U=U_{改}-U_{标}$ 为纵轴，在坐标纸上作校正曲线（注意：校正曲线为折线，即将相邻两点用直线连接）。

(2) 测直流电流　见表 3.11.2。

表 3.11.2　测直流电流　　单位：mA

$I_{改}$									
$I_{标}$									
ΔI									

以 $I_{改}$ 为横轴，$\Delta I=I_{改}-I_{标}$ 为纵轴，在坐标纸上作校正曲线。

【注意事项】

(1) 实验时应当“先接线，再加电；先断电，再拆线”，加电前应确认接线无误，避免短路。

(2) 即使加有保护电路，也应注意不要用电流挡或电阻挡测量电压，以免造成不必要的损失。

(3) 当数字表头最高位显示“1”（或“1”）而其余位都不亮时，表明输入信号过大，即超量程。此时应尽快换大量程挡或减小（断开）输入信号，避免长时间超量程。

(4) 自锁紧插头插入时不必太用力就可接触良好，拔出时应手捏插头旋转一下就可轻易拔出，避免硬拉硬拽导线，拽断线芯。

(5) 特别要注意低电位的接地。

【思考题】

(1) 直流数字电压表头如何制作?

(2) 试述实用分流电路中 BX、D_1、D_2的作用。

(3) 本实验中 dp1、dp2、dp3 的选择对实际电压或者电流是否有影响?

(4) 制作多量程直流电压表，需用到哪些电路单元?

(5) 制作多量程直流电流表，需用到哪些电路单元?

(6) 以电流表的改装为例说明校正曲线的物理意义。

【参考文献】

康华光，邹寿彬，秦臻. 电子技术基础：数字部分. 第 5 版. 北京：高等教育出版社，2006.

3.12 光纤转速传感器实验

在许多领域中，转速的测量相当重要，除了大量的工业和民用测量外，特别是在航天航空事业中的惯性导航系统，主要依靠精确的惯性转速传感器。以往它是由机械陀螺来实现的，近年来开发的光纤转速传感器（光陀螺）与机械陀螺相比有着许多突出的优点，所有研制中的光纤转速传感器（光陀螺）都是根据萨拉奈克效应构成，而本实验所用的光纤转速传感器是基于光电式转速计的原理，采用传光型反射式光纤维程式传感器的基本结构来实现的。

由于转速测量的方法很多，所以转速传感器的种类也不少，其分类方式可以分为模拟和数字式，也可以从非接触式和接触式来分类，其中光电式转速测量是一种非接触式测量。

【实验目的】

掌握运用单头反射式光纤位移传感器测量转速的方法。

【实验原理】

(1) 光纤传感器特点

光纤传感器的发展已经是日趋成熟，这一新技术的影响目前已十分明显。光纤传感器具有许多优点：灵敏度较高；几何形状具有多方面的适应性，可以制成任意形状的光纤传感器；可以制造传感各种不同物理信息的器件；光纤传感器可以用于高压、电气、噪音、高温、腐蚀或其他的恶劣环境，而且具有与光纤遥测技术的内在相容性。目前，正在研制中的光纤传感器有磁、声、压力、温度、加速度、陀螺、位移、液面、转矩、光声、电流和压变等类型的光纤传感器。

光纤传感器的主要特点有如下几点。

① 光纤是一种很灵敏的检测元件，其灵敏度、线性、动态范围均不亚于常规传感器。

② 光纤传感器外径很小，因此有利于用在狭小空间环境下的测量。正是由于体积小、重量轻，因此便于在飞行器内使用。

③ 光导纤维传感器具有耐高温性，因此可用于高温下测量；又具有耐水性，因此可用于水中测量。

④ 光导纤维传感器具有可挠性，因此可在振动情况下测量。

⑤ 光导纤维传感器频带很宽，有利于超高速测量。

⑥ 正是由于光纤传感器是非电连接，且内部没有机械活动零件，因此作为非接触，非破坏以及远距离测试法，与常规方法相比有独特的优越性，且有广泛的用途。

(2) 光纤传感器的基本工作原理及分类

光纤传感器的基本原理是将光源的光经光纤送入调制区，在调制区内，外界被测参数与进入调制区的光相互作用，使光的光学性质如光的温度，波长（颜色）频率，相位，偏振态，发生成为被调制的信号光，再经光纤送入光探测器，经解调而获得被测参数。

目前，研究的光纤传感器按其传感原理分为两类：一类是传光型（或称非功能型）光纤传感器；另一类是传感型（或称功能型）光纤传感器。我们的实验仪中的光纤属于传光型。

在传光型光纤传感器中，光纤仅作为传播光的介质。对外界信息的感觉功能是依靠其他物理性质的功能元件来完成的。

在传感型光纤传感器中，是利用对外界信息具有敏感能力和检测能力的光纤作为传感元件。光纤不仅起传光作用，而且利用光纤在外界信息作用下，光学特性（如光强，相位，偏振态等）的变化来实现传感动能。目前已实用的光纤传感器中，传光型占大多数。

(3) 光纤传感器测量转动

转速就是转轴的旋转速度，严格讲是指圆周运动的瞬时角速度，在机械行业中，对机械设备的转速测量，通常采用平均速度测量法，即求某一段时间的平均速度，一般采用每分钟的转数（r/min）来表示。

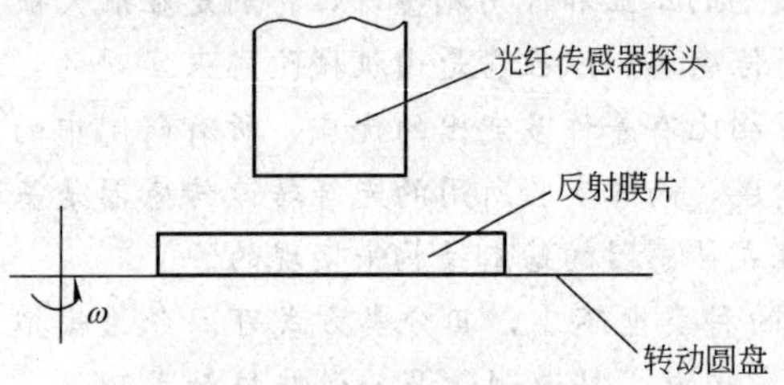

光纤传感器探头

反射膜片

ω

转动圆盘

图 3.12.1　光纤测转速原理

本实验应用单头反射式光纤位移传感器测量转速。这种传感器的结构并不复杂，利用光纤位移传感器的探头，而将反射膜片粘贴在转动圆盘上，就成为测转速传感器了，如图 3.12.1 所示。

光源发出的光由发射光纤传输并投射到反射膜片的表面上，然后反射回来，由光纤接收并传回光敏元件。当反射膜片随着转动和旋转时，位置发生变化，则输出的信号也发生变化，其信号变化的周期就是转动周期，由此也可测量转速。上述这种结构的单头反射式光纤转速传感器已有正式产品上市，主要用于非接触测量，将被测物反射回来的光信号转变成电脉冲信号，供计数使用。主要的实验流程如图 3.12.2 所示。

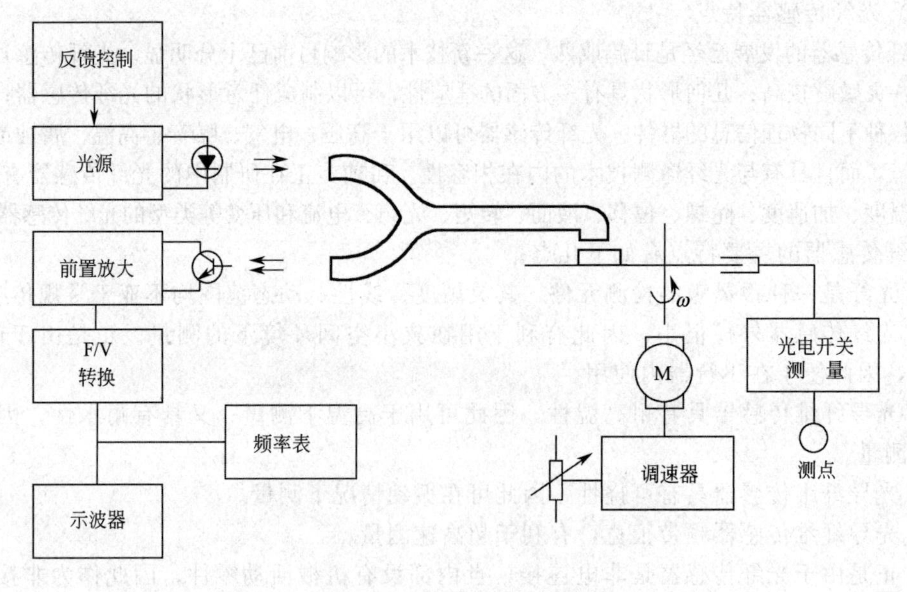

图 3.12.2　转速测量框图

（4）线性度

在评价传感器或计量器具时常用到线性度的概念。线性度（linearity，曾称线性误差 linearity error）是指两个量的关系对理想拟合直线（或规定直线）的接近程度，它是衡量线性传感器或计量器具特性的一个重要指标。传感器或计量器具的线性度 L 定义为校准曲线与规定直线之间的最大偏离（绝对值），用最大偏离与量程之比的百分数来表示。量程（span）是指标称范围（nominal range）内两个极限值差的绝对值。设规定直线为 $\hat{y}=b_0+b_1x$，这里假定 x 是输入量，y 是传感器输出量或计量器具示值，并假定 $b_1\approx1$ 且量纲为 1，量程为 x_M-x_m，最大偏离为 $v_{max}=|\hat{y}_{x=x_i}-y_i|_{max}=|(b_0+b_1x)-y_i|_{max}$,则线性度为：

$$L=\frac{v_{max}}{x_M-x_m}\times100\%=\frac{|(b_0+b_1x)-y_i|_{max}}{x_M-x_m}\times100\%$$

【实验仪器】

（1）转动台（含调速器、转速可调和光电转速测量单元）。

（2）Y 型光纤束，用于传输光信号。

（3）光纤传感器实验仪中的光纤激励源单元、反馈控制单元、光接收信号调理电路。

（4）F/V 转换单元。

（5）数字电压表。

（6）监测波形的示波器。

（7）交流稳压电源。

实验仪器的安装与准备如下。

（1）检查光纤转速传感器安装情况，若未安装好，则需按下列步骤安装：

① 光纤探头插入振动/转动测量架，并对准转盘半径中央，事先用擦镜纸轻擦光纤探头和圆盘表面，并检查转盘反射面是否完整；

② 细心调节探头和转盘表面距离在 2mm 左右，即在后坡线性区中央附近。

（2）开启交流稳压电源，待电压稳定后，开启实验仪电源，并预热 5min。

（3）将显示表测量转换开关置于频率测量挡，检查其显示情况，将其输入短路，检查其是否频率显示为 0。然后将输入和转动源的光电输出相连接（即电机控制单元的 OUT 输出口）。

（4）将转速输出调至最小，再开启转动源开关，此时，转盘应低速旋转，如遇到转盘与光电开关有擦着情况等障碍，则立即关闭转动源，待排除故障后再开启。

（5）调节转动源输出，转盘旋转由低速向高速变化，且均无转动故障，此时显示表将稳定显示在 10～60Hz（相当于 600～3600r/min）范围。

（6）将传感器输出增益调至最大。

【实验内容】

调节转动源输出电压，使圆盘转动频率 f_1 从 10～60Hz 每隔 5Hz 变化，观察光纤传感器测量值 f_2，作出 f_1（自变量）-f_2（因变量）曲线，计算线性度和误差。

【数据记录与处理】

光纤传感器线性度计算，见表 3.12.1。

表 3.12.1 圆盘转动频率 f_1 与光纤传感器测量值 f_2 的关系

f_1/Hz	10	20	30	40	50	60
f_2/Hz						

$$v_{\max}=|f_2-f_1|_{\max}=\_\_\_\_,\quad L=\frac{v_{\max}}{|f_M-f_m|}=\_\_\_\_$$

【注意事项】

(1) 光纤输出端不允许接地，否则损坏内部元件。

(2) 表头输入端的负端，内部已接地。

(3) 作为转动件，其边缘的水平跳动不能大于 2mm，否则会影响测量的准确性，与光纤探头相碰还会损坏光纤探头和转动元件。

【思考题】

(1) 光纤转速传感器工作原理及其优越性是什么？

(2) 有哪些因素会影响测量准确性？

(3) 影响测量稳定性有哪些因素？

3.13 综合传感器实验一

传感器是实验测量获取信息的重要环节，通常传感器是指一个完整的测量系统或装置，它能感受规定的被测量并按一定规律转换成输出信号，传感器给出的信号是电信号，而它感受的信号不必是电信号，因此这种转换在非电量的电测法中应用极为广泛。

目前传感器技术发展极为迅速，已经逐渐形成为一门新的学科，其应用领域十分广泛，如现代飞行技术、计算机技术、工业自动化技术以及基础研究等，传感技术已成为现代信息技术的三大基础之一。

ZCY-Ⅱ综合传感器实验仪，内含配备有十三种传感器和产生位移、应变、振动、转动、热学量等多种物理量的试验台，电压/频率表和直流毫伏表等多种测量仪表，音频信号源、低频信号源以及直流稳压电源等多种激励源，以及十余种信号调理单元等几大部分，此外还配备数据采集器及微机接口和实验处理软件。各单元部件的多种组合可以进行几十种传感器的实验；在外配双线示波器的情况下可以进行各种动态演示实验；在外配计算机的情况可以进行数据采集、实验数据处理、打印等多种功能，从而实现从测量到处理的整个实验系统一体化。综合传感器实验主要是列举出其中的某个传感器做综合实验，用以了解传感器的特点和特性，具有举一反三的作用。

【实验目的】

(1) 了解霍尔式传感器的结构、工作原理和工作情况。

(2) 了解霍尔式传感器直流激励下的静态位移性能。

(3) 了解霍尔式传感器直流激励下振动时的幅频特性及工作情况。

【实验原理】

传感器由敏感元件和转换元件构成。敏感元件是指传感器中能直接感受或响应被测量的部分；转换元件是指传感器中能将敏感元件感受或响应到的量转换成电信号（见

图 3.13.1)。

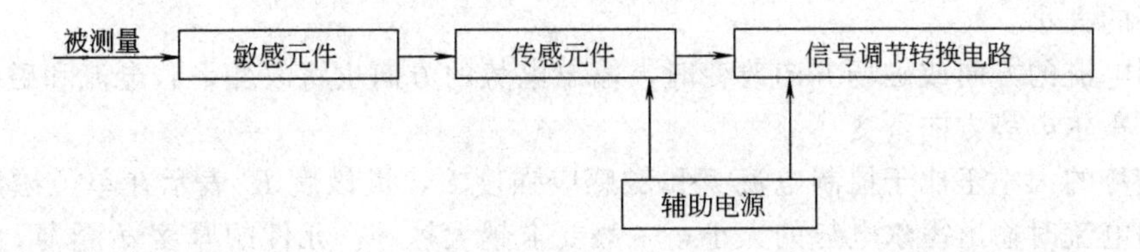

图 3.13.1　传感器

传感器的输入量可分为静态量和动态量两类。静态量指稳定状态的信号或变化极其缓慢的信号（准静态）。动态量通常指周期信号、瞬变信号或随机信号。无论对动态量或静态量，传感器输出电量都应当不失真地复现输入量的变化。这主要取决于传感器的静态特性和动态特性。本实验主要研究霍尔传感器在直流激励下的静态特性及振动时的动态特性。

(1) 霍尔效应

如图 3.13.2 所示，在与磁场垂直的半导体薄片（霍尔片）上通以电流 I，假设载流子为电子（n 型半导体材料），它沿与电流 I 相反的方向运动，由于洛仑兹力 f 的作用电子将向一侧偏转，并使该侧形成电子的积累，而另一侧形成正电荷积累，于是元件的横向便形成了电场。该电场阻止电子继续向侧面偏移，当电子所受到的电场力 F 与洛仑兹力 f 相等时，电子的积累达到动态平衡。这时在两横端面之间建立的电场称为霍尔电场 E，相应的电势称为霍尔电势 U。这一现象称为霍尔效应，利用霍尔效应制成的传感元件称霍尔传感器。

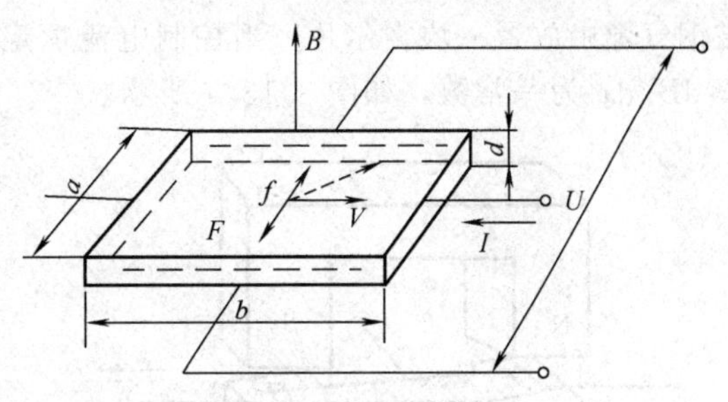

图 3.13.2　霍尔效应原理

设电子以相同的速度 v 运动，在磁感应强度 B 的磁场作用下，并设其正电荷所受洛仑兹力方向为正，则电子受到的洛仑兹力可用下式表示：

$$f = evB \tag{3.13.1}$$

式中，e 为电子电量。

与此同时，霍尔电场作用于电子的力 F 可表示为：

$$F = e\frac{U}{b} \tag{3.13.2}$$

式中，b 为霍尔元件的宽度。

当 f、F 达到动态平衡时，二力代数和为零，即 $F + f = 0$，于是得：

$$vB = \frac{U}{b} \tag{3.13.3}$$

又因为：电流密度 $j = -nev$，n 为单位体积中的电子数，负号表示电子运动方向与电流方向相反。于是电流强度 I 可表示为：

$$I = -nevbd \tag{3.13.4}$$

式中，d 为霍尔元件的厚度。那么：

$$v = -I/nebd \tag{3.13.5}$$

综合式(3.13.3) 和式(3.13.5)，得：

$$U = -IB/ned \tag{3.13.6}$$

若设 $K = -1/(ned)$，则：

$$U = KIB \tag{3.13.7}$$

式中，K 为霍尔元件的灵敏度，表示霍尔元件在单位磁感应强度和单位控制电流作用下霍尔电势的大小。

当控制电流的方向或磁场方向改变时，输出电势的方向也将改变，若电流和磁场同时改变方向时，霍尔电势方向不变。

霍尔电势的大小正比于控制电流 I 和磁感应强度 B，灵敏度 K 表示在单位磁感应强度和单位控制电流时输出霍尔电势的大小，一般要求越大越好，元件的厚度 d 越薄，K 越大，所以霍尔元件的厚度都很薄。

当载流材料和几何尺寸确定后，霍尔电势的大小只和控制电流 I 和磁感应强度 B 有关，因此霍尔传感器可用来探测磁场和电流，由此可测量压力、振动等。

(2) 霍尔传感器在直流激励下的静态特性

图 3.13.3 是霍尔式位移传感器的磁路结构示意图，在极性相反、磁场强度相同的两个磁钢气隙中放置一块霍尔片，当控制电流恒定不变时，磁场在一定范围内沿 x 方向的变化率 $\mathrm{d}B/\mathrm{d}x$ 为一常数，如图 3.13.4 所示。

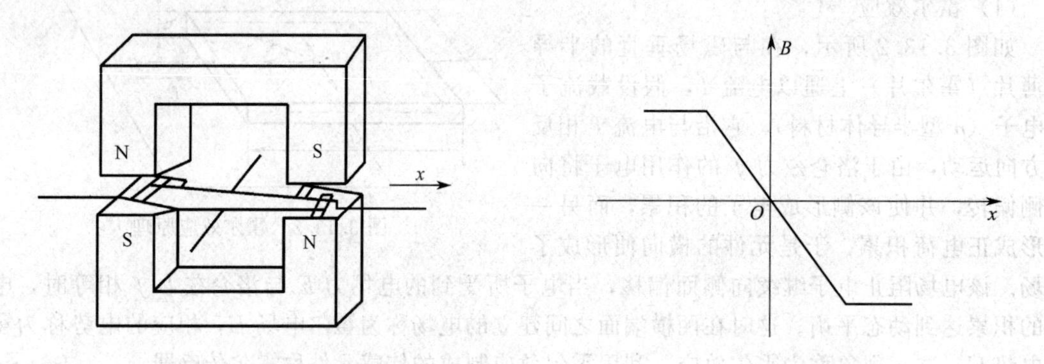

图 3.13.3　霍尔式位移传感器的磁路结构示意图　　图 3.13.4　控制电流恒定不变的静态特性

当霍尔元件沿 x 方向移动时，霍尔电势的变化为：

$$\frac{\mathrm{d}U}{\mathrm{d}x} = KI\frac{\mathrm{d}B}{\mathrm{d}x} = C = \text{常数} \tag{3.13.8}$$

常数 C 为霍尔式位移传感器输出灵敏度。将上式积分，可得：

$$U = Cx \tag{3.13.9}$$

(3) 霍尔式传感器直流激励下振动时的幅值性能

在极性相反，磁场强度相同的两个磁钢气隙中放置一块霍尔片，当控制电流恒定不变时，霍尔片受低频振荡器的作用，在磁钢气隙中做低频振动，霍尔片所在处磁场交替变化，使霍尔片的霍尔电势也交替变化，可得到霍尔片直流激励下振动的振荡频率和霍尔电势振动幅度之间的关系曲线。

实验 1　霍尔传感器在直流激励下的静态特性

【实验仪器】

ZCY-Ⅱ综合传感器实验仪中的所需单元和部件：霍尔式传感器、直流稳压电源、差动放大器、电桥、测微器、V/F 表。

有关旋钮的初始位置：直流稳压电源输出置于 0V 挡，V/F 表置于 V 表 20V 挡，差动放大器增益旋钮置于中间。

【实验内容】

(1) 观察霍尔式传感器的结构，根据图 3.13.5 的电路结构，将霍尔式传感器、直流稳压电源、电桥、差动放大器、电压表连接起来，组成一个测量线路（这时直流稳压电源应置于 0V 挡，电压表应置于 20V 挡），再将差动放大器输出端与数据采集器的 CH2 连接。

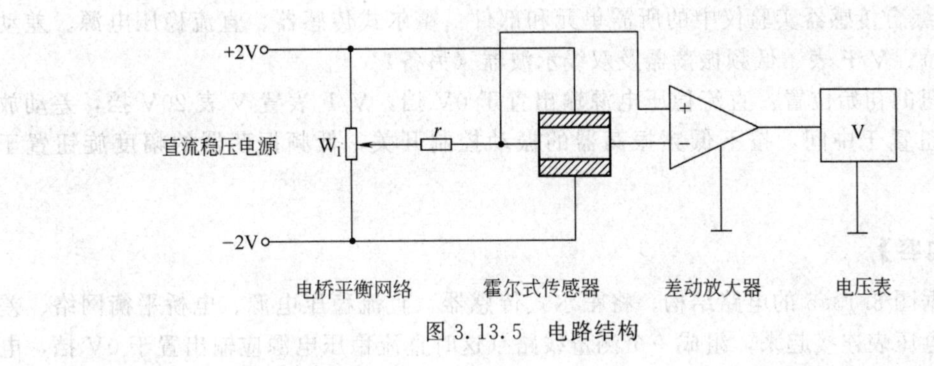

图 3.13.5 电路结构

(2) 转动测微器，使双平行梁处于（目测）水平位置，再向上转动 2mm，使梁的自由端往上位移。

(3) 将直流稳压电源置于 2V 挡，调整电桥平衡电位器 W_1，使电压表指示为零，稳定数分钟后，将电压表量程置于 2V 挡后，再仔细调零。

(4) 启动“传感器实验系统”软件，进入系统主界面。打开“新做实验”，填写学生信息，选择“实验1　霍尔传感器在直流激励下的静态特性”，进入实验 1 的实验界面。

采样通道选择：通道二；量程选择：±10V；系统配置：串口 1；采样速度：4800Hz；

信号源形式：CH2；输入间隔：0.4mm；数据处理：根据实验时的要求选取需要的项目。

(5) 往下旋动测微器，使梁的自由端产生位移，点击实验界面上的“数据读入”按钮，采集电压的数值，对应的 x 与 V 的数值将填写在表 3.13.1 中。每次位移 0.4mm 采集一个电压数值，将所记数据填入表 3.13.1，再点击“数据处理”按钮，即得 V 与 x 的实验曲线。

【数据记录与处理】

表 3.13.1 霍尔传感器的静态位移性能

x/mm										
V/mV										

并在坐标纸上画出 V 与 x 的实验曲线。

【思考题】

结合梯度磁场分布，解释为什么霍尔片应处于环形磁铁的中间？

【注意事项】

(1) 双平行梁处于（目测）水平位置时，霍尔片应处于环形磁铁的中间。

(2) 直流激励电压不能过大，以免损坏霍尔片。

(3) 本实验测出的实际上是磁场的分布情况，它的线性越好，位移测量的线性度越好，它的变化越陡，位移测量的灵敏度就越大。

实验2　霍尔式传感器直流激励下振动时的幅频性能

【实验仪器】

ZCY-Ⅱ综合传感器实验仪中的所需单元和部件：霍尔式传感器、直流稳压电源、差动放大器、电桥、V/F表、低频振荡器及双线示波器（另备）。

有关旋钮的初始位置：直流稳压电源输出置于0V挡，V/F表置V表20V挡，差动放大器增益旋钮置于中间，按下低频振荡器的振动控制开关，低频振荡器的幅度旋钮置于中间。

【实验内容】

(1) 根据图3.13.5的电路结构，将霍尔式传感器、直流稳压电源、电桥平衡网络、差动放大器、电压表连接起来，组成一个测量线路（这时直流稳压电源应输出置于0V挡，电压表应置于20V挡）。

(2) 转动测微器，将梁上振动平台中间的磁铁与测微头分离，并将侧微头缩至测微器中，使梁振动时不至于再被吸住（这时平行梁处于自由静止状态）。

(3) 将直流稳压电源输出置于2V挡，调整电桥平衡电位器W_1，使电压表指示为零。

(4) 去除差动放大器与电压表的连线，将差动放大器的输出与示波器连起来，将V/F表置F表2kHz挡，并将低频振荡器的输出端与频率表的输入端相连，再将低频振荡器的输出端与数据采集器的CH1相连接，差动放大器输出端与数据采集器的CH2相连接。

(5) 启动“传感器实验系统”软件，进入系统界面。打开“新做实验”，填写学生信息，选择“实验2　霍尔式传感器直流激励下振动时的幅频性能”，进入实验2界面。

采样通道选择：双通道；采样速度：4800Hz；量程选择：±10V；系统配置：串口一；信号源形式：CH1接频率信号，VH2接电压信号。

实验界面中的示波器显示的是通道二的输入波形，示波器左边和右边的调节按钮可分别对示波器上的波形进行横向和纵向缩放，按钮边上的数值代表缩放比例，示波器右边有“锁定”按钮，按下该按钮，按钮左边的绿色指示灯变为红色，且示波器上的波形和波形的$V_p/2$值被锁定，不随输入信号的变化而变化。

(6) 低频振荡器的幅度旋钮固定至某一位置，调节频率，调节时用频率表监测频率，用示波器观察波形，使用“数据读入”按钮采集数据。单击该按钮，通道一的频率值和通道二的电压值就写入数据表一次（表3.13.2）。

(7) 点击“数据处理”，将得到V_p-f波形曲线。点击“频谱分析”，可分析示波器所显示波形的幅频特性和相频特性，并显示相关结果。

【数据记录与处理】

表3.13.2　霍尔传感器的幅频性能

f/Hz	3	4	5	6	7	8	9	10	20
V_p/V									

并在坐标纸上画出V_p与f的实验曲线。

【注意事项】

(1) 双平行梁处于(自由)水平位置时,霍尔片应处于环形磁铁的中间,否则要调整环形磁铁的位置。

(2) 实验过程中,低频振荡器的调幅旋钮不能过大,以梁振动时不碰撞其他部件为佳,而且可避免输出波形失真严重。

【思考题】

(1) 根据实验结果,可否知道梁的自振频率大致为多少?

(2) 在某一频率固定时,调节低频振荡器的幅度旋钮,改变梁的振动幅度,通过示波器读出的数据与实验1对照,是否可以推算出梁振动时的位移距离?

【参考文献】

[1] 柴成钢等. 大学物理实验. 北京:科学出版社,2004.

[2] 张天喆,董有尔. 近代物理实验. 北京:科学出版社,2004.

3.14 综合传感器实验二

电阻式传感器是将被测量,如位移、形变、力、加速度、湿度、温度等这些物理量转换成电阻值这样的一种器件。主要有电阻应变式、压阻式、热电阻、热敏、气敏、湿敏等电阻式传感器件。

电阻应变式传感器是由电阻应变片和弹性敏感元件组合起来的传感器。传感器中的电阻应变片具有金属的应变效应,即在外力作用下产生机械形变,从而使电阻值随之发生相应的变化。将电阻应变片粘贴在各种弹性敏感元件上,当弹性敏感元件受到外力、力矩、压力、位移、加速度等各种力学参数作用时,弹性敏感元件将产生位移、转角、应力和应变。电阻应变片则将这些力学参数转换成电阻的变化。电阻应变片主要有金属和半导体两类,金属应变片有金属丝式、箔式、薄膜式之分。本实验将进行金属箔式应变式传感器灵敏度特性的研究。

【实验目的】

(1) 了解电阻应变式传感器的基本原理、结构、基本特性和使用方法。

(2) 研究比较电阻应变式传感器配合不同转换和测量电路的灵敏度特性。

(3) 掌握电阻应变式传感器的使用方法和使用要求。

【实验原理】

(1) 电阻应变片的工作原理

如图3.14.1所示,一根圆截面金属丝,其电阻为:

$$R=\rho\frac{l}{A} \tag{3.14.1}$$

式中,R 为金属丝的电阻;ρ 为该种金属材料的电阻率;l 为金属丝的长度;A 为金属丝的横截面积。若圆形截面直径为 D,则 $A=\frac{\pi}{4}D^2$。

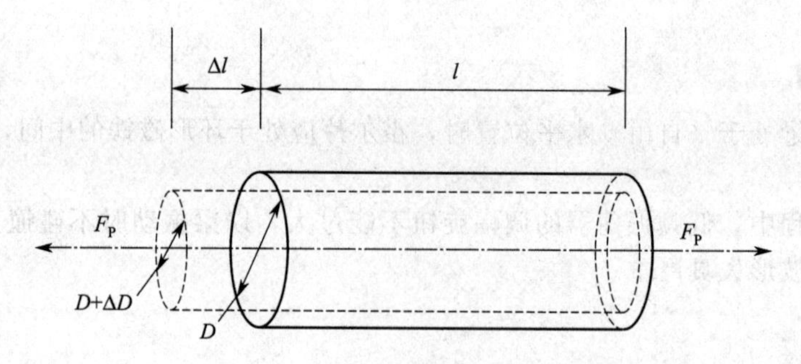

图 3.14.1　金属丝拉伸前后尺寸变化

设金属丝在轴向拉力 F_P 作用下，其伸长量为 Δl（拉伸时 $\Delta l>0$，压缩时 $\Delta l<0$），其横截面积变化为 ΔA（拉伸时 $\Delta A<0$，压缩时 $\Delta A>0$），电阻率的变化为 $\Delta\rho$。则电阻变化率为：

$$\frac{\Delta R}{R}=\frac{\Delta\rho}{\rho}+\frac{\Delta l}{l}-\frac{\Delta A}{A} \tag{3.14.2}$$

式中，$\Delta l/l$ 称为金属丝的轴向应变，通常用 ε 表示，$\Delta A/A$ 是圆形截面的变化率，令 $A=\frac{\pi}{4}D^2$，而 ΔD 为直径变化量，故有：

$$\frac{\Delta A}{A}=2\frac{\Delta D}{D}=-2\frac{-\left(\frac{\Delta D}{D}\right)}{\left(\frac{\Delta l}{l}\right)}\left(\frac{\Delta l}{l}\right)=-2\mu\varepsilon \tag{3.14.3}$$

式中，$\mu=\left(-\frac{\Delta D}{D}\right)\Big/\left(\frac{\Delta l}{l}\right)$，称为金属材料的泊松比。故式(3.14.2) 变为：

$$\frac{\Delta R}{R}=\varepsilon(1+2\mu)+\frac{\Delta\rho}{\rho}$$

令 $K_0=(1+2\mu)+\frac{\Delta\rho}{\rho\varepsilon}$，则：

$$\frac{\Delta R}{R}=K_0\varepsilon \tag{3.14.4}$$

式中，K_0 为单根圆形截面金属丝的灵敏系数。实验表明，对大多数金属材料而言，K_0 为常数。于是电阻变化率与应变成正比。通常人们把一定的材料制成片状器件（便于贴在被测件的表面）称为应变片。对任意形状截面的金属丝制成的应变片而言，电阻变化率与应变亦成正比，即：

$$\frac{\Delta R}{R}=K\varepsilon \tag{3.14.5}$$

因此，只要测出了电阻的变化率 $\Delta R/R$，就可以确定器件的应变。

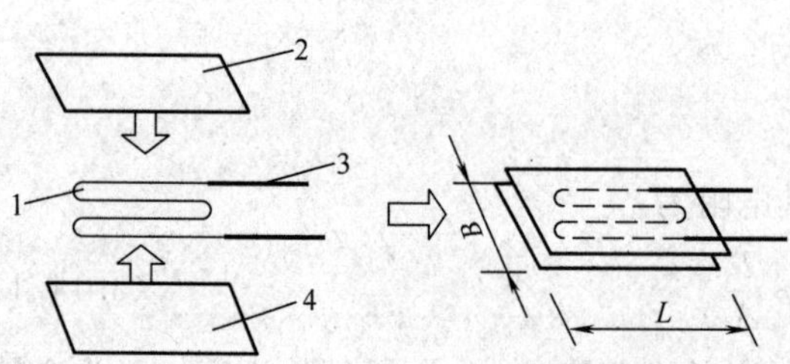

(2) 电阻应变片的结构

应变片的种类很多，但其结构基本相同，常用的应变片的结构如图 3.14.2 所示。电阻应变片一般由敏感栅、基底、粘合剂、引线、盖片等组成。敏感栅是用厚度为 0.003～0.101mm 的金属箔栅状或用金属线制作，它实际上是一个电阻元件，是电阻

图 3.14.2　电阻丝式应变片的结构

1—敏感栅；2—盖片；3—引线；4—基底

应变片感受构件应变的敏感部分。敏感栅用黏合剂将其固定在基片上，基底应保证将构件上的应变准确地传送到敏感栅上去，因此基底很薄，一般为0.03～0.06mm。引出线的作用是将敏感栅电阻元件与测量电路相连接，盖片起保护作用。

(3) 电阻应变式传感器变换测量电路

用电阻应变片可以测量拉伸、压缩、扭转和剪切等应变或应力。使用时往往根据测量要求，将一个或几个应变片按一定方式接入某种测量桥路，实现预期的测量功能。

如：悬臂梁→变形$\xrightarrow{\text{敏感元件}}$电阻的变化$\xrightarrow{\text{变换测量电路}}$电压。

使用的电桥电路［图 3.14.3(a)］有如下几种。

单臂电桥：R_1为应变片；双臂电桥（半桥）：R_1、R_2为应变片；四臂电桥（全桥）：R_1、R_2、R_3、R_4为应变片。当电桥平衡时$\frac{R_1}{R_2}=\frac{R_3}{R_4}$，$U_0=0$。

① 单臂电桥［图 3.14.3(b)］ 当R_1变化时，$U_0=\frac{U(R_4/R_3)(\Delta R_1/R_1)}{1+(R_2/R_1)+(\Delta R/R_1)(1+R_4/R_3)}$，此法有非线性误差。

② 半桥电路［图 3.14.3(c)］ 当R_1、R_2变化时，$U_0=U\left(\frac{R_1+\Delta R_1}{R_1+\Delta R_1+R_2-\Delta R_2}-\frac{R_3}{R_3+R_4}\right)=U\cdot\Delta R_1/2R_1$，呈线性关系。

③ 全桥电路［图 3.14.3(d)］ 当R_1、R_2、R_3、R_4变化时，$U_0=U\cdot\Delta R_1/R_1$，灵敏度最高。

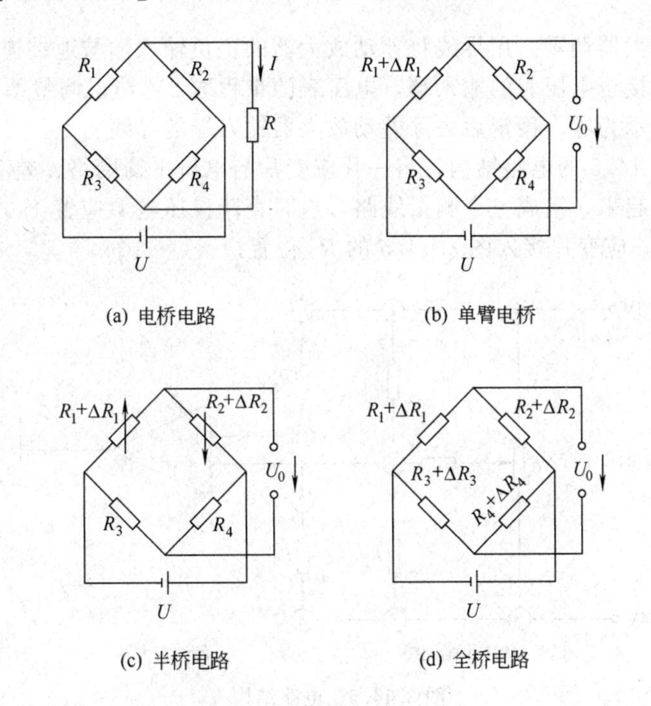

(a) 电桥电路　　(b) 单臂电桥

(c) 半桥电路　　(d) 全桥电路

图 3.14.3　变换测量电路

实验1　金属箔式应变片单臂电桥灵敏度特性的研究

【实验仪器】

ZCY-Ⅱ综合传感器实验仪中的所需单元和部件：直流稳压电源、差动放大器、电桥、测微器、V/F 表。

有关旋钮的初始位置：直流稳压电源输出置了 0V 挡，V/F 表置于 V 表，20V 挡，差动放大器增益旋钮或置于最大。

【实验内容】

(1) 电桥单元面板和差动放大器单元示意图见图 3.14.4(a)、图 3.14.4(b)。观察梁上应变片，并且了解结构和粘贴位置［对应受力，变形方向，见图 3.14.4(c)］。

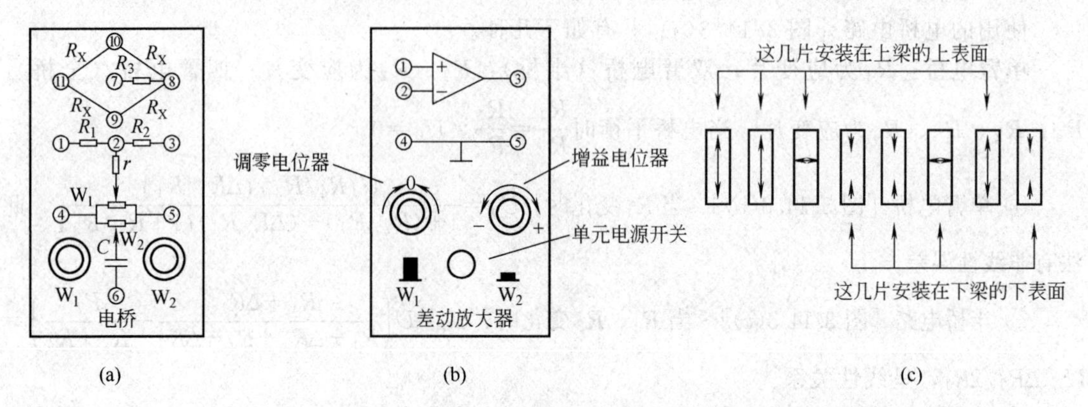

图 3.14.4　电桥单元面板、差动放大器单元结构和粘贴位置

(2) 将差动放大器调零。用导线将差动放大器的正负输入端与地端连接起来，然后将差动放大器的输出端接至电压表的输入端，电压表的量程取 2V 挡，调整差动放大器上的调零旋钮，使电压表指示为零。稳定后去除差动放大器输入端的导线。

(3) 根据图 3.14.5 的电路结构，将一片应变片与电桥平衡网络、差动放大器、电压表、直流稳压电源连接起来，组成一个测量线路（这时直流稳压电源应置于 0V 挡，电压表应置于 20V 挡）。此时，应变片接入图 3.14.5 的 R_X 位置。

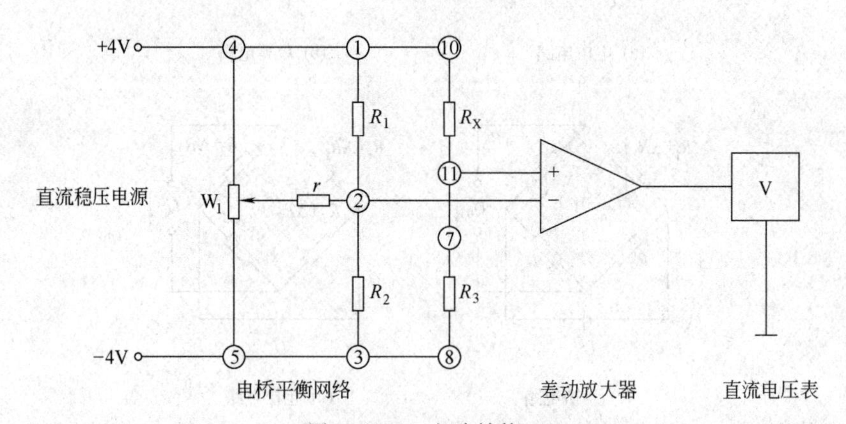

图 3.14.5　电路结构一

(4) 转动测微器，将梁上振动平台中间的磁铁与测微头相吸（必要时松开测微器的固定螺钉，使之完全可靠吸附后，再拧紧固定螺钉），并使双平行梁处于（目测）水平位置。

(5) 将直流稳压电源输出置于 4V 挡，调整电桥平衡电位器 W_1，使电压表指示为零，稳定数分钟后，将电压表量程置于 2V 挡后，再仔细调零。

(6) 往下旋动测微器，使梁的自由端往下产生位移，记下电压表显示的数值。每次位移 0.5mm 记一个电压数值，将所记数据填入表 3.14.1 根据所得结果计算灵敏度 S，并作出

V-x 关系曲线。$S=\Delta V/\Delta x$（式中 ΔV 为电压变化；Δx 为相应的梁端位移变化）。

【数据记录与处理】

表 3.14.1　金属箔式应变片单臂电桥

x/mm											
V/mV											

计算灵敏度 $S=\Delta V/\Delta x$。

【注意事项】

(1) 电桥单元上部所示的四个桥臂电阻（R_X）并未安装，仅作为组桥示意标记，表示在组桥时应外接桥臂电阻（如应变片或固定电阻）。R_1、R_2、R_3 作为备用的桥臂电阻，按需接入桥路。

(2) 做此实验时应将低频放大器、音频放大器的幅度调至最小，以减小其对直流电桥的影响。

(3) 实验过程中，直流稳压电源输出不允许大于 4V，以防应变片过热损坏。

(4) 不能用手触及应变片及过度弯曲平行梁，以免应变片损坏。

(5) 实验中用到所需单元时，则该单元上有电源开关的应合上开关，完成实验后应关闭所有开关及输出。

实验 2　金属箔式应变片双臂电桥（半桥）灵敏度特性的研究

实验仪器与有关旋钮的初始位置同实验 1。

【实验内容】

(1) 根据图 3.14.6 的电路结构，将两片应变片与电桥平衡网络、差动放大器、电压表、直流稳压电源连接起来，组成一个测量线路（这时直流稳压电源输出应置于 0V 挡，电压表应置于 20V 挡）。此时两片应变片处于 R_X 位置组成半桥。

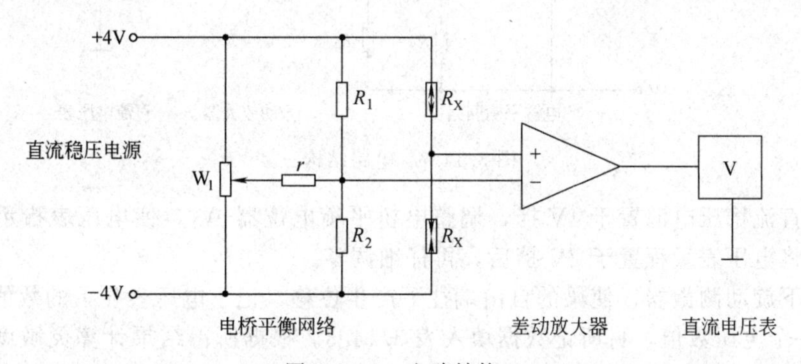

图 3.14.6　电路结构二

(2) 转动测微器，使双平行梁处于（目测）水平位置，再向上位移 5mm，使梁的自由端往上位移。

(3) 将直流稳压电源置于 4V 挡，调整电桥平衡电位器 W_1，使电压表指示为零，稳定数分钟后，将电压表量程置于 2V 挡后，再仔细调零。

(4) 往下旋动测微器，使梁的自由端往下产生位移，记下电压表显示的数值。每次位移

0.5mm 记一个电压数值，将所记数据填入表 3.14.2。根据所得结果计算灵敏度 S，并作出 V-x 关系曲线。

【数据记录与处理】

表 3.14.2　金属箔式应变片双臂电桥

x/mm											
V/mV											

计算灵敏度 $S=\Delta V/\Delta x$。

【注意事项】

双臂电桥的两片应变片应注意工作状态与方向，不能接错。

实验 3　金属箔式应变片四臂电桥（全桥）灵敏度特性的研究

实验仪器与有关旋钮的初始位置同实验 1。

【实验内容】

（1）根据图 3.14.7 的电路结构，将四片应变片与电桥平衡网络、差动放大器、电压表、直流稳压电源连接起来，组成一个测量线路（这时直流稳压电源输出应置于 0V 挡，电压表应置于 20V 挡）。此时四片应变片组成全桥。

（2）转动测微器，使双平行梁处于（目测）水平位置，再向上位移 5mm，使梁的自由端往上位移。

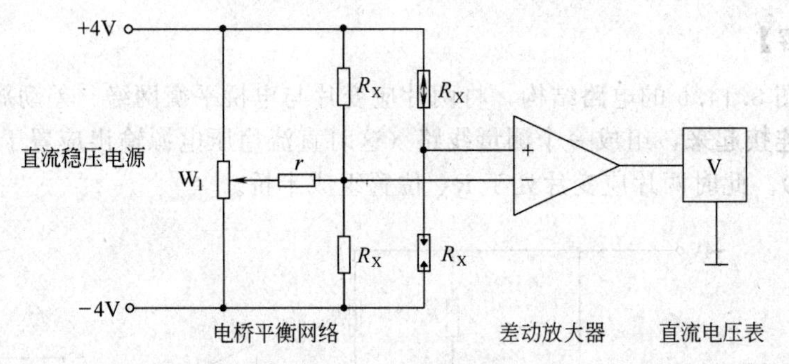

图 3.14.7　电路结构三

（3）将直流稳压电源置于 4V 挡，调整电桥平衡电位器 W_1，使电压表指示为零，稳定数分钟后，将电压表量程置于 2V 挡后，再仔细调零。

（4）往下旋动测微器，使梁的自由端往下产生位移，记下电压表显示的数值。每次位移 0.5mm 记一个电压数值，将所记数据填入表 3.14.3。根据所得结果计算灵敏度 S，并作出 V-x 关系曲线。

【数据记录与处理】

表 3.14.3　金属箔式应变片四臂电桥

x/mm											
V/mV											

计算灵敏度 $S=\Delta V/\Delta x$。

【注意事项】

四臂电桥的四片应变片应注意工作状态与方向，不能接错。

【思考题】

(1) 比较单臂、半桥、全桥各种接法的灵敏度。

(2) 简述金属材料电阻应变式传感器的工作原理。

(3) 在双臂电桥中，将受力方向相反的两片应变片换成同方向应变片后，情况又会怎样?

(4) 在四臂电桥中，如果不考虑应变片的受力方向，结果又会怎样?

【参考文献】

[1] 张天喆，董有尔. 近代物理实验. 北京：科学出版社，2004.

[2] 王化祥等. 近代物理实验技术. 天津：天津大学出版社，2002.

3.15 温度传感技术综合实验

温度传感器是检测温度的器件，被广泛用于工农业生产、科学研究和生活等领域，其种类多、发展快。温度传感器一般分为接触式和非接触式两大类。所谓接触式就是传感器直接与被测物体接触进行温度测量，这是温度测量的基本形式。而非接触式是测量物体热辐射而发出的红外线从而测量物体的温度，可进行遥测，这是接触方式所做不到的。接触式温度传感器有热电偶、热敏电阻以及铂电阻等，利用其产生的热电动势或电阻随温度变化的特性来测量物体的温度，被广泛用于家用电器、汽车、船舶、控制设备、工业测量、通信设备等。另外，还有一些新开发研制的传感器，例如，有利用半导体 PN 结电流/电压特性随温度变化的半导体集成传感器；有利用光纤传播特性随温度变化或半导体透光随温度变化的光纤传感器；有利用弹性表面波及振子的振荡频率随温度变化的传感器；有利用核四重共振的振荡频率随温度变化的 NQR 传感器；有利用在居里温度附近磁性急剧变化的磁性温度传感器以及利用液晶或涂料颜色随温度变化的传感器等。

非接触方式是通过检测光传感器中红外线来测量物体的温度，有利用半导体吸收光而使电子迁移的量子型与吸收光而引起温度变化的热型传感器。非接触传感器广泛用于接触温度传感器、辐射温度计、报警装置、来客告知器、火灾报警器、自动门、气体分析仪、分光光度计、资源探测等。本实验将通过测量几种常用的接触式温度传感器的特征物理量随温度的变化，来了解这些温度传感器的工作原理。

【实验目的】

(1) 了解几种常用的接触式温度传感器的原理及其应用范围。

(2) 掌握测温元件的温度特性及其测量方法。

(3) 学会对温度电压变换电路各参数的设计。

(4) 学习运用线性电路和运放电路理论分析温度传感器电压-温度特性的基本方法。

(5) 掌握以迭代法为基础的温度传感器电路参数的数值计算技术。训练温度传感器的实验研究能力。

【实验原理】

(1) 半导体热敏电阻

热敏电阻是其电阻值随温度显著变化的一种热敏元件。热敏电阻按其电阻随温度变化的典型特性可分为三类，即负温度系数（NTC）热敏电阻，正温度系数（PTC）热敏电阻和临界温度电阻器（CTR)。PTC 和 CTR 型热敏电阻在某些温度范围内，其电阻值会产生急剧变化，适用于某些狭窄温度范围内一些特殊应用，而 NTC 热敏电阻可用于较宽温度范围的测量。热敏电阻的电阻-温度特性曲线如图 3.15.1 所示。

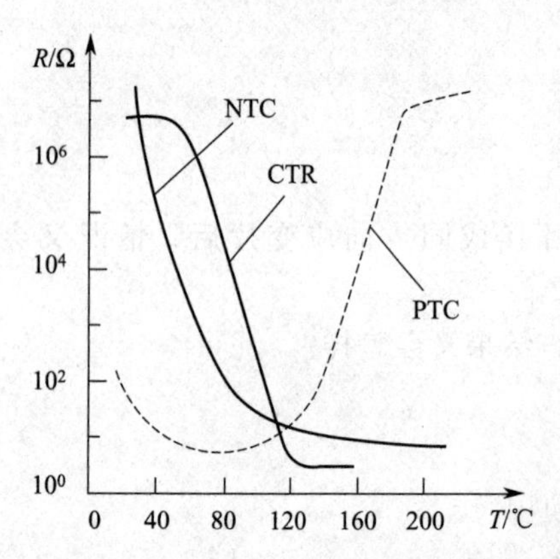

图 3.15.1 热敏电阻的电阻-温度特性曲线

NTC 半导体热敏电阻是由一些金属氧化物，如钴、锰、镍、铜等过渡金属的氧化物，采用不同比例的配方，经高温烧结而成，然后采用不同的封装形式制成珠状、片状、杆状、垫圈状等各种形状。与金属导体热电阻比较，半导体热敏电阻具有以下特点：①有很大的负电阻温度系数，因此其温度测量的灵敏度也比较高；②体积小，目前最小的珠状热敏电阻的尺寸可达 ϕ0.2mm，故热容量很小，可作为点温或表面温度以及快速变化温度的测量；③具有很大的电阻值（$10^2 \sim 10^5\,\Omega$），因此可以忽略线路导线电阻和接触电阻等的影响，特别适用于远距离的温度测量和控制；④制造工艺比较简单，价格便宜。半导体热敏电阻的缺点是温度测量范围较窄。

半导体热敏电阻具有负电阻温度系数，其电阻值随温度升高而减小，电阻与温度的关系可以用下面的经验公式表示：

$$R_T = A\exp\left(\frac{B}{T}\right) \tag{3.15.1}$$

式中，R_T 为在温度为 T 时的电阻值；T 为绝对温度（以 K 为单位）；A 和 B 分别为具有电阻量纲和温度量纲，并且与热敏电阻的材料和结构有关的常数。由式(3.15.1) 可得到当温度为 T_0 时的电阻值 R_0，即：

$$R_0 = A\exp\left(\frac{B}{T_0}\right) \tag{3.15.2}$$

比较式(3.15.1) 和式(3.15.2)，可得：

$$R_T = R_0\exp\left[B\left(\frac{1}{T} - \frac{1}{T_0}\right)\right] \tag{3.15.3}$$

从式(3.15.3) 可以看出，只要知道常数 B 和在温度为 T_0 时的电阻值 R_0，就可以利用式(3.15.3) 计算在任意温度 T 时的 R_T 值。常数 B 可以通过实验来确定。将式(3.15.3) 两边取对数，则有

$$\ln R_T = \ln R_0 + B\left(\frac{1}{T} - \frac{1}{T_0}\right) \tag{3.15.4}$$

从式(3.15.4) 可以看出，$\ln R_T$ 与 $\frac{1}{T}$ 成线性关系，直线的斜率就是常数 B。热敏电阻的材料常数 B 一般在 2000～6000K 范围内。

热敏电阻的温度系数 α_T 定义如下：

$$\alpha_T = \frac{1}{R_T} \times \frac{\mathrm{d}R_T}{\mathrm{d}T} = -\frac{B}{T^2} \tag{3.15.5}$$

由式(3.15.5)以看出，α_T 是随温度降低而迅速增大。α_T 决定热敏电阻在全部工作范围内的温度灵敏度。热敏电阻的测温灵敏度比金属热电阻的高很多。

对于这类热敏电阻的电阻-温度特性的数学表达式通常可以表示为：

$$R_t=R_{25}\exp[B_n(1/T-1/298)] \tag{3.15.6}$$

式中，R_{25} 和 R_t 分别表示环境温度为25℃和 t ℃时热敏电阻的阻值；$T=273+t$；B_n 为材料常数，其大小随制作热敏电阻时选用的材料和配方而异，对于某一确定的热敏电阻元件，它是一个常数并可由实验上测得的电阻-温度曲线的实验数据，用适当的数据处理方法求得。

(2) PN 结温度传感器

PN 结温度传感器是利用半导体材料和器件的某些性能参数的温度依赖性，实现对温度的检测、控制和补偿等功能。实验表明，在一定的电流模式下，PN 结的正向电压与温度之间具有很好的线性关系。

根据 PN 结理论，对于理想二极管，只要正向电压 U_F 大于几个 k_BT/e（k_B 为波尔兹曼常数，e 为电子电荷）。其正向电流 I_F 与正向电压 U_F 和温度 T 之间的关系可表示为

$$U_F=U_g+\frac{k_B}{q}\left[\ln\frac{I_F}{B}-\left(3+\frac{r}{2}\right)\ln T\right]T \tag{3.15.7}$$

式中，$U_g=E_g/e$；E_g 为材料在 $T=0$K 时的禁带宽度(以 eV 为单位)；B 和 r 为常数。由半导体理论可知，对于实际二极管，只要它们工作的 PN 结空间电荷区中的复合电流和表面漏电流可以忽略，而又未发生大注入效应的电压和温度范围内，其特性与上述理想二极管是相符合的。实验表明，对于砷化镓、锗和硅二极管，在一个相当宽的温度范围内，其正向电压与温度之间的关系与式(3.15.7)是一致的，如图 3.15.2 所示。

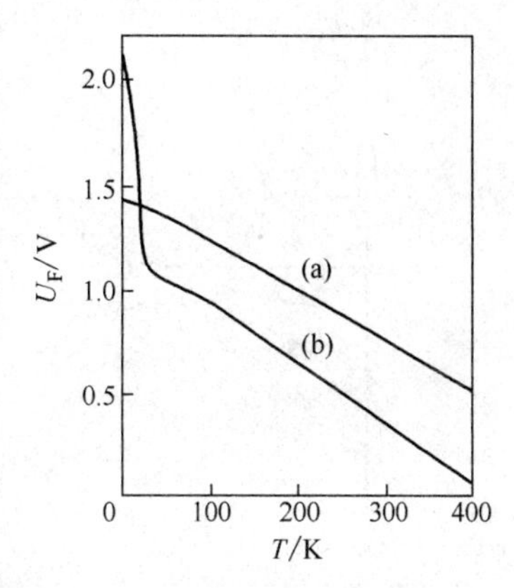

图 3.15.2 砷化镓 (a) 和硅 (b) 二极管正向电压随温度的变化

实验发现晶体管发射结上的正向电压随温度的上升而近似线性下降，这种特性与二极管十分相似，但晶体管表现出比二极管更好的线性和互换性。二极管的温度特性只对扩散电流成立，但实际二极管的正向电流除扩散电流成分外，还包括空间电荷区中的复合电流和表面漏电流成分。这两种电流与温度的关系不同于扩散电流与温度的关系，因此，实际二极管的电压－温度特性是偏离理想情况的。由于三极管在发射结正向偏置条件下，虽然发射结也包括上述三种电流成分，但是只有其中的扩散电流成分能够到达集电极形成集电极电流，而另外两种电流成分则作为基极电流漏掉，并不到达集电极。因此，晶体管的 I_C-U_{BE} 关系比二极管的 I_F-U_F 关系更符合理想情况，所以表现出更好的电压－温度线性关系。根据晶体管的有关理论可以证明，晶体管的基极－发射极电压 U_{BE} 与温度 T 和集电极电流 I_C 的函数关系与二极管的 U_F 与 T 和 I_F 函数关系式(3.15.7)相同。因此，在集电极电流 I_C 恒定条件下，晶体管的基极-发射极电压 U_{BE} 与温度 T 呈线性关系。但严格地说，这种线性关系是不完全的，因为关系式中存在非线性项。

(3) 集成温度传感器

集成温度传感器是将温敏晶体管及其辅助电路集成在同一芯片的集成化温度传感器。这种传感器最大的优点是直接给出正比于绝对温度的理想的线性输出。目前，集成温度传感器已广泛用于－50～＋150℃温度范围内的温度检测、控制和补偿等。集成温度传感器按输出

形式可分为电压型和电流型两种。三端电压输出型集成温度传感器是一种精密的、易于定标的温度传感器，如 LM135，LM235，LM335 系列等。其主要性能指标如下：①工作温度范围：−50～+150℃，−40～+125℃，−10～+100℃；②灵敏度：10mV/K；③测量误差：工作电流在 0.4～5mA 范围内变化时，如果在 25℃下定标，在 100℃的温度范围内误差小于 1℃。图 3.15.3(a) 示出这类温度传感器的基本测温电路。把传感器作为一个两端器件与一个电阻串联，加上适当电压就可以得到灵敏度为 10mV/K，直接正比于绝对温度的输出电压 U_0。实际上，这时可以看成是温度为 10mV/K 的电压源。传感器的工作电流由电阻 R 和电源电压 U_{CC} 决定：

$$I=\frac{U_{CC}-U_0}{R} \tag{3.15.8}$$

由此式可见，工作电流随温度变化，但是对于 LM135 等系列传感器作为电压源时，其内阻极小，故电流变化并不影响输出电压。如果这些系列的传感器作为三端器件使用时，可通过外接电位器的调节完成温度定标，以减小工艺偏差而产生的误差，其连接如图 3.15.3 (b) 所示。例如，在 25℃ (298.15 K) 下，调节电位器使输出电压为 2.982V，经如此定标后，传感器的灵敏度达到设计值 10mV/K 的要求，从而提高了测温精度。

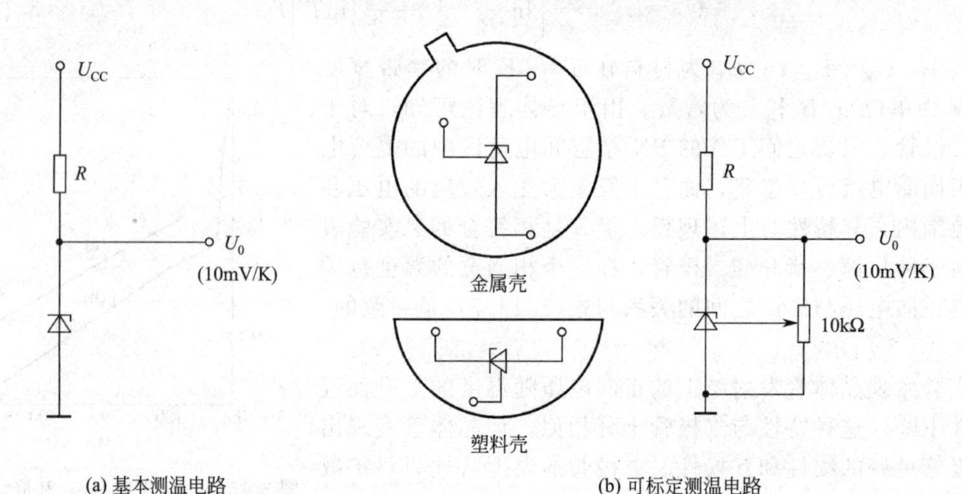

(a) 基本测温电路　　(b) 可标定测温电路

图 3.15.3　测温电路

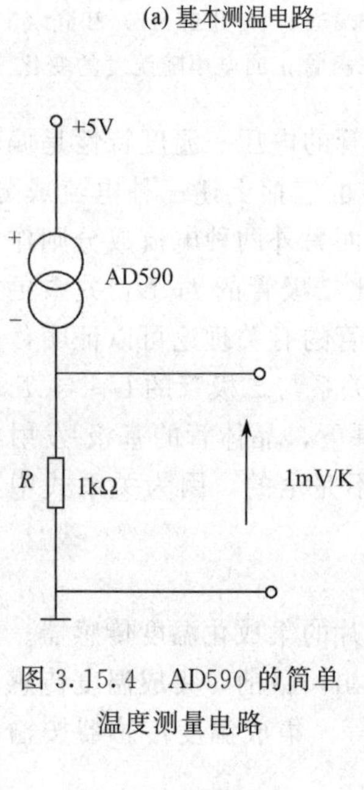

电流型集成温度传感器，在一定温度下，它相当于一个恒流源，输出电流与热力学温度成正比。因此，它具有不易受接触电阻和引线电阻的影响以及电压噪声的干扰的特性。本实验采用美国 AD 公司的产品 AD590 电流型集成温度传感器，只需要单电源（+4～+30V），即可实现温度到电流的线性变换，然后在终端使用一只取样电阻即可实现电流到电压的转换，使用十分方便。而且，电流型比电压型的测量精度更高。AD590 的主要性能指标如下：①电源电压：+4～+30V；②工作温度范围：−50～+150℃；③标称输出电流（在 25℃）：298.2μA；④标称温度系数：1μA/K；⑤测量误差：校准时为 ±1.0℃，不校准时为±1.7℃。图 3.15.4 是 AD590 构成的简单温度测量电路。1K 温度时，输出电流为 1μA，因此，1K 温度时负载 R 两端电压为 1mV。

图 3.15.4　AD590 的简单温度测量电路

(4) 温度-电压变换及其变换特性的线性化

下面对以热敏电阻作为检测元件的温度传感器的电路结构、工作原理、电压-温度特性的线性化、电路参数的选择和非线性误差等问题论述如下。

① 电路结构及工作原理　电路结构如图 3.15.5(a) 示，它是由含 R_t 的桥式电路及差分运算放大电路两个主要部分组成。当热敏电阻 R_t 所在环境温度变化时，由 R_1、R_2、R_3 和 R_t 组成的桥式电路的输出电压（即差分放大器的输入电压）及差分放大器的输出电压 V_o 均要发生变化。差分放大器输出电压 V_o 随检测元件 R_t 环境温度变化的关系称温度传感器的电压-温度特性。为了定量分析这一特征，可利用电路理论中的戴维南定理把图 3.15.5(a) 示的电路等效变换成图 3.15.5(b) 示的电路，在图 3.15.5(b) 中：

$$R_{G1}=\frac{R_1R_t}{R_1+R_t},\quad E_{S1}=\frac{R_t}{R_1+R_t}V_a \tag{3.15.9}$$

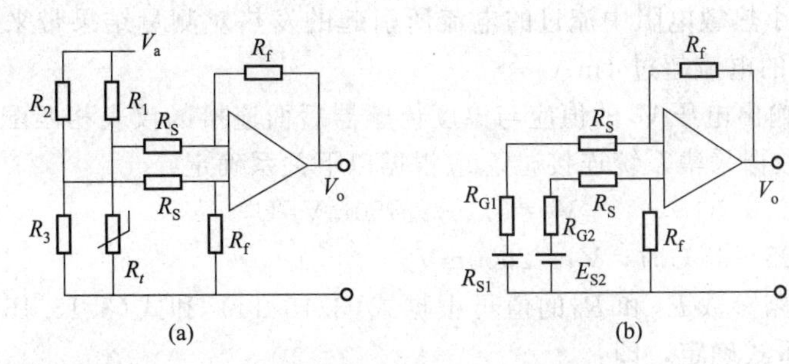

图 3.15.5　电路原理图及其等效电路

它们均与温度有关；而：

$$R_{G2}=\frac{R_2R_3}{R_2+R_3},\quad E_{S2}=\frac{R_3}{R_2+R_3}V_a \tag{3.15.10}$$

与温度无关。根据电路理论中的叠加原理，差分放大器输出电压 V_o 可表示为：

$$V_o=V_{o-}+V_{o+} \tag{3.15.11}$$

式中，V_{o-} 和 V_{o+} 分别为图 3.15.5(b) 示电路中 E_{S1} 和 E_{S2} 单独作用时对差分放大器输出电压的贡献。由运算放大器的理论知：

$$V_{o-}=-\frac{R_f}{R_S+R_{G1}}\cdot E_{S1},\quad V_{o+}=\left[\frac{R_f}{R_S+R_{G1}}+1\right]V_{i+} \tag{3.15.12}$$

此处的 V_{i+} 为 E_{G2} 单独作用时运放电路同相输入端时对地电压。由于运放电路同相输入端输入阻抗很大，故：

$$V_{i+}=E_{S2}R_f/(R_S+R_{G2}+R_f) \tag{3.15.13}$$

把以上结果代入式(3.15.11)，并经适当整理得：

$$V_o=\frac{R_f}{R_{G1}+R_S}\left(\frac{R_{G1}+R_S+R_f}{R_{G2}+R_S+R_f}E_{S2}-E_{S1}\right) \tag{3.15.14}$$

由于上式中 R_{G1} 和 E_{S1} 与温度有关，所以该式就是温度传感器的电压-温度特性的数学表达式，只要电路参数和热敏元件 R_t 的电阻-温度特性已知，式(3.15.14) 所表达的输出电压 V_o 与温度 t 的函数关系就完全确定。

电路结构如图 3.15.5 所示的温度传感器在计算机温度自动检测系统中应用十分广泛。只要把温度传感器电压-温度特性经离散化、数字化后的数据存放在计算机内，采用模数转换和线性插值技术，利用这种温度传感器对被测对象可实现计算机温度自动检测。

② 电压-温度特性的线性化和电路参数的选择　一般情况下式(3.15.14) 表达的函数关

系是非线性的，但通过适当选择电路参数可以使得这一关系和一直线关系近似。这一近似引起的误差与传感器的测温范围有关。设传感器的测温范围为 $t_1 \sim t_3$℃，则 $t_2=(t_1+t_3)/2$ 就是测温范围的中值温度。若对应 t_1、t_2 和 t_3 三个温度值传感器的输出电压分别为 V_{o1}、V_{o2} 和 V_{o3}。所谓传感器电压—温度特性的线性化就是适当选择电路参数使得这三个测量点在电压—温度坐标系中落在通过原点的直线上，即要求：

$$V_{o1}=0, V_{o2}=V_{o3}/2, V_{o3}=V_3 \tag{3.15.15}$$

在图 3.15.5(a) 所示的传感器电路中需要确定的参数有 7 个，即 R_1、R_2、R_3、R_f 和 R_S 的阻值、电桥的电源电压 V_a 和传感器的最大输出电压 V_3，这些参数的选择和计算可按以下原则进行。

a. 当温度为 t_1℃值时，电路参数应使得 $V_o=V_{o1}=0$，这时电桥应工作在平衡状态和差分运放电路参数应处于对称状态，即要求 $R_1=R_2=R_3=R_{t1}$（热敏电阻在 t_1 温度时的阻值）。

b. 为了尽量减小热敏电阻中流过的电流所引起的发热对测量结果带来的影响，V_a 的大小不应使 R_t 中流过的电流超过 1mA。

c. 传感器最大输出电压 V_3 的值应与温度传感器后面连接的仪表相匹配。若温度传感器的输出是与计算机数据采集系统连接，V_3 应根据以下关系确定：

$$V_3=(t_3-t_1)50\text{mV}/℃$$

所以若测温范围为 25～65℃时，$V_3=2000$mV。

d. 最后两个电路参数 R_S 和 R_f 的值可根据式(3.15.14) 和式(3.15.15) 所表示的线性化条件的后两个关系式确定，即：

$$V_{o3}=V_3=\frac{R_f}{R_{G13}+R_S}\left(\frac{R_{G13}+R_S+R_f}{R_{G2}+R_S+R_f}E_{S2}-E_{S13}\right) \tag{3.15.16}$$

$$V_{o2}=\frac{V_3}{2}=\frac{R_f}{R_{G12}+R_S}\left(\frac{R_{G12}+R_S+R_f}{R_{G2}+R_S+R_f}E_{S2}-E_{S12}\right) \tag{3.15.17}$$

式中，R_{G1i}、E_{S1i}（$i=1,2,3$）是热敏电阻 R_t 所处环境温度为 t_i 时按式(3.15.9) 计算得的 R_{G1} 和 E_{S1} 值。当电桥各桥臂阻值、电源电压 V_a 和热敏电阻的电阻-温度特性以及传感器最大输出电压 V_3 已知后，在式(3.15.16)、式(3.15.17) 两式中除 R_S、R_f 外其余各量均具有确定的数值，这样只要联立求解式(3.15.16)、式(3.15.17) 两式就可求出 R_S 和 R_f 的值。然而式(3.15.16)、式(3.15.17) 组成以 R_S 和 R_f 为未知数的二元二次方程组。其解很难用解析的方法求出，必须采用数值计算技术。

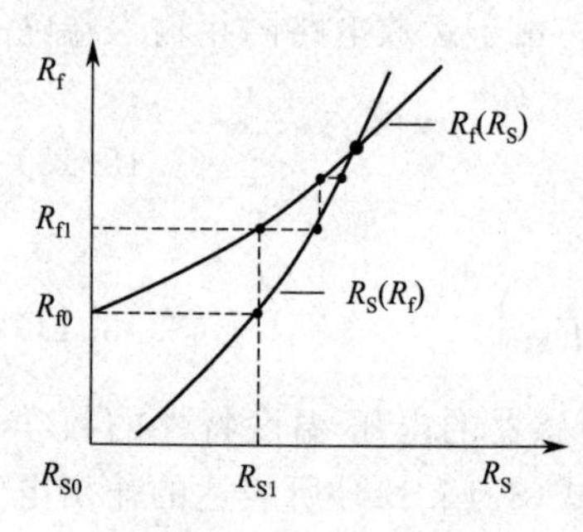

图 3.15.6　确定 R_S 和 R_f 的数值计算技术

③ 确定 R_S 和 R_f 的数值计算技术　如前所述，式(3.15.16) 和式(3.15.17) 是以 R_S 和 R_f 为未知数的二元二次方程组，每个方程式在（R_S，R_f）直角坐标系中对应着一条二次曲线，两条二次曲线交点的坐标值即为这个联立方程组的解（如图 3.15.6 所示）。这个解可以利用迭代法求得。由于在 $R_S=0$ 处与式(3.15.17) 对应的曲线对 R_f 轴的截距较式(3.15.16) 对应的曲线的截距大（由数值计算结果可以证明），因此为了使迭代运算收敛，首先令 $R_S=0$ 代入式(3.15.17)，由式(3.15.17) 求出一个 R_f 的值，然后把这一 R_f 值代入式(3.15.16)，并由式(3.15.16) 求出一个新的 R_S 值，再代入式(3.15.17)……如此反复迭代，直到在一定的精度范围内可以认为相邻两次算出的 R_S 和 R_f 值相等为止。

【实验仪器】

温度传感器：AD590 集成温度传感器，半导体热敏电阻，晶体管 PN 结温度传感器。温度控制系统。测量仪表及电源：温度计，数字万用表，TS-BⅡ型温度传技术综合实验仪。

【实验内容】

(1) 必做内容

① AD590 集成温度传感器　测量室温～100℃温度范围内 AD590 集成温度传感器的输出电流随温度的变化曲线，并确定其温度系数。

② 晶体管 PN 结温度传感器　测量室温～100℃温度范围内晶体管基极-发射极电压 U_{BE} 随温度的变化曲线（集电极电流 I_C 取 100μA）。

(2) 选做内容：AD590 集成温度传感器

① 热敏电阻元件电阻-温度特性的测定　该项测量是设计温度传感器的基础，要求测量结果十分准确。测量时把热敏电阻固靠在 0～100℃水银温度计的头部后，把温度计及热敏元件放入盛有变压器油的烧杯内，并用磁力搅拌电加热器加热变压器油。在 30～70℃的温度范围内，从 30℃开始，每隔 5℃用数字万用表的电阻挡测量这些温度下热敏电阻的阻值，直到 70℃止。为了使测量结果更为准确，升温过程要缓慢并要不断搅拌变压器油。该项测定完成后，采用直线拟合方法处理实验数据，求出式(3.15.6) 所表示的热敏电阻电阻-温度特性中的材料常数 B_n 的实验值。把 B_n 的实验值代入式(3.15.6)，并根据该式计算出 30～70℃范围内不同温度下（从 30℃开始，每隔 5℃选一个计算点）热敏电阻的阻值。在以后的设计实验中就以这些数据为基础。分别见表 3.15.1 和表 3.15.2。

表 3.15.1　实验测得的不同温度下热敏电阻阻值

温度/℃									
电阻/kΩ									

表 3.15.2　根据材料常数 B_n 的实验值按式(3.15.1) 算得的不同温度下热敏电阻阻值　B_n 的实验值＝

温度/℃									
电阻/kΩ									

② 选择和计算电路参数　首先根据由材料常数 B_n 的实验值按式(3.15.6) 算得的热敏电阻的电阻-温度特性（见表 3.15.2）和测温范围（30～70℃），按前面所述的原则确定 R_1、R_2、R_3、V_a 和 V_3，然后把式(3.15.16)、式(3.15.17) 两式写成以下标准形式：

$$AR_s^2+BR_s+C=0 \quad (A、B、C\text{ 中含 }R_f) \tag{3.15.18}$$

式中：

$$A=V_3$$

$$B=V_3[R_{G2}+R_{G1}(t_3)+R_f]+R_f[E_{S1}(t_3)-E_{S2}]$$

$$C=V_3R_{G1}(t_3)(R_{G2}+R_f)+R_f\{(R_f+R_{G2})E_{S1}(t_3)-[R_{G1}(t_3)+R_f]E_{S2}\}$$

$$A'R_f^2+B'R_f+C'=0 \quad (A'、B'、C'\text{ 中含 }R_S) \tag{3.15.19}$$

式中：

$$A'=E_{S2}-E_{S1}(t_2)$$

$$B'=(E_{S2}-V_3/2)[R_{G1}(t_2)+R_S]-E_{S1}(t_2)(R_{G2}+R_S)$$

$$C'=-0.5V_3[R_{G1}(t_2)+R_S](R_{G2}+R_S)$$

并用迭代法计算电路参数 R_S 和 R_f。到此，传感器电路所有参数均已确定。把这些参数代入式(3.15.14)，就可算出以上测温范围的温度传感器的电压-温度特性的理论值。

③ 温度传感器的组装　首先调节设置在 TS-BⅡ型温度传感综合技术实验仪前面板上的电位器 R_1、R_2、R_3、R_S和 R_f的值为设计时的选定（计算）值，然后用导线联结前面板上的有关插孔，组成图 3.15.5(a) 所示的温度传感器电路。

④ 温度传感器的零点调节和量程校准

a. 零点调节　调节实验仪前面板上的“电压调节”旋钮使温度传感器桥式电路的电源电压 V_a为设计时的选定值。然后用 ZX21 型电阻箱代替热敏元件 R_t 接入传感器电路，并把电阻箱的阻值调至 R_{t1}（即热敏元件在 t_1℃时的阻值），用数字万用表 200mV 挡观测传感器的输出电压 V_0是否为零，若不为零，微微调节“R_3调节”旋钮使 V_0值为零（允许±1mV 的误差）。

b. 量程校准　完成零点调节后，把代替热敏电阻的电阻箱阻值调至 R_{t3}（即热敏电阻在 t_3℃的阻值），用数字万用表观测传感器输出电压 V_0是否为设计时所要求的 V_3值。如果不是，再次微微调节“电压调节”旋钮改变电桥电源电压 V_a，使 $V_0=V_3$。在完成以上调节工作后，注意保持各电阻元件的阻值和 V_a不变。

⑤ 传感器电压-温度特性的测定　把测温范围分成 8 个等间隔的子温区，缓慢加热和搅拌变压器油，从起始温度开始（包括起始温度），每增加 5℃记录一次温度传感器的输出电压 V_0值，并与按式(3.15.14) 计算的理论值列表进行比较。见表 3.15.3 和表 3.15.4。

表 3.15.3　实验测得的温度传感器的电压-温度特性

温度/℃										
电压/V										

表 3.15.4　按式 (3.15.14) 计算的温度传感器的电压-温度特性

温度/℃										
电压/V										

【数据处理】

(1) 根据测得的数据，在坐标纸上作图，画出各元件的温度特性曲线或伏安特性曲线。

(2) 计算温度-电压变换电路的误差，分析其原因。

【注意事项】

(1) 温度计、测温传感器应尽量靠近，并且不能接触烧杯壁。

(2) 搅拌器不宜旋转太快，否则磁铁易打坏温度计。

(3) 加热前应检查连接线路是否短路。

【思考题】

(1) 分析本实验的主要误差来源。

(2) 温度传感技术的基本思想是什么？

(3) 用迭代法计算 R_S 和 R_f 时，若先给 R_f 赋值，计算过程将如何发展？

(4) 在调节温度传感器的零点和量程时，为什么要先调节零点，后调节量程？

【参考文献】

何希才. 传感器及其应用. 北京：国防工业出版社，2001.

3.16 数字信号光纤传输技术实验

光纤传输技术是现代科学技术发展的一项新成就，光纤通信是这项技术应用的重要领域，该实验系统是集光电子技术、光纤传输技术、模数、数模转换技术及计算机通信与接口技术于一体。通过本实验系统的实验对于扩大学生知识面和增强他们的综合运用多种知识、解决实际问题的能力均有十分重要的作用。

【实验目的】

(1) 了解光纤传输技术、光纤通信基本原理。

(2) 学习光电子技术模数、数模转换技术及计算机通信与接口技术。

【实验原理】

图 3.16.1 表示光纤通信系统的结构框图（图 3.16.1 中仅画出一个方向的传递），系统由四部分组成：光信号发送器，传输光缆，光信号接收器和收、发端的电端机。

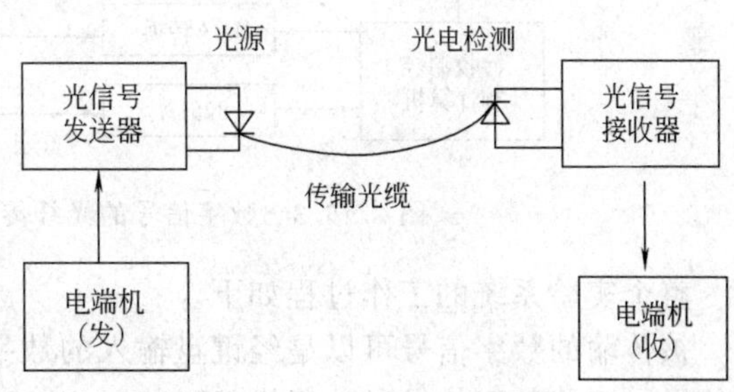

图 3.16.1 光纤通信系统的结构图

光信号发送器实质是一个电光调制器，它用电端机（发）送来的信号对光源进行调制，光源一般是半导体激光器或发光二极管，调制方式使用光强直接调制方式，光源器件经调制的光功率耦合到光纤中后把光信号传输到接收端，接收端的光电子检测器件（一般为半导体 PIN 管和雪崩管）把光信号变成电信号，再经放大和整形处理后送至电端机（收）。

图 3.16.2 为数字信号的光纤通信系统中的光端机（即光信号）的发送器和接收器的结构。图中各单元的功能如下。

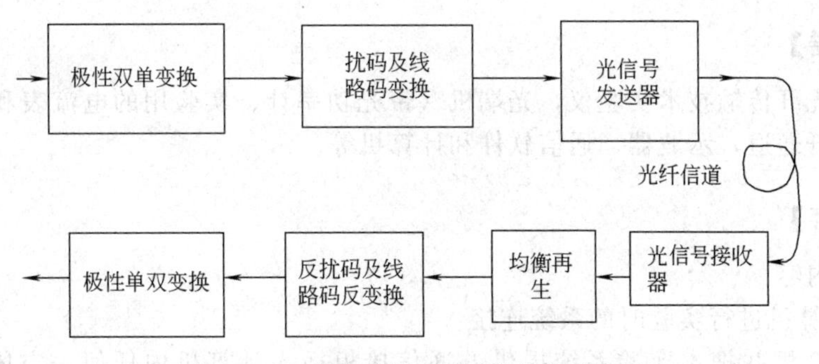

图 3.16.2 数字信号光纤通信结构示意图

极性双单变换单元是把来自在电端机的双极性信号变换成单极性码，以便实施对光功率的调制；扰码及线路码是为了避免在光纤信道中出现长连的“0”码或长连的“1”码，以利接收端时钟信号的提取和误码率的监测；光信号发送器单元的作用是把数字信号的电脉冲调制成光脉冲，并把光脉冲耦合到光纤信道中去，在接收端经光电检测器和低噪声放大器组成的光信号接收单元是把来自光纤输出端的光脉冲转变成电脉冲，经放大后输出。

在长距离高速率的光纤通信系统中，由于光纤的各种“色散”效应可能使传至接收端的光脉冲波形产生严重的畸变而引起码间干扰，接收端的均衡器就是为了克服这一影响而设置的一个单元；再生单元的作用就是把经过判决之后的数字信号进行再生。接收端再生单元以后的各个单元与发送端所对应的单元相比，具有相反的功能。

数字信号的光纤传输技术实验系统的基本结构如图 3.16.3 所示，主要部分有：①光信号发送部分；②传输光纤；③光讯号的接收和再生部分；④计算机和模数、数模转换及数字信号的并串、串并转换接口电路；⑤时钟系统；⑥模拟信号源。

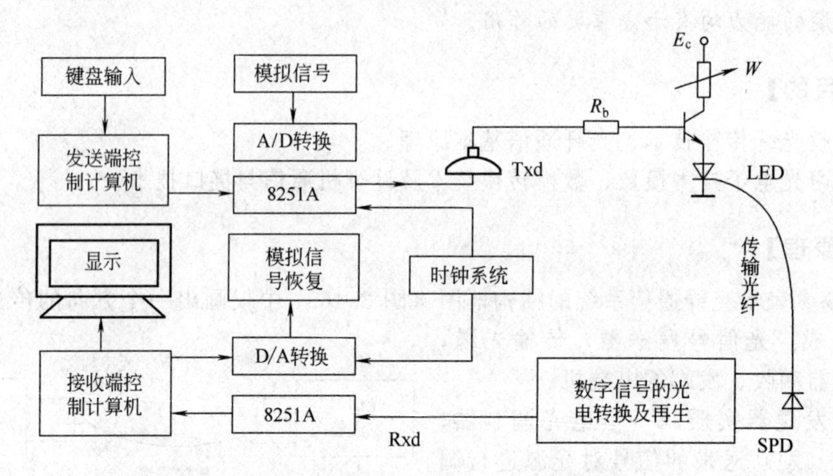

图 3.16.3　数字信号的光纤传输技术实验系统的基本结构

整个实验系统的工作过程如下。

被传输的数字信号可以是经键盘输入的数字信号，也可以是模拟量经 A/D 转换后的数字信号，这些数字信号经计算机 CPU 和 8251A 的数据发送端（Txd 端）输出，对半导体发光二极管 LED 的光强进行调制，产生数字式的光信号经传输光纤传至接收端。在接收端经光-电转换和再生电路把光信号变成电信号，并经 8251A 进行数字信号的串/并转换后送入接收端的计算机进行处理，最后根据被传输的数字信号所代表信息的不同含义，或在屏幕上显示，或经 D/A 转换后恢复成模拟电压对其它外设进行控制。

【实验仪器】

数字信号光纤传输技术实验仪，光端机（带光功率计、实验用的电流表和毫伏表），通信接口板，光纤通道，示波器，通信软件和计算机等。

【实验内容】

(1) 必做内容

① 单台计算机进行实验时的系统连接

a. 打开 PC 机并把本实验系统提供的通信接板插入计算机内任何一空闲的 ISA 扩展槽内。

b. 把 20 线电缆的两端分别插入 1 号光端机前面板和计算机通信接口板的对应插座内。

c. 用两端带香蕉插头的导线接通 1 号光端机后面板上“Txc”和“Rxc”端，使 8251 芯片的接收时钟和发送时钟具有同一值（如果未接这条线，8251 的接收器因无时钟脉冲而不能正常工作）。

d. 把两端带单声道的拾音插头电缆线的一端插入光纤绕线盘端面上 LED 的电流插孔内，而电缆线的另一端插头插入 1 号光端机前面板上的“LED”插孔内。

e. 把光电探头光照输入端插入光纤绕线盘端面上的同轴插孔中，并把光电探头另一端接入1号光端机前面标有“SPD”标记的插孔内。

f. 把音频信号源和小音箱分别接入1号光端机后面板标有“调制输入”和喇叭标记的插孔内。

g. 把含有本实验系统控制软件的软盘插入计算机软驱内。软盘含两个可执行文件：DOF1. EXE和DOF2. EXE，单机实验时用DOF1. EXE，两台计算机之间进行光纤通信实验用DOF2. EXE文件。

② 单台计算机进行实验的内容

a. 时钟系统的检测。

b. LED驱动电路的检测。

c. LED-传输光纤组件电光特性的测定。

d. SPD光电特性的测定。

e. 光信号检测和再生电路的预调。

f. 通信接口板数字信号发送功能的检测。

准备工作如下。

• 在保持系统原有连接不变的基础上将双踪示波器的第一条输入电缆接至光端机前面板上的“Txd”和地端。

• 将存有本实验系统控制软件的启动磁盘插入计算机的A驱动器。

检测步骤如下。首先开启光端机电源，然后启动计算机（注意：这一操作的先后顺序不能颠倒，否则传输系统不能正常工作!），当计算机进入DOS状态后运行DOF1. EXE文件，在计算机屏幕上将出现以下选择菜单：

TESTING TERMS FOR OPTICAL FIBER TRANSMISSION SYSTEM

Testing and adjusting systemic work condition

Transmitting acoustical signal with one computer

Press Ctrl＋Break，Return to dos

Please chose 1、2 or strike Ctrl＋Break keys!

在此之后，键入“1”时，在屏幕上将出现以下信息：

Please key in three numbers for ASCII code transmitted

(The values range from 0 to 255 or return to testing system choose)

意为请用户敲击键盘数字键三次，在0～255范围内键入任意ASCII字符的十进制代码。计算机将会把这些在十进制代码转换成八位相应的二进制代码存入AL寄存器，并经8251芯片进行数字信号的并/串转换，转换结果经8251的Txd端输出，用示波器可以观察转换结果是否正常。在8251工作正常的情况下，调节示波器同步就会在其荧光屏上出现一个被传字符ASCII码的二进制对应的稳定的波形，这一波形具有11位码元（每一位码元持续8μs），最左边的第一位码元代表串行数据结构起始位（S），后续的8位码元是被传ASCII字符所对应的8位二进制代码。从左向右数起，分别为D_0，D_1，…，D_7；第十位码元是奇偶校验位（C），第11位码元为终止位（E）。如在键入各种不同字符的ASCII码十进制数后，示波器显示的由这11位码元组成的数码结构与所论十进制数应具有的数码结构一致，表明通信接口板的8251的发送功能正常。

g. 数字式光信号光电转换和通信接口板数字信号接收功能的检测。准备工作：在保持系统原有连接不变的基础上把双踪示波器的第二条信号输入电缆接至光端机前面板的“Rxd”端和地端。

调节步骤：在实验系统控制软件 DOF1. EXE 的“菜单”目录下，选择“1”项。按上述方法反复传输十进制数为 170 的二进制代码，并观察示波器上的波形和计算机显示屏上出现的 ASCII 码字符。十进制数为 170 对应的 ASCII 码字符为“¬”，它的八位二进制代码经 8251 并/串转换后的数据结构应为：

0	0	1	0	1	0	1	0	1	0	1
S	D_0	D_1	D_2	D_3	D_4	D_5	D_6	D_7	C	E

所以系统工作正常的情况下，调节示波器同步可在荧光屏上观察到分别代表 8251 数据发送端和接收端数据结构的两路如图 3.16.4 所示的稳定波。

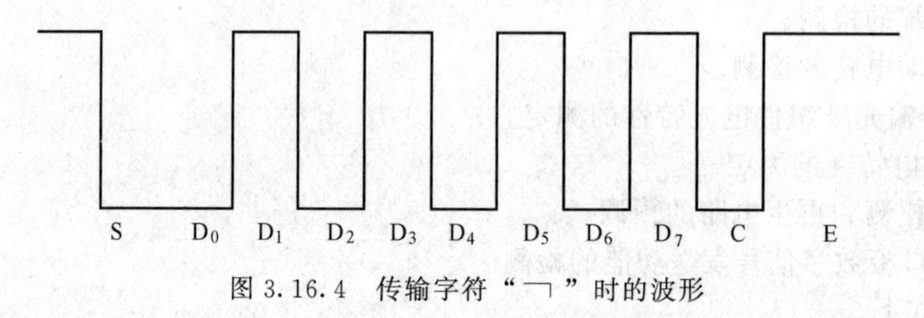

图 3.16.4　传输字符“¬”时的波形

与此同时在计算机显示屏上也将连续不断地出现字符“¬”。

若与“Rxd”端相接的示波器第二条输入电缆对应的光电信号不出现具有上述特征的波形，PC 机显示屏上出现的字符也杂乱无章，则表明接收端对光信号的光电转换和再生功能尚未调节到所要求的正常状态，这时需要根据示波器所显示的“Rxd”端波形的以下几种情况，分别按下述方式调节。

• 若“Rxd”的波形始终保持“1”电平状态，表明光电转换电路中 BG1 的饱和深度太深，使得光电二极管的光电流不足使光电转换电路中的三极管 BG1 脱离深度饱和状态进入适当的放大区，这时需要沿逆时针方向缓慢转动“Rc 调节”旋钮（即逐渐减弱 BG1 的饱和深度）直到示波器上“Rxd”端波形“1”电平的持续时间为 8μs 为止。在此以后，观察计算机屏幕上所显示的字符是否为“¬”，如有些字符不为“¬”，表明系统抗干扰能力差，有误码产生。这种情况下，需要进一步增大光信号的幅度（继续沿顺时针方向转动 LED“Rc 调节”旋钮）和 BG1 的饱和深度（沿顺时针方向转动“Rb 调节”旋钮），使示波器上的“Rxd”端的“1”电平持续时间在新的条件下再次为 8μs，然后又观察计算机屏幕的字符显示情况……如此反复进行调节，直到示波器上“Rxd”端的波形和计算机屏幕上所显示的字符均正常为止。

• 若“Rxd”端的波形始终保持在“0”电平状态，这表明光电转换电路中 BG1 的饱和深度不够，这时需要沿顺时针方向旋动“Rb 调节”旋钮，直到示波器上“Rxd”端的波形和计算机屏幕上所显示的字符正常为止。

此后欲传输十进制数 0～255 范围内对应的其他 ASCII，只需按计算机键盘任意键即可停止前一字符代码的传输，并待新字符十进制代码的输入。

h. 语音信息的光纤传输技术实验　在 DOF1. EXE 的一级“菜单”目录下，选择“2”后，系统就处于语音信息的单机传输状态。用双踪示波器（注意：CH1 必须接光端机的“Txd”端，CH2 接光端机“Rxd”端，否则示波器的同步调节十分困难）观察“Txd”和“Rxd”的波形。由于在声信息的传输状态下，系统传输的数码是随时不断变换的，所以在示波器荧光屏很难看到一个如以前反复传输同一 ASCII 字符时那样的稳定波形。但是，传输的数码无论如何变化，每个数码被传输时，其起始位和终止位的电平（它们分别为“0”和“1”）总是不变的，因此当示波器被调节至同步状态时，接“Txd”端的 CH1 的波形中总是会呈现一段稳定的“0”电平。其持续时间为8μs，这一特征也可作为示波器是否已经调节至同步状态的判断依据，也即当示波器的CH1波形（此时不用注意CH2的波形状况）还未出现这一特征时，还需要调节它的同步按钮，直到这一特征出现为止，在这以后再去注意接“Rxd”端的CH2的波形状况。一般来说，经上一项关于光电检测及信号再生调节使得系统传输任一ASCII字符时均无误码产生以后，“Rxd”端的波形也具有上述类似特征，但是代表起始位的“0”电平的宽度（持续时间）会有所变化（不为8μs）。与8相μs比较，若“Rxd”端波形起始位过宽（9～11μs）或过窄（5～6μs）都会使系统产生严重的误码噪声（这表现为即使语音信号的宽度为0时，在音箱里也会有“咯咯”的声音出现），这时需要适当调节光端机前面板上“Rb调节”旋钮，使“Rxd”端波形中起始位的宽度维持在8μs附近，并用耳听方式考察调节效果（注意：在考察调节效果时，操作人员的手切勿触及光端机的有关调节旋钮，否则人体引入的干扰可能会使误码噪声变的更为严重）。

（2）选做内容

两台计算机间的光纤通信实验准备工作如下。

① 把两块通信接口板分别插入两台计算机各自的扩展槽内。

② 用20线扁平电缆把两台计算机的通信接口板与两台光端机进行连接，为以后实验调节方便起见，前面板上具有“时钟微调”电位器的2号光端机用于接收端。

③ 把LED插头插入1号光端机的LED插孔、光电二极管插入2号光端机标有“SPD”符号的相应插孔内。

④ 用导线把收、发端机各自的“Txc”和“Rxc”连接在一起。

⑤ 音源接至1号光端机后面板的“调制输入插孔”，扬声器接2号光端机后面板的外接音箱插孔。

按以上要求完成系统连接后，便可以进行以下各项内容的检测、调试以及实验。

① 收发时钟“Rxd”和“Txd”的同步调节　把双踪示波器的CH1输入电缆接至1号光端机的“Txc”和GND插孔，然后调节示波器的同步旋钮，使示波器荧屏上出现清晰的、周期为8μs的两路时钟波形。若CH2的时钟波形相对于CH1的时钟波形有左、右移动，这表明收、发端时钟频率有差异，这种差异在对8251A进行初始化时选取波特率因子为1的情况下，会对接收方的8251接收器对码值的判决造成误码，所以在本实验系统中用125Kb/s的传输率传送数字式声信息时，必须把收、发方的“Rxc”和“Txc”的频率调节成一致。这可通过调节1、2号光端机前面板或仪器底部的“时钟微调”电位器和微调电容来实现。

② 检测和调节系统的工作状态　把存有DOF2.EXE文件的两张启动软盘分别插入两台计算机的软驱内，开启收、发端光端机的电源，再启动收、发端的两台计算机进入DOS状态后，各自运行DOF2.EXE文件，此时PC机显示屏将显示出如下“菜单”：

TESTING TERMS FOR OPTICAL FIBER TRANSMISSION SYSTEM

Testing and adjusting systemic work condition

Transmitting acoustical signal with one computer

Press Ctrl＋Break，Return to dos

Please chose 1、2 or strike Ctrl＋Break keys!

选择“1”后，对于发送端的计算机再选“1”，接收端的计算机再选“2”，双机系统就处于ASCII码字符信息反复传输的等待状态，此后就可以按单机实验的方式根据菜单的提示检测系统各环节功能是否正常，并根据实验检测结果进行以下各项调节，使系统工作正常：

a. 光信号的检测和再生电路、再生功能的调节（见单机实验相应调节步骤）。

b. 接收端时钟“Rxc”和发送端时钟的相对“延迟”的调节。

③ 语音信息的双机传输实验　在 DOF2. EXE 一级“菜单”，收、发端均选“2”，然后在下一级“菜单”下分别选“2”和“1”，系统进入双机语音信息传输状态。

根据需要，用户配以各种不同的传感器和编写不同的软件，在该传输系统上，还可进行其他各种实验，为使用户在该系统上进行其他实验方便起见，特给出本实验系统通信接口板的端口地址及功能分配：

710H——送 ADC0809 的通道号，本系统在硬件上选择了 0809 的 7 号通道；

711H——启动 ADC0809，开始进行 A/D 转换；

712H——检查 ADC0809 转换是否结束；

713H——读取 ADC0809 的转换结果；

715H——用输出命令使 DAC0832 进行 D/A 转换；

716H、717H——供 8251 使用。

【注意事项】

(1) 本实验系统提供的计算机控制软件 DOF *. EXE 必须在计算机启动后的 DOS 状态下运行。若在运行过程中因某种原因，使计算机又返回到 DOS 状态，此后再想运行 DOF *. EXE 文件进行数字信号光纤传输实验时，必须重新启动计算机，否则通信接口板上的 8251 芯片不能按程序规定的工作方式进行初始化，使系统工作不正常！

(2) 注意保护传输光纤的尾端，切勿强行弯折和受灰尘等其他污物遮盖，否则会造成信道不通，实验完毕后应用橡皮帽盖紧光纤绕线盘上面的同轴插孔。

(3) 两台计算机连机实验时，两台光端机都必须进行光信号的检测和再生电路的调节(调节高低电平)。

(4) 实验的过程中请不要用手接触光端机的有关旋钮，防止引入干扰，如果干扰太大，可重新开启计算机和光端机，进行重新调试。

(5) 实验的过程中要爱护实验设备，有兴趣进一步学习的同学可打开实验软盘观察汇编语言的源程序，但不可以对源程序进行修改，以致实验出错，无法运行。

【思考题】

(1) 简述数字光纤通信的原理。

(2) 扰码及线路码变换的作用是什么?

3.17　音频信号光纤传输技术实验

最早提出纤维光电子学概念的人是英国物理学家约翰·丁达尔 (John Tyndall)。丁达尔在 1870 年发现光可以随着水流进入一个容器中，然而直到第二次世界大战前这一发现未得到应用。1966 年英国标准通信实验室的高琨 (C. Kao) 提出，只要将玻璃中的杂质提纯使其传输损耗降低到 20dB/km 以下，玻璃纤维就可以作为光信息的传输介质。从那时开始，光学传输技术得到迅速发展，并成为一门重要的新技术。各种新型光纤、光连接器、光发射器件以及相应的电子学器件相继问世，到 1980 年，在世界范围内就建立起了实用且经济可行的光纤通信系统。现在光纤通信已成为全球电信和数据通信网的支柱。

【实验目的】

(1) 熟悉半导体电光/光电器件的基本性能及主要特性的测试方法。

(2) 了解音频信号光纤传输系统的结构。

(3) 学习分析集成运放电路的基本方法。

(4) 训练音频信号光纤传输系统的调试技术。

【实验原理】

光纤是光学纤维的简称，是一种能传输光波的介质波导。光纤由纤芯和包层组成，其基本结构如图 3.17.1 所示，芯和包层是同轴圆柱体，包层有一定厚度。芯的折射率为 n_1，包层的折射率为 n_2，为了限制光只在光纤芯区传输，必须满足 $n_1>n_2$ 的条件。为了保护光纤，通常还将光纤制成单芯或多芯的光缆，用保护套包裹光纤。在光缆中还要加入抗张力的钢丝或强力塑料芯，以提高其抗张力强度。

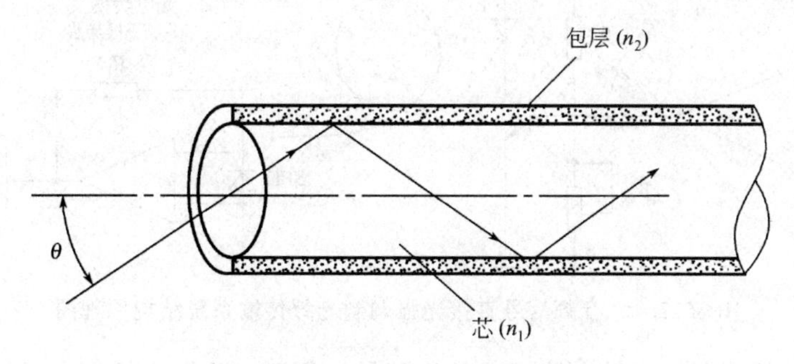

图 3.17.1　光纤基本结构

光纤通信是光纤应用的一个重要领域。在通信网中采用光纤的优点是光纤具有极大的传输信息的能力。因为通信容量与载波的工作频率有关，光波频率可达 10^{14} Hz，比通常无线电通信用的微波频率高 $10^4\sim10^5$ 倍，所以其通信容量比微波要高 $10^4\sim10^5$ 倍。另外，光纤还可以使通信双方完全电隔离，这可以使通信设备的雷电保护接地网的设计和安装十分简单。

图 3.17.2 是一个光纤通信系统示意图。在发射端直接把信号调制到光波上，将电信号变换为光信号，然后将已调制的光波送入光缆中传输，在接收端将光信号还原成电信号。整个过程与一般无线电通信过程十分相似。在光纤与发射机、光纤与接收机之间装有耦合器，当传输距离较长时，还需用连接器把两根光纤连接起来。

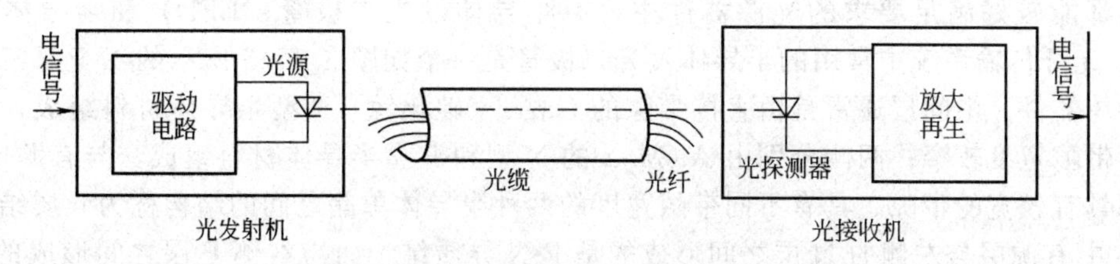

图 3.17.2　光纤通信系统的基本组成

光纤通信中的调制方式如图 3.17.3 所示。光纤通信使用的光波段在 0.8～1.6μm 。

(1) 系统的组成

音频信号直接光强调制光纤传输系统的原理如图 3.17.4 所示，它主要包括由半导体发

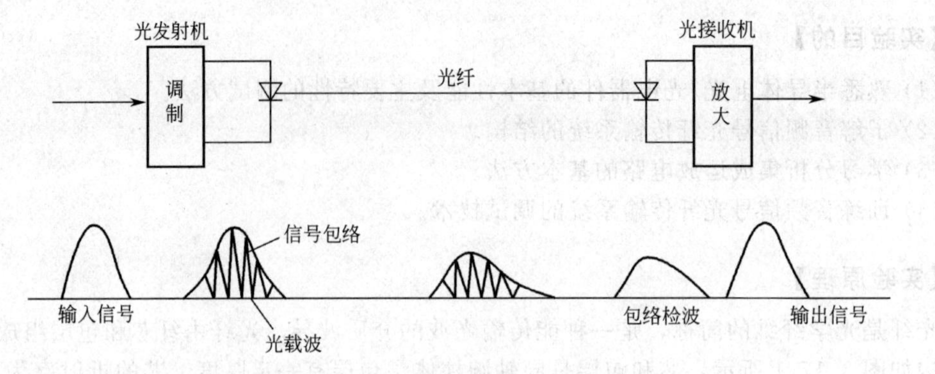

图 3.17.3　光信号的调制、传输和解调

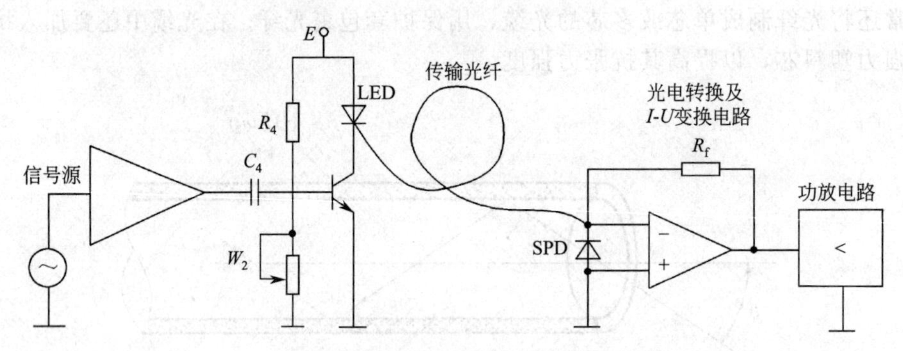

图 3.17.4　音频信号直接光强调制光纤传输系统结构原理图

光二极管 LED 及其调制，驱动电路组成的光信号发生器，传输光纤和由硅光电二极管 SPD，前置电路和功放电路组成的光信号接收器三个部分。组成该系统时，光源 LED 的发光中心波长必须在传输光纤呈现低损耗的 0.85μm、1.3μm 或 1.6μm 附近，光电检测器件 SPD 的峰值响应波长也应与此接近。本实验采用发光中心波长为 0.85μm 的 GaAs 半导体发光二极管作光源，峰值响应波长为 0.8～0.9μm 的硅光电二极管作光电检测元件。为了避免或减少谐波失真，要求整个传输系统的频带宽度要能覆盖被传信号的频谱范围，对于语音信号，其频谱在 300～3400Hz 的范围内。由于光导纤维对光信号具有很宽的频带，故在音频范围内，整个系统的频带宽度主要决定于发送端调制放大电路和接收端功放电路的幅频特性。

(2) 半导体发光二极管（LED）的结构及工作原理

光纤通信系统中对光源器件在发光波长、电光效应、工作寿命、光谱宽度和调制性能等许多方面均有特殊要求，所以不是随便哪种光源器件都能胜任光纤通信任务。目前在以上各个方面都能较好满足要求的光源器件主要有半导体发光二极管（LED）和半导体激光器（LD）。光纤传输系统中常用的半导体发光二极管是一个如图 3.17.5 所示的 N-P-P 三层结构的半导体器件。中间层通常是由直接带隙的 GaAs（砷化镓）P 型半导体材料组成，称有源层，其带隙宽度较窄；两侧分别由 AlGaAs 的 N 型和 P 型半导体材料组成，与有源层相比，它们都具有较宽的带隙。具有不同带隙宽度的两种半导体单晶之间的结构称为异质结。在图 3.17.5 中有源层与左侧的 N 层之间形成的是 P-N 异质结，而与右侧 P 层之间形成的是 P-P 异质结，故这种结构又称 N-P-P 双异质结构，简称 DH 结构。当给这种结构加上正向偏压时，就能使 N 层向有源层注入导电电子，这些导电电子一旦进入有源层后，因受到右边 P-P 异质结的阻挡作用不能再进入右侧的 P 层，它们只能被限制在有源层内与空穴复合。导电电子在有源层与空穴复合的过程中，其中有不少电子要释放出能量满足以下光子的关系：

$$h\nu = E_1 - E_2 = E_g \tag{3.17.1}$$

式中，h 是普朗克常数；ν 是光波的频率；E_1是有源层内导电电子的能量；E_2是导电电子与空穴复合后处于价键束缚状态时的能量。E_1、E_2的差值 E_g 与 DH 结构中各层材料及其组分的选取等多种因素有关，制作 LED 时只要这些材料的选取和组分的控制适当，就可使得 LED 的发光中心波长与传输光纤的低损耗波长一致。

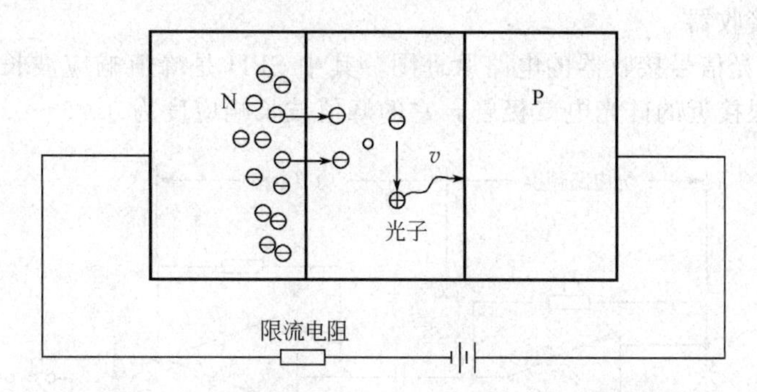

图 3.17.5　半导体发光二极管的结构及工作原理

光纤通信系统中使用的半导体发光二极管的光功率经常称为尾纤的光导纤维输出的光功率，出纤光功率与 LED 驱动电流的关系称 LED 的电光特性。为了避免和减少非线性失真，使用时应先给 LED 一个适当的偏置电流 I，其值等于这一特性曲线部分中点对应的电流值，而调制信号的峰-峰值应位于电光特性的直线范围内。对于非线性失真要求不高的情况，也可把偏置电流选为 LED 最大允许工作电流的一半，这样可使 LED 获得无截止畸变幅度最大的调制，这有利于信号的远距离传输。

(3) LED 的驱动及调制电路

音频信号光纤传输系统发送端 LED 的驱动和调制电路如图 3.17.6 所示，以 BG1 为主组成的电路是 LED 的驱动电路，调节这一电路中的 W_2可使 LED 的偏置电流在 0～60mA 的范围内变化。被传音频信号经由 IC1 组成的音频放大电路放大后再经电容器 C_4耦合到 BG1 的基极，对 LED 的工作电流进行调制，从而使 LED 发送出光强随音频信号变化的光信号，并经光导纤维把这一信号传至接收端。

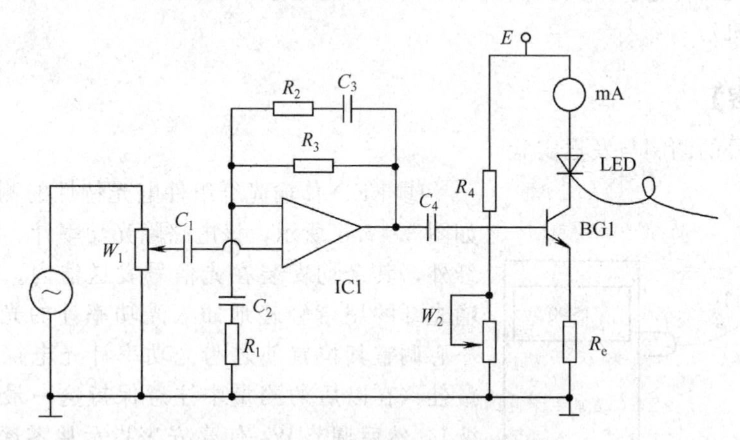

图 3.17.6　LED 的驱动和调制电路

根据运放电路理论，图 3.17.6 中音频放大电路的闭环增益为：

$$G(j\omega) = 1 + Z_2/Z_1 \tag{3.17.2}$$

式中，Z_2、Z_1分别为放大器反馈阻抗和反相输入端的接地阻抗。只要C_3选得足够小，C_2选得足够大，则在要求带宽的中频范围内，C_3的阻抗很大，它所在的支路可视为开路，而C_2的阻抗很小，它所在的支路可视为短路，在此情况下，放大电路的闭环增益$G(j\omega)=1+R_3/R_1$。C_3的大小决定着高频端的截止频率f_2，而C_2的值决定着低频端的截止频率f_1。故该电路中的R_1、R_2、R_3和C_2、C_3是决定音频放大电路增益和带宽的几个重要参数。

（4）光信号接收器

图3.17.7是光信号接收器的电路原理图，其中SPD是峰值响应波长与发送端LED光源发光中心波长很接近的硅光电二极管，它的峰值波长响应度为0.25～0.5μA/μW。

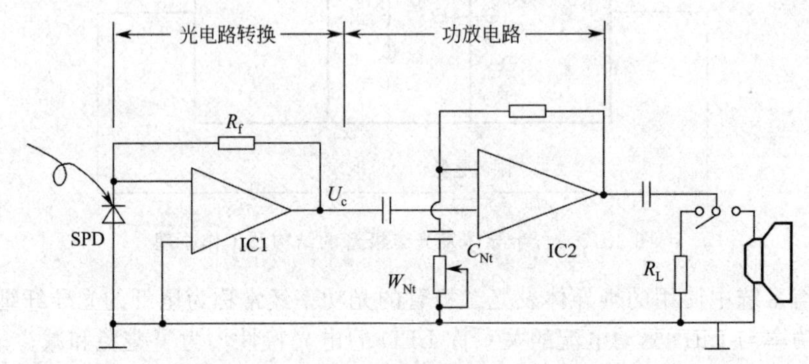

图3.17.7　光信号接收器的电路原理

SPD的任务是把经传输光纤出射端输出的光信号的光功率转变为与之成正比的光电流I_0，然后经IC1组成I-U转换电路，再把光电流转换成电压U_0输出，U_0与I_0之间具有以下关系：

$$U_0=R_f I_0 \tag{3.17.3}$$

以IC2为主构成的是一个音频功放电路，该电路的电阻元件（包括反馈电阻在内）均集成在芯片内部。只要调节外接的电位器W_2，可改变功放电路的电压增益，从而可以改变功放电路的输出功率。功放电路中电容C_{Nt}的大小决定着该电路的下限截止频率。

【实验仪器】

音频信号光纤传输技术实验仪，音频信号发生器，双踪示波器，数字万用表，喇叭和收音机（或单放机）。

【实验内容】

（1）光信号的调制与发送实验

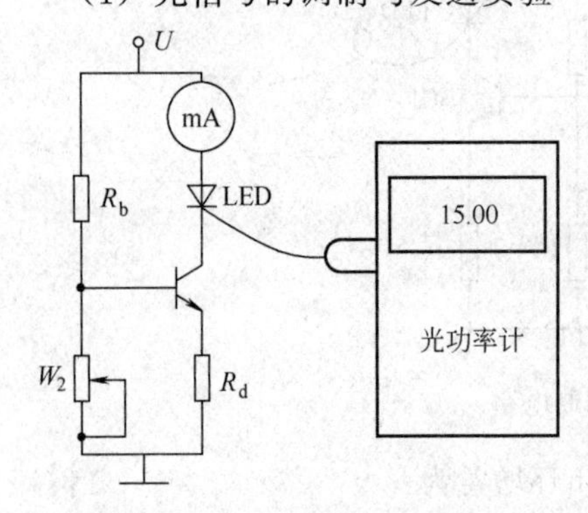

图3.17.8　传输光纤组件电光特性的测定

① LED-传输光纤组件电光特性的测定　测试电路如图3.17.8所示，该电路除光功率计、LED及传输光纤外，其余均安装在光信号发送器内。测量前应把传输光纤的尾端轻轻地插入光功率计的光电探头内，并小心调整其位置使之与光功率计光电探头间的光耦合最佳（在以后的测量中注意保持这一最佳耦合状态不变），然后调节W_2使毫安表指示从零逐渐增加，每增加5mA读取一次光功率计示值，直到60mA为止。列表记录下测量数据，根据测量数据用直角坐标纸描绘LED-传输光纤组件的电光特性曲线，并确定出其线性

度较好的线段。

② LED偏置电流与无截止畸变最大调制幅度关系的测定　在图3.17.6中，用一音频信号发生器作信号源，并把其频率调为1kHz，把双踪示波器的一条输入通道跨接在R_e两端，然后在LED偏置电流为0mA、10mA、20mA、30mA、40mA、50mA的各种情况下，调节信号源输出幅度，使其从零逐渐增加，并同时观察示波器上的波形变化，直到波形快出现截止现象时记录下R_e上电压波形的峰-峰值，根据已测得的LED的电光特性曲线和R_e的阻值计算出LED在不同偏置电流情况下出纤光功率的最大调制幅度。

③ 光信号发送器调制放大电路幅频特性的测定　如图3.17.6所示，在保持调制放大器输入端信号不变（U_{in}＝20mV）的情况下，在50Hz～10kHz的范围内改变信号源频率，用双踪示波器观测放大器输入和输出端波形的峰—峰值。观测时信号源频率变化间隔的选取在上、下截止频率附近应予特别注意，在幅频特性平顶部分对应的频率范围内可以变化大些。列表记录观测结果。在坐标纸上绘出幅频特性曲线（频率轴以$\lg f$进行分度），确定出带宽及增益，并与理论计算结果比较。

（2）光信号的接收实验

① 硅光电二极管光电特性及响应度的测定　测试电路如图3.17.9所示，测量前应进行LED尾纤与SPD光敏面最佳耦合状态的调节。完成此项调节工作后，注意保持这一耦合状态不变，然后调节LED驱动电路中的W_2，使LED的偏置电流从零逐渐增加，每增加10mA，读取一次由IC1组成的电流-电压变换电路的输出电压U_0（mV）。最后，在测量系统完全断电的情况下，测量I-U变换电路中的R_f值。列表记录测量结果，并根据测量结果和LED的电光特性曲线描绘SPD的光电特性曲线和计算它在0.85μm波长处的响应度R。

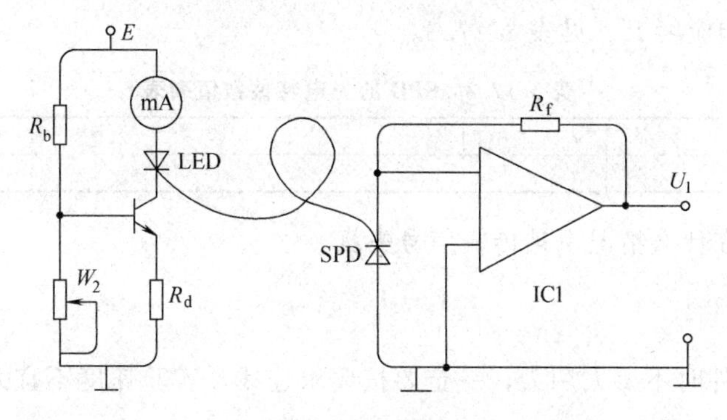

图3.17.9　硅光电二极管光电特性的测定

② 光信号的检测　保持前项实验LED尾纤与接收器光电检测元件的最佳耦合状态不变和把发送端LED的偏置电流设置为50mA的情况下，调节发送端音频信号源的频率和幅度，用示波器观测接收端I-U变换电路输出电压的波形变化情况，并记录下某一确定频率下（比如1kHz）这一波形无截止畸变的最大峰-峰值，根据I-U变换电路中R_f值与光电二极管的响应度R值，计算与此情况对应的光信号光功率变化的幅值，并与由LED-传输光纤组件的电光特性曲线确定的最大调制幅度情况下光功率变化幅值进行比较。

③ 光电信号的放大　首先在前面各项实验连接的基础上，把发送端调制放大电路的反馈电阻R_f调至最大和接收端功放电路的电位器W_{Nt}调至最小。然后在保持发送端输入信号幅度不变（其值以LED的光信号不出现截止失真和功放电路输出不出现饱和失真为宜）的情况下，改变发送端信号源频率，用示波器观测和记录接收功放电路输出电压随信号频率的变化。列表记录测量结果。

增大功放电路中电位器W_{Nt}的阻值，重复上述实验内容的观测，并把结果与W_{Nt}阻值最小时的情形比较，分析比较结果。

④ 语音信号的传输　将音频信号（由收音机或单放机产生）接入发送器的输入端，接收器功放输出端接上4Ω的扬声器，实验整个音频信号光纤传输系统的音响效果。实验时，可适当调节发送器的LED偏置电流、调制放大电路反馈电阻及接收器功放电路的W_{Nt}等系统参数，考察传输系统的听觉效果并用示波器监测系统的输入和输出信号的波形变化。

注意：关于光纤通信的知识，请实验者查阅相关资料。

【数据记录与处理】

(1) 描绘LED-传输光纤组件的电光特性曲线。见表3.17.1。

表3.17.1　LED-传输光纤组件电光特性的测定

I_0/mA	0	5	10	15	20	25	30	35	40	45	50	55	60
P_0/μw													

(2) 描绘SPD的光电特性曲线，并计算它在LED发光波长处的响应度R。

① 被测偏置电流与测量电压值列表，并计算R_f。见表3.17.2。

表3.17.2　被测偏置电流与测量电压值列表

I_0/mA	0	10	20	30	40	50	60
U_0/mV							

② 根据R_f值和LED光纤组件的电光特性曲线，描绘SPD的光电特性曲线和计算它在0.85μm波长处的响应度R。见表3.17.3。

表3.17.3　SPD的光电特性数值列表

P_0/mA							
I_0/mV							

(3) 总结分析在什么情况下被传输信号失真。

【注意事项】

实验中插接器件时不要太用力，一定要按要求连线，实验速度不宜太快，要仔细观测各个实验现象。

【思考题】

(1) 简述光纤通信的原理及特点。

(2) 怎样将电信号变成光信号？又怎样将光信号变成电信号？

(3) 简述发射端和接收端所用二极管的结构和特点。

(4) 简述音频信号光纤传输系统的结构。

3.18　热敏器件测试及变换实验

半导体材料做成的热敏电阻是对温度变化表现出非常敏感的电阻元件，它能测量出温度的微小变化，并且体积小，工作稳定，结构简单。温度升高电阻值增大，称为正温度系数；温度升高而电阻值减小称为负温度系数。两种类型各有不同的应用场合，它在测温技术、无线电技术、自动化和遥控等方面都有广泛的应用。

【实验目的】

(1) 学习用直流电桥测量热敏电阻的温度特性。

(2) 学习并测量热敏电阻的 B 值、温度系数、热耗散系数等基本特性。

(3) 了解热敏电阻的基本应用。

【实验原理】

(1) PTC 热敏电阻

PTC 是 Positive Temperature Coefficient 的缩写，意思是正的温度系数，泛指正温度系数很大的半导体材料或元器件。通常我们提到的 PTC 是指正温度系数热敏电阻，简称 PTC 热敏电阻。PTC 热敏电阻是一种典型具有温度敏感性的半导体电阻，超过一定的温度（居里温度）时，它的电阻值随着温度的升高呈阶跃性的增高。

PTC 是一种半导体发热陶瓷，当外界温度降低，PTC 的电阻值随之减小，发热量反而会相应增加。

PTC 热敏电阻（正温度系数热敏电阻）是一种具有温度敏感性的半导体电阻，一旦超过一定的温度（居里温度）时，它的电阻值随着温度的升高几乎是呈阶跃式的增高。PTC 热敏电阻本体温度的变化可以由流过 PTC 热敏电阻的电流来获得，也可以由外界输入热量或者这二者的叠加来获得。陶瓷材料通常用作高电阻的优良绝缘体，而陶瓷 PTC 热敏电阻是以钛酸钡为基本材料，掺杂其它的多晶陶瓷材料制造的，具有较低的电阻及半导体特性。通过有目的地掺杂一种化学价较高的材料作为晶体的点阵元来达到：在晶格中钡离子或钛酸盐离子的一部分被较高价的离子所替代，因而得到了一定数量产生导电性的自由电子。

陶瓷材料通常用作高电阻的优良绝缘体，而陶瓷 PTC 热敏电阻是以钛酸钡为基本材料，掺杂其它的多晶陶瓷材料制造的，具有较低的电阻及半导体特性。对于 PTC 热敏电阻效应，也就是电阻值阶跃增高的原因，在于材料组织是由许多小的微晶构成的，在晶粒的界面上，即所谓的晶粒边界（晶界）上形成势垒，阻碍电子越界进入到相邻区域中去，因此而产生高的电阻，这种效应在温度低时被抵消。在晶界上高的介电常数和自发的极化强度在低温时阻碍了势垒的形成并使电子可以自由地流动。而这种效应在高温时，介电常数和极化强度大幅度地降低，导致势垒及电阻大幅度地增高，呈现出强烈的 PTC 效应。

(2) NTC 热敏电阻

NTC 负温度系数热敏电阻，NTC 是 Negative Temperature Coefficient 的缩写，意思是负的温度系数，泛指负温度系数很大的半导体材料或元器件，所谓 NTC 热敏电阻器就是负温度系数热敏电阻器。它是以锰、钴、镍和铜等金属氧化物为主要材料，采用陶瓷工艺制造而成的。这些金属氧化物材料都具有半导体性质，因为在导电方式上完全类似锗、硅等半导体材料。温度低时，这些氧化物材料的载流子（电子和孔穴）数目少，所以其电阻值较高；随着温度的升高，载流子数目增加，所以电阻值降低。NTC 热敏电阻器在室温下的变化范围在 100～1000000Ω，温度系数－2%～－6.5%。NTC 热敏电阻器可广泛应用于温度测量、温度补偿、抑制浪涌电流等场合。

(3) 热敏电阻物理特性和参数

① 额定零功率电阻值 R_{25}(Ω)　根据国标规定，额定零功率电阻值是热敏电阻在基准温度 25℃时测得的电阻值 R_{25}，这个电阻值就是热敏电阻的标称电阻值。通常所说 NTC 热敏电阻多少阻值，亦指该值。

② 热敏电阻温度特性　热敏电阻温度特性即为热敏电阻零功率电阻值随温度变化的特性。

③ B 值：B(K)　B 值是电阻在两个温度之间变化的函数，材料常数（热敏指数）B 值被定义为：

$$B=\frac{T_1T_2}{T_2-T_1}\ln\frac{R_{T_1}}{R_{T_2}} \tag{3.18.1}$$

式中，R_{T_1} 为温度 T_1(K) 时的零功率电阻值；R_{T_2} 为温度 T_2(K) 时的零功率电阻值；T_1，T_2 为两个被指定的温度。对于常用的 NTC 热敏电阻，B 值范围一般在 2000～6000K 之间。

④ 耗散系数：δ（mW/℃）　耗散系数是物体消耗的电功率与相应的温升值之比：

$$\delta=\frac{W}{T-T_a}=\frac{I^2R}{T-T_a} \tag{3.18.2}$$

式中，δ 为耗散系数，mW/℃；W 为热敏电阻消耗的电功率，mW；T 为达到热平衡后的温度值，℃；T_a 为室温，℃；I 为在温度 T 时加热敏电阻上的电流值，mA；R 为在温度 T 时加热敏电阻上的电阻值，kΩ。在测量温度时，应注意防止热敏电阻由于加热造成的升温。

⑤ 温度系数：α(%/℃)　电阻的温度系数 α 是表示热敏电阻器温度每变化 1℃，其电阻值变化程度的系数（即变化率），用 $\alpha=\frac{1}{R}\cdot\frac{dR}{dT}$ 表示，计算式为：

$$\alpha=\frac{1}{R}\cdot\frac{dR}{dT}\times100=-\frac{B}{T^2}\times100 \tag{3.18.3}$$

式中，α 为电阻温度系数，%/℃；R 为绝对温度 T(K) 时的电阻值，Ω；B 为 B 值，K。

【实验仪器】

(1) 温控仪	1 台
(2) 热敏电阻组件	1 个
(3) 负载模块	1 个
(4) 2# 迭插头对（红色，50cm）	10 根
(5) 2# 迭插头对（黑色，50cm）	10 根

【实验内容】

(1) 温控仪原理及操作实验

① 将温度源的温度设置到指定温度

a. 按"SET"键 0.5s，绿色数码管闪烁，将 SV 的四位显示设置为 30，SV 的显示即为所设置温度，单位为℃。(注：SV 四位显示即为所要设置的温度，通过"<"调节所设置温度的位数，上下键为位数的增加和减少)；

b. 按"SET"键 0.5s，绿色数码管停止闪烁，设置温度 30℃成功。此时，SV 即为所设置的温度，PV 即为当前温度源的温度；

c. 将温度设置为 25℃，实验完成，关闭电源。

② 注意事项

a. 将温度源的实际温度转换为所设置的温度时，需要一定时间，加热速度会大于降温速度，为正常现象；

b. 温度源的实际温度变换为所设置温度时，可能会停在设置温度附近某一值，属正常现象，记录实验数据时，以温度源实验温度记录结果；

c. 当设置温度超出温度源的温度范围时，实际温度会停在临界温度；

d. 实验箱长期工作时，会造成实验箱内部的散热不良，温度源温度范围会减小，属于正常现象，实验完成注意关闭电源。

(2) 半导体制冷器原理及操作实验

半导体制冷片的工作运转是用直流电流，它既可制冷又可加热，通过改变直流电流的极性来决定在同一制冷片上实现制冷或加热，这个效果的产生就是通过热电的原理，图3.18.1就是一个单片的制冷片，它由两片陶瓷片组成，其中间有N型和P型的半导体材料(碲化铋)，这个半导体元件在电路上是用串联形式连接组成。

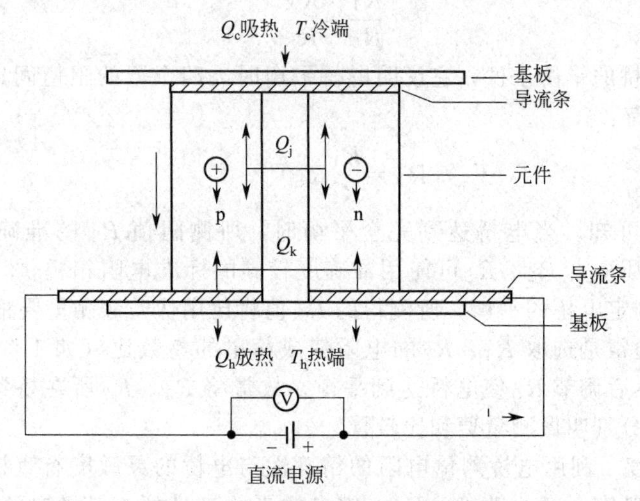

图3.18.1 半导体制冷片原理结构图

半导体制冷片的工作原理是：当一块N型半导体材料和一块P型半导体材料联结成电偶对时，在这个电路中接通直流电流后，就能产生能量的转移，电流由N型元件流向P型元件的接头吸收热量，成为冷端，由P型元件流向N型元件的接头释放热量，成为热端。吸热和放热的大小是通过电流的大小以及半导体材料N、P的元件对数来决定。

操作说明：

a. 将温控仪的温度设置为T_1（T_1应高于室温5～10℃左右），此时加到制冷片两端的为正电压，面板上温度源的铝块开始加热，用手可以感觉到发热；

b. 改变温控仪的温度，设置为T_2（T_2应低于室温5～10℃左右），此时加到制冷片两端的电压为负电压，面板上温度源的铝块开始冷却，用手可以感觉到温度降低；

c. 实验完成，将温度设置为25℃，关闭电源。

注意：实验过程中请不要将温度设置太高，以免烫手

(3) 惠斯通电桥原理及应用实验

① 惠斯通电桥　惠斯通电桥就是一种直流单臂电桥，适用于测中值电阻，其原理电路如图3.18.2所示。将R_1、R_2、R_X、R_S四个电阻连成四边形，再将它的相对顶点分别接上电源E和检流计G，便构成一个惠斯通电桥。通常把四边形的

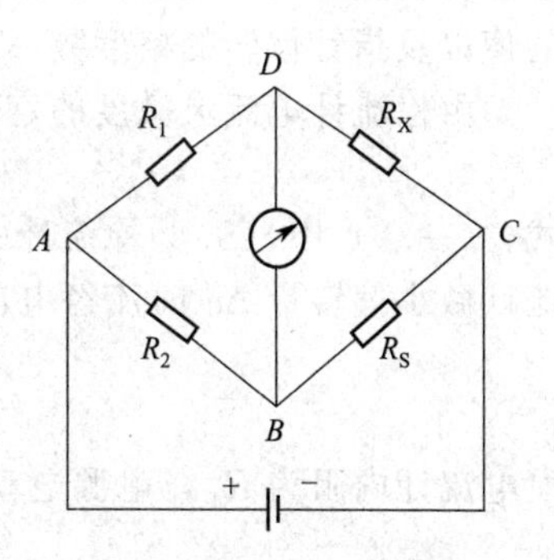

图3.18.2 惠斯通电桥

四个边叫做电桥的四个“臂”，把接有检流计 G 的对角线叫做“桥”。桥的作用是将它两个端点 B、D 处的电位直接进行比较。

通常因各电阻值是任意的，故 B、D 两个点的电位一般不等，检流计 G 中有电流通过。若调节电阻到合适阻值时，可使检流计中无电流流过，即 B、D 两点的电位相等，这时称为“电桥平衡”。

电桥平衡，检流计中无电流通过，相当于无 BD 这一支路，故电源 E 与电阻 R_1、R_X 可看成一分压电路；电源 E，电阻 R_2、R_S 可看成另一分压电路。若以 C 点为参考，则 D 点的电位 V_D 与 B 点的电位 V_B 分别为：

$$V_B=\frac{ER_S}{R_2+R_S},\quad V_D=\frac{ER_X}{R_1+R_X} \tag{3.18.4}$$

因电桥平衡时 $V_B=V_D$，故解上面两式可得：

$$\frac{R_1}{R_2}=\frac{R_X}{R_S} \tag{3.18.5}$$

式(3.18.5) 称为电桥的平衡条件，它说明电桥平衡时，四个臂的阻值间成比例关系。如果 R_X 为待测电阻，则有：

$$R_X=\frac{R_1}{R_2}R_S \tag{3.18.6}$$

由式(3.18.6) 可知，当电桥达到完全平衡时，所测阻值 R_X 的准确度仅由 R_1、R_2、R_S 的准确度决定。因 R_1、R_2、R_S 可使用准确度较高的标准电阻箱提供，故只要选用灵敏度较高的检流计来判定电桥的平衡，所测得的 R_X 值将比用伏安法测量要精确得多。

测量电阻时，通常是选取 R_1、R_2 的电阻使成简单的整数比（如 1∶1，1∶10，10∶1 等）并固定不变，然后调节 R_S 使电桥达到平衡。故常将 R_1、R_2 所在桥臂叫做比例臂，与 R_x、R_S 相应的桥臂分别叫做测量臂和比较臂。

② 电桥的灵敏度　利用电桥测量电阻的精确性与电桥的灵敏度有直接关系，当电桥平衡时，调节 R_S，使其有一微小改变 ΔR_S，则电桥平衡被破坏，灵敏电流计有读数 $\Delta\alpha$。显然，对于给定的 ΔR_S，能产生越大的电流计读数 $\Delta\alpha$，则我们越容易发现电桥已偏离平衡状态。因此电桥的绝对灵敏度定义为：

$$S=\Delta\alpha/\Delta R_S \tag{3.18.7}$$

定义电桥的相对灵敏度为：

$$S_r=\frac{\Delta\alpha}{\Delta R_S/R_S}=R_S\frac{\Delta\alpha}{\Delta R_S} \tag{3.18.8}$$

可以证明，改变任何一个桥臂所得到的电桥灵敏度都是相同的。电桥相对灵敏度可以在实验上进行测量，调节电桥平衡后，微调电阻 R_S，观察电流指针偏转，以及 R_S 的改变量 ΔR_S 的值以及指针偏转的格度数 $\Delta\alpha$ 代入式(3.18.8)，可以测出电桥的相对灵敏度。

由检流计电流灵敏度的定义可得：

$$\Delta\alpha=S_i\Delta I_g \tag{3.18.9}$$

式(3.18.9) 中，S_i 为检流计的灵敏度，ΔI_g 是当调节 R_S 有一微小变量 ΔR_S 时，对应于检流计微小偏转量 $\Delta\alpha$ 时流经电流计的电流值。将式(3.18.9) 代入式(3.18.8) 得：

$$S_r=R_S\frac{S_i\Delta I_g}{\Delta R_S} \tag{3.18.10}$$

设电流计内阻为 R_g，电源电动势为 E，利用基尔霍夫定律可解得：

$$\Delta I_g=\frac{R_1E\Delta R_S}{R_1R_X(R_2+R_S)+R_2R_S(R_1+R_X)+R_g(R_1+R_X)(R_2+R_S)} \tag{3.18.11}$$

由式(3.18.11) 代入式(3.18.10) 可得：

$$S_r=\frac{S_iE}{(R_1+R_2+R_X+R_S)+R_g(1+R_X/R_1)(1+R_S/R_2)} \tag{3.18.12}$$

式(3.18.12) 说明了电桥的灵敏度与电流计的灵敏度 S_i，电源电动势 E，电流计的内阻 R_g，四条臂上的总电阻，以及对应臂的电阻比值 R_X/R_1、R_S/R_2 有关。因此，为提高电桥的灵敏度，可以采取如下措施。

a. 所用直流电源的电动势 E 越大越好，但不能超出任一臂所允许的电流值。

b. 所用检流计的灵敏度 S_i 越高越好。

c. 对应臂的阻值之比 R_X/R_1、R_2/R_S 越小，电桥的灵敏度越高。在给定的 R_X，保持比例臂 R_1/R_2 比值不变的条件下，比率臂的电阻越大，灵敏度越高。

d. 电流计的内阻越小，灵敏度越高。

e. 同一电桥，在比率臂电阻一定的情况下，待测电阻越大，电桥灵敏度越高。

③ 电桥的测量误差　电桥的测量误差其来源主要有两方面，一是标准量具引入的误差，一是电桥灵敏度引入的误差。这里只讨论前者，因后者通常较小。当电桥平衡时待测电阻可由式(3.18.6) 表示，由于 R_1、R_2、R_S 等标准量具不可能绝对准确而有误差，由误差传递原理可知 R_X 的误差决定于 R_1、R_2、R_S 等量的误差，可由误差传递公式具体确定。为减少误差传递，可采用如下测量方法。

a. 交换法　在测定 R_X 之后，保持比例臂 R_1、R_2 不变，将比较臂 R_S 与测量臂 R_X 的位置对换，再调节 R_S 使电桥平衡，设此时 R_S 变为 R_S'，则有：

$$R_X=\frac{R_2}{R_1}R_S' \tag{3.18.13}$$

由式(3.18.13)、式(3.18.6) 两式可得：

$$R_X=\sqrt{R_SR_S'} \tag{3.18.14}$$

从式(3.18.14) 可知，R_X 已与比例臂 R_1、R_2 无关，它仅决定于比较臂的准确度。

b. 替代法　用箱式电桥测时，各臂位置固定无法交换，此时可用替代法测量。先将待测电阻 R_X 接入测量臂，调节电桥达到平衡之后，用一标准电阻 R_0 替代 R_X，在保持其它各臂不变条件下调节 R_0，使电桥重新平衡，此时 R_0 的阻值即为 R_X 的测量值。

注意：热敏电阻作为测量温度的敏感元件时，必须要求它的电阻值只随环境温度而变化，与通过的电流无关。因此，在设计热敏电阻温度计时，流经热敏电阻的电流一般选取其伏安特性曲线的线性部分的五分之一，同时流过的电流越小越好。

④ 操作说明

a. 连接直流电源的输出与万用表的输入端对应相连，打开电源，缓慢调节直流电压到 10V 左右，关闭电源，拆除导线；

b. 按照图 3.18.2 连接电路图，R_1 和 R_2 分别取 510Ω 和 1kΩ，将 R_X 为待测电阻，取 2.4kΩ，R_S 取 R_{P1}；

c. 打开电源，将电流表设置到 200μA 挡，缓慢调节电位器 R_{P1}，直流到电流表的显示为 0 为止（或接近 0），关闭电源，拆除导线，使用万用表测试出 R_{P1} 的此时的电阻 R_S；（注意：拆除导线时，请勿动到 R_{P1} 的旋钮）

d. 利用公式(3.18.6) 计算出待测电阻 R_X 的值；

e. 利用电桥的灵敏度的知识，测试出此电桥的灵敏度；

f. 利用电桥的测量误差的知识，测试出此电桥的测量误差。

(4) 热敏电阻额定功率电阻值测量

① 按照图 3.18.2 连接电路图，设定温控源的温度为 25℃，将 NTC 热敏电阻接入惠斯通电桥，R_1和 R_2分别取 510Ω 和 1kΩ，利用电桥法测试出 NTC 热敏电阻的额定功率电阻值。

② 按照图 3.18.2 连接电路图，设定温控源的温度为 25℃，将 PTC 热敏电阻接入惠斯通电桥，R_1 和 R_2 分别取 510Ω 和 1kΩ，利用电桥法测试出 PTC 热敏电阻的额定功率电阻值。

(5) PTC 热敏电阻温度特性测试实验　按照实验内容（4）测量电阻的方法，热敏电阻选用 PTC 热敏电阻，改变温控仪读数，测量不同温度下的电阻值，并作 R_T-t 曲线。

(6) 热敏电阻 B 值、温度系数、热耗散系数测量实验

① 根据上述实验所测得的实验数据，利用公式(3.18.1) 分别计算出 NTC 热敏电阻和 PTC 热敏电阻的 B 值。

② 根据上述实验所测得的实验数据，利用公式(3.18.3) 计算出 PTC 光敏电阻的温度系数 α。

③ 根据上述实验所测得的实验数据，利用公式(3.18.2) 计算出 PTC 光敏电阻的热耗散系数 δ。

【数据记录与处理】

见表 3.18.1。

表 3.18.1　PTC 热敏电阻温度特性数据记录

t/℃	20.0	25.0	30.0	35.0	40.0	45.0	50.0	55.0	60.0
R_T/Ω									

作 R_T-t 曲线。

R_S=________；　R_X=________；　S_r=________；

R_{NTC}=________；　R_{PTC}=________；　B_{NTC}=________；

B_{PTC}=________；　α=________；　δ=________

【思考题】

(1) 为什么热敏电阻有对温度高度灵敏的特性?

(2) 热敏电阻的阻值与温度之间的关系是什么？热敏电阻有哪些方面的应用?

【参考文献】

张永林，狄红卫. 光电子技术. 北京：高等教育出版社，2006.

3.19　热释电探测器实验

热释电材料是一种具有自发极化的电介质，而且其自发极化强度能够随温度的变化而变化。1938 年就有人建议利用热释电效应制造红外探测器，直到 1962 年，J. 库珀才对此效应作了详细分析，并制成红外探测器。但它与其它热敏型红外探测器的根本区别在于，后者利用响应元的温度升高值来测量红外辐射，响应时间取决于新的平衡温度的建立过程，时间比较长，不能测量快速变化的辐射信号。而热释电型探测器所利用的是温度变化率，因而能探

测快速变化的辐射信号。20 世纪 70 年代中期以来，这种探测器在实验室的光谱测量中逐步取代温差电型探测器和气动型探测器。

【实验目的】

(1) 了解热释电传感器的工作原理及其特性。

(2) 了解并掌握热释电传感器信号处理方法及其应用。

(3) 了解并掌握超低频前置放大器的设计。

【实验原理】

(1) 热释电探测器简介

热释电探探器是一种利用某些晶体材料自发极化强度随温度变化所产生的热释电效应制成的新型热探测器。当晶体受辐射照射时，由于温度的改变使自发极化强度发生变化，结果在垂直于自发极化方向的晶体两个外表面之间出现感应电荷，利用感应电荷的变化可测量辐射的能量。因为热释电探测器输出的电信号正比于探测器温度随时间的变化率，不像其他热探测器需要有个热平衡过程，所以其响应速度比其它热探测器快得多，一般热探测器典型时间常数值在 1～0.01s 范围，而热释电探测器的有效时间常数低达 10^{-4}～3×10^{-5}s。虽然目前热释电探测器在探测率和响应速度方面还不及光子探测器，但由于它还具有光谱响应范围宽、较大的频响带宽、在室温下工作无需制冷、可以有大面积均匀的光敏面、不需要偏压、使用方便等优点而得到日益广泛的应用。

(2) 热释电效应

某些物质（例如硫酸三甘肽、铌酸锂、铌酸锶钡等晶体）吸收光辐射后将其转换成热能，这个热能使晶体的温度升高，温度的变化又改变了晶体内晶格的间距，这就引起在居里温度以下存在的自发极化强度的变化，从而在晶体的特定方向上引起表面电荷的变化，这就是热释电效应。

在 32 种晶类中，有 20 种是压电晶类，它们都是非中心对称的，其中有 10 种具有自发极化特性，这些晶类称为极性晶类。对于极性晶体，即使外加电场和应力为零，晶体内正、负电荷中心也并不重合，因而具有一定的电矩，也就是说晶体本身具有自发极化特性，所以单位体积的总电矩可能不等于零。这是因为参与晶格热运动的某些离子可同时偏离平衡态，这时晶体中的电场将不等于零，晶体就成了极性晶体。于是在与自发极化强度垂直的两个晶面上就会出现大小相等、符号相反的面束缚电荷，极性晶体的自发极化通常是观察不出来的，因为在平衡条件下它被通过晶体内部和外部传至晶体表面的自由电荷所补偿。极化的大小及由此而引起的补偿电荷的多少是与温度有关的。如果强度变化的光辐射入射到晶体上，晶体温度便随之发生变化，晶体中离子间的距离和链角跟着发生相应的变化，于是自发极化强度也随之发生变化，最后导致面束缚电荷跟着变化，于是晶体表面上就出现能测量出的电荷。

(3) 热释电探测器工作原理

当已极化的热电晶体薄片受到热辐射时候，薄片温度升高，极化强度下降，表面电荷减少，相当于“释放”一部分电荷，故名热释电。释放的电荷通过一系列的放大，转化成输出电压。如果继续照射，晶体薄片的温度升高到 T_c（居里温度）值时，自发极化突然消失。不再释放电荷，输出信号为零，如图 3.19.1 所示。

因此，热释电探测器只能探测交流的斩波式的辐射（红外光辐射要有变化量）。当面积为 A 的热释电晶体受到调制加热，而使其温度 T 发生微小变化时，就有热释电电流 i：

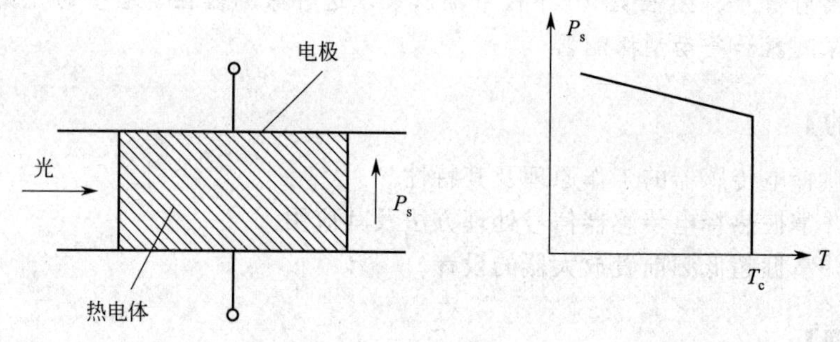

图 3.19.1 受到热辐射的热电晶体及极化强度与温度的关系

$$i = AP\frac{dT}{dt} \tag{3.19.1}$$

式中，A 为面积；P 为热电体材料热释电系数；dT/dt 是温度的变化率。

【实验仪器】

直流稳压电源 1 台；热释电传感器实验模块 1 个；显示模块 1 个；2＃选插头对若干。

【实验内容】

(1) 热释电传感器系统安装调试实验

① 热释电探头“D”、“S”、“G”对应连接。

② 将精密直流稳压电源的一路“＋5V”、“⊥”接到显示模块电压表对应的“＋5V”、“GND”，为电压表供电，另一路“＋5V”、“⊥”对应接到热释电探测器模块的“＋5V”、“GND”。

③ 表头黑色端接地 (GND)，红色端接热释电红外探头“S”端，选择直流电压 2V 挡。打开电源，观察万用表数值变化，约 2min 左右，直至数值趋于稳定，实验仪开始正常工作；

④ 用手在红外热释电探头端面晃动时，探头有微弱的电压变化信号输出（可用万用表测量)。经超低频放大电路放大后，万用表选择直流电压 20V 挡，通过万用表可检测到“O2”输出端输出的电压变化较大。再经电压比较器构成的开关电路和延时电路（延时时间可以通过电位器调节)，使指示灯点亮。观察这个现象过程。通过调节“灵敏度调节”电位器，可以调整热释电红外探头的感应距离。

⑤ 对观察到的信号及现象进行分析。

⑥ 关闭电源，拆除所有连线（如继续做下面的实验，支架可不拆除)。

(2) 热释电传感器信号处理实验

① 超低频放大电路实验

a. 热释电探头“D”、“S”、“G”对应连接。

b. 将精密直流稳压电源的一路“＋5V”、“⊥”接到显示模块电压表对应的“＋5V”、“GND”，为电压表供电，另一路“＋5V”、“⊥”对应接到热释电探测器模块的“＋5V”、“GND”。

c. 表头黑色端接地 (GND)，红色端接热释电红外探头“S”端，选择直流电压 2V 档。打开电源，观察万用表数值变化，约 2min 左右，直至数值趋于稳定，实验仪开始正常工作。

d. 手在红外热释电探头端面晃动时，探头有微弱的电压变化信号输出，用万用表直流电压 2V 挡测量其值的变化范围并记录分析。

e. 用直流电压 20V 挡测量“O2”处电压值，测量其值的变化范围并记录，即为超低频放大电路输出信号值，分析比较探头输出电压值大小和放大后信号大小。

f. 分析超低频放大电路原理及其工作过程。

g. 关闭电源（导线不拆除）。

② 窗口比较电路实验

a. 打开电源，需要延时 2min 左右实验仪才能正常工作。用直流电压 20V 挡测量窗口比较器上下限比较基准电压（“VH”、“VL”）并做记录。

b. 手在红外热释电探头端面晃动时，用万用表直流电压 20V 挡测量“O2”端输出的热释电信号比较电压和“O3”端开关量输出信号。分析窗口比较电路原理及其工作过程。

c. 关闭电源（导线不拆除）。

③ 延时开关量输出及报警驱动实验　打开电源，需要延时 2min 左右实验仪才能正常工作。手在红外热释电探头端面晃动时，用万用表直流电压 20V 挡观察测量“O4”端开关输出信号大小和延时后发光二极管指示状态并分析。

④ 延时时间控制实验

a. 打开电源，需要延时 2min 左右实验仪才能正常工作。手在红外热释电探头端面晃动时，观察发光二极管指示状态。

b. 调节延时时间旋钮，用万用表直流电压 20V 挡测量“O4”端输出信号变化，观察发光二极管指示状态。

c. 分析延时的好处。

d. 关闭电源，拆除连线。

【数据记录与处理】

见表 3. 19. 1 和表 3. 19. 2。

表 3. 19. 1　超低频放大电路实验数据表

探头输出(2V 挡)										
“O2”输出(20V 挡)										

分析比较探头输出电压值大小和放大后信号大小，分析超低频放大电路原理及其工作过程。

表 3. 19. 2　窗口比较电路实验数据表　　“*VH*”=　　　、“*VL*”=

“O2”端输出(20V 挡)										
“O3”端(20V 挡)										

分析窗口比较电路原理及其工作过程。

【思考题】

(1) 热电探测器与光电探测器相比较，在原理上有何区别？

(2) 热释电探测器为什么只能探测调制辐射？

【参考文献】

张永林，狄红卫．光电子技术．北京：高等教育出版社，2006.

3.20 计算机实测物理实验

随着IT技术的发展，科学实验的面貌正在发生巨大的变化。在物理实验中，利用计算机来对各种物理量进行监视、测量、记录和分析，可准确地获取实验的动态信息，因而有利于提高实验精度，有利于研究瞬态过程，更可以大大节约工作人员的劳动强度和工作量，这是现代物理实验的发展方向。本实验提供了一套完整的硬件接口和实验软件，将待测物理量通过传感器及放大器输入计算机，并进行记录、分析和处理。此实验仪器一共能完成声波和拍、冷却规律、弹簧振子、单摆、点光源的光照度与距离的关系五个实验，这些实验与原来手工操作的物理测量实验相辅相成。由于计算机实时测量系列实验能更好地体现计算机测量的优点和特点，特别是对运算复杂、暂态变化的物理量及高精度检测，计算机实时测量能充分发挥其特点和功效，因此，在基础物理实验中，适当比例引入计算机实测物理实验，对提高学生实验能力，扩大知识面是非常有益的。

【实验原理】

(1) 计算机实测物理实验简述

计算机实测物理实验装置通过传感器感受信号，并转换成电信号，经实验接口把电量转换成数字量输入计算机，用专用的软件在计算机显示器上直观地显示物理量随时间变化的规律，从而可以分析各物理量之间的函数关系，这对深入分析物理问题和验证物理规律是十分有利的。

计算机实测物理实验主要有四部分组成：①物理实验装置；②传感器（包括放大器）；③通用接口；④计算机和计算机实测物理实验专用软件。实验框图如图3.20.1所示。

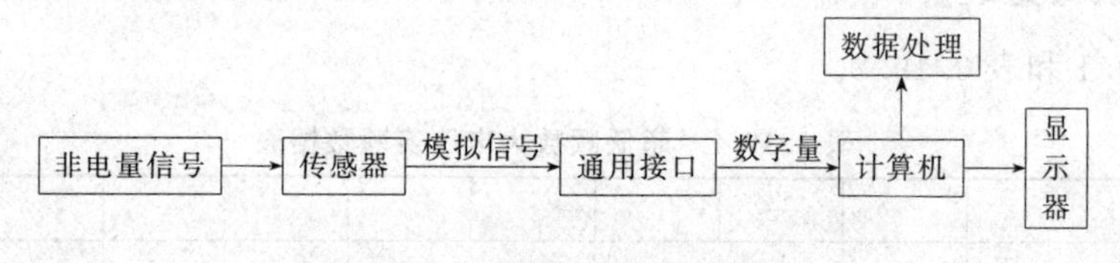

图3.20.1 计算机实测物理实验框图

(2) 传感器

在计算机实测物理实验中，首先必须由传感器把待测物理量转换成计算机可接受的物理量（一般为电量）。传感器的精度、灵敏度和可靠性将决定实验结果的优劣。

传感器一般由敏感元件和转换元件组成。敏感元件指传感器中能直接感受或响应被测物理量的部分；转换元件是指传感器中能将敏感元件感受或响应的被测物理量转换成适于传输和（或）测量的电信号的部分。

传感器分类方法有两种。

① 按被测物理量来分　有温度传感器、压力传感器、位移传感器、速度传感器、加速度传感器、湿度传感器等。

② 按传感器工作原理分　有应变式、电容式、电感式、压电式、热电式、磁敏、光敏等传感器。

由于有的传感器的输出信号一般都比较微弱，因此常在传感器后连接一个放大器，将弱信号放大。放大器应具有高输入阻抗、高响应速度、高抗干扰能力、低漂移、低噪声和低输出阻抗的性能。

（3）通用实验仪接口板

FD-CTP-A 计算机实测物理实验仪的接口，具有把传感器经放大后的输出模拟信号经 A/D 转换为数字量，并经过单片机数字处理，最后接入计算机的部件，其系统框图如图 3.20.2 所示。整个接口分为四部分：①传感器输入端口；②12 位 A/D 转换器；③单片机控制系统；④电源。

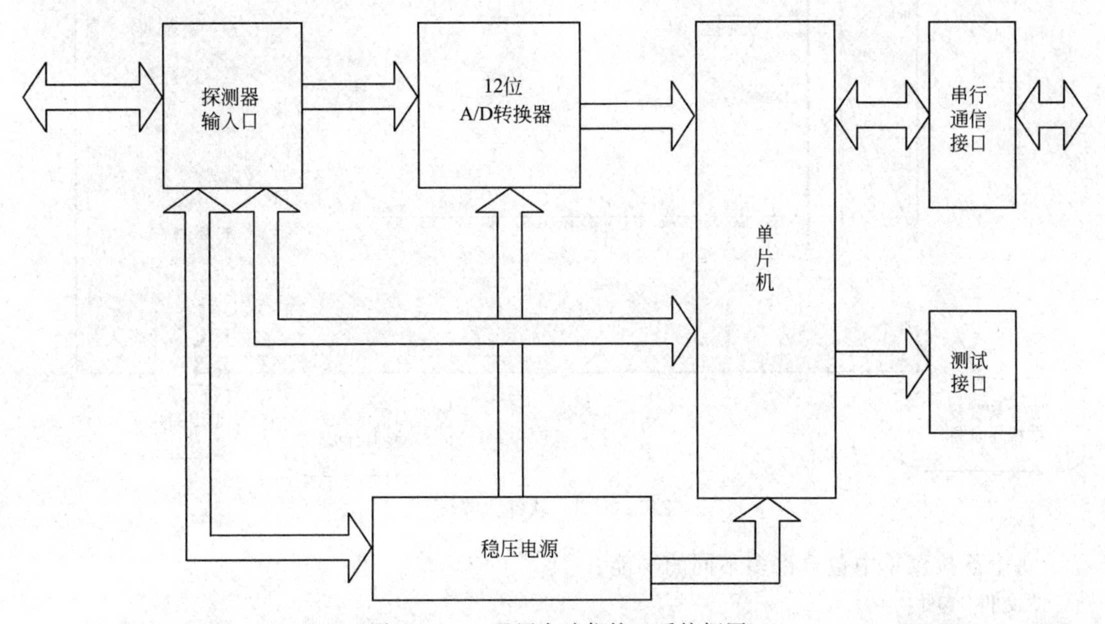

图 3.20.2　通用实验仪接口系统框图

A/D 转换器即为模/数转换器，它的功能是将模拟信号转换为与其相应的数字信号。它是数据采集的核心部件，能将某一确定范围内连续变化的模拟信号转换为分立的有限的一组二进制数。A/D 转换器输出的二进制数通过单片机的串口输入计算机。

【计算机实测物理实验接口软件】

计算机实测物理实验软件以其灵活、生动、形象、鲜明的文字、图形和动画等丰富多彩的表现形式，使物理实验教学内容化难为易，化静为动，化抽象为具体，有助于学生掌握重点、突破难点、启迪思维、引发兴趣、进而巩固知识、发展能力和提高素质。其为学生提供了一个界面友好、操作简单的实验平台，这些实验技能学习，有助于学习和理解计算机在科研中的应用，掌握计算机实测的能力。同时，在实验中深入理解一些重要的物理原理和规律。

计算机实测物理实验软件主界面如图 3.20.3 所示。

实验界面左半部分是实验装置及曲线显示区，形象的显示各个实验的内容，右半部分为实验项目选择，点击“确定”按钮，即可进入相应的实验界面。点击“退出”按钮，便可退出计算机实测物理实验。

软件窗口分为以下几个部分。

（1）“菜单栏”　有 5 项菜单

文件(F)　实验(E)　工具(T)　关于(A)　帮助

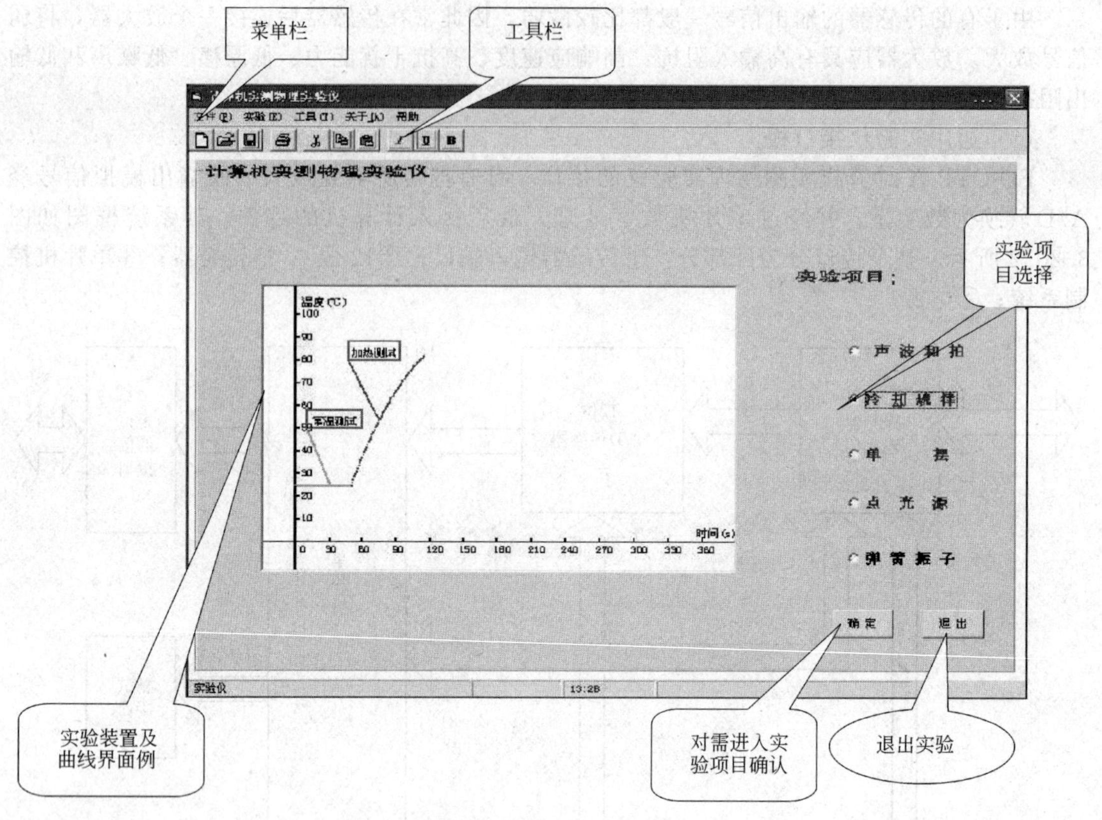

图 3.20.3　软件主界面

每个下拉菜单中包含许多不同的功能。

“文件”项：

文件(F)

新建	Ctrl+N
打开	Ctrl+O
保存	Ctrl+S
打印	Ctrl+P
退出	Ctrl+Q

新建：新建一个记事本文件。

打开：打开记事本文件。

保存：保存模拟演示区的图片。

打印：控制打印机，打印实验的简单说明。

退出：退出计算机实测物理实验仪。

“实验”项：

实验(E)

声波和拍物理实验	Ctrl+V
冷却规律物理实验	Ctrl+C
单摆物理实验	Ctrl+D
点光源物理实验	Ctrl+G
弹簧振子物理实验	Ctrl+Z

可单击或快捷键选择实验。

“工具”项：

工具(T)

计算器

记事本

计算器：运行系统自带的计算器辅助工具。

记事本：运行系统自带的记事本辅助工具。

“关于”项：

关于(A)

声波和拍实验说明

弹簧振子物理实验说明

冷却规律实验说明

点光源的照度与距离关系实验说明

单摆物理实验说明

对各个实验项目进行简单的叙述。

“帮助”项：

帮助

关于...

关于…：简单介绍本实验软件。

(2)“工具栏”有 10 项菜单

依次为：新建、打开、保存、打印、剪切、复制、粘贴、倾斜、下划线、加粗。

【思考题】

(1) 计算机实测物理实验与传统物理实验有何异同？它的特点是什么？在物理实验中应如何运用？

(2) 在你做过的物理实验中，你认为哪些物理实验可以采用计算机实测技术？并提出该实验实施计算机实时测量要解决的主要问题和可能形成的优点。

【参考文献】

沈元华，陆申龙. 基础物理实验. 北京：高等教育出版社，2003.

3.20.1 用计算机实测技术研究声波和拍

【实验目的】

(1) 了解计算机实测技术的基本方法。

(2) 了解计算机采样速度的含义，确定合适采样速度测量音叉共振频率。

(3) 用计算机测量喇叭振动与音叉振动产生声音合振动的拍频 $\nu_{拍}$。

【实验原理】

声波是机械纵波。当弹性介质的某一部分离开它的平衡位置时，就可以引起这部分介质在平衡位置振动，波动方程为：

$$y=y_{\mathrm{m}}\cos\frac{2\pi}{\lambda}(x-vt) \tag{3.20.1.1}$$

式中，y_{m} 为振动幅度；λ 为声波波长；v 为声波波速。

如果有两列波沿同一方向传播，频率分别为 ν_1 和 ν_2，根据波的叠加原理知，当两列波通过空间某一点时，这两列波在该点产生的合振动是各自振动之和。

如在某一给定点，在时刻 t 时，一列波所产生的振动位移为 y_1，则：

$$y_1=y_{\mathrm{m}}\cos(2\pi\nu_1 t) \tag{3.20.1.2}$$

在同一点处，另一列波所产生的振动位移为 y_2，则：

$$y_2=y_{\mathrm{m}}\cos(2\pi\nu_2 t) \tag{3.20.1.3}$$

由叠加原理，这两列波在该点合成的合震动位移为 y，则：

$$y=y_1+y_2=2y_{\mathrm{m}}\cos2\pi\left(\frac{\nu_1-\nu_2}{2}\right)t\cos2\pi\left(\frac{\nu_1+\nu_2}{2}\right)t \tag{3.20.1.4}$$

由上式知，这两列波在该点产生的合振动是各自振动之和，合振动的振幅是时间的函数，这一现象称为拍。合振动振幅的最大值由 $\cos2\pi\left(\frac{\nu_1-\nu_2}{2}\right)t$ 决定，由于振幅所涉及的是绝对值，故其变化周期为 $\left|\cos2\pi\left(\frac{\nu_1+\nu_2}{2}\right)t\right|$ 的周期，此周期由 $\cos2\pi\left(\frac{\nu_1+\nu_2}{2}\right)=\pi$ 决定，故振幅变化频率为：

$$\nu=|\nu_1-\nu_2| \tag{3.20.1.5}$$

即两列波的频率之差，ν 称为拍频。

【实验仪器】

实验装置如图 3.20.1.1 所示，包括音叉、共鸣箱（一端开口）、小橡皮锤、喇叭、信号发生器、拾音器、通用硬件接口、计算机。（拾音器为电话机话筒，其频率范围是 100Hz～10kHz。）

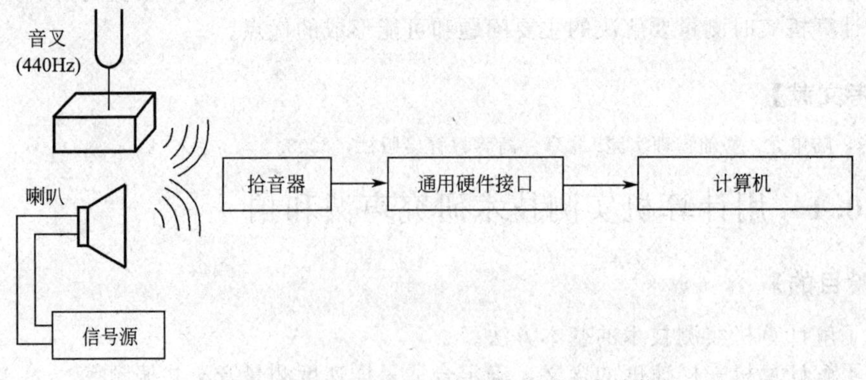

图 3.20.1.1　音叉振动频率及拍频测量实验装置

【实验内容】

(1) 主机箱后面板上的功率信号输出和实验架上的扬声器输入接口连接。

(2) 计算机实测物理实验仪接口前面板上的A/D转换通道A和实验架上的拾音器信号输出端口连接。

(3) 进入“声波和拍实验”界面。

(4) 点击“理论模拟”按钮，进入“声波和拍实验模拟”界面。声波和拍实验模拟界面如图3.20.1.2所示，设置好音叉频率和扬声器频率，点击“显示波形”即可以看到理论上的波形。观测波形时，可以伸缩横坐标来观测伸缩后的波形图，如图3.20.1.3所示，通过观测各种音叉频率和扬声器频率组合下的波形，可以了解声波波形和拍的形成原理。

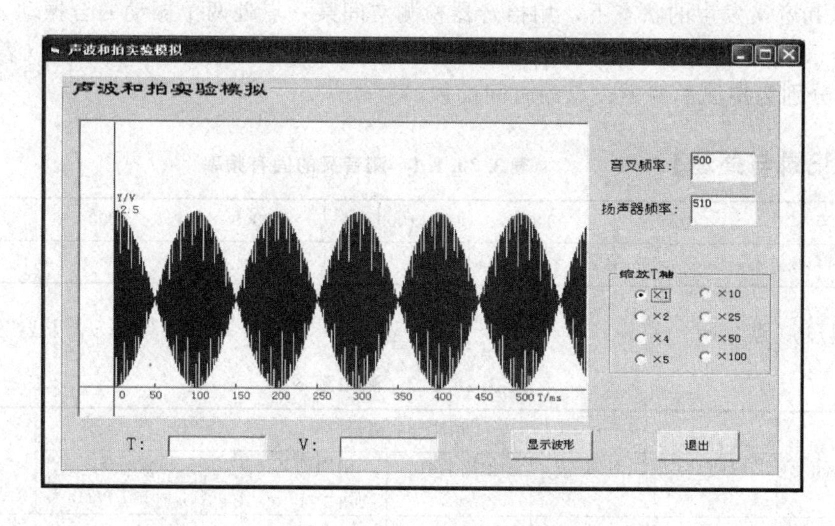

图3.20.1.2 拍的波形图

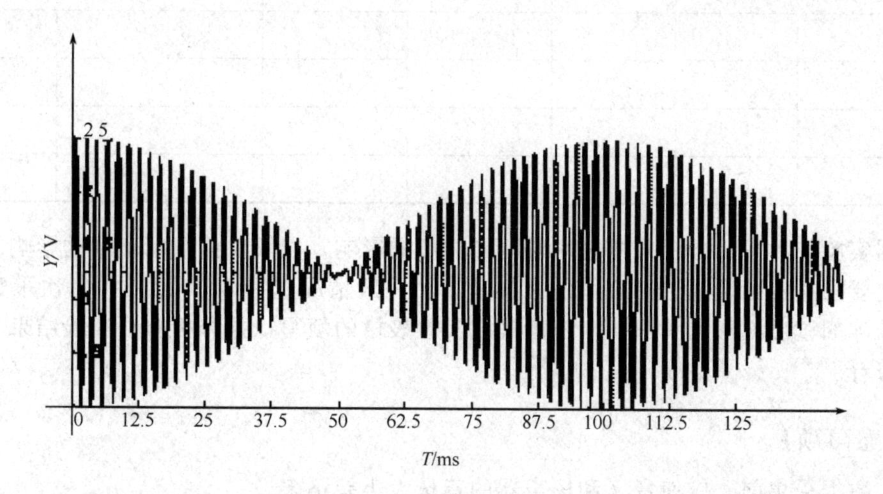

图3.20.1.3 拍波形伸展图

(5) 音叉固有频率ν_1观测

退出声波和拍实验模拟界面，开始声波和拍实验。调节好A/D转换通道A的放大倍数。用小橡皮锤敲击音叉，音叉发生振动，该振动在空气中激发声波。将共鸣箱开口放置于拾音器处，点击“开始采集”按钮，采集信号，稍等片刻点击“获取数据”按钮，获取信号信息，并点击“显示波形”按钮，将波形显示出来。选择不同的采样速率，根据上述方法，显示相应的波形，从中选择比较清晰的波形，进而确定合适的采样速率，选择不同的横坐标伸展倍率来观测波形，并在表 3.20.1.1 记录相应的数据。最终确定好合适的采样速率和音叉的固有频率。思考如何根据已知音叉的频率来选择合适的采样速度？

(6) 拍频观测

调节信号发生器频率，使喇叭频率 ν_2 接近于音叉的固有频率 ν_1，即分别使 $\nu_2-\nu_1\approx\pm15$、±10、±5Hz。信号源（喇叭）的频率 ν_2 以实测为准，测量方法和测量音叉固有频率一样。调节信号发生器幅度，使喇叭产生声波接近于音叉产生声波在同一位置幅度的平均值，在喇叭和音叉发声的状态下，用拾音器检测空间某一点处两个振动的合振动，检测方法和实验内容（3）～（5）方法一样，然后记录实验数据。（记录表格自己设计。）（表 3.20.1.2 中 t_1 和 t_2 分别为拍波形两个谷点的时间读数。）

【数据记录与处理】

表 3.20.1.1　测音叉的固有频率

采样速度/(点/s)	100	800	1000	2000	4000	8000
音叉频率 ν_1/Hz						

采样速度/(点/s)：　　　　　　　　　　　　音叉频率 ν_1/Hz：

表 3.20.1.2　测拍频

信号源(喇叭)频率 ν_2/Hz(实测)	拍波形的测量					$(\nu_2-\nu_1)$/Hz
	时间 t_1 /s	时间 t_2 /s	拍周期数 n	拍周期 T $(t_2-t_1)/n$	拍频/Hz ($\nu_{拍}=1/T$)/Hz	

根据实验波形图，分析采样速率对采样波形的影响，以及对读数精确度的影响。所以实验时一定要根据实际情况选择合适的采样速率，一般情况选择 8000 点/s。每次采集完数据后，要准确的读出波形的频率值，正确完成实验表格的填写，并分析验证实验结果和理论是不是很符合。

【注意事项】

(1) 数据采集前，应使音叉和扬声器的音量大小差不多。

(2) 调节好信号的放大倍数，数据采集时，信号幅度最大不得超过 2.5V。

【思考题】

(1) 观测拍频的时候如何选择喇叭的振幅和频率？

(2) 由实验结果得出拍频和两列波的振动频率 ν_1 和 ν_2 之间的关系。

(3) 思考如何根据已知音叉的频率来选择合适的采样速度？

3.20.2　用计算机实测技术研究弹簧振子的振动

【实验目的】

(1) 了解计算机实时测量的基本方法。

(2) 加深对弹簧振子的振动规律的认识。

(3) 了解几种测量弹簧振子周期的方法（超声波测距和测试弹簧所受拉力的方法）。

【实验原理】

将一根劲度系数为 k 的弹簧上端固定，下端系一个质量为 m 的物体，以物体的平衡位置为坐标原点，根据胡克定律，在弹簧弹性限度内，物体离开平衡位置的位移与它所受到弹力的关系为：

$$F=-kx \tag{3.20.2.1}$$

即振子所受的力 F 与弹簧的伸长（或压缩）量成正比。

若忽略空气阻力，根据牛顿第二定律，振子所满足的运动方程为：

$$m\frac{\mathrm{d}^2x}{\mathrm{d}t^2}=-kx \tag{3.20.2.2}$$

式中，m 为振子质量；t 为时间。

式(3.20.2.2) 的解为：

$$x=A\cos(\omega t+\phi) \tag{3.20.2.3}$$

式中，A 是振幅；$\omega=\sqrt{\frac{k}{m}}$是角频率，$\phi$ 为初相位。

式(3.20.2.3) 说明振子的位移和时间的关系是按余弦规律变化的，由于弹簧振子的固有频率 $\nu=\frac{\omega}{2\pi}$，故：

$$\nu=\frac{1}{2\pi}\sqrt{\frac{k}{m}} \tag{3.20.2.4}$$

由式(3.20.2.4) 可知，固有频率的平方与弹簧的劲度系数 k 成正比，与物体质量成反比。即 ν 反映了振动系统的固有特性，在弹簧质量 m_0 不能忽略的情况下，弹簧有效质量近似为$\frac{m_0}{3}$，即：

$$\nu=\frac{1}{2\pi}\sqrt{\frac{k}{m+\frac{m_0}{3}}} \tag{3.20.2.5}$$

由此可知，通过测量振子在运动过程中的振动周期，可以研究振子的固有频率与劲度系数、物体质量之间的关系。

【实验仪器】

实验装置示意图如图 3.20.2.1 所示，其中测力装置由力测量探头和放大器组成，力测量探头的结构如图 3.20.2.2 所示，A 为圆柱形磁铁，其正上方有一霍尔传感器 C，B 为黄铜片，它下面可以挂弹簧。当黄铜片受到弹力作用时，磁铁位置发生相应的变化，磁场变化引起霍尔传感器的霍尔电势发生变化，该变化的电压正比于磁感应强度，放大后送入通用硬件接口进行 A/D 变换，然后由计算机分析、处理，定量显示力的大小。

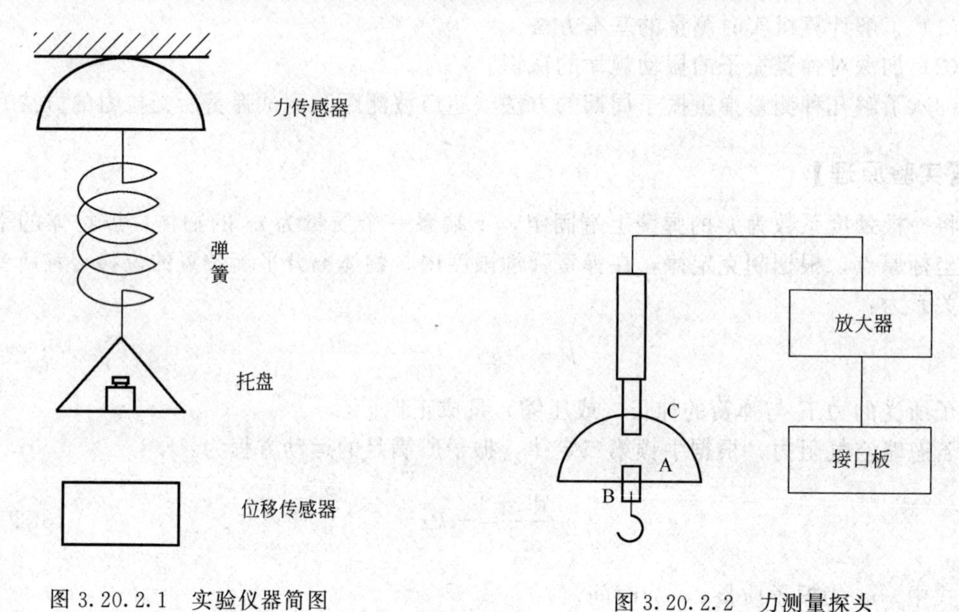

图 3.20.2.1　实验仪器简图　　图 3.20.2.2　力测量探头

测距装置为超声波传感器，它发出 40kHz 的超声波脉冲，经物体反射后，测试出超声波发射和接收的时间差，即可以得到该物体离测距装置的距离，注意托盘振动不稳也会带来测量误差，所以实验时候尽量使托盘振动稳当，一般选择硬一点的弹簧，振子质量大一点，这样振子振动过程中比较稳当一些。

计算机采集出各种测量信号，对其信号进行分析、处理后，得到振子振动的周期，并得到其运动规律。

【实验内容】

(1) 通过超声波传感器来测试振子振动周期。

① 用传感器连接线将实验架上的超声波传感器和主机箱前面板上对应的插孔连接。

② 主机箱后面板上的信号输出端口 2 和计算机实测物理实验仪接口后面板上的信号输入端口连接。

③ 运行计算机实测物理实验软件，进入主界面，并选择“弹簧振子实验”项目，进入“弹簧振子实验”中的“超声波传感器测量弹簧劲度系数”实验界面。

④ 将实验架调节平衡，使托盘和超声波头对准，使托盘在平衡位置时距离超声波头 32cm 左右。

⑤ 从第 1 点开始选择好测试点，并设置好相应的振子质量，使弹簧振子开始振动。然后点击“开始测试”按钮，采样时间一般为 12s 左右，然后点击“停止采集”按钮停止采样。有时由于环境因素使得托盘振动不稳，测试的波形不理想，这时可以点击“重新测试”按钮，重新采样。直到采样到比较理想的波形为止，波形如图 3.20.2.3 所示。

⑥ 采集好波形以后，点击“周期分析”按钮，系统会对所采样的波形进行周期分析，

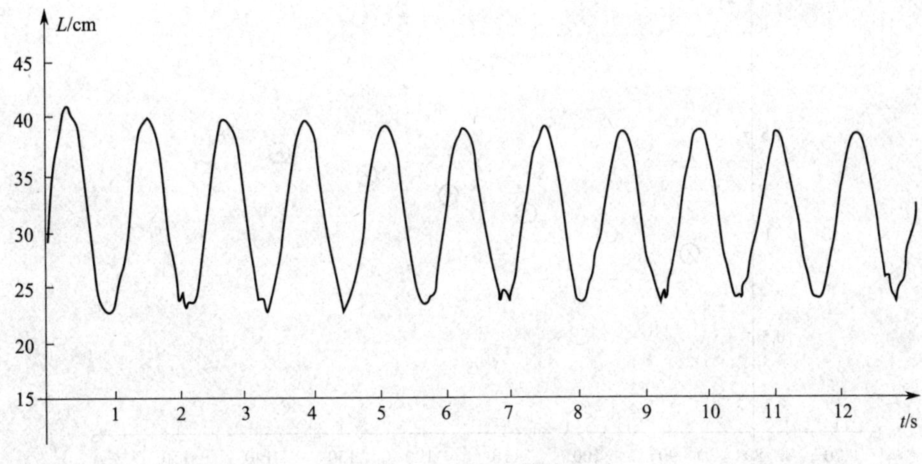

图 3.20.2.3　波形

周期分析后的波形如图 3.20.2.4 所示。分析出周期以后，点击“周期记录”按钮，系统会将刚刚采样的波形的周期值保存到相应的测量点的数据列，并计算出相应测量点的周期平均值。

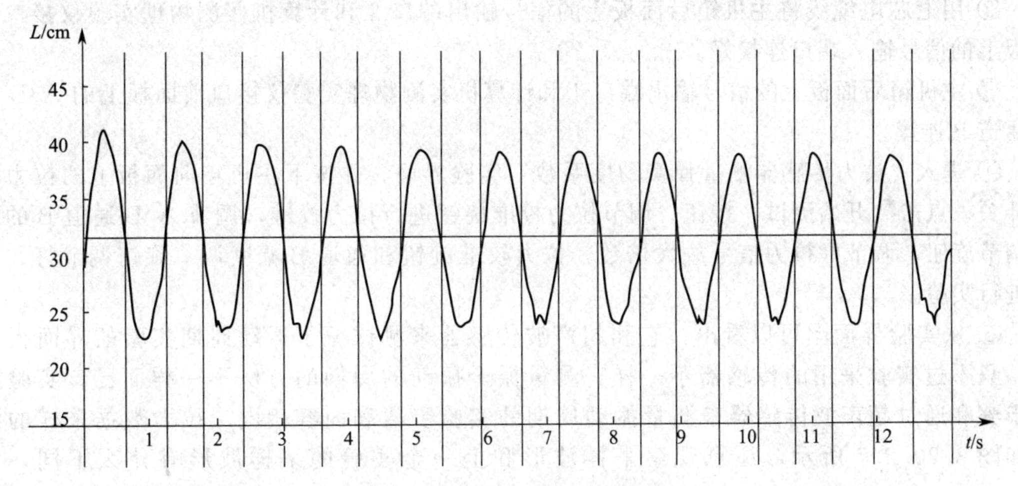

图 3.20.2.4　周期分析后的波形

⑦ 按照上面的操作方法，根据自己的实际情况测量多点，可选数据点从 1 点到 9 点之间。测量完成后，尚需设置好数据处理的测试点数，只能是从第 1 点开始选择，如图 3.20.2.5 所示。

图 3.20.2.5　设置数据处理测试点数

⑧ 设置好弹簧的质量参数，点击“描点”，系统会自动将数据点在坐标上描绘出来，描点后的波形如图 3.20.2.6 所示。

⑨ 点击“直线拟合”以后，计算机将自动对数据进行直线拟合，计算出斜率、截距、相关系数等实验数据，并求出相应的弹簧劲度系数 k。

⑩ 可根据需要保存相应的波形图或实验数据。

⑪ 退出此实验界面。

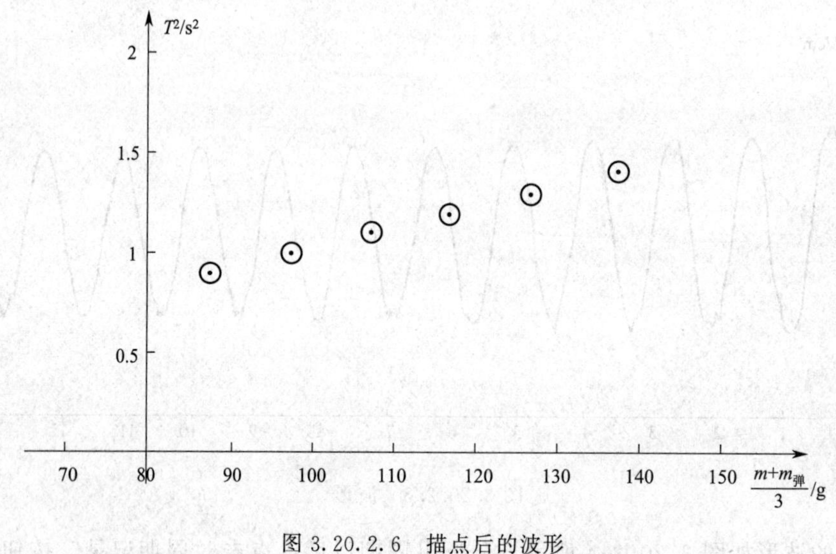

图 3.20.2.6 描点后的波形

(2) 通过拉力传感器来测试振子振动周期

① 用传感器连接线将实验架上的拉力传感器和主机箱前面板上对应的插孔连接。

② 用七芯电缆线将主机箱后面板上的信号输出端口 2 和计算机实测物理实验仪接口后面板上的信号输入端口连接好。

③ 主机箱后面板上的信号输出端口 1 和计算机实测物理实验仪接口前面板上的 A/D 转换通道 B 连接。

④ 进入“拉力传感器测量弹簧劲度系数”实验界面，并按下主机箱前面板上的拉力测量开关。点击“开始测试”按钮，调节拉力校准旋钮进行拉力校准，调节 A/D 通道 B 的幅度调节旋钮，调节好拉力信号放大倍数，拉力校准旋钮和通道 B 幅度调节旋钮调节好，方可进行实验。

⑤ 从实验界面图可以看出，它和超声波传感器来测试振子振动周期实验的界面很相似，只不过实验采用的传感器不一样，测量振子振动的周期的方法不一样而已，实验操作步骤和通过超声波传感器来测量振动周期的实验步骤和内容相同。拉力数据采样的波形如图 3.20.2.7 所示，注意观察采样波形和上一个实验的采样波形有什么不同，为

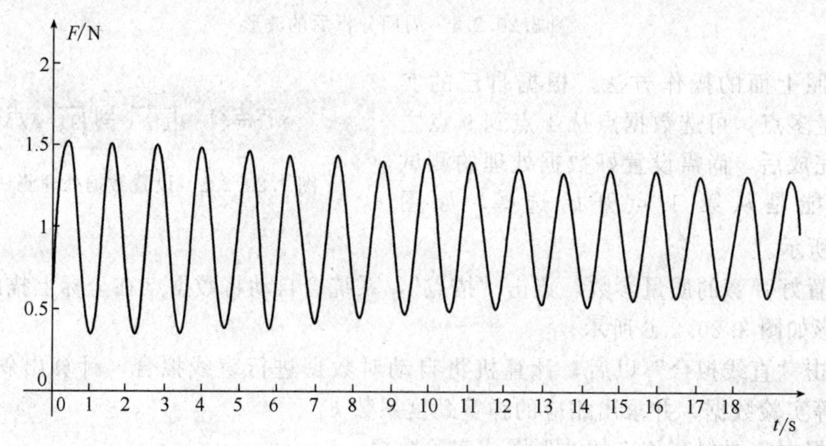

图 3.20.2.7 拉力数据采样的波形

什么？

【数据记录与处理】

(1) 超声波传感器测试振子振动周期，一共测量6个数据点，如表3.20.2.1所示。

弹簧质量：______g

表3.20.2.1　超声波传感器测试振子振动周期

测试点号 i	振子质量 m/g	振动周期的平均值 T/s	测试点号 i	振子质量 m/g	振动周期的平均值 T/s
1			4		
2			5		
3			6		

用作图法作图，对数据进行直线拟合，求出斜率、截距、相关系数及弹簧的劲度系数 k。

(2) 力传感器测试振子振动周期，一共测量5个数据点，如表3.20.2.2所示。

弹簧质量：______g

表3.20.2.2　力传感器测试振子振动周期

序号 i	振子质量 m/g	振动周期的平均值 T/s	序号 i	振子质量 m/g	振动周期的平均值 T/s
1			4		
2			5		
3					

用作图法作图，对数据进行直线拟合，求出斜率、截距、相关系数及弹簧的劲度系数 k。

【注意事项】

(1) 超声波测量振子振动周期时，托盘振动应平稳。

(2) 超声波传感器的测量距离控制在20～45cm之间，调节好超声波传感器到托盘的距离。

(3) 拉力传感器测量振子振动周期时，应调节好放大器的放大倍数。

(4) 周期测量过程中，采样时间尽量长一些，减小实验误差。

【思考题】

(1) 超声波传感器为什么有一个测量盲区？

(2) 分别用超声波传感器和拉力传感器测量振子振动周期，两者有什么区别？

3.20.3　用计算机实测技术研究单摆

【实验目的】

(1) 验证周期 T 与摆长 l 之间的关系，并求出重力加速度 g。

(2) 固定摆长，测量周期 T 与摆角 θ_m 之间的关系，并精确求出重力加速度 g。

(3) 求单摆振动周期 T 与摆角 θ 关系的经验公式。

【实验原理】

在一个固定点上悬挂一根不能伸长、无质量的线，并在线的末端悬一质量为 m 的质点，这就形成了单摆。这种理想的单摆实际上是不存在的，因为悬线是有质量的，实际中采用了半径为 r 的金属小球来代替质点，所以只有当小球的质量远远大于悬线的质量，而它的半径又远远小于悬线长度时，才能将小球作为质点来处理。

由单摆运动方程可得，单摆的周期与幅度的关系为：

$$T=T_0\frac{\sqrt{2}}{\pi}\int_0^{\theta_m}\frac{d\theta}{\sqrt{\cos\theta-\cos\theta_m}} \tag{3.20.3.1}$$

式中，θ_m 为单摆振动的角摆幅；T_0 为当单摆的摆幅很小时（$\theta_m<3°$）单摆的周期：

$$T_0=2\pi\sqrt{\frac{l}{g}} \tag{3.20.3.2}$$

式中，l 为单摆的摆长（悬点到小球质心的距离）；g 为重力加速度。

当 $3°<\theta_m<45°$ 时：

$$T\approx T_0\left(1+\frac{1}{4}\sin^2\frac{\theta_m}{2}\right) \tag{3.20.3.3}$$

由上面式子可知，当 θ_m 小于 3°时，单摆的振动周期近似与振幅无关，与测量地点的重力加速度和摆长有关，若测量出单摆的振动周期和摆长，就可以计算重力加速度的近似值。

若测出不同摆角情况下的周期，作出 T^2-l 图，通过直线拟合，求斜率，从而求出重力加速度。

对于不同摆角振动的单摆，如果能测量出周期 T 和角摆幅 θ_m 的关系，作出 $2T$-$\sin^2\frac{\theta_m}{2}$ 的曲线，并外推到 $\theta_m\to 0$ 时的周期 T_0，即可精确求得重力加速度 g 的值，并求得周期 T 与摆角 θ 的经验公式。

【实验仪器】

本实验采用集成开关型霍尔传感器和单片机计时器测量单摆振动周期。如图 3.20.3.1 所示，集成霍尔开关应放置在小球正下方约 1.0cm 处，1.1cm 约为集成霍尔开关的感应距离。钕铁硼小磁钢放在小球的正下方，当小磁钢随小球从集成霍尔开关上方经过时，由于霍尔效应，会使集成霍尔开关的 V_{out} 端输出一个信号给计时器，计时器便开始计时。单片机并对单摆通过平衡位置的次数进行计数，摆动一段时间后，停止计数和计时，单片机根据振动 N 次总计时间和摆动次数，计算出单摆的摆动周期，单摆小球通过平衡位置两次为一个周期。

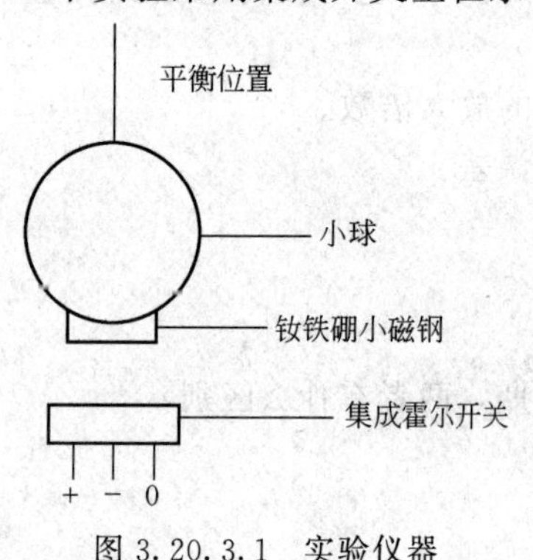

图 3.20.3.1 实验仪器

单摆的摆线固定点处有一个量角器，在单摆摆动过程中可以读出摆角。

【实验内容】

(1) 用传感器连接线将实验架上的霍尔传感器和主机箱前面板上的单摆信号输入端口的插孔连接。

(2) 主机箱后面板上的信号输出端口 2 和计算机实测物理实验仪接口后面板上的信号输入端口连接。

（3）进入单摆实验界面，选择“小摆角测量重力加速度”界面。从实验界面可以看出，同一摆长测量3次单摆周期，并求平均值。

（4）调节好单摆摆长，在实验界面上设置好摆长参数。选择好测量点，并点击“开始测量”按钮，摆动摆球，系统将从第三次过平衡位置时，开始计数及计时。点击“停止测量”按钮可停止计数及计时，系统会自动计算出单摆的周期。

（5）重复步骤(4)，使同一摆长情况下测量三次单摆周期并求其平均值。

（6）重复步骤(4）和步骤(5）测量多种摆长的情况。根据实际需要，可调节不同摆长进行实验。

（7）测量完成后，如图3.20.3.2所示，设置好需要进行数据处理的点数，只能是1～10之间的数。点击“描点”按钮，系统把需要的数据描绘在T^2-l坐标图中，如果有些点由于数值太小或太大，在坐标中无法看出来，可以点击图3.20.3.3所示的按钮，对纵坐标进行缩放。点击“直线拟合”按钮对所有点进行直线拟合，并分析出斜率、截距、相关系数等，最后求出重力加速度。

图3.20.3.2　设计数据处理点数

图3.20.3.3　缩放

（8）实验过程中，可以根据实际需要保存相应的数据或波形图。

（9）点击进入“大摆角测量重力加速度”界面，进行下一个大摆角测量重力加速度实验，摆长可取值大些。

（10）设置好单摆摆角，并使单摆摆动的摆角和设置的摆角对应。测量其周期，其操作方式及步骤和小摆角测量重力加速度实验时一样。

（11）根据需要可测量多个点，同小摆角测量重力加速度的方法一样进行数据处理，完成大摆角测量重力加速度实验后，点击“退出”按钮，退出单摆实验。

【数据记录与处理】

（1）小摆角测量重力加速度的情况下，周期与摆长关系数据表格如表3.20.3.1所示。

表3.20.3.1　固定角度$\theta=3°$，测量周期T与摆长l之间的关系

摆长/cm　T/s　次数	35	40	45	50	55
1					
2					
3					
$\overline{T}$					
$\overline{T}^2$					

用作图法做出$\overline{T}^2$与l的关系图，对数据进行直线拟合，求出斜率、截距、相关系数及重力加速度g。

（2）大摆角测量重力加速度的情况下，$2T$与θ_m关系数据表格如表3.20.3.2所示。

表 3.20.3.2　固定摆长 $l=60\text{cm}$，测量周期 $2T$ 与摆角 θ_m 之间的关系

摆角(°) / T/s / 次数	5	10	15	20	25	30	35	40
1								
2								
3								
$2\overline{T}$								

用作图法做出 $2\overline{T}$ 与 θ_m 的关系图，对数据进行直线拟合，求出斜率、截距、相关系数及重力加速度 g。

【注意事项】

（1）调节好摆球离霍尔传感器的距离，防止漏计数。

（2）大摆角测量单摆周期时，由于衰减快，故摆动次数不能太多。

（3）由于所用霍尔传感器为单极性的，如实验时发现传感器不能感应信号，可将磁钢上下翻转后，再进行实验。

【思考题】

（1）如何保证单摆在同一平面内运动？

（2）测量单摆周期时会引入哪些误差？

3.20.4　用计算机实测技术研究点光源的光照度与距离的关系

【实验目的】

（1）了解计算机实测技术的基本方法。

（2）验证点光源的光照度与距离的关系。

【实验原理】

任何一种光源都可以看作是由一系列点光源组成，当某光源的发光部分长度远远小于光源到测试点的距离时，可将该光源视为点光源。

若点光源在某一方向上元立体角 $\mathrm{d}\Omega$ 内传送出的光通量为 $\mathrm{d}F$，则该点光源在给定方向上的发光强度为：

$$I=\frac{\mathrm{d}F}{\mathrm{d}\Omega}$$

发光强度在数值上等于通过单位立体角的光通量。

为了表征受照面被照明的明亮程度，引入光照度 $A=\mathrm{d}F/\mathrm{d}S$，即光照度为投射在受光面上的光通量 $\mathrm{d}F$ 与该元面积 $\mathrm{d}S$ 的比值。

假设点光源 O 至元面积 $\mathrm{d}S$ 的径向量为 r，并且点光源发出的元光束的光与元面积法线 N 之间的夹角为 i，元面积 $\mathrm{d}S$ 对发光点 O 所张的元立体角为：

$$\mathrm{d}\Omega=\frac{\mathrm{d}S\cos i}{r^2}$$

在此元立体角由点光源传送出的光通量为：

$$dF = I \frac{dS\cos i}{r^2}$$

而此光通量全部投射在元面积 dS 上，所以元面积上的照度为：

$$A = \frac{dF}{dS} = \frac{I}{r^2}\cos i$$

i 为点光源到被照射的表面之间的径向量 r 与该面的法线所成的角度。可见点光源在元面 dS 上所产生的光照度与光源的发光强度成正比，与距离的平方成反比。

本实验用光探测器采集数据，观察照射在光探测器上的光强随它与点光源间距离的变化情况，总结出点光源的光强与距离的数学关系，进而验证点光源照度与距离之间的关系。实验中光强与采集的电压成正比。

【实验仪器】

实验装置由光源及电源，光敏二极管，带手柄移动装置，暗箱，通用接口，计算机（含专用软件）等组成。

图 3.20.4.1 为实验装置简图，光探测器是全封闭的，其顶端有一玻璃窗为受光面，灯丝长度约为 2mm，当测量距离大于 5cm 时，小灯泡近似可视为点光源。为了避免干扰，所有实验装置都放在暗箱里面。小灯泡用 6V 的稳压电源，光探测器使用光敏二极管，是一种光电转换器件。暗箱外有一手柄，用于调节点光源到探测器的距离，手柄转动一圈，距离变化 1mm。

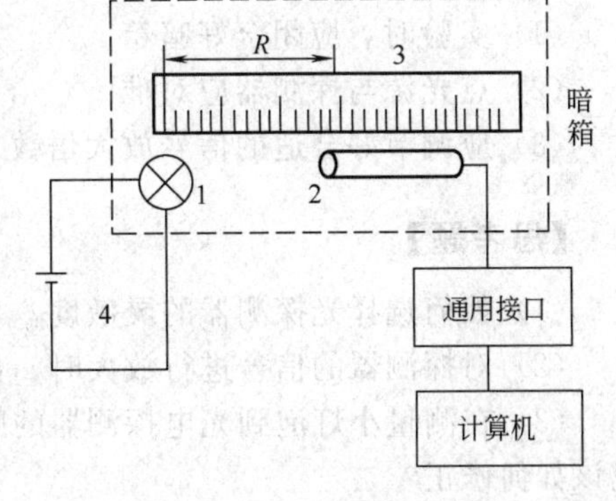

图 3.20.4.1 实验装置简图
1—小电珠；2—光探测器；
3—米尺；4—稳压电源

【实验内容】

(1) 用五芯的电缆线（线两端带航空插头）将主机箱后面板上的信号输出端口 1 与暗箱上的小电珠电源输入端口连接。

(2) 再用五芯的电缆线（两端带航空插头）将 A/D 转换通道 B 输入端口与暗箱上的光探测器信号输出端口连接，可调节 A/D 通道 B 幅度调节旋钮，改变信号放大倍数。

(3) 进入“点光源的光照度与距离的关系实验”界面。

(4) 调节手柄，使点光源到探测器的距离为 5.5cm 左右，并调节 A/D 通道 B 的幅度调节旋钮调节好放大倍数，使其测量电压小于 2.5V，一般在 1.5～2.5V 之间。

(5) 设置好点光源和光探测器的距离，点击“采集数据”按钮，系统便开始信号采集，1s 以后即可点击“获取数据”按钮获取采集数据，每个测量点测量三次，并求平均值。

(6) 可根据需要转动手柄，改变测量距离，手柄转动一周，点光源和光探测器的距离改变 1mm，注意距离的变化方向，重复步骤 (5) 的内容。

(7) 10 个点测量完后，点击“描点”按钮，系统会自动描绘出每个测量点的光照度对应电压 U 的平均值和 $\frac{1}{r^2}$ 之间的关系，点击“直线拟合”按钮对 10 个测量点的数据进行直线拟合，得出数据拟合的相关系数等结果并求得经验公式。

(8) 需要保存实验数据时，即点击“保存数据”按钮，系统会把光照度和距离的关系数据保存下来，并保存在计算机 C 盘中。

【数据记录与处理】

实验数据表格如表3.20.4.1所示。

表3.20.4.1　测量电压平均值$\overline{U}$/V

距离r/cm	电压平均值$\overline{U}$/V（$\overline{U}$与光照度成正比即$A=KV$）	距离r/cm	电压平均值$\overline{U}$/V（$\overline{U}$与光照度成正比即$A=KV$）
5.50		8.00	
6.00		8.50	
6.50		9.00	
7.00		9.50	
7.50		10.00	

用作图法作图，对数据进行直线拟合，求出斜率、截距、相关系数。

【注意事项】

(1) 实验时，应闭合好暗箱。

(2) 点光源与探测器应对准。

(3) 应调节好合适的信号放大倍数，使测量电压不能大于2.5V。

【思考题】

(1) 如何选择光探测器的灵敏度？

(2) 对探测器的信号进行放大时，如何调节其放大倍数最好？

(3) 在测量小灯泡到光电探测器的距离时，会引入哪些误差？对计算结果有什么影响？应该如何修正？

3.20.5　用计算机实测技术研究冷却规律

【实验目的】

(1) 了解计算机实时测量的基本方法。

(2) 加深对冷却规律的认识。

【实验原理】

发热体传递热量通常有三种方式：辐射、传导和对流。当发热体处于流体中时，才能以对流的方式传递热量，此时在发热体表面邻近的流体层首先受热，而通过流体的流动将热量带走。

通常，对流可分为两种：自然对流和强迫对流。前者是由于发热体周围的流体因温度升高而密度发生变化，从而形成的对流；后者是由外界的强迫作用来维持发热体周围流体的流动。

在稳态时，发热体因对流而散失的热量可由下式表示：

$$\frac{\Delta Q}{\Delta t}=E(\theta-\theta_0)^m \tag{3.20.5.1}$$

式中，$\frac{\Delta Q}{\Delta t}$表示在单位时间内发热体因对流而散失的热量；$\theta$为发热流体表面的温度；

θ_0 为周围流体的温度（一般为室温）；E 与流体的比热容、密度、黏度、导热系数以及流体速度的大小和方向等有关。当流体是气体时，m 与对流条件有关：在自然对流条件下，$m=\frac{5}{4}$；在强迫对流时，若流体的流动速度足够快，而使发热体周围流体的温度始终保持为 θ_0 不变。则 $m=1$。

由量热学可知，对一定的物体，单位时间损失的热量与单位时间温度的下降值成正比，即：

$$\frac{\Delta Q}{\Delta t}=m_{物}c\times\frac{\Delta\theta}{\Delta t} \tag{3.20.5.2}$$

式中，$m_{物}$ 为物体的质量；c 为物体材料的比热容。将式（3.20.5.2）代入式（3.20.5.1），可得：

$$\frac{\Delta\theta}{\Delta t}=\frac{E}{m_{物}c}(\theta-\theta_0)^m$$

令 $k=E/(m_{物}c)$，则上式可写成：

$$\frac{\Delta\theta}{\Delta t}=K(\theta-\theta_0)^m$$

如以微分形式表示，则有：

$$\frac{d\theta}{dt}=K(\theta-\theta_0)^m \tag{3.20.5.3}$$

数据处理方式：系统的数据采集速率是 2 点/s，而数据处理时系统是每 4 个数据取出一个数据来进行数据处理。若对式(3.20.5.3) 两边取对数，即：$\lg(-d\theta/dt)=m\lg(\theta-\theta_0)+\lg(-K)$，将曲线方程转换成直线方程 $Y=KX+B$ 的形式［其中 $Y=\lg(-d\theta/dt)$，$X=\lg(\theta-\theta_0)$］。系统软件对每个数据都求出 $\lg(-d\theta/dt)$ 和 $\lg(\theta-\theta_0)$，然后把相应的数据都在直角坐标中描点处理，并对数据点进行直线拟合，求出相应的 K 和 B，从而得到所需的实验数据 m（直线拟合得到的斜率等于 m）。

【实验仪器】

实验装置由加热器、风扇、AD590 温度传感器、电流-电压变换器、通用接口和计算机组成。如图 3.20.5.1 所示。

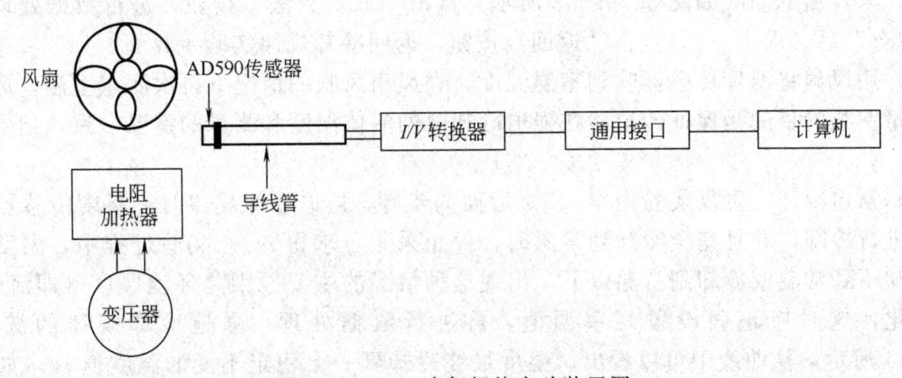

图 3.20.5.1　冷却规律实验装置图

AD590 是一种电流型的集成温度传感器，在 −50～150℃ 温度范围内，其输出电流和温度成线性关系，其灵敏度为 1μA/℃。

【实验内容】

（1）用七芯航空插头电缆线将主机箱后面板上的信号输出端口 2 和计算机实测物理实验仪接口后面板上的信号输入端口连接，并连接好主机面板上的温度传感器。

（2）进入冷却规律实验界面，并按下主机箱前面板上的温度测量开关。

（3）将温度传感器平稳放置在空气中，选择常温测量，并点击“开始采集”按钮，进行温度测量。可调节温度校正旋钮对室温进行校正。测试的室温曲线如图 3.20.5.2 所示，根据环境的实际情况，选择不同采样时间，一般采样 60s 左右，点击“停止采集”按钮，结束温度采集，并把常温 θ_0 设置成所采集的室内温度的平均值。

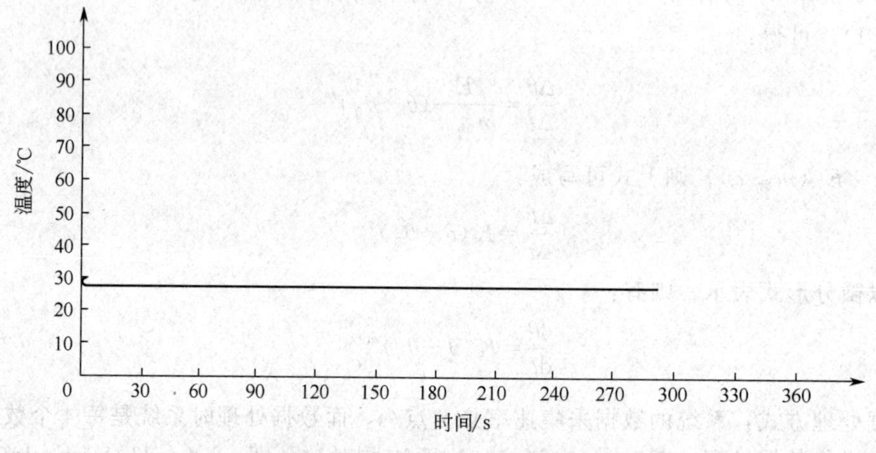

图 3.20.5.2　室温测试曲线

（4）将温度传感器头部放置于加热器中，点击“开始采集”按钮，进行温度测量，并点击“开始加热”按钮，对传感器进行加热，当温度达到 95℃时，把温度传感器从加热器中取出，平稳的放置在空气当中，然后进入下一步冷却规律实验，取出传感器后一定要点击“停止加热”按钮，取消加热（如果温度传感器加热到 95℃，系统会自动取消对温度传感器加热）。

（5）选择“冷却测量”进入冷却测量过程，把温度传感器从加热器中取出后，点击“开始采集”按钮，进行温度测量，采样 360s 后，温度接近室温时，点击“停止采集”，结束温度采集。采样后的曲线如图 3.20.5.3 所示。点击“取对数法”按钮，进行数据处理，点击“直线拟合”后，求出 m_1，点击“返回”按钮，返回冷却规律实验主界面。

（6）用风扇将温度传感器吹到室温温度，在风扇风吹的情况下再次测量室温，风吹的情况下测量室温的目的是保证传感器在强迫冷却时的流体温度和测量的室温一致，记录室温平均值。

（7）强迫冷却。重复实验内容（3）后面的步骤，强迫冷却规律时，温度传感器必须在风扇下进行冷却，并且完全冷却到常温时，停止采集，求得 m_2。实验过程中，温度传感器常常冷却不到常温或冷却到常温以下，出现这种情况的主要原因是环境温度（即流体温度）发生变化，这时应正确设置好室温值，再进行数据处理。强迫冷却规律的波形如图 3.20.5.4 所示，从曲线中可以看出，温度最终冷却到一个稳定不变的温度值 t_0，如果测量的常温值与 t_0 不相符，说明常温已有漂移，此时应将常温值设置为 t_0，然后再进行强迫冷却规律数据处理。即温度传感器冷却到其温度值几乎没有下降趋势，其温度值在 40s 以上没有变化，再把最后稳定的温度值设置成常温值，最后再进行数据处理。如果实验误差比较大，应排除其它热源的干扰，进行多次实验。

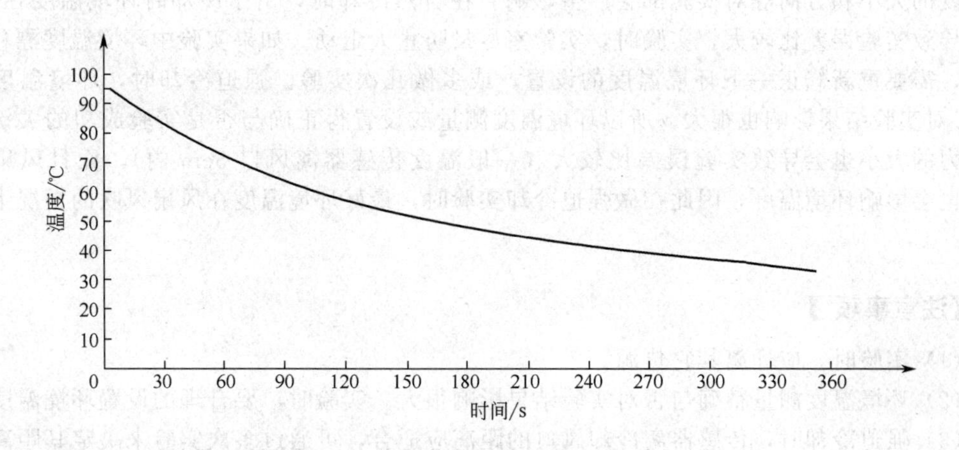

图 3.20.5.3 自然冷却曲线

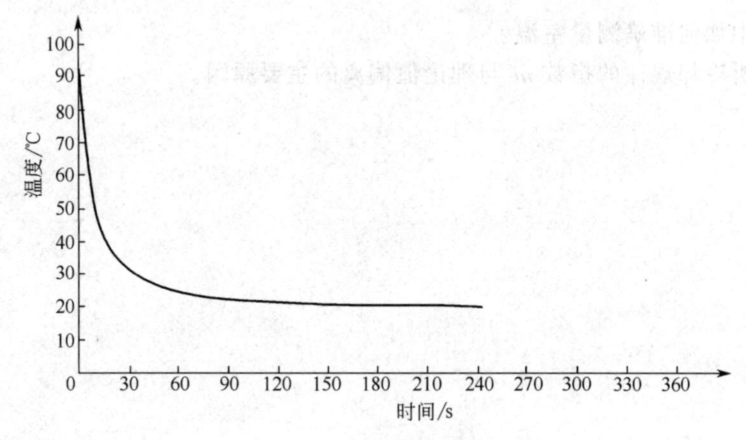

图 3.20.5.4 强迫冷却规律曲线

(8) 若需保存相应的数据或图片，点击“保存数据”或“保存图片”按钮，系统会把相应的数据保存在计算机 C 盘。

【数据记录与处理】

将曲线方程转换成直线方程 $Y=kX+B$ 的形式，冷却规律实验数据表格如表 3.20.5.1 所示。

表 3.20.5.1 冷却规律实验数据

实验记录		自然冷却	强迫冷却	自然冷却	强迫冷却
		第一次	第二次	第一次	第二次
测量室温	采样长度/s				
	室温/℃				
冷却规律	采样长度/s				
	m				
	B				
	相关系数				

通过实验数据分析测定的指数 m 的值和理论上的符合程度（自然冷却时：$m_{自}=1.25$，

强迫冷却时：$m_{强}=1$），整个冷却规律实验中，流体的比热容、密度、黏度、热导率以及流体速度的大小和方向等对实验都会产生影响。在自然冷却时，由于冷却时环境温度在变化，也会导致实验误差比较大，实验时，实验室尽量防止人走动。如果实验中环境温度漂移比较大时，需要重新修正一下环境温度的设置，或多做几次实验。强迫冷却时，环境温度漂移0.1℃对实验结果影响也很大，所以环境温度测量或设置得正确与否是实验成功的关键。风扇风力的大小也会导致实验误差比较大（一般温度传感器离风口5cm内），而且风扇打开后，也会影响环境温度，因此在做强迫冷却实验时，最好环境温度在风扇风吹的情况下进行测量。

【注意事项】

（1）实验时，应远离其它热源。

（2）环境温度测量精确与否对实验结果影响很大。实验时，要合理的设置环境温度值。

（3）强迫冷却时，传感器离冷却风口的距离应适合，可通过多次实验来决定其距离。

【思考题】

（1）实验中如何准确测量室温？

（2）请分析冷却规律的指数 m 与理论值偏离的主要原因。

4 设计性与研究性实验

4.1 三个探讨性实验

当发现一种新的实验现象时，不同的人会从不同的理论基础和不同的经验基础出发，往往会有不同的理解和解释。究竟哪种解释是对的？一方面可以从理论上进行辩论，而更重要、更有说服力的则是设计实验进行验证。这种情况在科学发展史上屡见不鲜，在现今科学研究中也经常发生。本实验提出三种实验现象：蜡烛火焰熄灭后水面升高的现象，水流振荡现象和大小块物体混合摇晃后大块物体在上的现象。要求学生认真观察这些现象，提出自己的解释，并设计实验来验证所提出的解释。

【实验目的】

（1）学会查阅资料的基本方法。

（2）了解如何选择实验方法验证物理规律。

（3）学会实验的基本设计方法。

（4）培养学生实验总结和实验报告的书写能力。

【实验仪器】

（1）低盛水皿、烧杯各一只、蜡烛若干支、火柴与水等。

（2）塑料杯、盐水、烧杯、支撑杆等。

（3）塑料杯、细砂及少量大块砂粒、大小与材料都不同的物体，如小铜块、纸片、小电珠等。

（4）其他实验常用器材。

【实验前应思考的问题】

（1）蜡烛火焰熄灭后水面升高的现象

① 将一支点燃的蜡烛放入盛水的器皿内，用一只烧杯罩在蜡烛上，当蜡烛火焰熄灭后，会看到烧杯内水面升高的现象吗？

② 如果罩在点燃的蜡烛上的烧杯大小不同，对实验现象是否有影响？盛水器皿内水的多少，对实验现象是否有影响？点燃一支蜡烛或多支蜡烛，对实验现象是否有影响？

③ 水面升高的原因是什么？这种现象是化学变化还是物理变化？

④ 如何用实验来证明你的观点？

（2）水流振荡现象

① 什么是液体的浓度？什么是饱和浓度？

② 食盐的饱和水溶液（饱和盐水）的浓度是多少？饱和盐水是完全透明的吗？肉眼能分辨纯水和饱和盐水吗？为什么？

③ 如图 4.1.1 所示，塑料杯内有浓度饱和的盐水，烧杯内纯水的液面高度略低于塑料杯内盐水液面的高度。若塑料杯的底部有一个小孔，盐水会从塑料杯流入烧杯吗？如果有盐

水流入烧杯，能用肉眼看得见吗？为什么？盐水向下流出后，烧杯中的水还会向上流入塑料杯吗？如果有，这样的反复振荡会怎样才能结束？振荡的能量从何而来？振荡的周期与哪些因素有关？

④ 水流振荡结束后，烧杯与塑料杯中的盐水浓度是否相同？

(3) 大小块物体混合摇晃后大块物体在上的现象

① 你是否见到过这样的现象？举例说明之。

② 根据你的经验，这种现象是否与物体的密度有关？是否与物体的外形有关？

③ 产生这一现象的原因是什么？如何设计实验来证明你的结论？

【实验内容】

(1) 蜡烛火焰熄灭后水面升高的现象

① 将一支蜡烛放在盛水器皿里，点燃蜡烛后，用一只烧杯罩在点燃的蜡烛上，当蜡烛火焰熄灭时，观察现象。

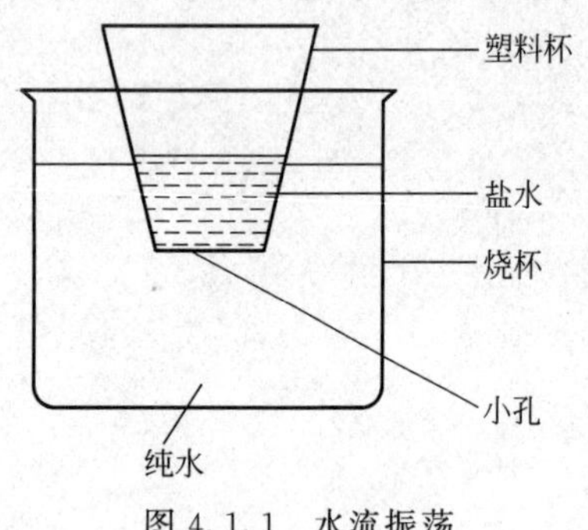

图 4.1.1 水流振荡

② 解释这种现象，并设计一个实验来证明你的观点。

(2) 水流振荡现象

① 取一只塑料杯，在杯底钻一个 0.8mm 左右的孔（1 号缝被针刺入约 5mm 的深度）。

② 将支撑杆穿过塑料杯上部，并放在烧杯上，如图 4.1.1 所示。

③ 在塑料杯内灌入饱和浓度盐水至塑料杯高的一半。

④ 在烧杯内注水，使液面高度略低于塑料杯内盐水的液面。观察是否因为盐水向下流出而出现盐水柱。

⑤ 观察几分钟，是否可以看到（盐）水流上下振荡？测量此时的振荡周期。

⑥ 设计实验，研究水流柱上下振荡周期与杯底孔的大小，塑料杯底与烧杯底距离以及盐水浓度的关系。

⑦ 解释水流振荡现象，并设计实验来证明你的观点。

(3) 大小块物体混合后大块物体在上的现象

① 将细砂放入塑料瓶内，再放入大块砂粒，旋紧瓶盖。

② 倒置塑料瓶，并上下摇晃塑料瓶，观察现象。

③ 分析与解释这一现象，并设计几个实验来证明你的观点。

【实验报告的要求】

(1) 阐明实验的要求和意义。

(2) 简要介绍本实验设计的基本原理。

(3) 对实验过程作详细记录。

(4) 写清本实验的设计思路、设计过程和实验结果。

(5) 记录制作过程中遇到的问题及解决的办法。

(6) 谈谈本实验的收获与体会。

【参考文献】

梁励芹，蒋平．大学物理简明教程．上海：复旦大学出版社，2002.

4.2 “碰撞打靶”实验中能量损失的分析

物体间的碰撞是自然界中普遍存在的现象。本实验研究两个球体的碰撞及碰撞前后的单摆运动和平抛运动，应用已学到的力学定律去解决打靶的实际问题，分析理论计算结果与实际结果的差别，研究实验过程中能量损失的来源，自行设计实验来分析各种能量损失的相对大小，从而更深入地理解力学原理，并提高分析问题、解决问题的能力。

【实验目的】

(1) 研究两个球体的碰撞问题。

(2) 设计实验方案解决打靶的实际问题。

(3) 分析实验过程，了解能量损失的各种来源。

(4) 训练学生分析误差产生的原因和消除误差的方法。

【实验仪器】

(1) 图 4.2.1 是“碰撞打靶”实验仪。用细绳悬挂的铁质“撞击球”被升降架上的电磁铁吸住，与撞击球的质量和直径都相同“被撞球”放在升降台上，升降台和升降架可自由调节其高度。可在滑槽内横向移动的竖尺和固定的横尺用以测量撞击球的高度 h、被撞球的高度 y 和靶心与被撞球的横向距离 x。

(2) 不同大小、不同材料的撞击球和被撞球。

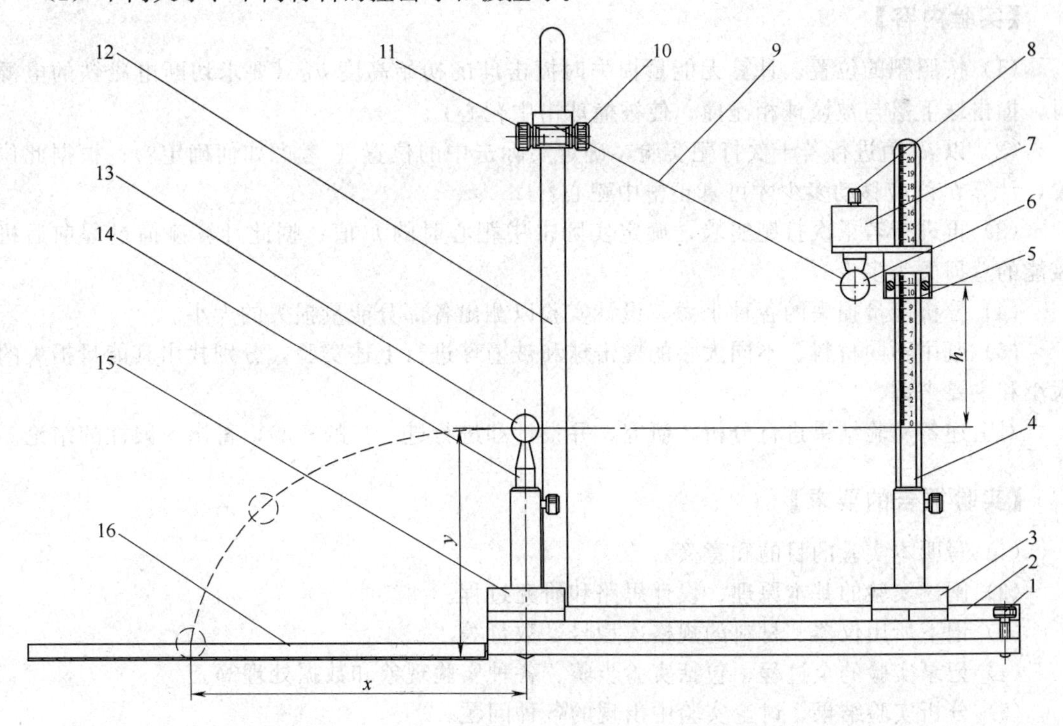

图 4.2.1　碰撞打靶实验仪

1—调节螺钉；2—导轨；3，15—滑块；4，12—立柱；5—刻线板；6—摆球；7—电磁铁；8—衔铁螺钉；9—摆线；10—锁紧螺钉；11—调节旋钮；13—被撞球；14—载球支柱；16—靶盒

(3) 游标卡尺、电子天平、钢尺等。

【实验前应思考的问题】

(1) 关于单摆运动和平抛运动

① 什么是单摆？什么是单摆运动？单摆运动中，动能与势能是如何相互转换的？在加速度为 g 的重力场中，质量为 m 的单摆的最大速度 v 与最大高度 h 的关系如何？实际的单摆运动中可能有哪些能量损失？如何判断和测量这些能量损失的大小？

② 什么是平抛运动？平抛运动中，动能与势能是如何相互转换的？质量为 m、初速度为 v 的平抛物体所抛出的水平距离 x 和下落的铅直距离 y 的关系如何？平抛运动中可能有哪些能量损失？如何判断和测量这些能量损失的大小？

(2) 关于碰撞

① 什么是弹性碰撞？什么样的碰撞可看作弹性碰撞？实际上是否有真正的弹性碰撞？

② 什么是非弹性碰撞？非弹性碰撞中是否有能量损失？什么是完全非弹性碰撞？什么样的碰撞可看作完全非弹性碰撞？实际上是否有真正的完全非弹性碰撞？

③ 什么是正碰撞？什么是斜碰撞？正碰撞或斜碰撞和弹性碰撞或非弹性碰撞是否有关？

(3) 关于能量守恒和动量守恒

① 什么是能量？什么是机械能？什么是动量？

② 在什么条件下，体系的总能量守恒？在什么条件下，体系的机械能守恒？

③ 在什么条件下，体系的总动量守恒？在非弹性碰撞中，总动量是否守恒？

【实验内容】

(1) 按照靶的位置，计算无能量损失时撞击球的初始高度 h_0（要求切断电磁铁的电源时，撞击球下落与被撞球相碰撞，使被撞球击中靶心)。

(2) 以 h_0 值进行若干次打靶实验，确定实际击中的位置（考虑如何确定?)；根据此位置，计算 h 值应移动多少才可真正击中靶心？

(3) 再进行若干次打靶实验，确定实际击中靶心时的 h 值；据此计算碰撞过程前后机械能的总损失为多少？

(4) 分析能量损失的各种来源，设计实验以测出各部分能量损失的大小。

(5) 改用不同材料、不同大小的撞击球和被撞球进行上述实验，分别找出其能量损失的大小和主要来源。

对上述各实验结果进行分析、研究，并设计和进行进一步的实验以得出一般性的结论。

【实验报告的要求】

(1) 写明本实验的目的和意义。

(2) 阐述实验的基本原理、设计思路和研究过程。

(3) 记下所用仪器、材料的规格或型号、数量等。

(4) 记录实验的全过程，包括实验步骤、各种实验现象和数据处理等。

(5) 分析实验结果，讨论实验中出现的各种问题。

(6) 得出实验结论，并提出改进意见。

【参考文献】

[1] 郑永令，贾起民．力学．上海：复旦大学出版社，2001.

[2] 沈元华，陆申龙．基础物理实验．北京：高等教育出版社，2003.

4.3 奇妙的红汞水——散射光研究

光的散射现象十分常见，但其原理却很复杂。世界上的一切物体都会散射光，包括空气在内，天空的蓝色和朝阳的红色正是空气分子散射所形成的。本实验要求学生在了解光散射原理的基础上，对红汞水的奇妙散射现象进行分析与研究，从而加深对光的分子散射与波长关系的了解，提高在实践中发现问题、分析问题和解决问题的能力。

【实验目的】

(1) 了解光散射的原理。

(2) 研究红汞水的散射现象。

(3) 设计实验方案，正确使用实验器材。

【实验仪器】

(1) 红汞水一瓶。

(2) 大烧杯一只，滴管一支。

(3) 实验室常用光源。

(4) 黑纸一卷，剪刀一把。

(5) 其他实验室常用器件。

【实验前应思考的问题】

(1) 什么是光的散射现象？什么是“表面散射”？什么是“体内散射”？光的散射与光的反射、折射、衍射有什么区别？你能举出日常生活中的各类散射现象吗？

(2) 什么是“弹性散射”？什么是“非弹性散射”？它们的主要区别是什么？它们的散射光波长与入射光波长的关系是什么？

(3) 什么是“瑞利散射”？什么是“廷德尔散射”？它们属于哪一类散射？它们的主要区别是什么？它们的散射光强度与入射光波长是什么关系？

(4) 你能用光的散射原理解释蓝天、白云和红太阳的颜色吗？

(5) 光的散射有什么应用？请举例说明。

(6) 什么是红汞水溶液？红汞水有什么光学特点？

【实验内容】

(1) 将少许红汞水慢慢滴入大烧杯的水中，仔细观察红汞水液滴溶于水时的颜色是如何变化的。分析并解释这种变化的原因。

(2) 将上述含有红汞水的水搅拌后，将盛有该溶液的烧杯放在眼前，对着灯光或者阳光观察，你看到的溶液是什么颜色的？将烧杯周围用黑纸包裹起来，只露出一条3～5mm的缝（或者小孔），从缝（或小孔）向内看，该溶液是什么颜色的？两次看到的颜色相同吗？为什么？分析不同的原因。使用不同浓度的红汞水重复上述实验，找到颜色变化最为明显的红汞水浓度。

(3) 根据上述观察到的实验现象，设计一个小魔术，让观众认为溶液是因为你的“魔法”而突然改变颜色的。

(4) 设计一个演示实验，让一个大教室的学生清楚而同时看到红色和绿色的红汞水。

(5) 寻找你可能用来做实验的各种常见的溶液。通过实验看看它们有没有红汞水类似的光学性质，得出你的结论。

(6) 当浓硫酸（H_2SO_4）慢慢加进硫代硫酸钠（$Na_2S_2O_4$）时，会逐步形成硫的沉淀，这种颗粒开始形成时很小，以后逐渐变大。设计一个实验，观察和研究白光在这种溶液中的散射光和透射光颜色的变化情况，解释你所看到的现象，得出你的结论。

注意：硫酸有很强的腐蚀性，遇水可能引起爆炸，本实验应在教师同意并直接指导下进行，以免发生意外！

【实验报告的要求】

(1) 写明实验的目的和意义。
(2) 对实验过程作详细记录。
(3) 记下实验中发现的问题及解决方法。
(4) 对实验结果作简要描述。
(5) 记录你所设计的演示实验及在同学中演示的实际效果。
(6) 谈谈本实验的收获、体会和改进意见。

【参考文献】

章志鸣等．光学．第2版．北京：高等教育出版社，2000.

4.4 “风洞”实验

飞机在飞行时，机翼的形状使空气的流速上下不同。造成机翼下面所受的压强大于机翼上面所受的压强从而产生升力。为了检验这种升力，常将飞机放在有强风的巨洞内测试，这种洞称为“风洞”。本实验要求通过制作不同形状的小型机翼模型，并对其升力大小进行测试，从而对流体力学有较为深入的了解。

【实验目的】

(1) 学会查阅资料的基本方法。
(2) 了解实验的基本原理。
(3) 锻炼学生自己动手制作模型的能力。
(4) 加强实验总结及实验报告的书写能力。

【实验仪器】

硬纸与铜丝、玻璃胶带纸、剪刀、支撑杆、气源、测风速器以及各种力学常用实验器材。

【实验前应思考的问题】

(1) 什么是伯努利方程？
(2) 机翼的形状与升力有什么关系？
(3) 机翼如何制作？
(4) 如何固定机翼才能使机翼仅能上下移动？
(5) 机翼的材料除了用硬纸还可用什么材料？

【实验内容】

(1) 用硬纸做成各种形状的机翼。

(2) 用气源吹气口对准机翼吹气，观察现象（各种形状的机翼是否会上升）。如能上升，设计实验测量各种形状机翼的升力大小。

(3) 机翼向左或右旋转 180°，使机翼后部对准吹气口，观察现象（各种形状的机翼能否会上升），为什么？

(4) 把机翼上下倒过来，并对准机翼吹气，观察现象（机翼能否会上升）为什么？

【实验报告的要求】

(1) 写出本实验的目的和意义。

(2) 简要介绍本实验设计的基本原理。

(3) 介绍实验装置，包括它的原理、功能、特性等。

(4) 记录制作过程中遇到的问题及解决的办法，特别是实验者有创新和有体会的内容。

(5) 写出模型制作的效果及自我评价。

(6) 写出本实验的收获、体会和改进意见。

【参考文献】

沈元华，陆申龙．基础物理实验．北京：高等教育出版社，2003.

4.5 液体黏滞系数与温度关系的研究

液体的黏滞系数是表征液体黏滞性强弱的重要参数，在实际生产生活中非常重要，在工程、生产技术及医学等方面有着重要的应用。测定液体黏滞系数的方法有好几种，本实验用的是直接利用斯托克斯公式测量黏滞系数的落球法，其物理概念简单清晰。黏度的大小取决于液体的性质与温度，温度升高，黏度将迅速减小。例如对于蓖麻油，在室温附近温度改变1℃，黏度值改变约10%，因此，测定液体在不同温度的黏度有很大的实际意义。本实验研究温度对液体黏滞稀疏的影响，欲准确测量液体的黏度，必须精确控制液体温度。本实验采用 PID 调解原理的自动恒温装置控制温度。

【实验目的】

(1) 学习和掌握一些基本物理量的测量。

(2) 研究液体黏滞系数与温度的关系。

(3) 提高实验总结和实验报告书写能力。

【实验仪器】

落球法变温黏滞系数实验仪（包含盛液筒和温控实验仪），电子秒表，读数显微镜，温度计，米尺，镊子，金属小球等。

【实验前应思考的问题】

(1) 有关原理方面的问题

① 金属小球在黏性液体中下落时，将受到哪几个铅直方向的力的作用？

② 小球从液面开始下落时，运动的过程如何？

③ 试推导出落球法测液体黏滞系数的公式。

④ 为什么要对计算公式进行修正？如何修正？

⑤ 液体黏滞系数的单位是什么？

⑥ 液体的黏滞系数除与液体本身性质有关外，还和什么有关？

（2）关于实验方面的问题

① 如何判断小球在测量过程中是否保持匀速运动？

② 在测量时要取两条标志线（即起点标志线和终点标志线），这两条标志线是否可以任意选取？是否可以取液面作为上标志线？为什么？

③ 若小球偏离中心较多，或者玻璃圆筒不铅直，对实验有何影响？

④ 为什么要用恒温控制器，拟定出实现恒温控制的实验步骤。

⑤ 温控实验仪显示的温度是谁的温度？

⑥ P、I、D系数在恒温控制中的作用是什么？改变PID参数的值，观察PID参数对控温效果的影响，得出效果较好的PID参数。

【实验内容】

（1）测出待测液体在不同温度下的黏滞系数。

（2）用 η 的测量值在坐标纸上作图，表明黏度随温度的变化关系。

【实验报告的要求】

（1）写明实验的目的和意义。

（2）阐述实验的基本原理、设计思想和研究过程。

（3）记下所用仪器、材料的规格、型号和数量。

（4）记录实验的全过程，包括实验步骤和各种实验现象。

（5）设计数据表格，正确记录所测数据并进行数据处理。

（6）分析实验结果，讨论实验中出现的各种问题。

（7）得出实验结论，提出改进意见。

【参考文献】

[1] 沈元华，陆申龙．基础物理实验．北京：高等教育出版社，2003.

[2] 马文蔚．物理学：上册．北京：高等教育出版社，2006.

[3] 成都世纪中科仪器有限公司，ZKY-NZ落球法变温黏滞系数实验仪说明书，2005.

【附录】

（1）PID调节原理

PID调节是自动控制系统中应用最为广泛的一种调节规律，自动控制系统的原理可用图4.5.1说明。

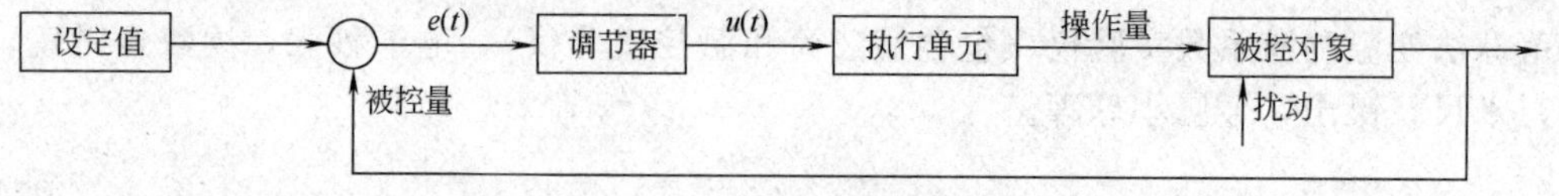

图4.5.1　自动控制系统框图

设被控量与设定值之间有偏差 $e(t)$=设定值-被控量，调节器依据 $e(t)$ 及一定的调节规律输出调节信号 $u(t)$，执行单元按 $u(t)$ 输出操作量至被控对象，使被控量逼近直至最后等于设定值。调节器是自动控制系统的指挥机构。

在本实验的温控系统中，调节器采用PID调节，执行单元是由可控硅控制加热电流的加热器，操作量是加热功率，被控对象是水箱中的水，被控量是水的温度。

PID调节器是按偏差的比例（proportional），积分（integral），微分（differential），进行调节，其调节规律可表示为：

$$u(t)=K_{\mathrm{P}}\left[e(t)+\frac{1}{T_{\mathrm{I}}}\int_{0}^{t}e(t)\mathrm{d}t+T_{\mathrm{D}}\frac{\mathrm{d}e(t)}{\mathrm{d}t}\right] \tag{4.5.1}$$

式中，第一项为比例调节，K_{P}为比例系数；第二项为积分调节，T_{I}为积分时间常数；第三项为微分调节，T_{D}为微分时间常数。

PID温度控制系统在调节过程中温度随时间的一般变化关系可用图4.5.2表示，控制效果可用稳定性、准确性和快速性评价。系统重新设定（或受到扰动）后经过一定的过渡过程能够达到新的平衡状态，则为稳定的调节过程；若被控量反复振荡，甚至振幅越来越大，则为不稳定调节过程，不稳定调节过程是有害而不能采用的。准确性可用被调量的动态偏差和静态偏差来衡量，二者越小，准确性越高。快速性可用过渡时间表示，过渡时间越短越好。实际控制系统中，上述三方面指标常常是互相制约，互相矛盾的，应结合具体要求综合考虑。

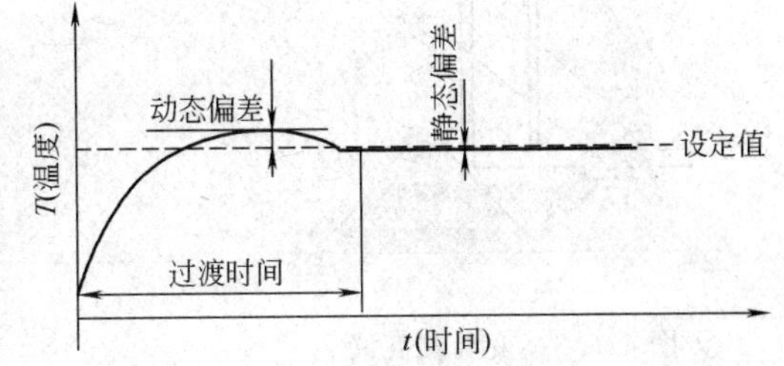

图 4.5.2　PID调节系统过渡过程

由图4.5.2可见，系统在达到设定值后一般并不能立即稳定在设定值，而是超过设定值后经一定的过渡过程才重新稳定，产生超调的原因可从系统惯性、传感器滞后和调节器特性等方面予以说明。系统在升温过程中，加热器温度总是高于被控对象温度，在达到设定值后，即使减小或切断加热功率，加热器存储的热量在一定时间内仍然会使系统升温，降温有类似的反向过程，这称之为系统的热惯性。传感器滞后是指由于传感器本身热传导特性或是由于传感器安装位置的原因，使传感器测量到的温度比系统实际的温度在时间上滞后，系统达到设定值后调节器无法立即作出反应，产生超调。对于实际的控制系统，必须依据系统特性合理整定PID参数，才能取得好的控制效果。

由式(4.5.1)可见，比例调节项输出与偏差成正比，它能迅速对偏差作出反应，并减小偏差，但它不能消除静态偏差。这是因为任何高于室温的稳态都需要一定的输入功率维持，而比例调节项只有偏差存在时才输出调节量。增加比例调节系数K_{P}可减小静态偏差，但在系统有热惯性和传感器滞后时，会使超调加大。

积分调节项输出与偏差对时间的积分成正比，只要系统存在偏差，积分调节作用就不断积累，输出调节量以消除偏差。积分调节作用缓慢，在时间上总是滞后于偏差信号的变化。增加积分作用（减小T_{I}）可加快消除静态偏差，但会使系统超调加大，增加动态偏差，积分作用太强甚至会使系统出现不稳定状态。

微分调节项输出与偏差对时间的变化率成正比，它阻碍温度的变化，能减小超调量，克服振荡。在系统受到扰动时，它能迅速作出反应，减小调整时间，提高系统的稳定性。

PID调节器的应用已有一百多年的历史，理论分析和实践都表明，应用这种调节规律对许多具体过程进行控制时，都能取得满意的结果。

(2) 落球法变温黏度测量仪

① 变温黏度仪的外型如图4.5.3所示。待测液体装在细长的样品管中，能使液体温度较快地与加热水温达到平衡，样品管壁上有刻度线，便于测量小球下落的距离。样品管外的加热水套连接到温控仪，通过热循环水加热样品。底座下有调节螺钉，用于调节样品管的铅直。

② 开放式PID温控实验仪。温控实验仪包含水箱、水泵、加热器、控制及显示电路等部分，仪器面板如图4.5.4所示。

开机后，水泵开始运转，显示屏显示操作菜单，可选择工作方式。进入参数设定菜单，可输入序号及室温，设定温度及PID参数。使用◀▶键选择项目，▲▼键设置参数，按确认键进入下一屏，按返回键返回上一屏。

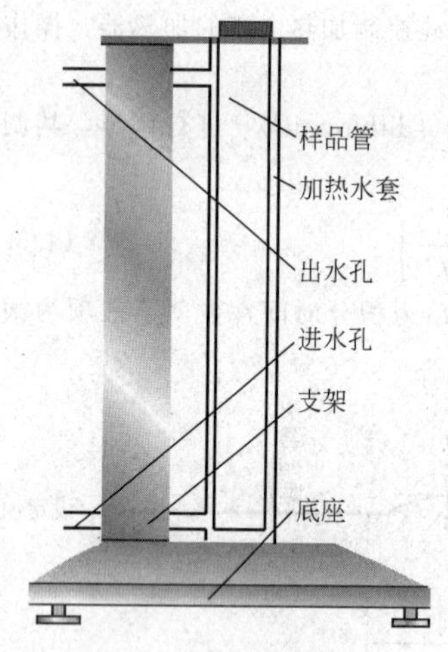

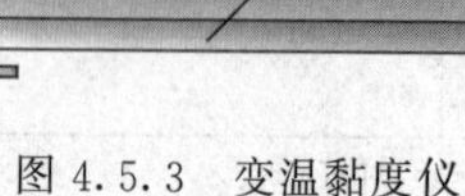

图 4.5.3　变温黏度仪

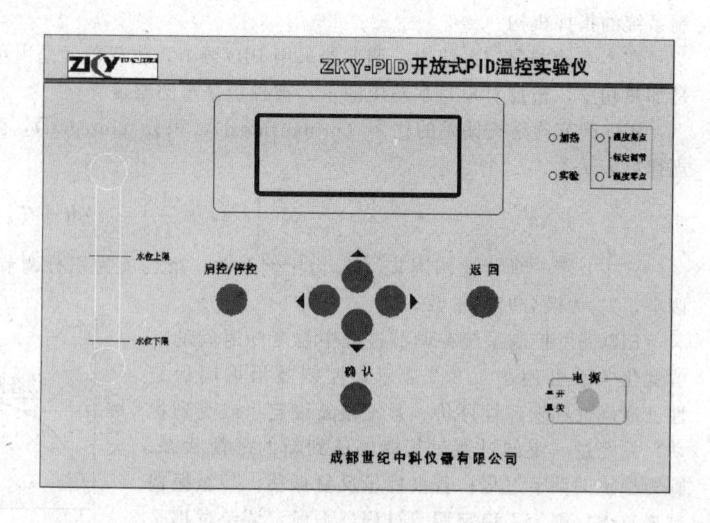

图 4.5.4　温控实验仪面板

进入测量界面后，屏幕上方的数据栏从左至右依次显示序号、设定温度、初始温度、当前温度、当前功率、调节时间等参数。图形区以横坐标代表时间，纵坐标代表温度（以及功率），并可用▼键改变温度坐标值。仪器每隔 15s 采集 1 次温度及加热功率值，并将采得的数据标示在图上。温度达到设定值并保持 2min 温度波动小于 0.1℃，仪器自动判定达到平衡，并在图形区右边显示过渡时间 t(s)，动态偏差 σ，静态偏差 e。一次实验完成退出时，仪器自动将屏幕按设定的序号存储（共可存储 10 幅），以供必要时查看、分析、比较。

【参考文献】

成都世纪中科仪器有限公司，ZKY-NZ 落球法变温黏滞系数实验仪说明书，2005.

4.6　迈克尔逊干涉仪的深入研究

迈克尔逊干涉仪是典型的分振幅双光干涉装置，在历史上具有非常重要的意义，至今还有重要的应用价值。利用它能观察和研究许多有意义的光学现象，因而在几乎所有光学教科书中都对它有较为详细的介绍。本实验要求学生在了解迈克尔逊干涉仪的结构与原理，并初步掌握它的调节方法的基础上，自行设计实验，对某些干涉现象进行深入研究与讨论，从而更好地理解光的波动本性，并提高设计实验的能力。

【实验目的】

（1）了解迈克尔逊干涉仪的结构、调整和使用方法。

（2）设计实验方案，对某些干涉现象进行深入研究。

（3）透彻理解光的波动本性，提高设计实验的能力。

【实验仪器】

迈克尔逊干涉仪，各种光源，如钠灯、汞灯、白炽灯、激光等实验室常用光源，各种颜色的滤光片，米尺、游标卡尺、千分尺等常用长度测量仪器，薄玻璃片，毛玻璃片，其他光学实验室常用元器件。

【实验前应思考的问题】

（1）关于光的干涉

① 什么是光的干涉现象？在光的干涉区域是否一定有明暗或彩色条纹？你能举出无条纹的干涉现象吗？

② 什么是“相干光”、什么是“非相干光”？什么是“部分相干光”？两束光相干的条件是什么？同一点光源在不同方向发出的光相遇时，能否相干？同一光源的不同点所发出的光相遇时，能否相干？面光源所发的光，在什么条件下，也能相干？你能举出太阳光干涉的例子吗？

③ 什么是相干长度？什么是相干时间 它们有什么关系？它们与光源的单色性由什么关系式表达？此关系式对白光也适用吗？为什么白光的干涉条纹不是白色条纹？

④ 干涉相长与干涉相消的条件是什么？两束光发生相长干涉或相消干涉时，光能还守恒吗？

⑤ 什么是干涉条纹的清晰度？两束光的干涉条纹清晰度与哪些因素有关？

⑥ 什么是定域干涉和非定域干涉？它们分别在什么条件下出现？能举出你见到过的定域和非定域干涉的例子吗？太阳光下的油膜干涉是定域的吗？能否用激光产生定域干涉？如果能，请说明如何产生。

⑦ 什么是等厚干涉和等倾干涉？它们分别在什么条件下出现？有没有既是等厚又是等倾的干涉？如有，请举出例子。有没有既不是等厚又不是等倾的干涉？如有，请举出例子。

（2）关于迈克尔逊干涉仪

① 什么是迈克尔逊干涉仪？迈克尔逊最早用它来做什么？结果如何？后来用它来做什么？结果如何？

② 迈克尔逊干涉仪的结构如何？它主要由哪几部分组成？各有什么功能？

③ 迈克尔逊干涉仪中为什么要用半反射镜？它的反射率是否为50%？它的透射率大于、小于或等于它的反射率吗？为什么？这种半反射镜的半反射膜一般是用金属还是介质材料制成的？它们各有什么优缺点？

④ 迈克尔逊干涉仪中为什么要用补偿板？对补偿板有什么要求？如只用单色光作光源，是否仍然需要补偿板？为什么？

⑤ 对迈克尔逊干涉仪的两块反射镜的反射膜有什么要求？它们一般是用金属还是介质材料制成的？各有什么优缺点？

【实验内容】

（1）设计实验，观察白光的干涉条纹，并讨论出现干涉条纹的条件和条纹的形状。

（2）设计实验，观察汞绿光的非定域干涉和激光的定域干涉。

（3）在迈克尔逊干涉仪的一臂光路上插入一块薄平行玻璃片，调节两反射镜的相对角度和位置，会看到什么现象？试分析讨论产生这些现象的原因，并利用该干涉仪测出此玻璃片材料的折射率。（提示：玻璃片的厚度可用千分尺测出。）

（4）设计实验，证明等倾干涉定域在无限远处。

（5）试设计一个不用迈克尔逊干涉仪能观察等倾干涉的实验。

（6）设计实验，利用迈克尔逊干涉仪估测各种滤光片的单色性。（提示：可估测白光通过它们后的相干长度而得。）

（可以选择其中几项内容）

【实验报告的要求】

(1) 写明本实验的目的和意义。
(2) 阐明本实验的设计思想、设计过程和设计结果。
(3) 对实验过程进行详细记录及数据处理。
(4) 记下实验中发现的问题及其解决方法。
(5) 记录实验结果及其分析与讨论。
(6) 谈谈本实验的收获、体会，提出改进意见。

【参考文献】

[1] 章志鸣，沈元华，陈惠芬．光学．第2版．北京：高等教育出版社，2000.
[2] 沈元华，陆申龙．基础物理实验．北京：高等教育出版社，2003.
[3] 沈元华．设计性研究性物理实验教程．上海：复旦大学出版社，2004.

4.7 设计和组装望远镜

人眼很难分辨极远处或极近处物体的细节，当两光点间距离小于0.05mm时，人眼就无法分辨。观察物体要想能分辨细节，最简单的办法是使视角扩大。望远镜和显微镜就是扩大人眼球视角的目视光学仪器。望远镜是用来观察远距离目标的目视光学仪器，显微镜则是用来帮助人们观察近处的微小物体，它们常被组合在其他光学仪器中。为适应不同用途和性能的要求，望远镜和显微镜的种类很多，构造也各有差异，但是它们的基本光学系统都由一个物镜和一个目镜组成。望远镜和显微镜在天文学、电子学、生物学和医学等领域中都起着十分重要的作用。

【实验目的】

(1) 了解望远镜的结构、原理及放大率等概念。
(2) 设计组装望远镜，进一步熟悉透镜成像规律。

【实验原理】

(1) 望远镜简介

最简单的望远镜由两个作为物镜和目镜的凸透镜组成的，其中物镜的焦距较长。由于被观测物体离物镜的距离远大于物镜的焦距（$u>2f_0$），通过物镜的作用后，将在物镜的后焦面附近形成一个倒立的缩小实像。此实像虽较原物体小，但与原物体相比，却大大地接近眼睛，因而增大了视角。然后通过目镜再将它放大。由目镜所成的像可在明视距离到无限远之间的任何位置上。简单的望远镜光路图表示在图4.7.1中。图中L_0为物镜，其焦距为f_0；L_e为目镜，其焦距为f_e。当观测无限远处的物体（$u\to\infty$）时，物镜的焦平面和目镜的焦平面重合，物体通过物镜成像在它的后焦面上，同时也处于目镜的前焦面上，因而通过目镜观察时，成像于无限远。此时，望远镜的放大率可从光路图中得出。

$$M=f_0/f_e \tag{4.7.1}$$

由此可见，望远镜的放大率M等于物镜和目镜焦距之比。若要提高望远镜的放大率，可增大物镜的焦距或减小目镜的焦距。

当用望远镜观测近处物体时，其成像光路可用图4.7.2来表示。图中u_1、v_1和u_2、v_2

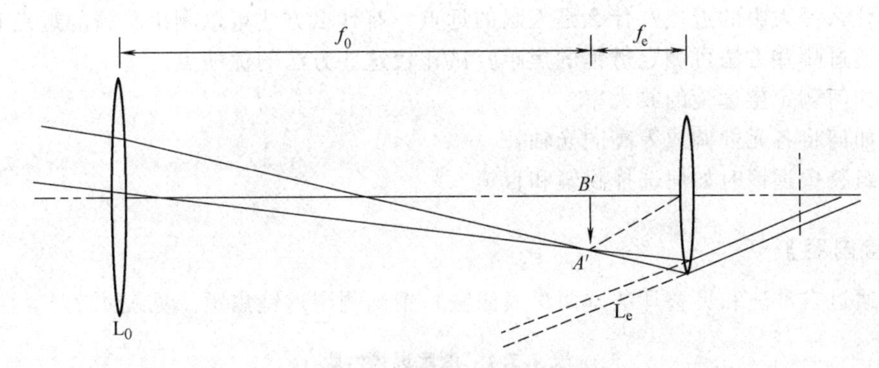

图 4.7.1 简单的望远镜光路图

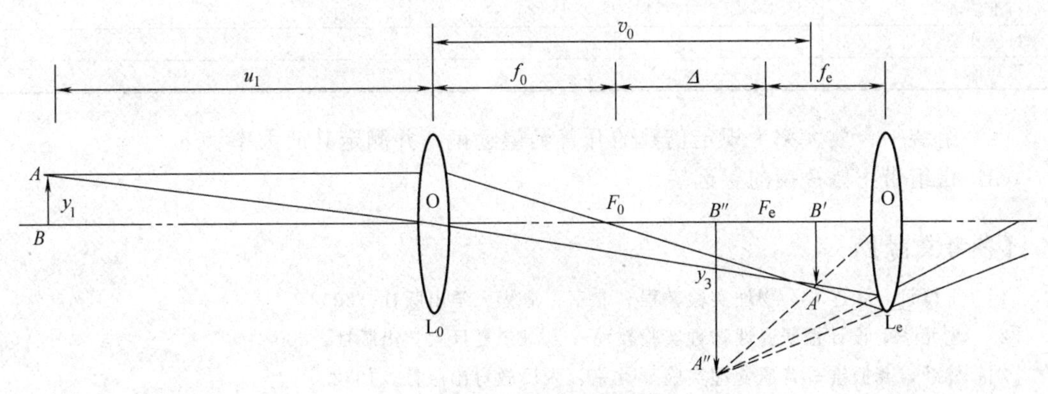

图 4.7.2 望远镜成像光路图

分别为透镜 L_0 和 L_e 成像时的物距和像距，Δ 是物镜和目镜焦点之间的距离，即光学间隔(在实用望远镜中是一个不为零的小量)。由图 4.7.2 可以发现，观测近处物体时望远镜的放大率为 $M=\dfrac{f'_0(L+f'_e)}{f'_e(L_1-f'_0)}$。$L$ 为远处物体到目镜的距离，L_1 为远处物体到物镜的距离。

对薄透镜在满足近轴条件下，利用透镜成像公式，得：

$$M=\frac{f_0(u_1+v_0+2f_e)}{f_e(u_1-f_0)} \tag{4.7.2}$$

在测出 f_0，f_e，v_0 和 u_1 后，由式(4.7.2) 可算出望远镜的放大率。显然当物距 $u_1 \gg f_0$ 时，式(4.7.2) 回到式(4.7.1)。

(2) 望远镜放大率的测定

在实验中常用目测法来确定望远镜的放大率。其方法是：用一只眼睛注视标尺，另一只眼睛通过望远镜观看标尺的像 $A''B''$，调节望远镜的目镜，使两者在同一平面上且没有视差；则在标尺和标尺像重合区段内刻度数的比值即为望远镜的放大率。

【实验仪器】

光源、望远镜组套、光具座、光学平台等。

【实验前应思考的问题】

(1) 测量望远镜与一般望远镜有何区别?

(2) 使用望远镜时为什么要调焦?

(3) 什么是人眼的近点？什么是人眼的远点？有什么方法可以测出眼睛的近点有多远？

(4) 通过哪些方法可测定透镜的焦距？试比较这些方法的优缺点。

(5) 如何测定望远镜的放大率？

(6) 如何将各元件调成等高同光轴？

(7) 组装望远镜时如何选择物镜和目镜？

【实验内容】

(1) 通过自准法和贝塞耳法（两次成像法）精确测定透镜焦距。见表 4.7.1。

表 4.7.1　测定透镜焦距

焦距 f		目镜	物镜
自准法	1		
贝塞耳法	2		
平均值			

(2) 组装一台放大率为规定倍数的开普勒望远镜，并测定其放大率。

(3) 自组带正像棱镜的望远镜。

【参考文献】

[1] 丁慎训，张连芳．物理实验教程．北京：清华大学出版社，2002.

[2] 沈元华．设计性研究性物理实验教程．上海：复旦大学出版社，2004.

[3] 林纾，龚振雄．普通物理实验．北京：人民教育出版社，1982.

4.8　设计和组装显微镜

显微镜是人类最伟大的发明之一。在它发明出来之前，人类对周围世界的认知范围仅仅局限于通过肉眼，或者靠手持透镜帮助肉眼所看到的事物。显微镜将一个全新的世界展现在人类的视野里。人们第一次看到了数以百计的“新的”微小动物和植物，以及从人体到植物纤维等各种东西的内部构造。

【实验目的】

(1) 了解显微镜的结构、原理及放大率等概念。

(2) 设计、组装显微镜，进一步熟悉透镜成像规律。

【实验原理】

(1) 显微镜简介

最简单的显微镜由两个凸透镜构成。其中，物镜的焦距很短，目镜的焦距较长。它的光路如图 4.8.1 所示。

图 4.8.1 中的 L_0 为物镜（焦点在 F_0 和 F_0'），其焦距为 f_0；L_e为目镜，其焦距为 f_e。将长度为 y_1 的被测物 AB 放在 L_0的焦距外且接近焦点 F_0 处，物体通过物镜成一放大的倒立实像 $A'B'$（其长度为 y_2），此实像在目镜的焦点以内，经目镜放大后，在明视距离 D 上得到一个放大的虚像 $A''B''$（其长度为 y_3）。虚像 $A''B''$对于观测物 AB 来说是倒立的。由图 4.8.1 可见，显微镜的放大率为：

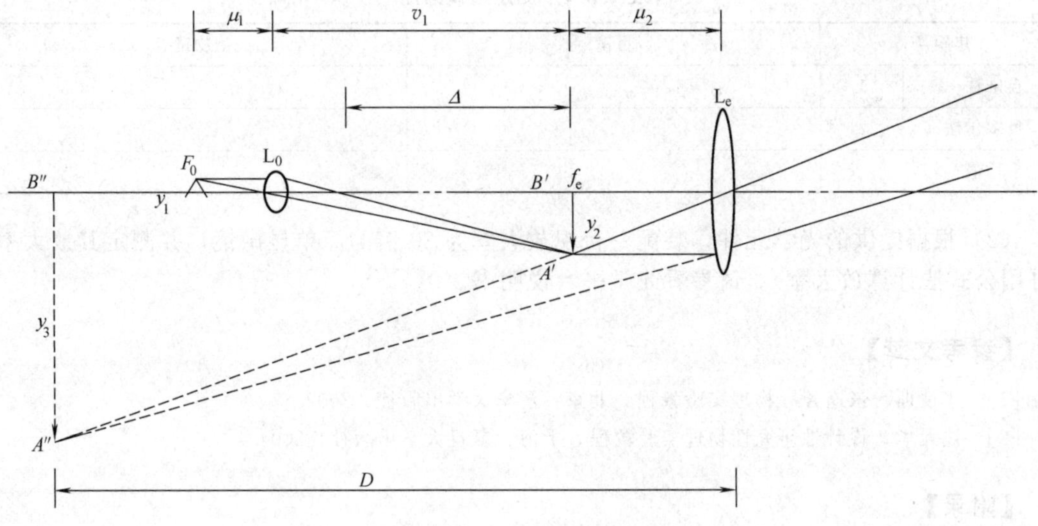

图 4.8.1　显微镜成像示意

$$M=\frac{Y'/f'_{\mathrm{e}}}{Y/D} \tag{4.8.1}$$

Δ 为显微镜物镜像方焦点 F'_0 和目镜的物方焦点 F_{e} 之间的距离，称为物镜和目镜的光学间隔（显微镜的光学间隔一般是一个确定值，通常在 17～19cm）。因而式(4.8.1）可改写成：

$$M=\frac{DY'}{f'_{\mathrm{e}}Y}=\frac{D\Delta}{f'_{\mathrm{e}}f'_0}=\frac{D\Delta}{f_{\mathrm{e}}f_0} \tag{4.8.2}$$

由式(4.8.2）可见，显微镜的放大率等于物镜放大率和目镜放大率的乘积。在 f_0、f_{e}、Δ 和 D 为已知的情况下，可利用式(4.8.2）算出显微镜的放大率。

（2）显微镜放大率的确定

在垂直于显微镜光轴的方向上放置参考标尺 S（毫米刻尺），利用一倾斜 45°的半透半反射镜将参考标尺成像于显微镜光轴上的明视距离处。再调整被测物 y_1（可选用附有标尺的分划板）离物镜的距离，使它经显微镜系统成的像 y_3 与参考标尺的像 S′重合，反复调节直至二者无视差为止。读出放大像 y_3 的 1 小格与标尺像 S′的多少小格相对应，即可得到显微镜的放大率。

【实验仪器】

光源，显微镜组套，光具座，光学平台等。

【实验前应思考的问题】

（1）光学仪器的角放大率是如何定义的？
（2）放大镜和显微镜的区别是什么？
（3）显微镜的放大率与哪些参量有关？如果显微镜的镜筒距离改变，放大率会如何改变？
（4）提高显微镜的放大率有哪些可能的途径？
（5）如何测定显微镜的放大率？
（6）组装显微镜时如何选择物镜和目镜？是否可选用组装望远镜时所用的目镜？

【实验内容】

（1）通过自准法和贝塞耳法（两次成像法）精确测定透镜焦距。见表 4.8.1。

表 4.8.1　测定透镜焦距

焦距 f		目镜	物镜
自准法	1		
贝塞尔法	2		
平均值			

(2) 根据提供的光学元件，装配一台视放大率为 20 倍的简单显微镜，并测定其放大率。(可用公式法计算放大率)。请参看光学平台说明书。

【参考文献】

[1] 丁慎训，张连芳. 物理实验教程. 北京：清华大学出版社，2002.

[2] 沈元华. 设计性研究性物理实验教程. 上海：复旦大学出版社，2004.

【附录】

实验室提供的参考光路及参考步骤。

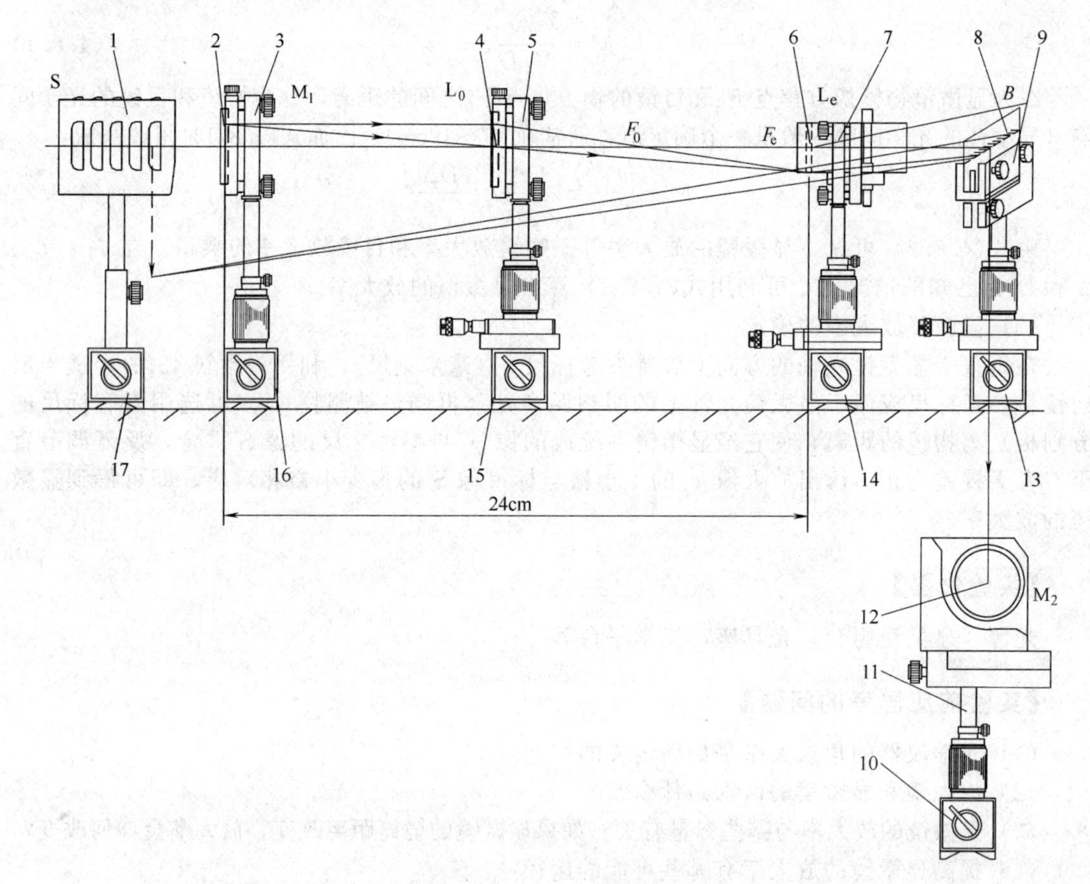

图 4.8.2　自组显微镜

1—溴钨灯 S；2—微尺 M_1 (1/10 mm)；3，5—二维架 (SZ-07)；4—物镜 L_0 ($f'_0=45$mm)；6—目镜 L_e ($f_e=34$mm)；7—光源二维架 (SZ-19)；8—分束器；9—二维干版架 (SZ-18)；10—升降调节座 (SZ-03)；11—X 轴旋转二维架 (SZ-06)；12—毫米尺 M_2 ($l=30$mm)；13，14—三维平移底座 (SZ-01)；15—二维平移底座 (SZ-02)；16—升降调节座 (SZ-03)；17—通用底座 (SZ-04)

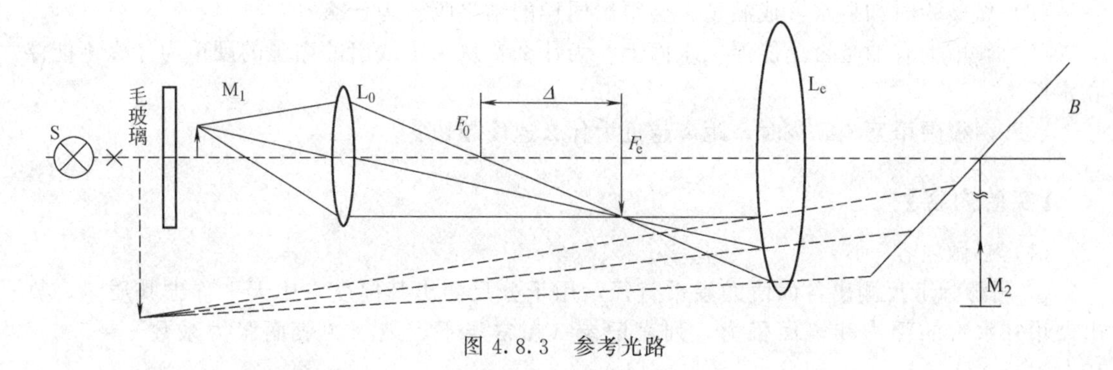

图 4.8.3　参考光路

(1) 参照图 4.8.2 和图 4.8.3 布置各器件，调等高同轴。

(2) 将透镜 L_0 与 L_e 的距离定为 24cm。

(3) 沿米尺移动靠近光源毛玻璃的微尺，从显微镜系统中得到微尺的放大像。

(4) 在透镜 L_e 之后放置与光轴成 45°角的半透半反镜，距此镜 25 cm 处放置小灯照明的微尺 M_2。

(5) 微动物镜前的微尺，消除视差，读出未放大的 M_2 30 格所对应的 M_1 的格数 a。

显微镜的测量放大率 $M=\frac{30\times10}{a}$；显微镜的计算放大率 $M'=\frac{25\Delta}{f'_0 f'_e}$。

4.9　浮水硬币实验——表面张力研究

由于表面张力，密度比水大的硬币会浮在水面上，水中的蜡烛或玻璃棒靠近浮水硬币时会相斥，本实验要求通过观察与分析这些现象得出许多有意义的结论。

【实验目的】

(1) 了解表面张力的作用。

(2) 观察分析表面张力作用的各种现象，得出结论。

【实验原理】

液体表面层内存在一种液体的表面积缩小的作用力，称为表面张力，由于表面张力的作用，液面犹如张紧的弹性薄膜。表面张力是液体表面层内分子间相互作用力的一种表现，设想在液面上有一直线，表面张力就表现为直线两旁的液面以一定的拉力相互作用，拉力 F 存在于液面层，方向沿液体表面而与直线垂直，大小与直线的长度 L 成正比，即 $F=\alpha L$，式中 α 为液体表面张力系数，其大小与液体成分、纯度等有关。

固体与液体接触时，如果固体与液体分子间的吸引力大于液体分子间吸引力，液体与固体的接触面扩大而相互附着在固体上，这种现象称为浸润；如果固体与液体分子间的吸引力小于液体分子间吸引力，液体与固体表面不相互附着，这种现象称为不浸润。由于水与玻璃浸润，玻璃管中的水面显凹面；反之，水与蜡不浸润，蜡管中的水面显凸面。

【实验仪器】

游标卡尺，千分尺，烧杯，硬币，蜡烛，玻璃管，酒精，天平，玻璃杯等。

【实验前应思考的问题】

(1) 本实验中的水是自来水，如改用矿泉水、纯水或浓盐水，情况是否相同？

(2) 做实验时如果水换成酒精，会得出同样的结果吗？为什么？

(3) 硬币上有油是否还能浮在水面上？为什么？从水中取出的潮湿的硬币为什么不能浮在水面上。

(4) 两枚硬币互相靠拢时，距离越近为什么速度越快？

【实验内容】

(1) 必做内容

① 用游标卡尺测出各面值的硬币直径，用千分尺测出其厚度，用天平称出其质量，算出硬币在水中的浮力和表面张力，列表记录（在常温下，纯水的表面张力系数 $\alpha=7.2\times10^{-2}$N/m)。

② 在烧杯内注入水，小心地将硬币放在水面上（放入前硬币必须保持干燥），观察哪些面值的硬币能浮在水面上？

③ 对硬币受力分析后，计算出浮力加上表面张力是否等于重力（表面张力方向近似为向上)？如不等，为什么能平衡？

④ 使硬币浮在水面上，分别用蜡烛，玻璃管小心插入水中，慢慢靠近硬币，观察并记录现象，并进行受力分析。

⑤ 用丝绸摩擦过的有机玻璃棒靠近浮水硬币边缘外的水面上，这时有什么现象产生？为什么？

⑥ 将两枚浮水硬币相距 1cm 左右，观察到什么现象？它们是否会自动合拢在一起？为什么？

⑦ 试设计几种方法，使两枚合拢的浮水硬币分开，并通过实验实现你的想法。

(2) 选做内容

① 取一个玻璃杯，注入水，小心地将硬币放置在水面上，观察浮水硬币在水面上的位置。待静止后，观察硬币在水面上的位置，取出硬币，再注入水直到水面超过玻璃杯口，但水没有溢出。然后小心放置硬币在水面上，观察此时硬币在水面上的位置，试分析硬币在上述两种条件下所处的平衡位置不同的原因。取两个大小不同的烧杯（如直径小于 5cm 的烧杯与直径大于 15cm 的烧杯)，分别注入烧杯容量的 3/4 的水，小心放置硬币在水面上，观察此两种情况下硬币在水面上的位置有什么不同？为什么？

② 将酒精轻轻地滴在浮水硬币旁的水面上，观察有什么现象产生？试分析之。(纯酒精在 25.2℃时的表面张力为 71.95×10^{-3}N/m)

③ 在蜡烛表面涂以少许洗洁精，重复必做实验内容④，观察其结果有何区别，并分析之。

(3) 实验拓展

① 将洗洁精轻轻地滴在有浮水硬币的水面上，过一段时间，观察有什么现象产生？用不同的面值的硬币做此实验，有何区别？试分析之。

② 硬币可以浮在水上，也可以浮在洗洁精上，是否可以浮在水与洗洁精混合溶液上？水与洗洁精混合比例是否对实验现象有影响？试以实验证明之。

③ 在硬币表面涂上一些洗洁精并擦干，还能浮在水上吗？分析其原因。

④ 铝质瓶盖代替硬币进行实验（必做实验内容④～⑦)。所见现象与硬币实验有何异同？分析其原因。

⑤ 向铝盖内注水，但不下沉，重复上述实验。

⑥ 将水注入玻璃杯内直到水将要溢出为止，在杯的边缘轮换滴上酒精与水，观察有什

么现象产生。

⑦ 将两块有机玻璃板叠放在一起，用什么方法拿起上面一块有机玻璃的同时下面一块有机玻璃板也被提起？阐述其原理，如果下面一块粘上物体，粘上物体最大能有多重时下面一块有机玻璃板不会掉下，估计此时两块板接触面积有多大。

⑧ 观察将水滴滴在不同材料平面上形成的形状，如果这些平面涂有一层油，情况如何？

4.10 组装迈克尔逊干涉仪测空气折射率

空气折射率和真空的折射率相差甚小，仅有10^{-4}数量级这样小的折射率差别，用几何法是不能测量的，但可用干涉法精确地测量出来。迈克尔逊干涉仪是用分振幅的方法获得两束相干光，这两束相干光各有一段光路在空间中分开，如果在其中一支光路上放进被研究的对象，而另一支光路的条件不变，通过观察干涉条纹的变化规律，可以测得被研究对象的物理特性。本实验就是用这种方法来测量空气折射率的。

在物理学史上，迈克尔逊曾用自己发明的光学干涉仪器进行实验，精确地测量微小“长度”，否定了“以太”的存在，这个著名实验为近代物理学的诞生和兴起开辟了道路，1907年获诺贝尔奖。迈克尔逊干涉仪原理简明，构思巧妙，堪称精密光学仪器的典范。随着对仪器的不断改进，还能用于光谱线精细结构的研究和利用光波标定标准米尺等实验。目前，根据迈克尔逊干涉仪的基本原理，研制的各种精密仪器已广泛地应用于生产生活和科技领域。如观察干涉现象，研究许多物理因素（如温度、压强、电场、磁场等）对光传播的影响，测波长、测折射率等。

【实验目的】

(1) 了解迈克尔逊干涉仪的原理结构，学习其调节和使用方法。

(2) 学会按一定的原理自行组装仪器的技能及调节光路的方法。

(3) 学习用干涉法测空气的折射率。

【实验原理】

在迈克尔逊干涉仪中产生的干涉等效于膜 M_1，M_2' 的薄膜干涉。两束光的光程差为：

$$\delta = 2d\cos i = k\lambda$$

(1) 扩展光源产生的干涉图（定域干涉，见图 4.10.1）

① M_1 和 M_2' 严格平行——等倾干涉

条纹特点（见图 4.10.2）：

a. 明暗相间的同心圆纹，条纹定域在无穷远（需用会聚透镜成像在光屏上）；

b. 中心级次最高，$k=2d/\lambda$；

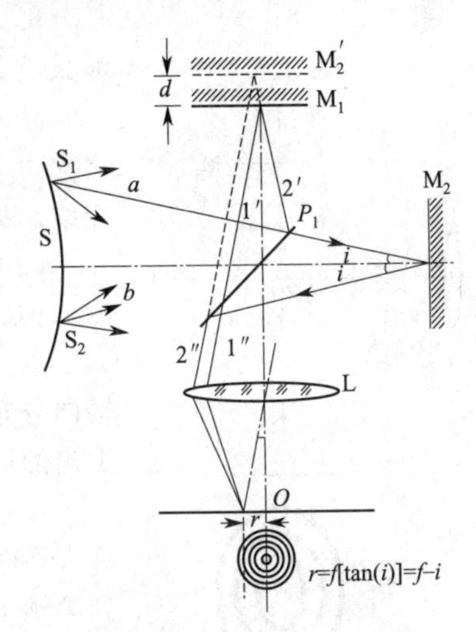

图 4.10.1　定域干涉原理

c. d 增大，条纹从中心向外“涌出”，d 减小，条纹向中心“陷入”，每“涌出”或“陷入”一个条纹，间距的改变为$\lambda/2$，“涌出”和“陷入”的交接点为$d=0$的情况（无条纹）。

d. 干涉条纹的分布是中心宽边缘窄，d 增大条纹变窄 $\Delta i_k = i_k - i_{k-1} \approx \lambda/2di_k$（$d$，$i_k$ 增加时条纹变窄）。

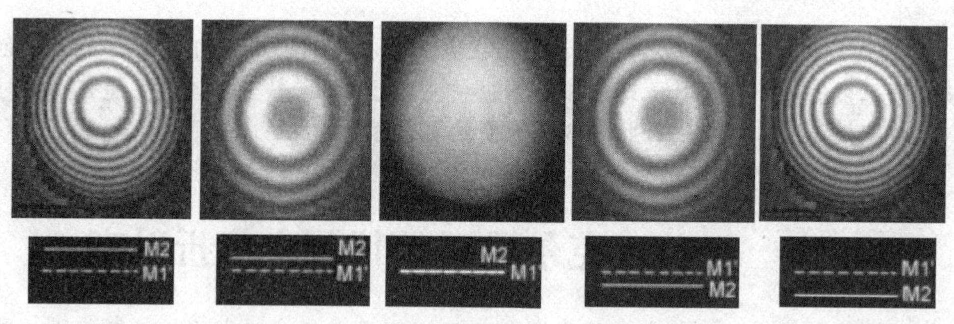

图 4.10.2　d 变化时，等倾干涉条纹的变化特征

② M_1 和 M_2' 有一很小的夹角——等厚干涉

$$\Delta=2d\cos i\approx 2d(1-i^2)/2$$

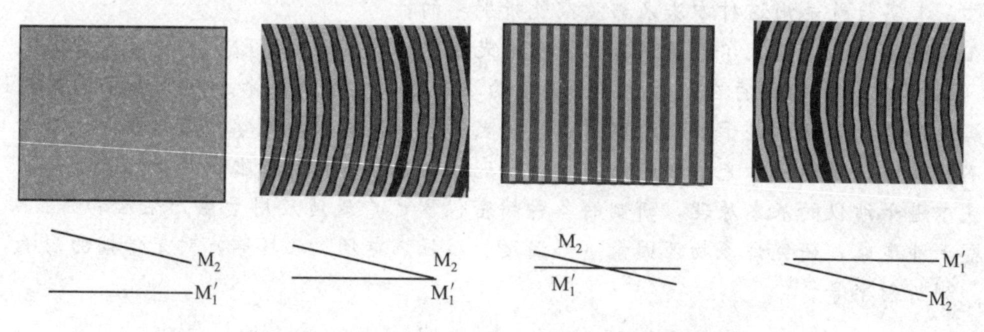

图 4.10.3　两反射镜相交处不同时干涉花样的变化

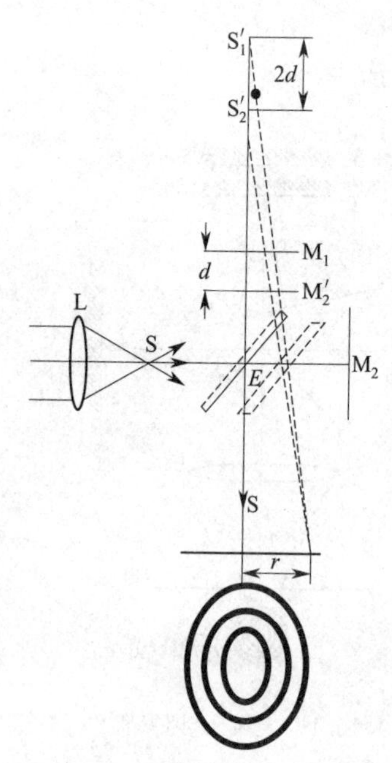

图 4.10.4　非定域干涉

a. 当入射角也较小时为等厚干涉，条纹定域在薄膜表面附近。

b. 在两镜面交线附近处，d 较小，i 的影响可以略去，干涉条纹是一组平行于 M_1 和 M_2' 交线的等间隔直线条纹。

c. 在离 M_1 和 M_2' 交线较远处，d 较大，i 的影响不可以略去，干涉条纹变成弧形，且条纹弯曲的方向是背向两镜面的交线。见图 4.10.3。

(2) 点光源照明产生的干涉图（非定域干涉，见图 4.10.4）

点光源 S 经 M_1 和 M_2' 的反射产生的干涉现象，等效于沿轴向分布的两个虚光源 S_1'、S_2' 所产生的干涉。因为从 S_1' 和 S_2' 发出的球面波在相遇的空间处处相干，故为非定域干涉。

观察屏放在不同位置上，均可看到干涉条纹，当垂直于轴线观察时，调整 M_1 和 M_2 的方位使相互严格垂直，则可观察到等倾干涉圆条纹。

(3) 测空气折射率的光路设计

用一片光束分离板 G 和两片前表面反射镜 M_1、M_2 在光学防震平台上组成迈克尔逊干涉仪光路，在干涉仪的一臂上放一个气室。如图 4.10.5 所示，气室是一段玻璃管，两端磨平并用两块平行平板玻璃密封。它有两个端口，一个接气压表，一个接打气球，打气球有一个放气阀门。

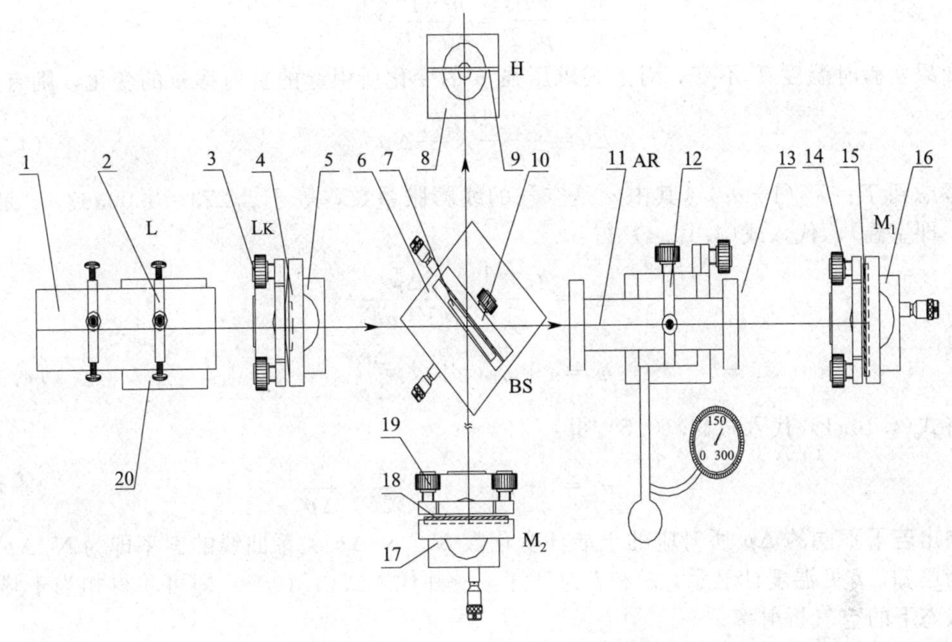

图 4.10.5　测空气折射率的器件说明

1—He-Ne 激光器 L；2—单缝；3—光导轨；4—小孔屏；5—电探头；
6—维测量装置；7—分束器 BS；8—通用底座；9—白屏 H；10—干版架；
11—气室 AR；12—二维调节架；13，16，17—二维平移底座；14，19—二维架；
15—平面镜 M_1；18—平面镜 M_2；20—升降调节座

由 He-Ne 激光器发出的光（$\lambda=632.8\text{nm}$）经分束器 BS 被分为两束。这两束光分别被反射镜 M_1 和 M_2 反射后到白屏 H 处相遇，在光屏上接收到两光束会合后的叠加光波。由于激光束通过扩束镜已经发散，从屏上可以观察到较大的等倾干涉圆环。

如果气室内空气的压力改变 Δp，相应折射率改变了 Δn，则上述干涉光路将增加光程差 δ，这一光程差变化将引起干涉条纹 N 个环的变化（即有 N 个干涉环从中心冒出来或缩进去）。设气室内空气柱的长度为 l，则有：

$$\delta=2\Delta nl=N\lambda$$

即：

$$\Delta n=N\lambda/2l \tag{4.10.1}$$

若将气室抽真空（室内压强近似于零，折射率 $n=1$），再向室内缓慢充气，同时计下干涉环变化数 n，由公式(4.10.1) 可计算出不同压强下折射率的改变值 Δn，则相应压强下空气折射率：

$$n=1+\Delta n$$

若采取打气的方法增加气室内的粒子（分子和原子）数量，根据气体折射率的改变量与单位体积内粒子数改变量成正比的规律，可求出相当于标准状态下的空气折射率 n_0。对于确定成分的干燥空气来说，单位体积内的粒子数与密度 ρ 成正比，于是有：

$$\frac{n-1}{n_0-1}=\frac{\rho}{\rho_0} \tag{4.10.2}$$

式中，ρ_0 是空气在热力学标准状态（$T_0=276\text{K}$，$p_0=101325\text{Pa}$）下的密度；n_0 是在相应状态下的折射率；n 和 ρ 是相对于任意温度 T 和压强 p 下的折射率和密度。

联系理想气体的状态方程，有：

$$\frac{\rho}{\rho_0}=\frac{pT_0}{p_0T}=\frac{n-1}{n_0-1} \tag{4.10.3}$$

如果实验时温度 T 不变，对上式求压强 p 的变化所引起的折射率 n 的变化，则有：

$$\Delta n=\frac{n_0-1}{p_0}\times\frac{T_0}{T}\Delta p \tag{4.10.4}$$

考虑到 $T=T_0(1+\alpha t)$（其中 α 是空气的线膨胀系数，等于 $1/273=0.00367$，t 是摄氏温度，即室温），代入式(4.10.4) 得：

$$\Delta n=\frac{n_0-1}{p_0}\times\frac{\Delta p}{(1+\alpha t)}$$

于是：

$$n_0=1+p_0(1+\alpha t)\frac{\Delta n}{\Delta p} \tag{4.10.5}$$

将式(4.10.1) 代入式(4.10.5) 得：

$$n_0=1+p_0(1+\alpha t)\frac{\lambda}{2l}\times\frac{N}{\Delta p} \tag{4.10.6}$$

测出若干不同的 Δp 所对应的干涉环变化数 N，N-Δp 关系曲线的斜率即为 $N/\Delta p$。p_0 和 α 为已知，t 见温度计显示，λ 和 l 为已知，一并代入式(4.10.6) 即可求得相当于热力学标准状态下的空气折射率。

根据式(4.10.3) 求得 p_0 代入式(4.10.4)，经整理，并联系式(4.10.1)，即可得：

$$n=1+\frac{N\lambda}{2l}\times\frac{p}{\Delta p} \tag{4.10.7}$$

其中的环境气压 p 从实验室的气压计读出，根据式(4.10.7)，通过实验即可测得实验环境下的空气折射率。

【实验仪器】

CSZ-ⅡB 型光学平台，激光器及电源，扩束器，分束器，气室，打气囊，气压表，白屏，平面镜，若干光学支架和底座。

【实验内容】

(1) 光路的调整

① 将各光学元件固定在相应的支架上，夹好、靠拢，调等高。

注意：各光学元件的高度通过目测调节好后，在固定前同时应确保各光学元件与相应光学底座的某一边保持平行，便于调节光路。

② 固定激光器的位置，调节激光束水平。

目测：固定激光器的光学底座应压在光学平台上某两条线之间，激光管中轴线大致平行于光学平台。

调节：把光学底座上的按钮旋转到“ON”，固定激光器。调节激光支架上的 6 个方向控制手钮，应保证从平行于光学平台的方向看激光管大致与光学平台平行，从垂直于光学平台的方向（即俯视）看激光管应在光学底座所压两条线之间，并与它们平行。

③ 固定分束器的位置，并粗调它与激光束成 45°角。

目测：让固定分束器的光学底座大致平行于光学平台上一个小正方形的对角线，然后慢慢移动，使激光束正好从分束器的中心通过。

④ 固定白屏和反射支路中反射镜 M_2 的位置，同时微调分束器，使它与激光束成 45°角

目测：在垂直于激光管和分束器的光路上，以固定分束器的光学底座所压两条线为基

准，分别在分束器两侧放置白屏和反射镜 M_2，并固定白屏。

调节：仔细观察分束器，会发现分束器的两层光学表面上分别有反射光点和透射光点。微调分束器，同时左右移动反射镜 M_2，使反射光线照射到反射镜 M_2 的正中心。然后再微调反射镜 M_2 后的两颗倾角螺丝，使经反射镜 M_2 反射到分束器上的光点与激光束照射到分束器上产生的反射光点重合。最后固定分束器和反射镜 M_2。

⑤ 固定气室和反射镜 M_1 的位置，调节透射光路。

目测：在激光管和分束器的光路上，放置气室和反射镜 M_1。

调节：微调气室支架上的倾角螺丝，使透射激光从气室的前后两个光学表面中心通过。左右移动反射镜 M_1，使经过气室的透射激光照射到反射镜 M_1 的正中心。然后再微调反射镜 M_1 后的两颗倾角螺丝，使经反射镜 M_1 反射到气室后光学表面上的光点与透射激光照射到气室后光学表面的光点重合。最后固定气室和反射镜 M_1。

⑥ 调 $M_1 \perp M_2$。

经前面 5 步的调节，此时白屏上会出现两排光点。微调 M_1、M_2 两镜后的倾角螺丝，使两排光点中最亮的两点重合，然后再加入扩束镜，白屏上就会出现等倾干涉圆环。

注意：如果干涉圆环过小或看不见条纹，可以调节一下两支路的光程差，不能过大或相等。

(2) 测量实验环境的空气折射率

① 观察　用打气囊向气室内充气，观察气压计读数与干涉圆环变化的现象。

② 测量　紧握打气囊反复向气室充气，至气压计满量程（40kPa）为止，记下 Δp。缓慢松开气阀放气，同时默数干涉圆环变化数 N，至气压计表针回零。本实验应重复多次测量。同时记下实验环境的温度 t、压强 p，并用游标卡尺量出气室长度 l。

③ 数据处理　由 $n=1+\frac{N\lambda}{2l}\cdot\frac{p}{\Delta p}$ 计算出实验环境的空气折射率。根据空气在常温下的经验式，计算出实验环境空气折射率的理论值，并与计算值比较，求百分误差比。

【数据记录与处理】

(1) 数据记录表格（$\lambda=632.8\times10^{-9}$m），见表 4.10.1。

气室长度：$L=20.00$cm；室温：$t=$____℃；大气压强：$p=1.01325\times10^5$Pa

表 4.10.1　条纹变化数

次数	1	2	3	4	5	6	7	8
压强变化 Δp/kPa	40	40	40	40	40	40	40	40
条纹变化数 ΔN								

(2) 数据处理

① 空气折射率 n 的计算值

$$\overline{\Delta N}=\frac{\sum_{i=1}^{8}\Delta N_i}{8}=\underline{\qquad\qquad},\quad n_{实}=1+\frac{\overline{\Delta N}\lambda}{2l}\times\frac{p}{\Delta p}=\underline{\qquad\qquad}$$

② 空气折射率 n 的理论值

空气在常温下的经验公式：

$$n_{理}=1+\frac{2.8793p}{1+0.003671t}\times10^{-9}=\underline{\qquad\qquad}$$

③ 测量结果的相对误差

$$E_n=\frac{|n_{理}-n_{计}|}{n_{理}}\times 100\%=\_\_\_\_\_\_\_\_\_\_$$

【思考题】

(1) 在组装干涉仪的过程中 M_1 反射镜到 5∶5 分光板的距离与 M_2 反射镜到 5∶5 分光板的距离应保持怎样，方可使干涉圆环比较容易调整出来？

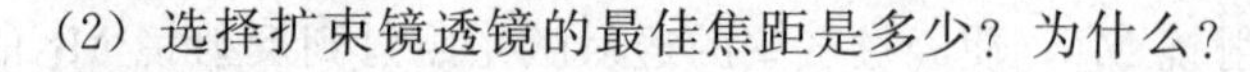

(2) 选择扩束镜透镜的最佳焦距是多少？为什么？

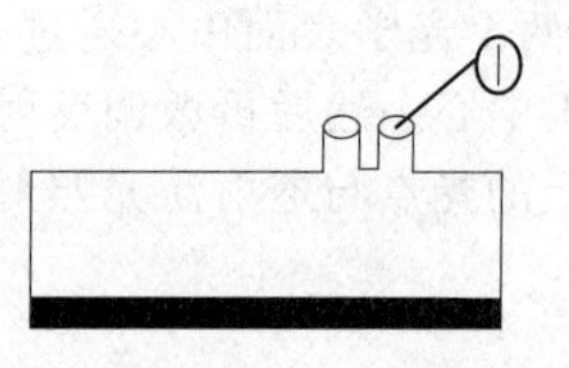

图 4.10.6 气室

【研究性实验拓展】

(1) 以空气做参考所增加的附加光程

在本实验室的常温常压的条件下，测量油气浓度变化对测量距离的影响：在气室（长 20cm）（图 4.10.6）中注入少量的汽油后，观察干涉条纹的变化直到干涉条纹不变（说明气室达到饱和）为止。并记录干涉条纹吞进（或吐出）的条纹个数，找出饱和浓度和干涉条纹变化的关系函数。

气室油气达到饱和后，干涉圆环共变化 $N=$____个圆环 $\delta S=\frac{1}{2l}N\lambda=$__________

(2) 测量汽油油气的温度变化的附加光程差（以空气常压为参照量），作出 ΔZ-T 曲线。

在气室中设两个孔，其中一个孔中通入测量温度设备，气室外加温度调节设备（图 4.10.7）。在本实验中，测量气体温度变化时干涉条纹的变化，拟合干涉条纹 N 与温度 T 的关系曲线。同时记录干涉条纹吞进（或吐出）的条纹个数。

求附加光程差 ΔZ 与温度 T 变化曲线。拟合 ΔZ-T 函数关系。

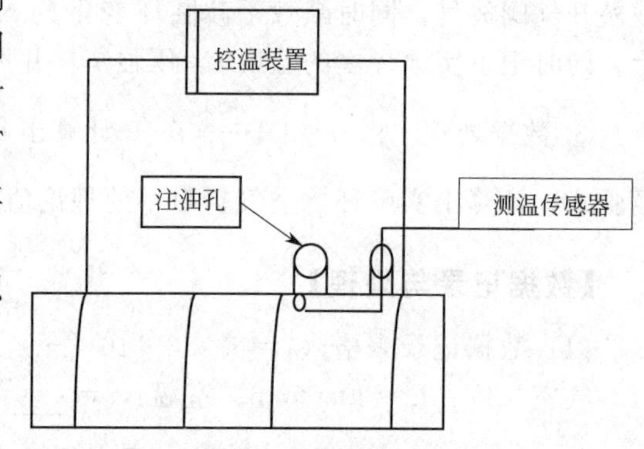

图 4.10.7 测量温度变化时产生附加光程差的装置

【研究性实验拓展思考题】

(1) 如何测量饱和油气的压力变化的附加光程？饱和油气如何获得？

(2) 若饱和油气压力、温度同时变化，附加光程的函数关系如何获得？

4.11 光电报警设计实验

光电报警系统是一种重要的监视系统，目前其种类已经日益增多。有针对飞机、导弹等军事目标入侵进行的报警系统，也有针对机场、重要设施或危禁区域防范进行的报警系统。一般说来，被动报警系统的保密性好，但是设备比较复杂，而主动报警系统可以利用特定的调制编码规律，达到一定的保密效果，设备比较简单。

【实验目的】

(1) 了解红外砷化镓发光二极管与光电二极管的具体应用。

(2) 练习自拟简单的光电系统实验。

(3) 了解主动式光电报警系统设计原理。

(4) 了解锁相环的原理及应用。

(5) 对影响光电探测性能的各种参数进行探讨，以求最大限度地发挥系统的探测能力。

【实验原理】

本实验使用的系统是调制电源提供红外发射二极管确定规律变化的调制电流，使发光管发出红外调制光。光电二极管接收调制光，转换后的信号经放大、整形、解调后控制报警器。

(1) 用 NE555 定时器构成多谐振荡器作调制电源

图 4.11.1 表示的是使用 NE555 集成电路构成占空比为 50% 的多谐振荡器原理图。下面对照电路图简述其工作原理及参数选择。

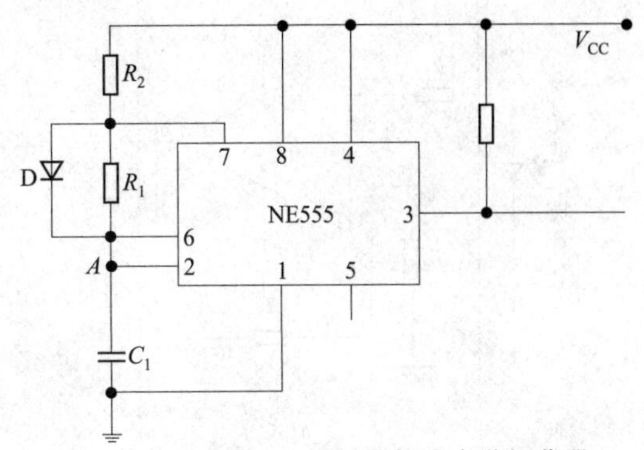

图 4.11.1 NE555 定时器构成多谐振荡器

在前半周期，V_1 通过 R_2、D 对 C_1 充电，由于二极管 D 的作用，电流不经过 R_1，因此其充电时间 T_1 为：

$$T_1 = R_2 C_1 \ln \frac{V_{CC} - \frac{1}{3}V_{CC}}{V_{CC} - \frac{2}{3}V_{CC}} = R_2 C_1 \ln 2 \tag{4.11.1}$$

而在后半周期，电容放电时，二极管反向电阻无穷大，NE555 内部的三极导通，电流通过 R_1 至 7 脚直接放电，此时其放电时间 T_2 为：

$$T_2 = R_1 C_1 \ln \frac{V_{CC} - \frac{1}{3}V_{CC}}{V_{CC} - \frac{2}{3}V_{CC}} = R_1 C_1 \ln 2 \tag{4.11.2}$$

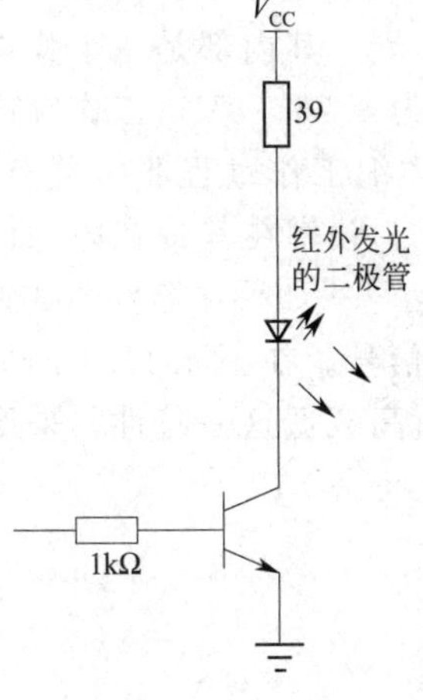

图 4.11.2 红外发光二极管驱动电路

当 A 点电压上升到上限阈值电压（约 $\frac{2}{3}V_{CC}$）时，定时器输出翻转成低电平。这时，A 点电压将随 C_1 放电而按指数规律下降。当 A 点电压下降至下限阈值电压（约 $\frac{2}{3}V_{CC}$）时，定时器输出又变成高电平，调整 R_1、R_2 的电阻值得到严格的方波输出。当 $R_1 = R_2$ 时，输出为方波信号。其输出频率为：

$$f = \frac{1}{T_1 + T_2} = \frac{1}{2R_1 C_1 \ln 2} \tag{4.11.3}$$

参考值：$R_1 = 5.6\text{k}\Omega$，$R_2 = 5.6\text{k}\Omega$，$C_1 = 0.1\mu\text{F}$，

$$f \approx \frac{1.44}{2R_1 C_1} \approx 1.3\text{kHz} \tag{4.11.4}$$

用NE555组成振荡器来作红外发光管BT401时，由于红外发光管BT401的工作电流在30mA以上，因此必须加一个三极管驱动电路。使输出电流大于或等于红外发光管的最小工作电流 I_F。其驱动电路的参考电路图如图4.11.2所示。

(2) 信号放大电路原理

电路如图4.11.3所示，由运算放大器OP07构成放大电路，将光敏二极管所接收的电流信号放大，放大增益通过调节 R_3 阻值改变。

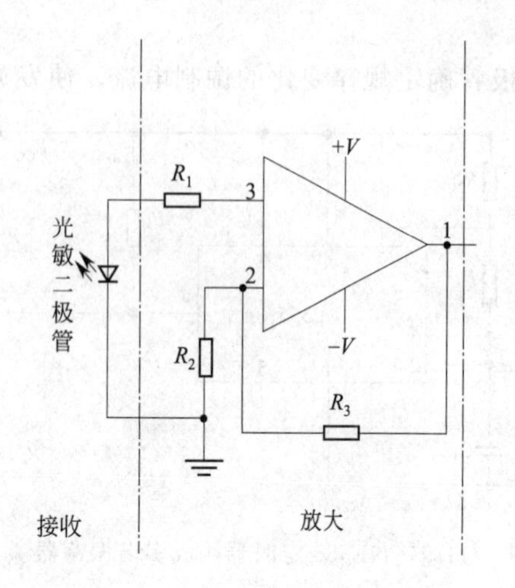

图4.11.3 信号放大电路

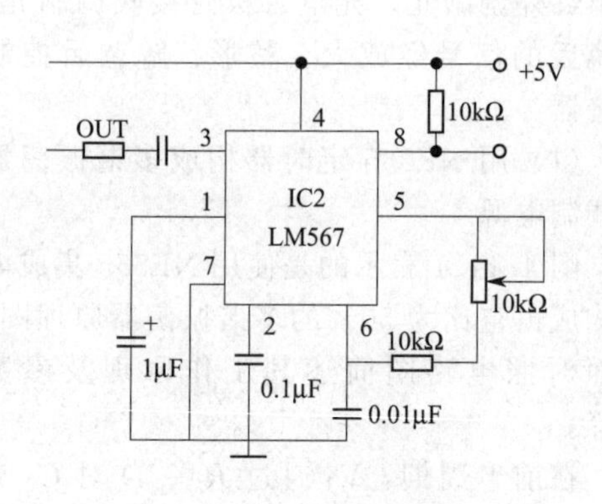

图4.11.4 锁相环电路原理图

(3) 锁相环原理

图4.11.4为锁相环电路原理图。LM567是一片锁相环电路，采用8脚双列直插塑封。其5、6脚外接的电阻和电容决定了内部压控振荡器的中心频率 f_2，$f_2 \approx \frac{1}{1.1RC}$。其1、2脚通常分别通过电容器接地，形成输出滤波网络和环路单级低通滤波网络。2脚所接电容决定锁相环路的捕捉带宽，电容值越大，环路带宽越窄。1脚所接电容的容量应至少是2脚电容的2倍。3脚是输入端，要求输入信号≥25mV。8脚是逻辑输出端，其内部是一个集电极开路的三极管，允许最大灌电流为100mA。LM567的工作电压为4.75～9V，工作频率从直流到500kHz，静态工作电流约8mA。LM567的内部电路及详细工作过程非常复杂，这里仅将其基本功能概述如下：当LM567的3脚输入幅度≥25mV、频率在其带宽内的信号时，8脚由高电平变成低电平，2脚输出经频率/电压变换的调制信号；如果在器件的2脚输入音频信号，则在5脚输出受2脚输入调制信号调制的调频方波信号。在图4.11.4的电路中我们仅利用了LM567接收到相同频率的载波信号后8脚电压由高变低这一特性，来形成对控制对象的控制。

【实验仪器】

光电创新实验仪主机箱，光电报警实验模块，连接线，示波器。

【实验前应思考的问题】

(1) 为了提高作用距离，光源调制频率和占空比如何取值？

(2) 当拦截光束的目标运动较快或较慢，接收电路和电路参数应如何考虑才能保证正常报警。

【实验内容】

(1) 锁相环原理及应用测试实验

① 红外发射二极管“L+”“L−”对应接入电路中发射部分“L+”“L−”；光电二极管“P+”“P−”对应接入电路中接收部分“P−”“P+”。

② 打开电源，通过示波器观测 F_t 点波形，调节调制频率调节旋钮，使波形输出为 1∶1 方波。

③ 使用示波器观测 F_f 点波形，调节增益调节使波形最好。

④ 使用示波器观测 F_y 点波形，调节阈值调节旋钮，使输出方波波形最好，并记录频率。

⑤ 使用示波器观测 F_c 点波形，调节中心频率调节旋钮使波形频率与 F_y 波形频率相等。

⑥ 用手遮挡光路，观测 LED 发光二极管指示状况。

(2) 利用锁相环设计光电报警系统。

(3) 请自行设计一个光电报警系统。

【注意事项】

(1) 不得扳动面板上面元器件，以免造成电路损坏，导致实验仪不能正常工作。

(2) 金色测试钩说明：F_t 为调制频率测试点、F_f 为光电二极管输出放大信号测试点，F_y 为整形后信号测试点、F_c 为锁相环中心频率测试点、GND 为系统接地点。

【参考文献】

[1] 元增民．单片机原理与应用．长沙：国防科技大学出版社，2006.

[2] 李光飞．传感器技术与原理．北京：北京航空航天大学出版社，2006.

[3] 高伟．AT89 系列单片机原理与应用．北京：北京航空航天大学出版社，2004.

【附录】

(1) 红外调制发射电路原理图如图 4.11.5 所示。

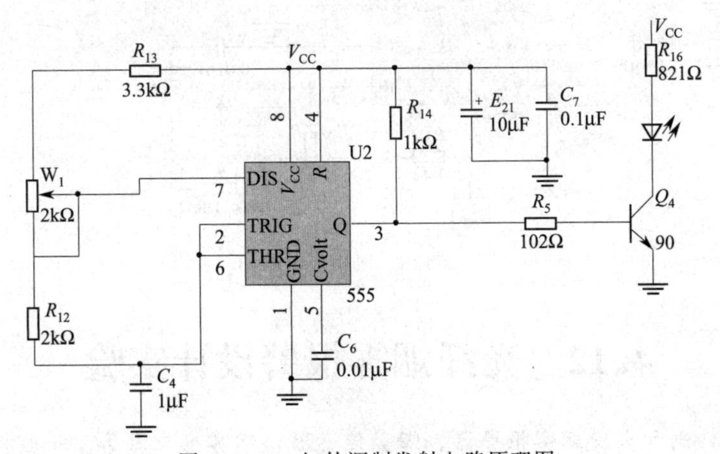

图 4.11.5 红外调制发射电路原理图

(2) 放大电路图如图 4.11.6 所示，调节 RP3 可以改变放大电路增益，T_{12} 和 T_{13} 为光电二极管输入端。

(3) 整形电路如图 4.11.7 所示，调节 RP4 可以改变阈值电压大小。

(4) 锁相环电路图如图 4.11.8 所示，改变 W_4 可以改变中心频率。

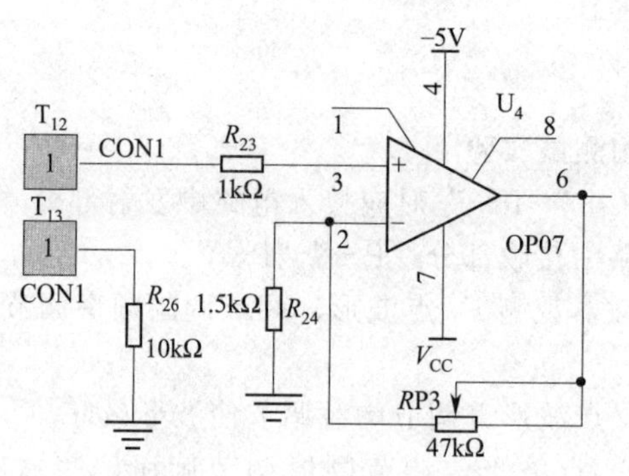

图 4.11.6 放大电路图

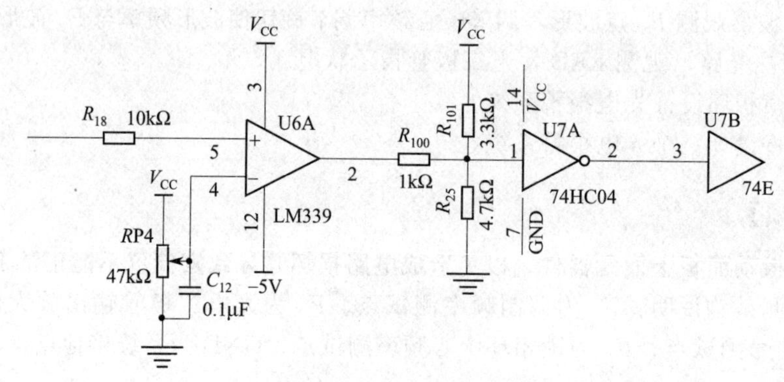

图 4.11.7 整形电路图

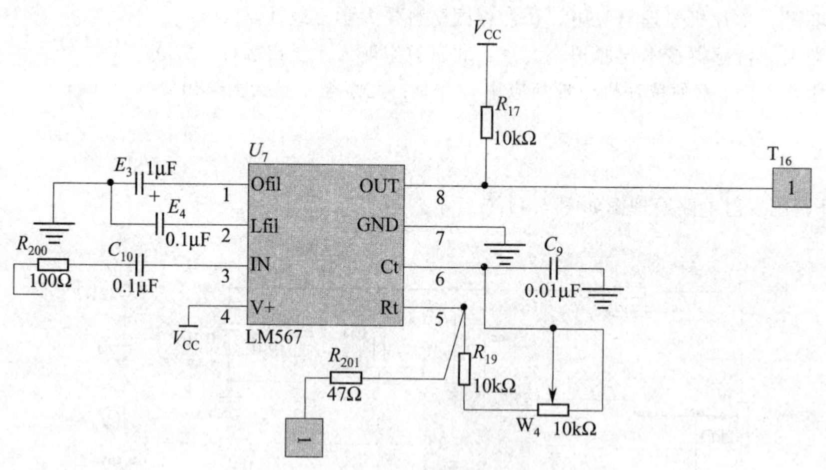

图 4.11.8 锁相环电路图

4.12 光纤烟雾报警设计实验

烟雾报警器，别称火灾烟雾报警器、烟雾传感器、烟雾感应器等。一般将由电池供电的独立实物产品称为独立式烟雾报警器，报警时能发出声光指示。光纤烟雾报警器使用的是光纤传感器。光纤传感器基本由红外光发射器、光导纤维和红外光接收器组成。红外发射器内的发光二极管发射脉冲调制的红外光，此红外光沿光纤向前传播，最后到达光接收器，并将经光电检测后的信号送往报警控制器，从而构成一个闭合的光环系统。

【实验目的】

(1) 了解并掌握光纤烟雾报警器的工作原理。

(2) 了解并掌握光纤烟雾报警器处理电路的原理。

【实验原理】

(1) 反射式光纤传感器光纤烟雾报警器工作原理

光从光源耦合到输入光纤射向空中，当空气中没有烟雾时，探测光纤探测不到光强变化。当空气中出现烟雾时，由于烟尘颗粒的反射作用，探测光纤就可以探测到烟尘颗粒反射回来的光线，探测器有输出，通过信号处理放大电路，报警器报警。

(2) 对射式光纤传感器光纤烟雾报警器工作原理

对射式光纤传感器分为两根光纤，其中一根用来做发射，一根用来做接收。两根光纤断面错开或者成一定角度。光从光源耦合到输入光纤射向空中，当空气中没有烟雾时，探测光纤探测不到光强变化。当空气中出现烟雾时，由于烟尘颗粒的反射作用，探测光纤就可以探测到烟尘颗粒反射回来的光线，探测器有输出，通过信号处理放大电路，报警器报警。

【实验仪器】

光电创新实验仪主机箱，光纤传感器实验模块，光纤烟雾报警模块，连接线，万用表，反射式光纤组件，对射式光纤组件。

【实验前应思考的问题】

(1) 光纤烟雾传感器设计应该注意什么?

(2) 分布式光纤传感器的原理。

【实验内容】

(1) 光纤烟雾报警器系统组装调试实验

① 将反射式光纤传感器安装在导轨支架上。两束光纤分别插入光纤传感器模块上的发射和接收端。注意：反射式光纤为两束，其中一束由单根光纤组成，实验时对应插入发射孔；另一束由 16 根光纤组成，实验时对应插入接收孔。发射和接收孔内部已和发光二极管及光电探测器相接。

② 将发射部分的金色插孔“J_5”和“J_6”对应接到电路上的金色插孔“J_2”和“J_1”。将接收部分的金色插孔“J_8”和“J_7”对应接到电路上的金色插孔“J_4”和“J_3”。输出端“J_9”和“J_{10}”对应连接到光纤烟雾报警模块上的金色插座“VIN”和“GND”。

③ 光纤烟雾报警模块上的金色插座“T_7”和“T_{10}”用导线短接。

④ 打开两个模块电源开关，在光纤传感器端面产生烟雾，(小心操作，严防火灾发生)，用万用表检测光纤传感器模块输出端“J_9”和“J_{10}”的电压变化区间。

⑤ 调节光纤烟雾报警模块阈值调节旋钮，使芯片 U_3 的 4 脚电压处于步骤电压区间内。

⑥ 在光纤传感器端面产生烟雾，观察指示灯变化情况。按下轻触开关 S_2，解除警报。

⑦ 关闭电源。

(2) 请自行设计一套光纤烟雾报警系统。

【注意事项】

(1) 不得随意摇动和插拔面板上元器件和芯片，以免损坏，造成实验仪不能正常工作。

（2）光纤传感器弯曲半径不得小于 3cm，以免折断。

（3）在使用过程中，出现任何异常情况，必须立即关机断电以确保安全。

（4）实验要在环境光稳定的情况下进行，否则会影响实验精度，最好在避光环境下进行实验。

（5）光纤烟雾报警模块上的轻触开关 S_2 是警报解除开关，当有烟雾产生报警后，发光二极管指示报警并保持报警状态，直至解除报警，方可触发下次报警。

【附录】

（1）发光二极管驱动电路

图 4.12.1 为发光二极管驱动电路原理图。由 5.1V 稳压二极管、运算放大器 U_1（HA17741）和驱动三极管 S9014 及外围电路组成恒流驱动电路，为发光二极管提供恒定的驱动电流（发光二极管接 J_1、J_2 端），可以保证发光二极管发出的光强恒定，从而保证整个光纤位移测量系统的稳定性及测量精度。

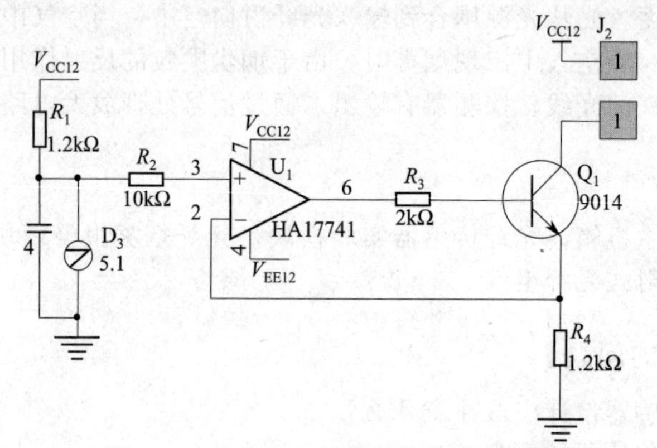

图 4.12.1　发光二极管驱动电路原理图

（2）光敏三极管放大处理电路

如图 4.12.2 所示，光敏三极管（接 J_3、J_4 端）接收到光纤传感器反射光后产生电流，该电流流过电阻 R_5，产生压降，该电压压降随光强的改变而改变，然后由运算放大器 U_2（HA17741）及外围电路构成第一级放大电路进行放大，放大后的电压信号经过运算放大器 U_3（HA17741）及外围电路构成第二级放大电路再次进行放大，最后通过 J_9、J_{10} 输出到电压表进行显示。

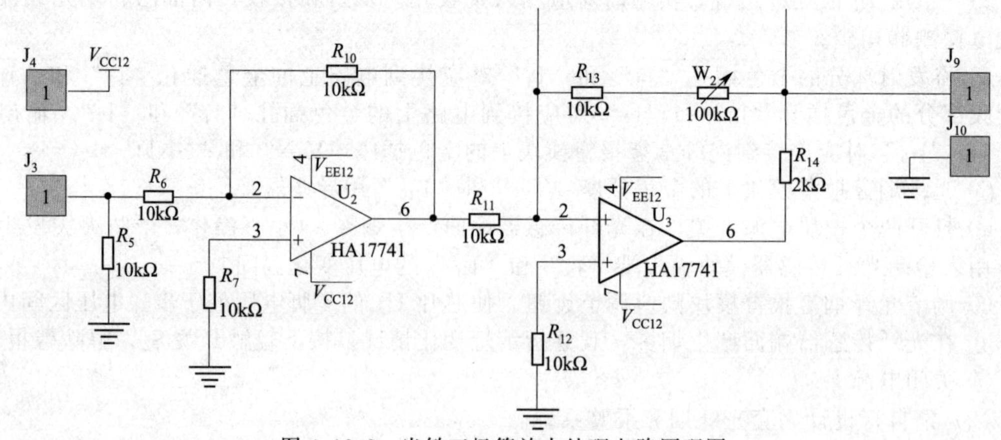

图 4.12.2　光敏三极管放大处理电路原理图

（3）比较触发电路

图 4.12.3 是比较触发电路原理图。W_3 为阈值电压设置电阻，当芯片 U_3 的 5 脚电压高于 4 脚时，U_3

输出高电平，反之输出低电平。

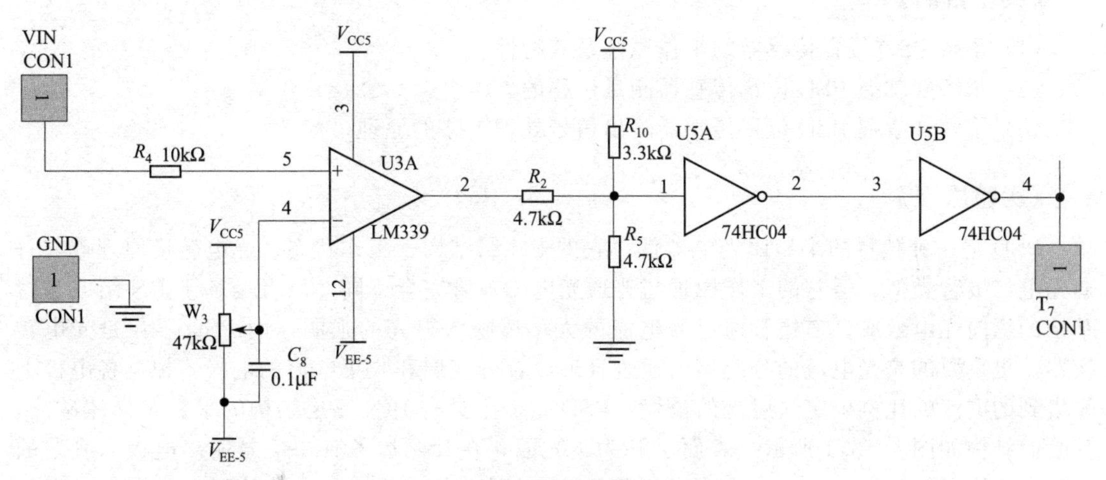

图 4.12.3　比较触发电路原理图

（4）报警保持电路

图 4.12.4 是报警保持电路原理图。比较触发电路输出触发电平触发 U_6，5 脚输出高电平驱动发光二极管发光并保持发光状态。按下轻触开关 S_2，U_6 的 5 脚输出低电平，发光二极管灭，报警状态取消。

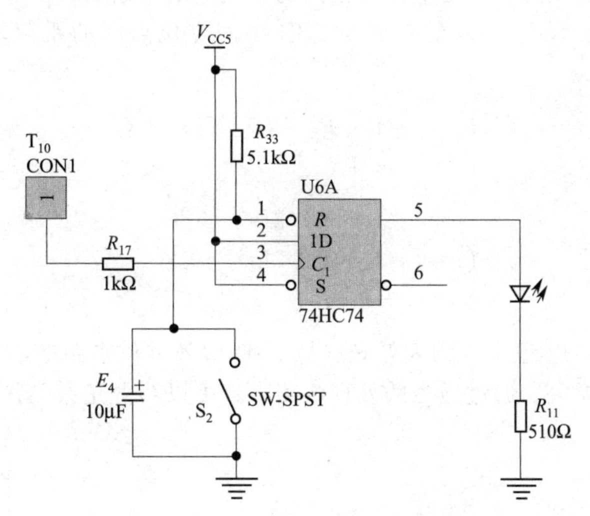

图 4.12.4　报警保持电路原理图

4.13　PSD 位移测试设计实验

PSD 是 20 世纪 70 年代研制成功的一种新型位置传感器，是一种新型的能在其感光表面连续移动光点位置的光电传感器，具有很高的几何分辨率，可以对位移进行精确的非接触测量。当入射光是一个小光斑照射到光敏面时，PSD 输出信号则与光的能量中心位置有关，而对光斑的形状无严格要求，并可对光斑位置进行连续测量。PSD 具有频谱响应宽、响应速度快、信号处理简单、便于与微机接口、可以进行非接触测量等优点。在精密尺寸测量、三维空间位置、机器人定位系统、工业检测和监控、高能物理实验等领域具有广泛的应用价值。

【实验目的】

(1) 了解 PSD 位置传感器的工作原理及其特性。

(2) 了解并掌握 PSD 位置传感器测量位移的方法。

(3) 了解并掌握 PSD 位置传感器输出信号处理电路的原理。

【实验原理】

PSD 是一种独特的半导体光电器件，它的 PN 结结构、工作状态、光电转换原理等与普通光电二极管类似，但它的工作原理与普通光电二极管完全不同。后者是基于 PN 结或肖特基结的纵向光电效应，二极管通过光电流的大小反映入射光的强弱。而 PSD 不仅是光电转换器，更重要的是光电流的分配器，通过合理设置分流层和收集电流的电极，根据各电极上收集到的电流的比例确定入射光的位置。PSD 是一个具有 PIN 三层结构的平板半导体硅片，其断面结构如图 4.13.1 所示。表面层 P 为感光面，在其两边各有一信号输出电极，底层的公共电极用以加反偏电压。当光点入射到 PSD 表面时，由于横向电势的存在，产生光生电流 I_0，光生电流就流向两个输出电极，从而在两个输出电极上分别得到光电流 I_1 和 I_2，显然 $I_0=I_1+I_2$。而 I_1 和 I_2 的分流关系则取决于入射光点到两个输出电极间的等效电阻。假设 PSD 表面分流层的阻挡是均匀的，则 PSD 可简化为图 4.13.2 所示的电位器模型。其中 R_1、R_2 为入射光点位置到两个输出电极间的等效电阻，显然 R_1、R_2 与光点到两个输出电极间的距离成正比。设 X 是入射光点与 PSD 中间零位点间的距离，PSD 表面长为 $2L$，则有：

$$I_1/I_2=R_2/R_1=L-X/L+X$$

$$I_0=I_1+I_2$$

可得：

$$I_1=I_0(L-X)/2L$$

$$I_2=I_0(L+X)/2L$$

$$X=I_2-I_1/I_0L$$

当入射光恒定时，I_0 恒定，则入射光点与 PSD 中间零位点距离 X 与 I_2-I_1 成线性关系，与入射光点强度无关。通过适当的处理电路，就可以获得光点位置的输出信号。

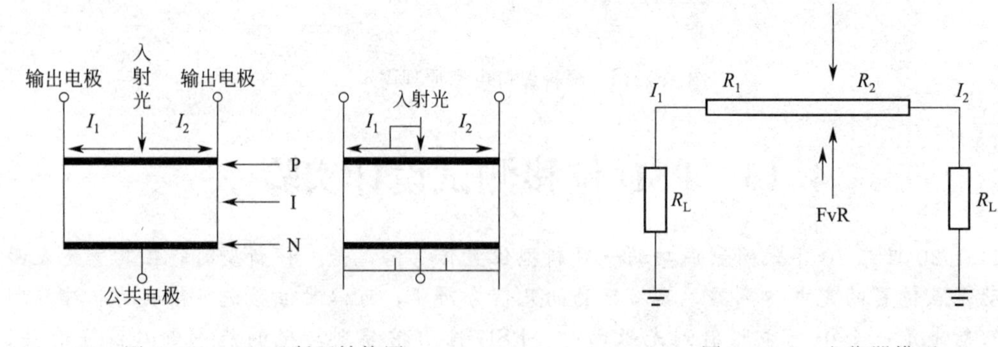

图 4.13.1 PSD 断面结构图　　图 4.13.2 电位器模型

【实验仪器】

光电创新实验仪主机箱，PSD 位移测试模块，连接线，万用表。

【实验前应思考的问题】

试分析二维 PSD 的工作原理。

【实验内容】

(1) 一维 PSD 光学系统组装调试实验

① 将激光器红色引线接模块上的+5V 金色插孔，黑色引线接 GND5 金色插孔。PSD 后金色插孔“I_1”和“I_2”为 PSD 电流输出，对应接到金色插孔“T_6”和“T_8”，PSD 后金色插孔“C”为 PSD 供电端，对应接到金色插孔“T_4”。

② 将 PSD 传感器实验单元电路连接起来。“T_7”接“T_{10}”，“T_9”接“T_{12}”，“T_{13}”接“T_{14}”，“T_{15}”接“T_{16}”，“T_{17}”接“T_{18}”，对应接到万用表电压挡正负极，用来测量输出电压。

③ 打开主机箱电源开关，打开模块上电源开关，实验模块开始工作。调整测微头，使激光光点能够在 PSD 受光面上的位置从一端移向另一端，最后将光点定位在 PSD 受光面上的正中间位置（目测），调节零点调整旋钮，使电压表显示值为 0。转动测微头使光点移动到 PSD 受光面一端，调节输出幅度调整旋钮，使电压表显示值为 3V 或−3V 左右。

(2) PSD 测位移原理实验

① 从 PSD 一端开始旋转测微头，使光点移动，取 $\Delta X=0.5$mm，即转动测微头一转。读取电压表显示值，填入表 4.13.1 中，并画出位移-电压特性曲线。

表 4.13.1　PSD 传感器位移值与输出电压值

位移量/mm	0	0.5	1	1.5	2	2.5	3	3.5
输出电压/V								
位移量/mm	4	4.5	5	5.5	6	6.5	7	7.5
输出电压/V								

② 根据表 4.13.1 所列的数据，计算中心量程为 2mm、3mm、4mm 时的非线性误差。

(3) 请自行设计 PSD 位移测试系统。

【注意事项】

(1) 激光器输出光不得对准人眼，以免造成伤害。

(2) 激光器为静电敏感元件，因此操作者不要用手直接接触激光器引脚以及与引脚连接的任何测试点和线路，以免损坏激光器。

(3) 不得扳动面板上面元器件，以免造成电路损坏，导致实验仪不能正常工作。

【参考文献】

[1] 于光平等．基于 PSD 的一维位移测量系统．沈阳：仪表技术与传感器，2008.

[2] 范志刚．光电测试技术．北京：电子工业出版社，2004.

【附录】

(1) PSD 供电电路如图 4.13.3 所示。

(2) PSD 输出处理电路如图 4.13.4 所示。原理：运算放大器 U4A、U4B 完成 PSD 两路电流输出 I/V 变换。U5A 为加法电路，对两路输出进行加法运算，用来验证 PSD 两路输出之和不随光电位置变化而改变。U5B 为减法电路，实现 PSD 位移测量。U3A 为放大电路，W_1 用来调节放大增益。U3B 为调零电路，

通过调节 W_2 阻值大小进行电路调零。

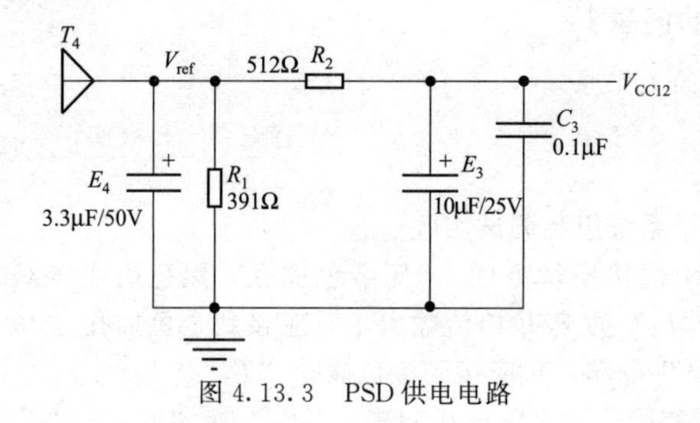

图 4.13.3 PSD 供电电路

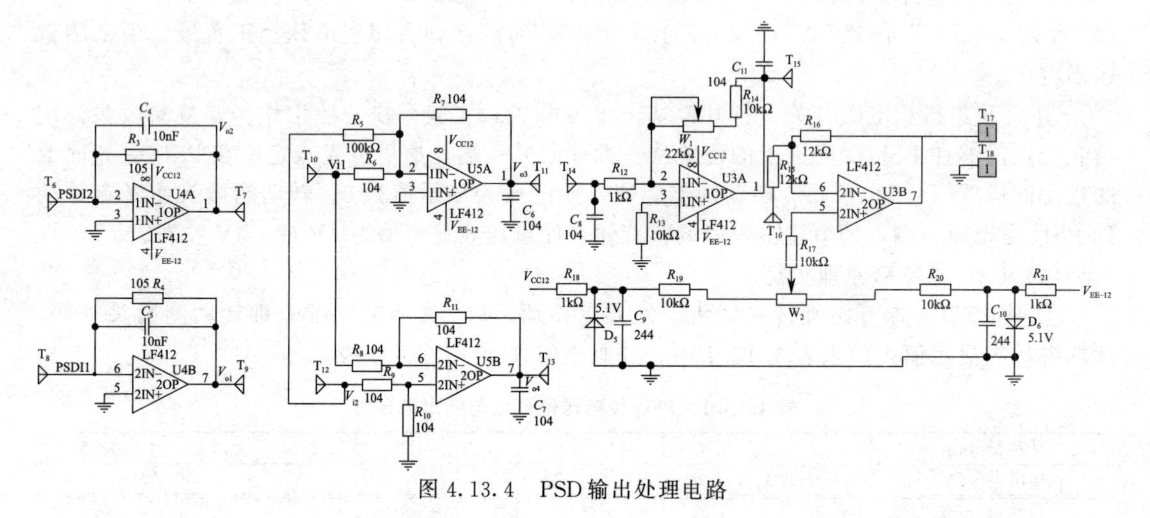

图 4.13.4 PSD 输出处理电路

4.14 光电测距设计实验

光电测距技术问世以前，大地测量、工程勘测设计均用钢尺丈量，体力消耗大、精度低。光电测距技术是测量距离技术上的重大变革。20 世纪 60 年代以来，激光技术迅速发展，为光电测距提供了一个理想的光源，从而研制了各种光源的光电测距仪。红外测距仪的分类有激光红外，红外和超声波三种，目前测距仪主要是指的激光红外测距仪。基于三角测量法的光电位移传感器作为一种新型的非接触式测距传感器，具有结构简单、测量速度快、精度高、测量光点小、抗干扰能力强等特点，因此在机器视觉、自动加工、在线检测、实物仿形等工业生产领域得到广泛的应用。

【实验目的】

(1) 了解光电测距传感器的组成及工作原理。

(2) 了解光电测距传感器的基本特性。

(3) 掌握光电测距传感器的应用。

【实验原理】

本实验采用的光电测距传感器是采用的三角测量原理。红外发射器按照一定的角度发射红外光束，当遇到物体以后，光束会反射回来，如图 4.14.1 所示。反射回来的红外光线被 CCD

检测器检测到以后，会获得一个偏移值 L，利用三角关系，在知道了发射角度 α，偏移距 L，中心矩 X，以及滤镜的焦距 f 以后，传感器到物体的距离 D 就可以通过几何关系计算出来了。

可以看到，当 D 的距离足够近的时候，L 值会相当大，超过 CCD 的探测范围，这时，虽然物体很近，但是传感器反而看不到了。当物体距离 D 很大时，L 值就会很小。这时 CCD 检测器能否分辨得出这个很小的 L 值成为关键，也就是说 CCD 的分辨率决定能不能获得足够精确的 L 值。要检测越是远的物体，CCD 的分辨率要求就越高。

本实验采用的光电测距传感器的输出是非线性的。每个型号的输出曲线都不同。所以，在实际使用前，最好能对所使用的传感器进行一下校正。对每个型号的传感器创建一张曲线图，以便在实际使用中获得真实有效的测量数据。图 4.14.2 是红外近距离传感器 sharp GP2YOA21 的输出曲线图。

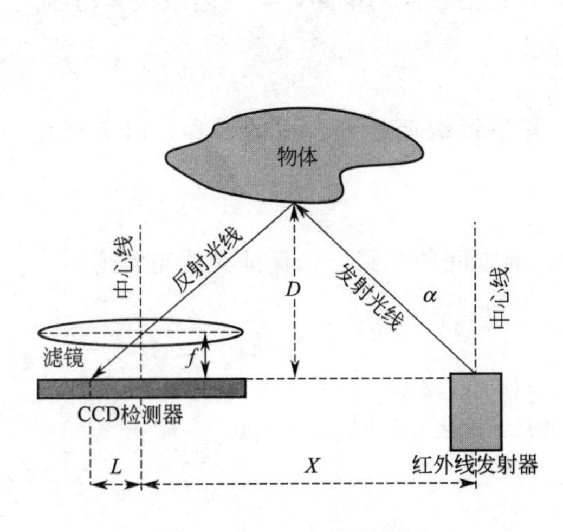

图 4.14.1　三角测量原理

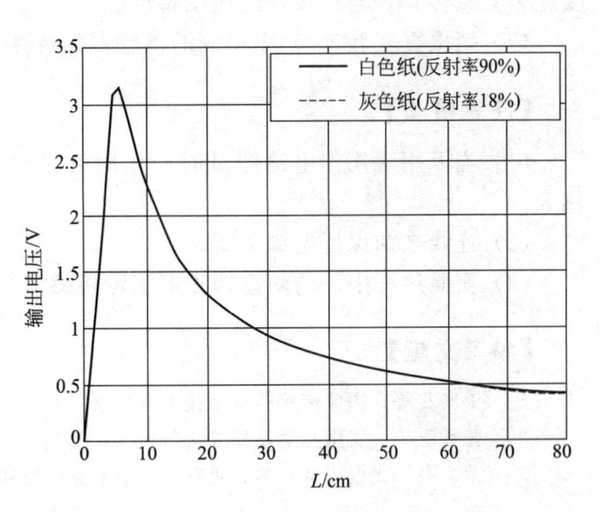

图 4.14.2　传感器输出曲线图

【实验仪器】

光电创新实验平台主机箱，光电测距系统设计模块，导轨及底座，光电测距传感器及其组件，白屏，万用表，连接线。

【实验前应思考的问题】

(1) 光电测距传感器的种类、测距原理和应用领域。

(2) 光电测距传感器的理想工作区间是什么？

【实验内容】

(1) 光电测距传感器的组装实验

光电测距实验由主机箱、光电测距模块、导轨与滑块组件、光电测距传感器以及白屏五大部分组成，首先认识这些部件，然后学会如何组装。

(2) 光电传感器的特性测量实验

在完成第 (1) 步的实验内容后，开始进行光电传感器的特性测量实验。首先打开主机箱电源开关，然后按下电源显示部分的按键开关，查看电源指示灯是否点亮。若没点亮，请检查电源线路是否正常；若点亮，用万用表测量传感器输出信号 V_{out}，并逐步改变白屏与光电测距传感器的距离，将所测得数据记录在表 4.14.1 中。

表 4.14.1　传感器输出信号的测量

距离/cm	2	6	10	20	30	40	50	60	70	80
输出/V										

（3）光电传感器的应用实验

光电测距传感器可以用作超过距离限制报警。在本实验中，有两路比较器电路，阈值测试点分别为 J_4 和 J_5。通过实验（2）的测试，可以知道光电测距传感器在各个位置的输出大小，如，20cm 处传感器输出为 1.3V，40cm 处传感器输出为 0.75V。我们可以通过调节 W_1、W_2 来改变比较器的电压阈值使 J_4 输出为 1.3V、J_5 输出为 0.75V，改变白屏与光电测距传感器的距离，观察 D_1 与 D_4 的发光变化。改变阈值，重复上述步骤，观察 D_1 与 D_4 的变化，总结传感器与比较器的应用特性。

（4）请根据实验（2）中得到的传感器的特性，自行搭建应用电路，实现超限报警功能。

【注意事项】

（1）当万用表用作电流测试时应先用大量程，然后逐级调小到合适的量程，以免烧坏仪表。

（2）连线之前保证电源关闭。

（3）实验过程中，请勿遮挡光电测距传感器与白屏之间的光路，以保证光能正常返回。

【参考文献】

[1] 王庆友等．图像传感器应用技术．北京：电子工业出版社，2003.

[2] 张登臣等．实用光学设计方法与现代光学系统．北京：机械工业出版社，2000.

[3] 范志刚．光电测试技术．北京：电子工业出版社，2004.

【附录】

参考电路图如图 4.14.3 所示，光电测距传感器信号经过电压跟随器输出，将这个信号作为两路比较器的输入，通过设定比较器的参考电压来改变比较器输出的结果。

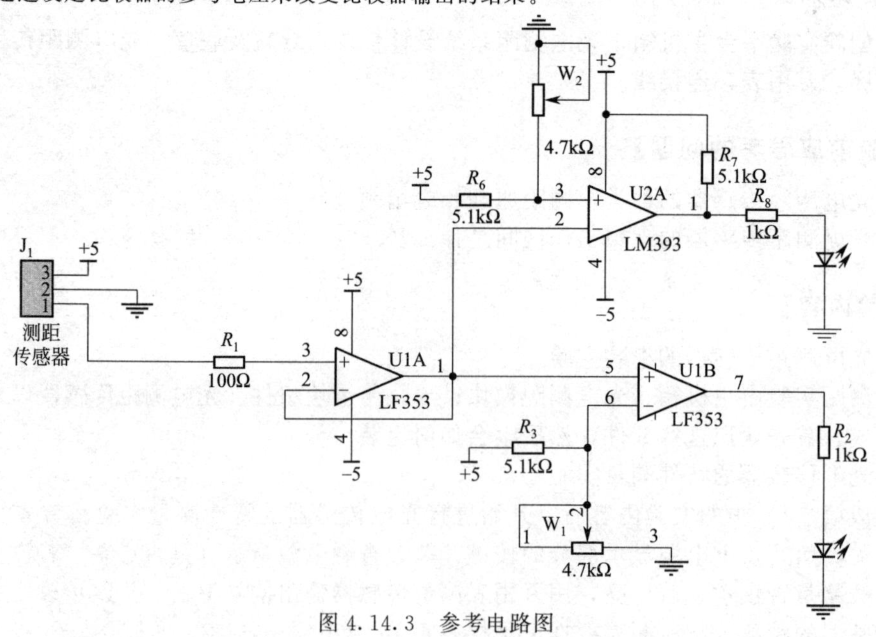

图 4.14.3　参考电路图

4.15 光纤位移测量系统设计实验

在传统的强度型光纤位移传感器中，反射式光纤位移传感器是最早被提出并加以研究的。这种传感器的优点是对测量环境的要求低，适用于各种常规方法无法满足的特殊场合；测量范围大（可达10mm左右）；根据测量范围的要求，增加或减少入射和反射光纤束中的光纤数目就可以得到不同的测量范围和测量精度。

【实验目的】

（1）了解光纤位移传感器的工作原理及其特性。

（2）了解并掌握光纤位移传感器测量位移的方法。

（3）了解并掌握光纤位移传感器处理电路原理。

【实验原理】

本实验采用的传光型光纤，它由两束光纤混合后组成，两光束混合后的端部是工作端亦称探头。设探头与被测物体之间的间距为 b，如图 4.15.1 所示，由光源发出的光传到端部出射后，再经被测物体反射回来，由另一束光纤接收光信号，经光电转换器转换成电量。光电转换器输出电量的大小与间距 b 有关，因此可用于测量位移。

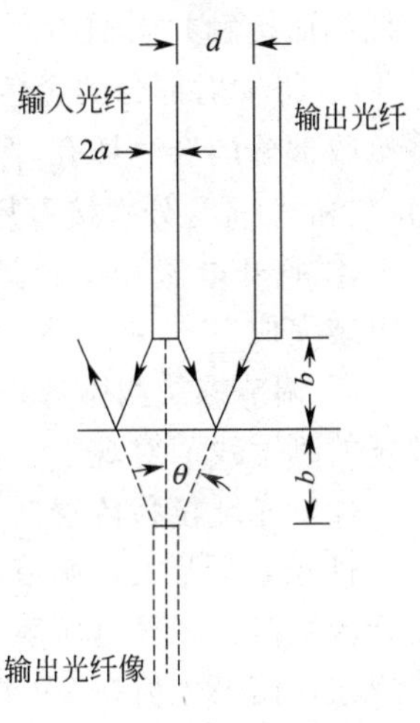

图 4.15.1 反射式光纤位移测量原理

光从光源耦合到输入光纤射向被测物体，再被反射回另一光纤，由探测器接收。设两根光纤的距离为 d，每根光纤的直径为 $2a$，数值孔径为 N，这时：

$$\tan\theta=\frac{d}{2b} \tag{4.15.1}$$

由于 $\theta=\sin^{-1}N$，所以式(4.15.1) 可以写为：

$$b=\frac{d}{2\tan(\sin^{-1}N)}$$

很显然，当 $b<d/[2\tan(\sin^{-1}N)]$时，即接收光纤位于光纤像的光锥之外时，两光纤的耦合为零，无反射进入接收光纤；当 $b\geqslant d/[2\tan(\sin^{-1}N)]$时，即接收光纤位于光锥之内，两光纤耦合最强，接收光纤达到最大值。

【实验仪器】

光电创新实验仪主机箱，光纤传感器实验模块，连接线，万用表，反射式光纤组件。

【实验前应思考的问题】

（1）光纤位移传感器的应用。

（2）室内光线对测试数据有什么影响？如何解决？

（3）放大器的稳定放大倍数和低噪声对信号的影响。

（4）两束光纤有什么不同？为什么要如此设计？

【实验内容】

(1) 光纤位移光学系统组装调试实验

① 根据图 4.15.2 所示安装光纤位移装置。反射式光纤传感器通过自带螺母固定在光纤支架上（左边支架），端面朝右。两束光纤分别插入光纤传感器模块上发射、接收端。注意：反射式光纤为两束，其中一束由单根光纤组成，实验时对应插入发射孔；另一束由 16 根光纤组成，实验时对应插入接收孔。发射和接收孔内部已和发光二极管及光电探测器相接。

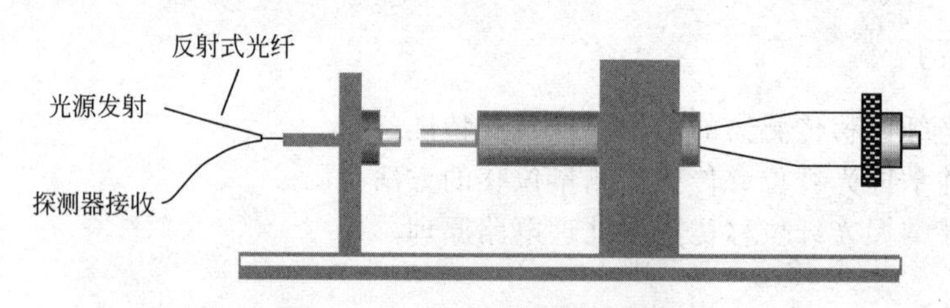

图 4.15.2　光纤位移传感装置

② 螺旋测微丝杆插入右边支架，调节测微丝杆，使测微丝杆顶端光滑反射面与反射式光纤端面接触并同轴心。最后用固定螺钉将螺旋测微丝杆固定在支架上。

③ 将发射部分的金色插孔“J_5”和“J_6”对应接到电路上的金色插孔“J_2”和“J_1”，将接收部分的金色插孔“J_8”和“J_7”对应接到电路上的金色插孔“J_4”和“J_3”。输出端“J_9”和“J_{10}”分别接万用表红黑表笔，并选择电压表 2V 挡。

④ 打开电源开关，调节测微丝杆使反射面离开光纤传感器，观察电压表显示变化，系统组装完成。

⑤ 调节螺旋测微丝杆，使测微丝杆顶端光滑反射面与反射式光纤端面接触，同时测微丝杆的刻度线面对观察者，从读数为 0.5 的整数倍开始起调，以利于读数。

(2) 光纤位移传感器测距原理实验

打开电源开关，调节调零电位器使电压表显示为零。调节测微丝杆使反射面离开反射式光纤传感器，观察电压表数值变化，如果最大时读数超过 2V 挡量程，可逆时针调节增益调节旋钮，使最大值在 2V 挡量程之内。每隔 0.1mm 读出电压表数值，并填入表 4.15.1。

表 4.15.1　电压表数值

X/mm	0.1	0.2	0.3	0.4	0.5	0.6	0.7	0.8	0.9	1.0
U/V										
X/mm	1.1	1.2	1.3	1.4	1.5	1.6	1.7	1.8	1.9	2.0
U/V										

(3) 根据表 4.15.1 中的数据，作出光纤位移传感器的位移特性曲线，计算在量程 1mm 时的灵敏度和非线性误差。

(4) 根据曲线，分析反射式光纤位移传感器的应用范围。

(5) 请设计一套光纤位移测量系统。

【注意事项】

(1) 不得随意摇动和插拔面板上元器件和芯片，以免损坏，造成实验仪不能正常工作。

(2) 光纤传感器弯曲半径不得小于 3cm，以免折断。

(3) 旋动螺旋测微丝杆尾帽，使其产生位移，出现咔咔声表示不能继续前进。

(4) 在使用过程中，出现任何异常情况，必须立即关机断电以确保安全。

(5) 实验前确保螺旋测微丝杆端部光洁，可用酒精清洗，实验过程中请勿用手及任何东西接触端部，以免端部脏污影响实验精度。

(6) 实验要在环境光稳定的情况下进行，否则会影响实验精度，最好在避光环境下实验。

【参考文献】

[1] 张登臣等．实用光学设计方法与现代光学系统．北京：机械工业出版社，2000.

[2] 王惠文．光纤传感技术与应用．北京：国防工业出版社，2001.

【附录】

(1) 图 4.15.3 为发光二极管驱动电路原理图。由 5.1V 稳压二极管、运算放大器 U_1（HA17741）和驱动三极管 S9014 及外围电路组成恒流驱动电路，为发光二极管提供恒定的驱动电流（发光二极管接 J_1、J_2 端），可以保证发光二极管发出的光强恒定，从而保证整个光纤位移测量系统的稳定性及测量精度。

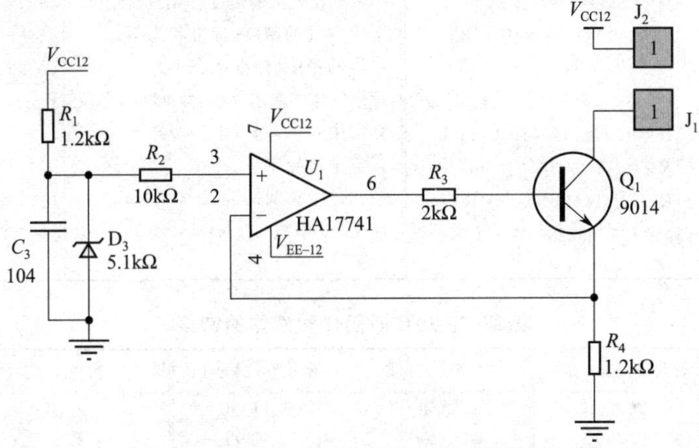

图 4.15.3　发光二极管驱动电路原理图

(2) 光敏三极管放大处理电路

如图 4.15.4 所示，光敏三极管（接 J_3、J_4 端）接收到光纤传感器反射光后产生电流，该电流流过电阻 R_5，产生压降，该电压压降随光强的改变而改变，然后由运算放大器 U_2（HA17741）及外围电路构成第一级放大电路进行放大，放大后的电压信号经过运算放大器 U_3（HA17741）及外围电路构成第二级放大电路再次进行放大，最后通过 J_9、J_{10} 输出到电压表进行显示。

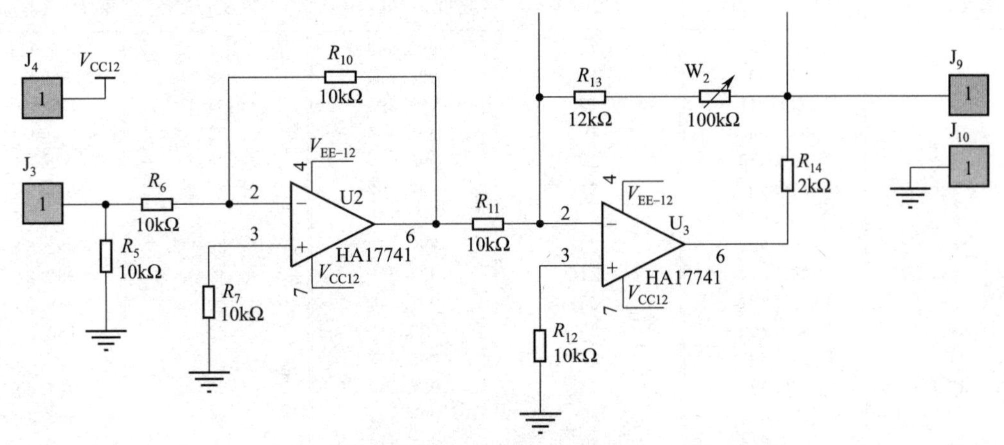

图 4.15.4　光敏三极管放大处理电路原理图

附　录

附录A　常用物理数据

表1　基本物理常量

名　称	符号、数值和单位	名　称	符号、数值和单位
真空中的光速	$c=2.99792458\times10^{8}$ m/s	万有引力常量	$G=6.6720\times10^{-11}$ N·m²/kg²
电子的电荷	$e=1.6021892\times10^{-19}$ C	标准大气压	$P_0=101325$ Pa
普朗克常量	$h=6.626176\times10^{-34}$ J·s	冰点的热力学温度	$T_0=273.15$ K
阿伏伽德罗常量	$N_0=6.022045\times10^{23}$ mol^{-1}	声音在空气中的速度(标准状态下)	$v=331.46$ m/s
原子质量单位	$u=1.6605655\times10^{-27}$ kg	干燥空气的密度(标准状态下)	$\rho_{空气}=1.293$ kg/m³
电子的静止质量	$m_e=9.109534\times10^{-31}$ kg	水银的密度(标准状态下)	$\rho_{水银}=13595.04$ kg/m³
电子的荷质比	$e/m_e=1.7588047\times10^{11}$ C/kg	理想气体的摩尔体积(标准状态下)	$V_m=22.41383\times10^{-3}$ m³/mol
法拉第常量	$F=9.648456\times10^{4}$ C/mol	真空中介电常量(电容率)	$\varepsilon_0=8.854188\times10^{-12}$ F/m
氢原子的里德伯常量	$R_H=1.096776\times10^{7}$ m^{-1}	真空中磁导率	$\mu_0=12.566371\times10^{-7}$ H/m
摩尔气体常量	$R=8.31441$ J/(mol·K)	钠光谱中黄线的波长	$D=589.3\times10^{-9}$ m
玻尔兹曼常量	$k=1.380622\times10^{-23}$ J/K	镉光谱中红线的波长(15℃,101325Pa)	$\lambda_{cd}=643.84696\times10^{-9}$ m
洛施密特常量	$n=2.68719\times10^{25}$ m^{-3}		

表2　在20℃时固体和液体的密度

物　质	密度 ρ/(kg/m³)	物　质	密度 ρ/(kg/m³)	物　质	密度 ρ/(kg/m³)
铝	2698.9	铅	11350	乙醇	789.4
铜	8960	锡	7298	乙醚	714
铁	7874	水银	13546.2	汽车用汽油	710～720
银	10500	钢	7600～7900	氟利昂-12	1329
金	19320	石英	2500～2800	(氟氯烷-12)	
钨	19300	水晶玻璃	2900～3000	变压器油	840～890
铂	21450	冰(0℃)	880～920	甘油	1260

表3　在标准大气压下不同温度时水的密度

温度 t/℃	密度 ρ/(kg/m³)	温度 t/℃	密度 ρ/(kg/m³)	温度 t/℃	密度 ρ/(kg/m³)
0	999.841	16	998.943	32	995.025
1	999.900	17	998.774	33	994.702
2	999.941	18	998.595	34	994.371
3	999.965	19	998.405	35	994.031
4	999.973	20	998.203	36	993.68
5	999.965	21	997.992	37	993.33
6	999.941	22	997.770	38	992.96
7	999.902	23	997.538	39	992.59
8	999.849	24	997.296	40	992.21
9	999.781	25	997.044	50	988.04
10	999.700	26	996.783	60	983.21
11	999.605	27	996.512	70	977.78
12	999.498	28	996.232	80	971.80
13	999.377	29	995.944	90	965.31
14	999.244	30	995.646	100	958.35
15	999.099	31	995.340		

表 4　在海平面上不同纬度处的重力加速度①

纬度 ϕ/(°)	g/(m/s^2)	纬度 ϕ/(°)	g/(m/s^2)	纬度 ϕ/(°)	g/(m/s^2)
0	9.78049	35	9.79746	70	9.82614
5	9.78088	40	9.80180	75	9.82873
10	9.78204	45	9.80629	80	9.83065
15	9.78394	50	9.81079	85	9.83182
20	9.78652	55	9.81515	90	9.83221
25	9.78969	60	9.81924		
30	9.78338	65	9.82294		

① 表中所列数值是根据公式 $g=9.78049(1+0.005288\sin^2\phi-0.000006\sin^2\phi)$ 算出的，其中 ϕ 为纬度。

表 5　固体的线膨胀系数

物质	温度或温度范围/℃	α/×10^{-6}℃$^{-1}$	物质	温度或温度范围/℃	α/×10^{-6}℃$^{-1}$
铝	0～100	23.8	锌	0～100	32
铜	0～100	17.1	铂	0～100	9.1
铁	0～100	12.2	钨	0～100	4.5
金	0～100	14.3	石英玻璃	20～200	0.56
银	0～100	19.6	窗玻璃	20～200	9.5
钢(0.05%碳)	0～100	12.0	花岗石	20	6～9
康铜	0～100	15.2	瓷器	20～700	3.4～4.1
铅	0～100	29.2			

表 6　在 20℃ 时某些金属的弹性模量（杨氏模量）①

金　属	杨氏模量 Y		金　属	杨氏模量 Y	
	/GPa	/(kgf/mm^2)		/GPa	/(kgf/mm^2)
铝	69～70	7000～7100	锌	78	8000
钨	407	41500	镍	203	20500
铁	186～206	19000～21000	铬	235～245	24000～25000
铜	103～127	10500～13000	合金钢	206～216	21000～22000
金	77	7900	碳钢	196～206	20000～21000
银	69～80	7000～8200	康铜	160	16300

① 杨氏弹性模量的值与材料的结构、化学成分及其加工制造方法有关。因此，在某些情况下，Y 的值可能与表中所列的平均值不同。

表 7.1　在 20℃ 时与空气接触的液体的表面张力系数

液体	σ/(×10^{-3}N/m)	液体	σ/(×10^{-3}N/m)	液体	σ/(×10^{-3}N/m)
石油	30	肥皂溶液	40	蓖麻	36.4
煤油	24	氟利昂-12	9.0	乙醇	22.0
松节油	28.8	甘油	63	乙醇(在 60℃时)	18.4
水	72.75	水银	513	乙醇(在 0℃时)	24.1

表 7.2　在不同温度下与空气接触的水的表面张力系数

温度/℃	σ/(×10^{-3}N/m)	温度/℃	σ/(×10^{-3}N/m)	温度/℃	σ/(×10^{-3}N/m)
0	75.62	16	73.34	30	71.15
5	74.90	17	73.20	40	69.55
6	74.76	18	73.05	50	67.90
8	74.48	19	72.89	60	66.17
10	74.20	20	72.75	70	64.41
11	74.07	21	72.60	80	62.60
12	73.92	22	72.44	90	60.74
13	73.78	23	72.28	100	58.84
14	73.64	24	72.12		
15	73.48	25	71.96		

表 8.1　不同温度时水的黏滞系数

温度/℃	黏滞系数 η		温度/℃	黏滞系数 η	
	/μPa·s	/($\times10^{-6}$kgf·s/mm²)		/μPa·s	/($\times10^{-6}$kgf·s/mm²)
0	1787.8	182.3	60	469.7	47.9
10	1305.3	133.1	70	406.0	41.4
20	1004.2	102.4	80	355.0	36.2
30	801.2	81.7	90	314.8	32.1
40	653.1	66.6	100	282.5	28.8
50	549.2	56.0			

表 8.2　某些液体的黏滞系数

液体	温度/℃	η/μPa·s	液体	温度/℃	η/μPa·s
汽油	0	1788	甘油	−20	134×10^6
	18	530		0	121×10^5
甲醇	0	817		20	1499×10^3
	20	584		100	12945
乙醇	−20	2780	蜂蜜	20	650×10^4
	0	1780		80	100×10^3
	20	1190	鱼肝油	20	45600
乙醚	0	296		80	4600
	20	243	水银	−20	1855
变压器	20	19800		0	1685
蓖麻油	10	242×10^4		20	1554
葵花子油	20	50000		100	1224

表 9　不同温度时干燥空气中的声速　　单位：m/s

温度/℃	0	1	2	3	4	5	6	7	8	9
60	366.05	366.60	367.14	367.69	368.24	368.78	369.33	369.87	370.42	370.96
50	360.51	361.07	361.62	362.18	362.74	363.29	363.84	364.39	364.95	365.50
40	354.89	355.46	356.02	356.58	357.15	357.71	358.27	358.83	359.39	359.95
30	349.18	349.75	350.33	350.90	351.47	352.04	352.62	353.19	353.75	354.32
20	343.37	343.95	344.54	345.12	345.70	346.29	346.87	347.44	348.02	348.60
10	337.46	338.06	338.65	339.25	339.84	340.43	341.02	341.61	342.20	342.58
0	331.45	332.06	332.66	333.27	333.87	334.47	335.07	335.67	336.27	336.87
−10	325.33	324.71	324.09	323.47	322.84	322.22	321.60	320.97	320.34	319.52
−20	319.09	318.45	317.82	317.19	316.55	315.92	315.28	314.64	314.00	313.36
−30	312.72	312.08	311.43	310.78	310.14	309.49	308.84	308.19	307.53	306.88
−40	306.22	305.56	304.91	304.25	303.58	302.92	302.26	301.59	300.92	300.25
−50	299.58	298.91	298.24	297.56	296.89	296.21	295.53	294.85	294.16	293.48
−60	292.79	292.11	291.42	290.73	290.03	289.34	288.64	287.95	287.25	286.55
−70	285.84	285.14	284.43	283.73	283.02	282.30	281.59	280.88	280.16	279.44
−80	278.72	278.00	277.27	276.55	275.82	275.09	274.36	273.62	272.89	272.15
−90	271.41	270.67	269.92	269.18	268.43	267.68	266.93	266.17	265.42	264.66

表 10　固体热导率 λ

物质	温度/K	λ/[$\times10^2$W/(m·K)]	物质	温度/K	λ/[$\times10^2$W/(m·K)]
银	273	4.18	康铜	273	0.22
铝	273	2.38	不锈钢	273	0.14
金	273	3.11	镍铬合金	273	0.11
铜	273	4.0	软木	273	0.3×10^{-3}
铁	273	0.82	橡胶	298	1.6×10^{-3}
黄铜	273	1.2	玻璃纤维	323	0.4×10^{-3}

表 11.1 某些固体的比热容

固 体	比热容/[J/(kg·K)]	固 体	比热容/[J/(kg·K)]
铝	908	铁	460
黄铜	389	钢	450
铜	385	玻璃	670
康铜	420	冰	2090

表 11.2 某些液体的比热容

液 体	比热容/[J/(kg·K)]	温度/℃	液 体	比热容/[J/(kg·K)]	温度/℃
乙醇	2300	0	水银	146.5	0
	2470	20		139.3	20

表 11.3 不同温度时水的比热容

温度/℃	0	5	10	15	20	25	30	40	50	60	70	80	90	99
比热容/[J/(kg·K)]	4217	4202	4192	4186	4182	4179	4178	4178	4180	4184	4189	4196	4205	4215

表 12 某些金属和合金的电阻率及其温度系数①

金属或合金	电阻率/$\times10^{-6}\Omega\cdot m$	温度系数/$℃^{-1}$	金属或合金	电阻率/$\times10^{-6}\Omega\cdot m$	温度系数/$℃^{-1}$
铝	0.028	42×10^{-4}	锌	0.059	42×10^{-4}
铜	0.0172	43×10^{-4}	锡	0.12	44×10^{-4}
银	0.016	40×10^{-4}	水银	0.958	10×10^{-4}
金	0.024	40×10^{-4}	武德合金	0.52	37×10^{-4}
铁	0.098	60×10^{-4}	钢(0.10%～0.15%碳)	0.10～0.14	6×10^{-3}
铅	0.205	37×10^{-4}	康铜	0.47～0.51	$(-0.04\sim+0.01)\times10^{-3}$
铂	0.105	39×10^{-4}	铜锰镍合金	0.34～1.00	$(-0.03\sim+0.02)\times10^{-3}$
钨	0.055	48×10^{-4}	镍铬合金	0.98～1.10	$(0.03\sim0.4)\times10^{-3}$

① 电阻率与金属中的杂质有关，因此表中列出的只是20℃时电阻率的平均值。

表 13.1 不同金属或合金与铂（化学纯）构成热电偶的热电动势（热端在100℃，冷端在0℃时）①

金属或合金	热电动势/mV	连续使用温度/℃	短时使用最高温度/℃
95%Ni+5%(Al,Si,Mn)	−1.38	1000	1250
钨	+0.79	2000	2500
手工制造的铁	+1.87	600	800
康铜(60%Cu+40%Ni)	−3.5	600	800
56%Cu+44%Ni	−4.0	600	800
制导线用铜	+0.75	350	500
镍	−1.5	1000	1100
80%Ni+20%Cr	+2.5	1000	1100
90%Ni+10%Cr	+2.71	1000	1250
90%Pt+10%Ir	+1.3	1000	1200
90%Pt+10%Rh	+0.64	1300	1600
银	+0.72②	600	700

① 表中的“+”或“−”表示该电极与铂组成热电偶时，其热电动势是正或负。当热电动势为正时，在处于0℃的热电偶一端电流由金属（或合金）流向铂。

② 为了确定用表中所列任何两种材料构成的热电偶的热电动势，应当取这两种材料的热电动势的差值。例如：铜-康铜热电偶的热电动势等于+0.75−(−3.5)=4.25 (mV)。

表 13.2　几种标准温差电偶

名　　称	分度号	100℃时的电动势/mV	使用温度范围/℃
铜-康铜(Cu55Ni45)	CK	4.26	−200～300
镍铬(Cr9～10Si0.4Ni90)-康铜(Cu56～57Ni43～44)	EA-2	6.95	−200～800
镍铬(Cr9～10Si0.4Ni90)-镍硅(Si2.5～3Co<0.6Ni97)	EV-2	4.10	1200
铂铑(Pt90Rh10)-铂	LB-3	0.643	1600
铂铑(Pt70Rh30)-铂铑(Pt94Rh6)	LL-2	0.034	1800

表 13.3　铜-康铜热电偶的温差电动势（自由端温度 0℃）　　单位：mV

康铜的温度/℃	铜的温度/℃										
	0	10	20	30	40	50	60	70	80	90	100
0	0.000	0.389	0.787	1.194	1.610	2.035	2.468	2.909	3.357	3.813	4.277
100	4.227	4.749	5.227	5.712	6.204	6.702	7.207	7.719	8.236	8.759	9.288
200	9.288	9.823	10.363	10.909	11.459	12.014	12.575	13.140	13.710	14.285	14.864
300	14.864	15.448	16.035	16.627	17.222	17.821	18.424	19.031	19.642	20.256	20.873

表 14　在常温下某些物质相对于空气的光的折射率

物　质	H_α 线(656.3nm)	D线(589.3nm)	H_β 线(486.1nm)
水(18℃)	1.3314	1.3332	1.3373
乙醇(18℃)	1.3609	1.3625	1.3665
二硫化碳(18℃)	1.6199	1.6291	1.6541
冕玻璃(轻)	1.5127	1.5153	1.5214
冕玻璃(重)	1.6126	1.6152	1.6213
燧石玻璃(轻)	1.6038	1.6085	1.6200
燧石玻璃(重)	1.7434	1.7515	1.7723
方解石(寻常光)	1.6545	1.6585	1.6679
方解石(非常光)	1.4846	1.4864	1.4908
水晶(寻常光)	1.5418	1.5442	1.5496
水晶(非常光)	1.5509	1.5533	1.5589

表 15　常用光源的谱线波长　　单位：nm

一、H(氢)
656.28 红
486.13 绿蓝
434.05 蓝
410.17 蓝紫
397.01 蓝紫

二、He(氦)
706.52 红
667.82 红
587.56(D_3)黄
501.57 绿
492.19 绿蓝
471.31 蓝
447.15 蓝
402.62 蓝紫
388.87 蓝紫

三、Ne(氖)
650.65 红
640.23 橙
638.30 橙
626.25 橙
621.73 橙
614.31 橙
588.19 黄
585.25 黄

四、Na(钠)
589.592(D_1)黄
588.995(D_2)黄

五、Hg(汞)
623.44 橙
579.07 黄
576.96 黄
546.07 绿
491.60 绿蓝
435.83 蓝
407.78 蓝紫
404.66 蓝紫

六、He-Ne 激光
632.8 橙

表 16　介电质的介电常数

物质	温度/℃	相对介电常数	物质	温度/℃	相对介电常数
水蒸气	140～150	1.00785	固体氨	－90	4.01
气态溴	180	1.0128	固体醋酸	2	4.1
氦	0	1.000074	石蜡	－5	2.0～2.1
氢	0	1.00026	聚苯乙烯	20	2.4～2.6
氧	0	1.00051	无线电瓷	16	6～6.5
氮	0	1.00058	超高频瓷		7～8.5
氩	0	1.00056	二氧化钡		106
气态汞	400	1.00074	橡胶		2～3
空气	0	1.000585	硬橡胶		4.3
硫化氢	0	1.004	纸		2.5
真空	20	1	干砂		2.5
乙醚	0	4.335	15%水湿砂		约 9
液态二氧化碳	20	1.585	木头		2～8
甲醇	20	33.7	琥珀		2.8
乙醇	16.3	25.7	冰		2.8
水	14	81.5	虫胶		3～4
液态氨	－270.8	16.2	赛璐珞		3.3
液态氦	－253	1.058	玻璃		4～11
液态氢	－182	1.22	黄磷		4.1
液态氧	－185	1.465	硫		4.2
液态氮	0	2.28	碳(金刚石)		5.5～16.5
液态氯	20	1.9	云母		6～8
煤油	20	2～4	花岗石		7～9
松节油		2.2	大理石		8.3
苯		2.283	食盐		6.2
油漆		3.5	氧化铍		7.5
甘油		45.8			

附录 B　铜-康铜热电偶分度表

温度/℃	热　电　势/mV									
	0	1	2	3	4	5	6	7	8	9
－10	－0.383	－0.421	－0.458	－0.496	－0.534	－0.571	－0.608	－0.646	－0.683	－0.720
0	0.000	－0.039	－0.077	－0.116	－0.154	－0.193	－0.231	－0.269	－0.307	－0.345
0	0.000	0.039	0.078	0.117	0.156	0.195	0.234	0.273	0.312	0.351
10	0.391	0.430	0.470	0.510	0.549	0.589	0.629	0.669	0.709	0.749
20	0.789	0.830	0.870	0.911	0.951	0.992	1.032	1.073	1.114	1.155
30	1.196	1.237	1.279	1.320	1.361	1.403	1.444	1.486	1.528	1.569
40	1.611	1.653	1.695	1.738	1.780	1.882	1.865	1.907	1.950	1.992
50	2.035	2.078	2.121	2.164	2.207	2.250	2.294	2.337	2.380	2.424
60	2.467	2.511	2.555	2.599	2.643	2.687	2.731	2.775	2.819	2.864
70	2.908	2.953	2.997	3.042	3.087	3.131	3.176	3.221	3.266	3.312
80	3.357	3.402	3.447	3.493	3.538	3.584	3.630	3.676	3.721	3.767

续表

温度/℃	热电势/mV									
	0	1	2	3	4	5	6	7	8	9
90	3.813	3.859	3.906	3.952	3.998	4.044	4.091	4.137	4.184	4.231
100	4.277	4.324	4.371	4.418	4.465	4.512	4.559	4.607	4.654	4.701
110	4.749	4.796	4.844	4.891	4.939	4.987	5.035	5.083	5.131	5.179
120	5.227	5.275	5.324	5.372	5.420	5.469	5.517	5.566	5.615	5.663
130	5.712	5.761	5.810	5.859	5.908	5.957	6.007	6.056	6.105	6.155
140	6.204	6.254	6.303	6.353	6.403	6.452	6.502	6.552	6.602	6.652
150	6.702	6.753	6.803	6.853	6.903	6.954	7.004	7.055	7.106	7.156
160	7.207	7.258	7.309	7.360	7.411	7.462	7.513	7.564	7.615	7.666
170	7.718	7.769	7.821	7.872	7.924	7.975	8.027	8.079	8.131	8.183
180	8.235	8.287	8.339	8.391	8.443	8.495	8.548	8.600	8.652	8.705
190	8.757	8.810	8.863	8.915	8.968	9.024	9.074	9.127	9.180	9.233
200	9.286	9.339	9.392	9.446	9.499	9.553	9.606	9.659	9.713	9.767
210	9.830									

注：不同的热元件的输出会有一定的偏差，所以以上表格的数据仅供参考。